U0151102

光学仪器总体设计

王家骐　金　光　杨秀彬　著

国防工业出版社

·北京·

图书在版编目(CIP)数据

光学仪器总体设计/王家骐,金光,杨秀彬著. ——
北京:国防工业出版社,2024.8 重印
 ISBN 978-7-118-12280-0

Ⅰ.①光…　Ⅱ.①王…②金…③杨…　Ⅲ.①光学仪
器—机械设计　Ⅳ.①TH740.2

中国版本图书馆 CIP 数据核字(2021)第 250859 号

※

国防工业出版社出版发行
(北京市海淀区紫竹院南路 23 号　邮政编码 100048)
北京虎彩文化传播有限公司印刷
新华书店经售

*

开本 710×1000　1/16　插页 1　印张 24¾　字数 445 千字
2024 年 8 月第 1 版第 2 次印刷　印数 2001—3000 册　定价 128.00 元

(本书如有印装错误,我社负责调换)

国防书店:(010)88540777　　　书店传真:(010)88540776
发行业务:(010)88540717　　　发行传真:(010)88540762

前言

　　光学无处不在,自人类开始感知和认识世界开始,光既伴随终生。光学的发展经历了理论上不断地完善、技术上逐步地成熟、应用上逐渐趋于广泛三个过程,应用光学认知客观世界是人类不可或缺的手段。在人类历史长河中,许多光学现象在近两千年以来被世界各国光学科学家发现,同时建立了许多物理光学和几何光学定理。科学家们以这些光学定理研发了很多光学设备和仪器,具有重要的实际应用价值,大大扩展了人类的观察、测量和分析能力,在国家经济发展和社会进步中做出了重要贡献。

　　随着现代科学技术的快速发展,光学仪器正朝着多元化、综合化和智能化的方向发展,注重光机电算技术的一体化、计量与非计量的综合,重视多学科间的相互交叉与结合。伴随着工农业生产、资源勘探、空间探索、科学实验和国防建设以及社会生活各个领域不可缺少的观察、测试、分析、控制、记录和传递的需求,光学仪器的先进性对国家安全和经济建设产生了至关重要的影响。进入 21 世纪后,以光学为核心的高性能精密仪器与复杂科学系统已列为各发达国家国家安全和经济发展战略的重要方向,尤其是在航空航天领域,光学仪器已成为其不可或缺的重要组成部分。

　　随着国防现代化需求的发展,对光学仪器的性能水平提出更高的要求,如地球资源广域勘测、气象和灾害实时预报、突发事件军事侦察、快速目标红外追踪,以及敏捷物体的精确瞄准和快速定位等。各国在光学仪器与系统方面投入了大量的精力与物力,特别是原来只是机械制造或物理(光学)学科中的二、三级学科的光学仪器目前发展成了一级学科的光学工程,更突显出国家对这方面的重视。现阶段,光学仪器与系统的设计与研究往往依托于各式各样的工程项目,故其设计与研究也应符合相关的部分工程知识,包括:误差及分析方法、传递函数和摄影分辨力、光学仪器中的坐标变化和设计的可靠性。本书也将结合作者多年从事研究和研制的以下三类属于光学工程中典型的光学仪器来讲解光学仪器的总体设计,即光电跟踪测量系统、弹道导弹光电瞄准系统和航空航天相机。

作者及其研究团队长期致力于空间信息获取领域的对地观测技术和光电成像技术方面的研究工作,经过 40 余年的潜心研究,结合多项国家重大工程中研制光学精密仪器的经验,系统深入地研究了三类具有代表性的光学精密仪器总体设计理论与技术,研发出了多型号的我国具有自主知识产权的光学精密仪器和"神舟"五号、"神舟"六号有效载荷,填补了我国多项技术空缺,使得航天光学遥感技术在空间信息获取领域取得了突破性地进展。在所在单位建立了国内一流光学精密仪器和航天光学遥感器的研究、设计、生产和试验基地。

本书系统阐述了光学仪器总体设计方法,包括仪器分类(第 1 章)、误差和误差分析方法(第 2 章)、光学传递函数(第 3 章)、光学仪器中的坐标变换(第 4 章)、光电跟踪测量仪器总体设计(第 5 章)、弹道导弹瞄准仪器总体设计(第 6 章)、航天空间相机总体设计(第 7 章)和光学仪器可靠性分析(第 8 章)。

本书业已多次内部出版印刷,1996 年应中国科学院长春光学与精密机械研究所(以下简称长春光机所)研究生部的邀请,根据长春光机所的光学工程领域的研制方向,为研究生讲述《光学仪器总体设计》课程,撰写了本书第一版,由于时间的仓促,没有印刷出此教材,只能全部依靠板书讲授此课程,因此增加到 120 学时,分两个学期进行讲授,每个学期 60 学时。1998 年 12 月将此第一版的内部教材复印,并将课程改为一个学期,讲授 60 个学时。2003 年 4 月修订后的《光学仪器总体设计(第 2 版)》,并第一次内部出版。2008 年 7 月应长春光机所人事处的邀请,为当年新进单位的青年职工讲授 8 个学时的培训课,因此又将《光学仪器总体设计(第 2 版)》作为研究生内部教材,是青年职工培训班系列教材之一,前后共计持续 25 年时间进行更新、归类、整理。

作者结合多年的学术研究与成果撰写了本书,并不断地更新与完善,是这一行业宝贵的学术资源,为了能让国内更多同领域的学者分享,我们决定正式公开出版本书。本书是在我们团队的共同努力下完成的,参与本书资料整理、编写、校对审核和技术支持的人员包括了常琳、徐婷婷、王绍恩、徐超、岳炜、韩金良、杜嘉敏、高偲、付宗强、高随宁、吴沫、刘瑞婧、张德福等,同时,要特别感谢颜昌翔、徐抒岩、乔彦峰、徐伟、解鹏、李宗轩等对本书写作的帮助。国防工业出版社的领导和编辑予以直接指导与帮助,特别是编辑肖姝为本书的出版做了许多艰苦细致的工作。借此书出版之际,谨对上述领导、专家和朋友们一并表示深深的感谢。

由于作者水平所限,本书难免存在疏漏和不足之处,敬请广大同行专家和读者提出批评指正。最后,感谢一切给予我关心和支持的亲朋好友、同事、同学和朋友们!祝愿你们身体健康、工作顺利、生活幸福!

王家骐

2021 年 5 月

中国科学院长春光学精密机械与物理研究所

目录

第1章 绪论

1.1 课程的目的与要求

（1）通过"光学仪器总体设计"课程学习,掌握光、机、电、算技术结合的仪器总体设计的有关主要基础理论知识。

（2）初步掌握仪器总体设计和系统设计的方法。

（3）初步具有正确地估算和分析仪器精度的能力。

1.2 仪器在机械过程中的位置

随着机械工程领域的不断发展,逐渐形成了能量领域、信息领域以及材料领域三大技术领域。

按系统工程的观点,可以认为这三大技术领域又对应着以下三大技术系统。

（1）仪器——以信息变换、信息流为主要技术核心的系统。如测量仪器、控制仪器、电影机和照相机、计算仪器、天文仪器、导航仪器等。

（2）机械——以能量变换、能量为主要技术核心的系统。如液压机械、发动机、运输工具、农业机械、纺织机械、包装机械、制冷机械、建筑机械等。

（3）器械——以材料变换、材料流为主要技术核心的系统。如锅炉、冷凝器、热交换器、冷却器、过滤器、离心机等。

这三大技术系统之间的相互关系,如图1-1所示。

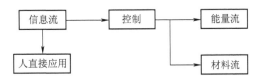

图1-1 机械工程三大技术系统

1.3 仪器的分类

仪器的分类方式有两种。

(1) 按产品分类(产品管理部门用)。工业自动化仪表与装置、电工仪器仪表、分析仪器仪表、光学仪器、材料试验机、气象海洋仪器、照相机械、电影机械、生物医疗仪器、无线电电子测量仪器、航空仪表、船用导航仪表、地震仪器、汽车仪表、拖拉机仪表、轴承测试仪表。

(2) 按计量测试功能分。计量仪器,如长度计量仪器、时间频率计量仪器、力学计量仪器、电磁计量仪器、标准物质计量仪器(各种气体分析、有机分析、无机分析),以及各种导出量仪器(速度、加速度等)。

非计量仪器,如观察仪器、测绘仪器、跟踪测量仪器、定位定向仪器、监示仪器、记录仪器、计算仪器、调节仪器(控制仪) 、各种调节器和自动调节装置。

1.4 本书主要内容

随着科学技术的发展,现代仪器向着综合化方向发展,光机电算技术的综合、计量与非计量的综合。特别是原来只是机械制造或物理(光学) 学科中的二、三级学科的光学仪器发展成了目前一级学科的光学工程。本书以作者多年从事研究和研制的以下三类属于光学工程的典型的光学仪器介绍光学仪器总体设计。为了帮助读者学习,同时也概括地介绍了 4 个方面有关的工程基础知识。本书主要内容可以概括如下:

(1) 光电跟踪测量系统。

(2) 弹道导弹光电瞄准系统。

(3) 航空航天相机。

与之相关的工程基础知识:

① 误差和误差分析方法;

② 传递函数和摄影分辨力;

③ 光学仪器中的坐标变换;

④ 可靠性。

1.5 一般仪器的基本组成

一般仪器的基本组成如下。

（1）基准部件。基准部件是仪器的重要组成部分,是决定仪器精度的主要环节。如量块、精密测量丝杠、线纹尺和度盘、多面棱体、多齿分度盘、光栅尺(盘)、磁栅尺(盘)、感应同步器等,以及测量复杂参数的基准部件,如渐开线样板、表面粗糙度样板、标准齿轮、标准硬度块、标准频率计、标准照度、标准流量、标准色度、标准温度、标准测力计、标准重量、标准激光参数、标准波长等。

（2）传感和转换部分,用来感受被测量量值和拾取原始信号,如接触式——各种机械式测头;非接触式——非接触测头、光学探头和传感器、涡流探头,以及各种拾音器等。

（3）转换放大部件。

（4）记录、存储与压缩。

（5）瞄准部件。

（6）信号处理与数据计算装置。

（7）显示部件。

（8）驱动控制器。

（9）机械结构部分。

（10）热控。

（11）操作和运行管理。

（12）软件等。

1.6 设计指导思想

应结合用户的仪器设计需要,全面地考虑以下几个主要设计要求。

（1）精度要求,对于光学精密测量仪器设备,首要的指标是满足精度需求。

（2）经济性要求,应综合匹配需求与指标,不应盲目地追求更复杂、高级的方案。

（3）效率要求,应考虑光学精密仪器的自动化程度即智能化程度并考虑实用性。

（4）可靠性要求,不但要考虑任务可靠性,还要考虑基本可靠性,并要使仪器具有最低的全寿命管理成本。

（5）造型要求,要使仪器有优美的造型、大方的外观、柔和的色泽、精致的细节、整齐的轮廓。

1.7 设计原则

为了保证光学精密仪器的高精度要求,减少设计过程中产生的误差,应遵循以下设计原则。

（1）从设计原理上提高光学精密仪器精度的原则。

① 误差平均原理，即取多次重复测量的平均误差，采用密排滚珠导轨、多齿分度盘和静压导轨等均化误差；

② 位移量同步比较原则，如采用时统、同步采样等减小不同步而引起的误差；

③ 误差补偿原理，如采用校正环节、补偿环节等减少或消除系统误差。

（2）阿贝原则。

（3）运动学设计原理原则，合理的设置和设计空间自由度的约束数和约束。

（4）变形最小原则。

（5）表面统一原则，使精密仪器部件的设计、加工、检验以及装配这四项基准尽量保持统一的原则。

（6）最短传动原则。

（7）精度匹配原则。

（8）精密仪器零部件的标准化、系列化和通用化原则。

（9）仪器可靠性、安全性、可维性和可操作性原则。

（10）结构工艺性好原则。

（11）造型与装饰宜人原则。

（12）价值系数最优原则（性价比最佳原则）。

1.8 设计程序

（1）确定仪器任务，根据用户要求、国家发展要求和国内外市场需求来确定。

（2）调查研究国内外同类产品的性能、特点和技术指标。

（3）对设计任务进行分析，制定设计任务书。

（4）总体方案设计包括：

① 实现功能分析；

② 确定信号的转换流程和转换原理；

③ 建立相关数学模型，确定光、机、电系统是否进行了合理的匹配；

④ 确定主要参数；

⑤ 技术经济评价。

分析时要画出示意草图、精密仪器关键零部件结构草图、计算初步精度并合理分配；论证方案以及进行必要的模拟试验。

（5）技术设计包括：

① 总体设计，包括结构设计、光路设计、电控（电路）设计、可靠性设计、热设计和软件设计等；

② 部件设计;

③ 零件设计;

④ 精度计算;

⑤ 技术经济评价;

⑥ 编写包括分析和计算的设计说明书;

⑦ 检测试验设计。

（6）制造样机,进行产品试验;样机鉴定,编写设计说明书、使用说明书,检定规程;设计定型,生产定型。

（7）批量生产。

第 2 章
误差和误差分析方法

2.1 误差的概念

2.1.1 误差与不确定度

测量误差:真实值与测量值之间的差异,分为随机误差、系统误差和粗大误差。

不确定度:凡是用区间给出的误差指标均称为不确定度。

不确定度 ＝ 准确度 ＋ 精密度

（系统误差） （随机误差）

2.1.2 误差的分类

按误差性质可分为系统误差和随机误差。

按被测参数的时间特性可分为静态参数误差和动态参数误差。

2.1.3 误差源

(1) 原理误差(或设计误差):建立数学模型时的简化。例如:三维简化为二维;二维简化为一维;非正交简化为正交;忽略高阶项;非线性简化为线性等都会引起误差。

(2) 加工、制造误差:元器件的制造和标定中的波动;材料的各向异性、不均匀性和内应力的不均匀性;加工零部件和整机的加工、装配、标定测试中的波动等都会成为误差来源。

(3) 运行误差:由于运行中的环境干扰,有力波动(如变载荷、振动、冲击)、热波动、电源波动、电磁环境波动(高频、低频)、静电、辐照、尘埃、化学反应、杂光和噪声等;仪器的磨损以及操作人员人为的波动(心理、生理、熟练程度)等因素引起的误差统称为运行误差。

2.1.4　误差分析的目的

误差分析的目的可以分为以下两类。

第一类是人员关心的仪器使用问题,如何应用好各类计量和测量仪器,分析造成仪器测量不确定度的各种误差因素,在测量中对测量方法、操作过程、测量环境和测量结果的处理进行严格的控制,避免或减小各误差因素的影响,减小仪器测量结果的不确定度,或者是提高仪器测量结果的可信度。

第二类是人员关心的仪器设计、制造问题,如何在设计过程中全面分析可能造成仪器测量不确定度的各种误差因素,在满足用户使用要求的前提下,根据生产单位的技术基础、研制或生产成本,严格而合理地控制设计、材料和元器件的选用、制造、装配、检验的各个环节,达到研制或生产的各种计量和测量仪器性能优良、操作使用方便、可靠性高、全寿命运用费用低的目的。

2.2　测量稳定度与测量结果的精密度

在相同条件下,用同一个仪器对被测量值 a(真值) 进行 n 次、独立、无系统误差的测量,得到数的序列 $x_1, x_2, \cdots$,设其算术平均值为 $\overline{X}$,单个测得值一般都落在 B 和 B' 两条水平线的区间 B-B' 范围,该区间称为误差带,如图 2-1 所示。

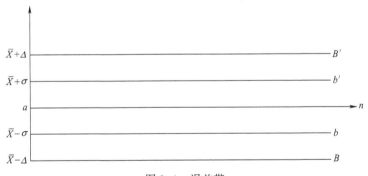

图 2-1　误差带

图中,Δ 为误差界限或极限误差或随机不确定度,用 Δ 描述仪器的精密度、重复性或分散性,即

$$\Delta = C\sigma \qquad (2-1)$$

式中:C 为置信因子;σ 为单个测得值的标准偏差,一般取 $C=2\sim3$。

2.2.1 算术平均值的无偏性

算术平均值的无偏性(以下讨论都是 n 次有限测量)是指未知参数的估计值的数学期望等于未知参数本身。设未知参数的真值为 a，估计量为 $\overline{X}$，期望为 $M(x),M(\overline{x})=a$，则

$$M(x) = \frac{1}{n}[M(x_1) + \cdots + M(x_n)] = \frac{1}{n}(a + \cdots + a) = a \qquad (2-2)$$

2.2.2 算术平均值的方差

测量时真值 a 是稳定不变的，真值 a 的无偏估计值为 $\overline{X}$，它的方差为

$$V_{ar}(\overline{x}) = \frac{\sigma^2}{n}$$

即
$$\sigma_{\overline{x}} = \frac{\sigma}{\sqrt{n}} \qquad (2-3)$$

式中：σ 为单一测量值标准偏差，它是表征测量仪器的精密度的量值，一个确定的仪器对应着一个确定的 σ 值。

式(2-3)表明这是减小试验结果随机误差的一个途径，也是仪器设计中提高仪器精密度的一个途径。通过多次测量可以减小试验结果的不确定度，仪器设计中采用多元测量或多次采样平均值可以提高仪器的精密度。不同性质的被测对象和仪器的 σ 值表征的物理意义见表 2-1。只有当被测对象是稳定不变时，多次测量才有意义，$\overline{X}$ 估计值的平均偏差为 $\sigma_{\overline{x}} = \sigma/\sqrt{n}$。

表 2-1 σ 值表征的物理意义

被测对象	仪器	σ(或 Δ)表征
稳定不变	变动	测量仪器的重复性或分散性
变动	稳定不变	被测对象的波动性或稳定性
变动	变动	两者的综合效应尽力改变或避免，需用特殊的计算方法

2.2.3 方差估计

在真值 a 未知的情况下，只能获得 $\overline{X}$ 和残余误差，即
$$v_i = X_i - \overline{X}, \qquad i = 1,2,3,\cdots,n$$

这时可以利用贝塞尔公式,求出方差 σ 的估计值,即

$$\hat{\sigma}^2 = \frac{v_1^2 + v_2^2 + \cdots + v_n^2}{n-1} \tag{2-4}$$

而 $\hat{\sigma}$ 的期望为

$$M[\hat{\sigma}^2] = E\left[\frac{1}{n-1}\sum_{i=1}^{n} v_i^2\right] = \sigma^2$$

当 a 真值已知时有

$$\hat{\sigma} = \frac{v_1^2 + v_2^2 + \cdots + v_n^2}{n} \tag{2-5}$$

式中: $v_i = x_i - a$。

2.2.4 标准偏差估计值的标准偏差

标准偏差估计值的标准偏差为

$$\hat{\sigma}(s) = \frac{s}{\sqrt{2(n-1)}} = \sqrt{\frac{\hat{\sigma}^2}{2(n-1)}} \tag{2-6}$$

式中: $s^2 = (v_1^2 + \cdots + v_n^2)/(n-1)$。

只要 n 足够大, $\hat{\sigma}(s)$ 不会很大,只是 $\hat{\sigma}$(标准偏差的估计值)的很小的一部分。

2.3 随机变量

误差分析的数学基础是概率论和统计分析,以下将介绍概率论和统计分析中的基本概念。

2.3.1 随机变量的数字特征

随机变量的数字特征见表2-2。

2.3.2 常用随机变量的概率密度函数

常用的随机变量的概率密度函数见表2-3,常用的概率密度函数的曲线如图2-2所示。

表 2-2　随机变量的数字特征

项　目	一维随机变量 X 的数字特征		二维随机变量 (x,y) 的数字特征	
	离散型	连续型	离散型	连续型
$E(X)=m_x$ 数学期望	$\sum_{i=1}^{n}p_i x_i$	$\int_{-\infty}^{\infty}xf(x)\mathrm{d}x$	$\sum_i\sum_j x_i p(x=x_i,y=y_j)$	$\int_{-\infty}^{\infty}\int_{-\infty}^{\infty}xf(x,y)\mathrm{d}x\mathrm{d}y$
$E(Y)=m_y$	—	—	$\sum_i\sum_j y_i p(x=x_i,y=y_j)$	$\int_{-\infty}^{\infty}\int_{-\infty}^{\infty}yf(x,y)\mathrm{d}x\mathrm{d}y$
$D(X)=D_x=E\left[(x-m_x)^2\right]$ 散度	$\sum_{i=1}^{n}p_i(x_i-m_x)^2$	$\int_{-\infty}^{\infty}(x-m_x)^2 f(x)\mathrm{d}x$	$\sum_i\sum_j(x_i-m_x)^2 p(x=x_i,y=y_j)$	$\int_{-\infty}^{\infty}\int_{-\infty}^{\infty}(x-m_x)^2 f(x,y)\mathrm{d}x\mathrm{d}y$
$D(Y)=D_y=E\left[(y-m_y)^2\right]$	—	—	$\sum_i\sum_j(y_i-m_y)^2 p(x=x_i,y=y_j)$	$\int_{-\infty}^{\infty}\int_{-\infty}^{\infty}(y-m_y)^2 f(x,y)\mathrm{d}x\mathrm{d}y$
$\sigma_x=\sqrt{D_x}$ 标准偏差	$\sqrt{\sum_{i=1}^{n}p_i(x_i-m_x)^2}$	$\sqrt{\int_{-\infty}^{\infty}(x-m_x)^2 f(x)\mathrm{d}x}$	$\sqrt{\sum_i\sum_j(x_i-m_x)^2 p(x=x_i,y=y_j)}$	$\sqrt{\int_{-\infty}^{\infty}\int_{-\infty}^{\infty}(x-m_x)^2 f(x,y)\mathrm{d}x\mathrm{d}y}$
$\sigma_y=\sqrt{D_y}$	—	—	$\sqrt{\sum_i\sum_j(y_i-m_y)^2 p(x=x_i,y=y_j)}$	$\sqrt{\int_{-\infty}^{\infty}\int_{-\infty}^{\infty}(y-m_y)^2 f(x,y)\mathrm{d}x\mathrm{d}y}$
$V_k=E[x^k]$ K 阶原点矩	$\sum_{i=1}^{n}p_i x_i^k$	$\int_{-\infty}^{\infty}x^k f(x)\mathrm{d}x$	—	—
$\mu_k=E\left[(x-m_k)^k\right]$ K 阶中心矩	$\sum_{i=1}^{n}p_i(x_i-m_x)^k$	$\int_{-\infty}^{\infty}(x-m_x)^k f(x)\mathrm{d}x$	—	—
$K_{xy}=E\left[(x-m_x)(y-m_y)\right]$ 相关矩	—	—	$\sum_i\sum_j(x_i-m_x)(y_j-m_y)p(x=x_i,y=y_j)$	$\int_{-\infty}^{\infty}\int_{-\infty}^{\infty}(x-m_x)(y-m_y)f(x,y)\mathrm{d}x\mathrm{d}y$
$R_{xy}=K_{xy}/\sigma_x\sigma_y$　相关系数 (若 X,Y 为两个 N 维矢量, 则为协方差)	$\mid R_{xy}\mid\leqslant 1$; x,y 互相独立,$R_{xy}=0$; x,y 线性相关,$Y=AX+B$,$R_{xy}=\pm 1$		$\dfrac{\left[\sum_i\sum_j(x_i-m_x)(y_j-m_y)p(x=x_i,y=y_j)\right]}{\sigma_x\sigma_y}$	$\dfrac{\left[\int_{-\infty}^{\infty}\int_{-\infty}^{\infty}(x-m_x)(y-m_y)f(x,y)\mathrm{d}x\mathrm{d}y\right]}{\sigma_x\sigma_y}$

表2-3 常用的随机变量的概率密度函数

分布名称	分布数学模型	期望	方差	均方偏差
正态分布	$f(x)=\dfrac{1}{\sqrt{2\pi}\sigma}e^{-\frac{(x-a)^2}{2\sigma^2}}$，$a=0$ 时为高斯分布	a	σ^2	σ
标准化正态分布	$f(z)=\left[\dfrac{1}{\sqrt{2\pi}}e^{-z^2/2}\right]$，$Z=\dfrac{(x-a)}{\sigma}$	0	1	1
二维正态分布 X,Y相关	$f(x,y)=\dfrac{1}{2\pi\sigma_x\sigma_y\sqrt{1-R_{xy}^2}}e^{-\frac{1}{2(1-R_{xy}^2)}\left[\frac{(x-a_x)^2}{\sigma_x^2}-\frac{2R_{xy}(x-a_x)(y-a_y)}{\sigma_x\sigma_y}+\frac{(y-a_y)^2}{\sigma_y^2}\right]}$	a_x,a_y		σ_x,σ_y
X,Y独立 $(R_{xy}=0)$	$f(x,y)=\dfrac{1}{2\pi\sigma_x\sigma_y}e^{-\frac{1}{2}\left[\frac{(x-a_x)^2}{\sigma_x^2}+\frac{(y-a_y)^2}{\sigma_y^2}\right]}$	a_x,a_y		σ_x,σ_y
均匀分布	$f(x)=\begin{cases}0 &,\ x<a,\ a<x<b\\ 1/(b-a) &,\ a<x<b\end{cases}$	$\dfrac{(a+b)}{2}$	$\dfrac{(b-a)^2}{12}$	$\dfrac{(b-a)}{2\sqrt{3}}$
辛普生分布	$f(x)=\begin{cases}0 &,\ -\infty<x<a-\delta\\ (\delta+x-a)/\delta^2 &,\ a-\delta\leq x\leq a\\ (\delta-x+a)/\delta^2 &,\ a\leq x\leq a+\delta\\ 0 &,\ a+\delta<x<+\infty\end{cases}$	a	$\delta^2/6$	$\delta/\sqrt{6}$
反余弦分布	$f(x)=\begin{cases}\dfrac{1}{\pi\sqrt{b^2-(x-m_x)^2}} &,\ a\leq x\leq b\\ 0 &,\ x\leq a,\ x\geq b\end{cases}$	$\dfrac{(a+b)}{2}$	$\dfrac{(b-a)^2}{8}$	$\dfrac{(b-a)}{2\sqrt{2}}$
瑞利分布	$g(r)=\begin{cases}\dfrac{r}{\sigma^2}e^{-r^2/2\sigma^2} &,\ r>0\\ 0 &,\ r\leq 0\end{cases}$	$\sigma\sqrt{\dfrac{\pi}{2}}$	$\left(2-\dfrac{\pi}{2}\right)\sigma^2$	$\sigma\sqrt{2-\dfrac{\pi}{2}}$
麦克斯韦分布	$g(u)=\begin{cases}\sqrt{2/\pi}\,\dfrac{u^2}{\sigma^3}e^{-u^2/2\sigma^2} &,\ u>0\\ 0 &,\ u\leq 0\end{cases}$ $U=\sqrt{X^2+Y^2+Z^2}$，$X,Y,Z\sim N(0,\sigma)$	$\sqrt{\dfrac{8}{\pi}}\sigma\approx1.596\sigma$	$1.69\sigma^2$	1.302σ

分布名称	分布数学模型	期望	方差	均方偏差
χ^2 分布 (自由度 n)	$f_i(x_i) = \dfrac{1}{\sqrt{2\pi}}e^{-x_i^2/2}$ $(i=1,2,\cdots,n)$ $\chi^2 = \displaystyle\sum_{i=1}^{n} X_i^2$, $\quad n - \chi^2$ 分布自由度 $g(u) = \begin{cases} \dfrac{1}{2^{n/2}\Gamma n/2}x^{n/2-1}e^{-n/2}, & x>0 \\ 0, & x \le 0 \end{cases}$	n	$2n$	$\sqrt{2n}$
t 分布 (n 为 t 分布的自由度)	$T = \sqrt{n}\,\dfrac{Y}{\sqrt{X}}\qquad Y \sim N(0,1)$ $X = \chi^2 = \displaystyle\sum_{i=1}^{n} X_i^2$ $S_n(t) = \begin{cases} \dfrac{\Gamma\left(\dfrac{n+1}{2}\right)}{\sqrt{n\pi}\,\Gamma\left(\dfrac{n}{2}\right)}\left(1+\dfrac{t^2}{n}\right)^{-(n+1)/2}, & t>0 \\ 0, & t \le 0 \end{cases}$	0 $(n>1)$	$\dfrac{n}{n-2}$ $(n>2)$	—
F 分布 (自由度 m, n) $F(m,n)$	$F = \dfrac{\chi_m^2/m}{\chi_n^2/n}$ 其中:χ_m^2 为自由度为 m 的 χ^2 分布, χ_n^2 为自由度为 n 的 χ^2 分布 $f(x) = \dfrac{\Gamma\left(\dfrac{m+n}{2}\right)}{\Gamma(m/2)\Gamma(n/2)}m^{m/2}n^{n/2}\dfrac{x^{m/2-1}}{(mx+n)^{(m+n)/2}}$	$\dfrac{n}{n-2}$ $(n>2)$	$\dfrac{2n^2(m+n-2)}{m(n-2)^2(n-4)}$ $(n>4)$	—
二项分布	$P(k,p) = C_n^k p^k(1-p)^{n-k}$ $\quad(k=0,1,\cdots,n)$ [每次试验 $P_1(A)=P(A$ 发生的概率),在 n 次试验中,A 发生 K 次的概率]	np	$np(1-p)$	$\sqrt{np(1-p)}$
泊松分布	$P(k,m) = \dfrac{m^k}{k!}e^{-m}$ $\quad(k=0,1,\cdots,\infty)$ (单位时间内发生 m 次,在 K 时间长度中发生的次数)	m	m	$\sqrt{m}$

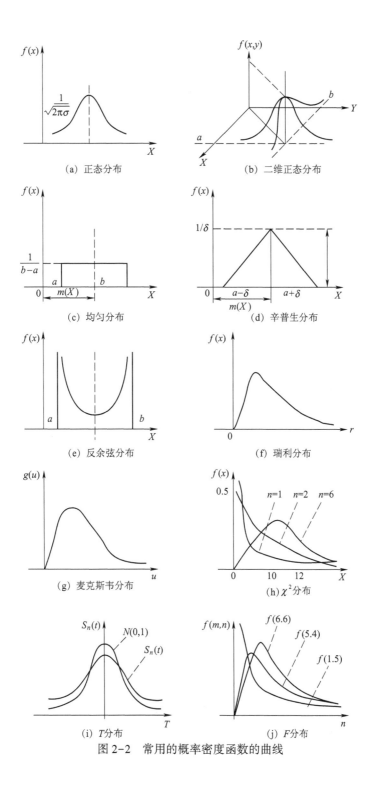

图 2-2　常用的概率密度函数的曲线

2.4　仪器的随机不确定度的估计（置信水平）

不确定度的估计是用 $\bar{x}$ 代替 m_x、$\hat{\sigma}$ 代替 $\sqrt{D_x}$ 后的残余误差的估计，其中 m_x 为 x 的期望值，D_x 为 x 的散度。

2.4.1　用 t 分布估计随机不确定度

由式（2-1）可知，随机不确定度 Δ 为 C 倍标准偏差，在 $\hat{\sigma}$ 为有限次的情况下，由贝塞尔公式（2-4）估计方差 $\hat{\sigma}$，这时，随机不确定度为

$$\Delta = t_\alpha(k)\hat{\sigma} \tag{2-7}$$

式中：$t_\alpha(k)$ 为自由度是（$k = n-1$）时的 t 分布（或学生分布）的置信因子。以置信水平 p 或显著性水平 $\alpha(p + \alpha = 1)$，确定随机误差的界限。

当 X 为 $N(\alpha, \sigma)$ 正态分布时，$\dfrac{\bar{x} - \alpha}{\sigma/\sqrt{n}}$ 也为正态分布 $N(0,1)$。而统计量为

$$t = \frac{\bar{x} - \alpha}{\hat{\sigma}/\sqrt{n}} \tag{2-8}$$

不再遵从 $N(0,1)$ 正态分布，而是遵从自由度为 $k = n-1$ 的 t 分布。
概率密度函数为

$$S_k(t) = \frac{1}{k^{1/2}B\left(\dfrac{1}{2} \cdot \dfrac{k}{2}\right)}\left(1 + \frac{t^2}{k}\right)^{-(k+1)/2} \tag{2-9}$$

式中：$B(\cdot)$ 为贝塔函数。而

$$\frac{1}{k^{1/2}B\left(\dfrac{1}{2} \cdot \dfrac{k}{2}\right)} = \frac{\Gamma[(k+1)/2]}{(k\pi)^{1/2}\Gamma(k/2)} \tag{2-10}$$

式中：$\Gamma(m) = \displaystyle\int_0^\infty t^{m-1}\mathrm{e}^{-t}\mathrm{d}t\,(m > 0)$。
即

$$S_k(t) = \frac{\Gamma[(k+1)/2]}{(k\pi)^{1/2}\Gamma(k/2)} \cdot \left(1 + \frac{t^2}{k}\right)^{-(k+1)/2} \tag{2-11}$$

图 2-3 为 $S_k(t)$ 概率密度函数曲线，类似于正态分布的求解方法，t 落在区间 $(-t_\alpha(k), t_\alpha(k))$ 中的概率（不过比正态分布略为复杂的是多了一个自由度 k）为

$$P(|t| < t_\alpha) = 2\int_0^{t_\alpha} S_k(t)\mathrm{d}x = 1 - \alpha \tag{2-12}$$

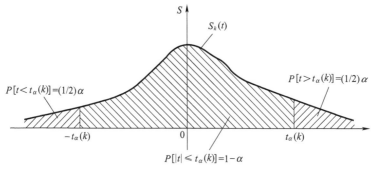

图 2-3 $S_k(t)$ 概率密度函数曲线

由式(2-8)和式(2-12),可得

$$P(|\bar{x} - \alpha| < t_\alpha(k)\hat{\sigma}/\sqrt{n}) = 1 - \alpha \qquad (2\text{-}13)$$

因此,仪器对同一个被测量值作 n 次测量后,其算得的算术平均值 $\bar{x}$ 的随机不确定度可表示为

$$\Delta_{\bar{x}} = t_\alpha(k)\hat{\sigma}/\sqrt{n} \qquad (2\text{-}14)$$

在 n 次测量中,每个单次测得值 x 的随机不确定度可对应表示为

$$\Delta_x = t_\alpha(k)\hat{\sigma} \qquad (2\text{-}15)$$

对上述分析归纳总结如下。

(1)由无穷多次测量获得的仪器的随机不确定度(误差界限或极限误差),即期望值为

$$\Delta = C \cdot \sigma$$

式中:C 为置信因子,一般 $C = 2 \sim 3$,当 $C = 1$ 时,$1-\alpha = 68.27\%$,当 $C = 2$ 时,$1-\alpha = 95.45\%$,当 $C = 3$ 时,$1-\alpha = 99.73\%$;σ 为单个测量值的标准偏差。

(2)由有限次测量获得的仪器随机不确定度。对同一个被测量值,作 n 次测量(n 有限次),其算术平均值 $\bar{x}$ 的随机不确定度为

$$\Delta_{\bar{x}} = t_\alpha(k)\hat{\sigma}/\sqrt{n}$$

在 n 次测量中,每个单次测值 x 的随机不确定度为

$$\Delta_x = t_\alpha(k)\hat{\sigma}$$

式中:C 为置信因子,$C = t_\alpha(k)$;α 为显著度;$1-\alpha$ 为置信水平。

(3)t 分布与 $N(0,1)$ 的关系。当 $k \to \infty$,即 $n \to \infty$,这时 $\hat{\sigma} \to \sigma$,则 t 变量就是标准化正态变量,因此 t 分布 $\to N(0,1)$。表 2-4 列出了在不同的自由度 k 和显著度 α 下,t 分布的置信因子 $t_a(k)$ 数值表。应用该表可以根据显著度 α 的要求,确定抽样数 $k+1$;或根据抽样数(或测量次数),估计出显著度 α 和置信因子 C。

表2-4　t分布的置信因子$t_\alpha(k)$数值表

自由度k	显著度α		自由度k	显著度α	
	$\alpha=0.01$	$\alpha=0.05$		$\alpha=0.01$	$\alpha=0.05$
1	63.7	12.7	18	2.88	2.10
2	9.92	4.30	19	2.86	2.09
3	5.84	3.18	20	2.84	2.09
4	4.60	2.78	21	2.83	2.08
5	4.03	2.57	22	2.82	2.07
6	3.71	2.45	23	2.81	2.07
7	3.50	2.36	24	2.80	2.06
8	3.36	2.31	25	2.79	2.06
9	3.25	2.26	26	2.78	2.06
10	3.17	2.23	27	2.77	2.05
11	3.11	2.20	28	2.76	2.05
12	3.06	2.18	29	2.76	2.04
13	3.01	2.16	30	2.75	2.04
14	2.98	2.14	40	2.70	2.02
15	2.95	2.13	60	2.66	2.00
16	2.92	2.12	120	2.62	1.98
17	2.90	2.11	∞	2.58	1.96

对于t分布，$t_\alpha(k)=3$，即在$\Delta=t_\alpha(k)$，$\hat{\sigma}=3\hat{\sigma}$时，不同的测量次数$n$下，可具有的置信水平见表2-5。而对于正态分布时置信因子之间的关系见表2-6。由此可以看出，当测量次数$n=\infty$时，t分布$\Delta=3\hat{\sigma}$的置信水平与正态分布$\Delta=3\sigma$的置信水平相等。也就是当测量次数为无限多次时，t变量就是标准化正态变量，$\hat{\sigma}\rightarrow\sigma$。从图2-4中可以看出，$k=\infty$的$t$分布就是标准化正态分布，即$t$分布包含了正态分布，而正态分布只是$t$分布的一个特例。所以$t$分布在研究小子样问题（或有限次测量）中，是一个严密而有用的理论分布。

表2-5　$3\hat{\sigma}$具有的置信水平

n	2	4	8	14	∞
$1-\alpha=P[\mid t\mid\leqslant t_\alpha(k)]$	0.8	0.95	0.98	0.99	0.9973

表 2-6　正态分布时的置信因子

显著度 α	0.3173	0.05	0.0455	0.01	0.0027
置信水平 $P(1-\alpha)$	0.6827	0.95	0.9545	0.99	0.9973
置信区间 C(置信因子)	1	1.96	2	2.58	3

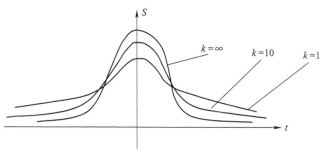

图 2-4　不同自由度下的 t 分布曲线

2.4.2 χ^2 分布应用于 σ^2 的区间估计

若 $X_i \sim N(\alpha, \sigma^2)$, 可以证明统计量为

$$X = \chi^2(k) = \frac{k\hat{\sigma}^2}{\sigma^2} \tag{2-16}$$

遵从自由度为 κ(其中 $n-1$) 的 χ^2 分布, 其概率密度函数为

$$g_n(x) = \begin{cases} \dfrac{1}{2^{k/2}\Gamma(k/2)}X^{k/2-1}\mathrm{e}^{-x/2}, & x > 0 \\ 0, & x \leqslant 0 \end{cases} \tag{2-17}$$

其期望和方差分别为

$$E(X) = k, \mathrm{Var}(X) = 2k$$

则有

$$P(x_{1-\alpha/2}^2 \leqslant X \leqslant x_{\alpha/2}^2) = \int_{x_{1-\alpha/2}^2}^{x_{\alpha/2}^2} p(x)\,\mathrm{d}x$$

$$= \int_{x_{1-\alpha/2}^2}^{\infty} p(x)\,\mathrm{d}x - \int_{x_{\alpha/2}^2}^{\infty} p(x)\,\mathrm{d}x = 1 - \alpha \tag{2-18}$$

若给定置信水平为 $1-\alpha$, 则 $x_{1-\alpha/2}^2$ 和 $x_{\alpha/2}^2$ 可求, 于是在置信水平 $1-\alpha$ 的情况下, 有

$$P\left(x_{1-\alpha/2}^2 \leqslant \frac{k\hat{\sigma}^2}{\sigma^2} < x_{\alpha/2}^2\right) = 1 - \alpha$$

因此,方差 σ^2 的置信区间为

$$\frac{k\hat{\sigma}^2}{x_{\alpha/2}^2} < \sigma^2 \leqslant \frac{k\hat{\sigma}^2}{x_{1-\alpha/2}^2} \tag{2-19}$$

式中 $\hat{\sigma}$ 为作 $k+1$ 次测量,得出的方差估值。

式(2-19)的物理意义为:在给定的 α 时,作 $(k+1)$ 次测量中,单次方差 σ^2 的置信区间。即由于测量只能作有限次,$\hat{\sigma}^2$ 是可以估计的。σ^2 的确切值不知,但是 σ^2 的区间可以估计出来,χ^2 分布如图 2-5 所示。

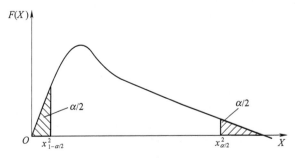

图 2-5 χ^2 分布

由式(2-19),可导出 $\hat{\sigma}$ 相对误差的置信区间为

$$\sqrt{\frac{x_{1-\alpha/2}^2}{k}} - 1 < \frac{\hat{\sigma} - \sigma}{\sigma} \leqslant \sqrt{\frac{x_{\alpha/2}^2}{k}} - 1 \tag{2-20}$$

式(2-20)的物理意义:做 $k+1$ 次测量,获得 $\hat{\sigma}$,虽然与 σ 的相对误差的确切值未知,但是相对误差的区间是可以估计出来的。估计的标准偏差的相对误差不超过 1/3 时,对应的测量次数为 30 次,这时置信水平 $p = 0.99$;对应的测量次数为 15 次,这时 $p = 0.95$。

当 k 和 α 取不同数值时 $x_{1-\alpha/2}^2$、$x_{\alpha/2}^2$ 数值和 $(\hat{\sigma} - \sigma)/\sigma$ 的下界与上界(r_1 与 r_2)分别见表 2-7 和表 2-8。

表 2-7 $x_{1-\alpha/2}^2$、$x_{\alpha/2}^2$ 数值

k	$\alpha = 0.01$		$\alpha = 0.05$	
	$x_{1-\alpha/2}^2$	$x_{\alpha/2}^2$	$x_{1-\alpha/2}^2$	$x_{\alpha/2}^2$
1	—	7.879	0.001	5.024
2	0.010	10.597	0.051	7.378

表 2-8 $(\hat{\sigma}-\sigma)/\sigma$ 的下界与上界(r_1 与 r_2)

k	$\alpha=0.01$		$\alpha=0.05$	
	r_1	r_2	r_1	r_2
5	-0.71	0.83	-0.59	0.60
10	-0.54	0.59	-0.43	0.43
15	-0.45	0.48	-0.35	0.35
20	-0.39	0.41	-0.31	0.31
30	-0.32	0.34	-0.25	0.25
40	-0.28	0.29	-0.22	0.22

2.4.3 F 分布用于判断两组测量方差的相等性

若 $X_1 \sim N(\alpha_1, \sigma_1^2)$ 与 $X_2 \sim N(\alpha_2, \sigma_2^2)$ 独立,令

$$F(m,n) = \frac{X^2(m)/m}{X^2(n)/m} = \frac{\hat{\sigma}_1^2/\sigma_1^2}{\hat{\sigma}_2^2/\sigma_2^2} \tag{2-21}$$

式中:$\hat{\sigma}_1^2 = \sum_{i=1}^{n_1}(x_{1i} - \bar{x}_1)^2/(n_1 - 1)$;$\hat{\sigma}_2^2 = \sum_{i=1}^{n_1}(x_{2i} - \bar{x}_2)^2/(n_2 - 1)$。

则 F 遵从自由度为 $m=n_1-1, n=n_2-1$ 的 F 分布,其概率密度为

$$f(x) = \begin{cases} \dfrac{\Gamma\left(\dfrac{n_1+n_2}{2}\right)}{\Gamma\left(\dfrac{n_1}{2}\right)\Gamma\left(\dfrac{n_2}{2}\right)}\left(\dfrac{n_1}{n_2}\right)^{n_1/2} \cdot \dfrac{x^{n_1/2-1}}{\left(1 + \dfrac{n_1}{n_2}x\right)^{(n_1+n_2)/2}}, & x > 0 \\ 0, & x \leq 0 \end{cases} \tag{2-22}$$

所以,有

$$P(F_{1-\alpha/2} \leq x < F_{\alpha/2}) = \int_{F_{1-\alpha/2}}^{F_{\alpha/2}} f(x)\,\mathrm{d}x$$

$$= \int_0^{F_{1-\alpha/2}} f(x)\,\mathrm{d}x - \int_{F_{\alpha/2}}^{\infty} f(x)\,\mathrm{d}x = 1 - \alpha \tag{2-23}$$

若 $\sigma_1^2 = \sigma_2^2$,则由式(2-21)和式(2-23)得对应公式为

$$F_{1-\alpha/2} \leq \hat{\sigma}_1^2/\hat{\sigma}_2^2 < F_{\alpha/2} \tag{2-24}$$

例 2-1 $N(0,\sigma)$ 为测量仪器;α 为被测工件(或标准试样)。

(1) 当 α 为未知时,而仪器的 σ 值为已知。

① 一次测量真值 a 的工件得 X_1，$\hat{\alpha}=x_1$，$\hat{\alpha}$ 的标准偏差为 σ。$\hat{\alpha}$ 接近真值的程度为 67% 的可能性 $|\hat{\alpha}-\alpha| \leqslant \sigma$，如图 2-6(a) 所示。

② n 次测量真值为 α 的工件，得到一组测量结果 $x_1, x_2, \cdots, x_n$，即

$$\hat{\alpha} = \bar{x} = \frac{1}{n} \sum x_i$$

式中：$\hat{\alpha}$ 为 α 的估值，$\hat{\alpha}$ 的标准差为 $\hat{\sigma_\alpha}$，$\hat{\alpha}$ 接近真值 α 的程度为 68.3% 的可能性 $|\hat{\alpha}-\alpha| \leqslant \sigma/\sqrt{n}$，如图 2-6(b) 所示。

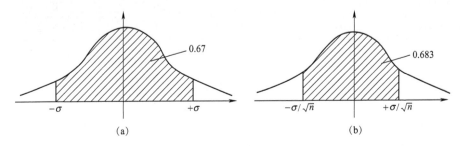

图 2-6　估值 $\hat{\alpha}$ 的置信区间估值
(a)一次测量；(b)n 次测量。

(2) 当 σ 未知，α 为已知。

① n 次测量真值为 α 的试样，得到一组测量结果：$x_1, x_2, \cdots, x_n$，仪器的标准偏差为

$$\hat{\sigma} = \frac{1}{n-1} \sqrt{\sum (x_i - \bar{x})^2}，或者 \hat{\sigma} = \frac{1}{n} \sqrt{\sum (x_i - \alpha)^2}$$

其中，$\hat{\alpha} = \bar{x} = \frac{1}{n} \sum x_i$

② 用 t 分布来衡量其置信水平(表 2-4)。当 $\alpha=0.01$，即 $1-\alpha=0.99$ 时，$k=13$，即当测量次数为 $n=k+1=14$ 时，由 $\Delta=3\hat{\sigma}_{14}$ 给出的区间的概率为 0.99(从统计上来说，做 100 次测量，其中 99 次的数据 $|x_i-a|$ 可能落在 $\pm 3\hat{\sigma}_{14}$ 内，有 1 次可能落到 $\pm 3\hat{\sigma}_{14}$ 区间外)。

当 $\alpha=0.05$，即 $1-\alpha=0.95$ 时，$k=3$。即当测量次数为 $n=k+1=4$ 时，由 $\Delta=3\hat{\sigma}_4$ 给出的区间的概率为 0.95(从统计上来说，作 100 次测量，其中 95 次的数据 $|x_i-a|$ 可能落在 $\pm 3\hat{\sigma}_4$ 内，有 5 次可能落到 $\pm 3\hat{\sigma}_4$ 区间外)。

2.5 仪器误差的分析方法

在计量和测量仪器的设计中,首先会遇到以下两类误差分析问题:一是间接测量中误差的传递;二是多种误差因子造成的仪器误差。第一类问题要研究误差的分析方法,第二类问题要研究误差的综合。本节内容为仪器误差的几种分析方法,下一节将讲述仪器误差的综合。

2.5.1 微分法(误差的独立作用原理)

设 $X = f(x_1, x_2, x_3 \cdots, x_n)$, 则

$$\mathrm{d}x = \frac{\partial f}{\partial x_1}\mathrm{d}x_1 + \frac{\partial f}{\partial x_2}\mathrm{d}x_2 + \cdots + \frac{\partial f}{\partial x_n}\mathrm{d}x_n$$

当各项误差为小量,忽略高阶小量,则

$$\Delta x = \frac{\partial f}{\partial x_1}\Delta x_1 + \frac{\partial f}{\partial x_2}\Delta x_2 + \cdots + \frac{\partial f}{\partial x_n}\Delta x_n$$

当 X_i 彼此独立,不相关,无系统误差: $m_1 = m_2 = \cdots = m_n = 0, \sigma_1, \sigma_2, \cdots, \sigma_n$ 彼此相差不大时,根据概率论大数定律可以直接写出,即

$$\sigma_x = \sqrt{(\partial f/\partial x_1)^2 \sigma_{x_1}^2 + (\partial f/\partial x_2)^2 \sigma_{x_2}^2 + \cdots + (\partial f/\partial x_n)^2 \sigma_{x_n}^2} \qquad (2-25)$$

例 2-2 计算航空相机,像面上像移速度的估值偏差。

设像面上像移速度为

$$v_p = \frac{v}{H} \cdot f$$

则

$$\Delta v_p = \frac{\partial v_p}{\partial v}\Delta v + \frac{\partial v_p}{\partial f}\Delta f + \frac{\partial v_p}{\partial H}\Delta H$$

$$= \frac{f}{H}\Delta v + \frac{v}{H}\Delta f - \frac{vf}{H^2}\Delta H$$

即

$$\frac{\Delta v_p}{v_p} = \frac{\Delta v}{v} + \frac{\Delta f}{f} - \frac{\Delta H}{H}$$

当 Δv、ΔH、Δf 相互独立,不相关,数值相差不大时,有

$$\frac{\sigma_{\Delta v_p}}{v_p} = \sqrt{\left(\frac{\sigma_v}{v}\right)^2 + \left(\frac{\sigma_f}{f}\right)^2 + \left(\frac{\sigma_H}{H}\right)^2}$$

虽然,微分法能够运用高等数学来解决计算问题,但微分法也不是万能的,有

些误差很难计算就不能用微分法求得,例如,仪器中常遇到的测杆间隙误差。

2.5.2　几何法

利用几何图形从误差源找出造成的误差,求出误差之间关于数值和方向的关系。

几何法直观简单,但在复杂机构上应用起来则比较困难。

2.5.3　逐步投影法

逐步投影法(光电跟踪系统三轴误差分析)是将主动件的某原始误差先投影到与其相关的中间构件上,然后再从该中间构件投影到下一个与其有关的中间构件上去,最终投影到机构从动件上,求出机构位置误差。

2.5.4　作用线与瞬时臂法

上述各种计算方法都是直接导出误差源的原始误差和示值误差的关系,而没有分析原始误差作用的中间过程。有些原始误差的影响不能直接导出答案。作用线与瞬时臂法(详查相机像移补偿残差分析)就是研究机构或系统传递运动的过程,并分析原始误差怎样伴随运动的传递过程而传递到示值上去(或系统的输出),从而造成示值误差(或系统的输出误差)。

2.6　仪器误差的综合

2.6.1　方差合成原理合成随机误差

经过分析可知,一台仪器的某个技术参数的测量误差与 m 个误差因素 $x_1, x_2, \cdots, x_j, \cdots, x_m$ 有关,实际上 m 个误差因素即 m 个随机变量,各自有其概率密度分布,可以用这 m 个随机变量的和 $X = \sum\limits_{j=1}^{m} X_j$,组成一个新的随机变量,即该技术参数的测量误差。对于随机误差的合成,可以直接写出该技术参数均方差公式,即

$$\sigma_x = \sqrt{\sum_{j=1}^{m} \sigma_j^2 + 2 \sum_{1 \leqslant j \neq k \leqslant m}^{m} R_{jk} \sigma_j \sigma_k} \tag{2-26}$$

当 X_j 之间彼此独立、不相关时,有

$$\sigma_x = \sqrt{\sum_{j=1}^{m} \sigma_j^2} \qquad (2-27)$$

式中：σ_j 为 X_j 的均方偏差；R_{jk} 为 X_j 与 $X_k(j \neq k)$ 的相关系数，可表示为

$$R_{jk} = \frac{\text{Cov}(x_j, x_k)}{\sigma_j, \sigma_k} = \frac{E\{[x_j - E(x_j)][x_k - E(x_k)]\}}{\sqrt{E\{[x_j - E(x_j)]^2\} E\{[x_k - E(x_k)^2]\}}} \qquad (2-28)$$

式中：$\text{Cov}(x_j, x_k)$ 为 x_j、x_k 的协方差（或称相关矩）；$E(\cdot)$ 为 $(\cdot)$ 的数学期望。

2.6.2 直接卷积合成（数值计算）随机误差

当误差项目不多，而误差项目中非正态分布的误差又很大时，虽然各误差项之间彼此相互独立，但是仍然不能用方差合成原理，即将式（2-26）和式（2-27）合成，这时可以直接用卷积合成随机误差，以下通过一个实例来说明此方法。

例 2-3　某个活动基地上的光电定向系统其方位定向误差与 21 项误差因素有关，其误差项目名称、误差概率密度分布性质，及其统计量的量值见表 2-9。

表 2-9　光电定向系统方位误差项目表　　　　单位：(″)

序号	误差项目名称	极限误差 Δ_i	误差性质	误差分布	C_i 置信因子	均方偏差 $\sigma_i = \Delta_i / c_i$	方差 σ_i^2
1	艇纵摇和横摇造成的航偏角测量误差	6.2	测量误差	反余弦	$\sqrt{2}$	4.38	19.22
2	艇横摇形成光轴相对扭转而造成的测量误差	40.6	测量误差	反余弦	$\sqrt{2}$	28.70	824.18
3	光电自准光管误差	5	方位传递误差	正态	3	1.66	2.78
4	折转光管方位传递误差	10	方位传递误差	均匀	$\sqrt{3}$	5.77	33.33
5	发射光管照准误差	5	方位传递误差	正态	3	1.66	2.78
6	发射光管光源电压波动造成的误差	5	测量误差	正态	3	1.66	2.78
7	窗口玻璃平行差造成的方位传递误差	6.3	方位传递误差	正态	3	2.10	4.41
8	分光镜平行差造成的方位传递误差	9.5	方位传递误差	正态	3	3.16	10.03
9	光电接收器方位传递误差	10	测量误差	均匀	$\sqrt{3}$	5.77	33.33
10	接收望远镜焦距误差产生的测量误差	10	测量误差	均匀	$\sqrt{3}$	5.77	33.33
11	探测器几何尺寸误差造成的测量误差	9	测量误差	均匀	$\sqrt{3}$	5.19	27.00
12	探测器分辨力凑整误差	45	测量误差	均匀	$\sqrt{3}$	25.96	675.00

序号	误差项目名称	极限误差 Δ_i	误差性质	误差分布	C_i 置信因子	均方偏差 $\sigma_i = \Delta_i/c_i$	方差 σ_i^2
13	探测器噪声产生的测量误差	1.3	测量误差	正态	3	0.43	0.19
14	光电接收器探测器中心和目视分划板中心偏差产生的测量误差	5	测量误差	均匀	$\sqrt{3}$	2.88	8.33
15	放大器允许误差	15	测量误差	均匀	$\sqrt{3}$	8.65	75.00
16	放大器动态误差	1.9	测量误差	辛普生	$\sqrt{6}$	0.77	0.28
17	采样误差	3.5	测量误差	辛普生	$\sqrt{6}$	1.43	2.04
18	基准棱镜装调误差造成的方位传递误差	5	方位传递误差	均匀	$\sqrt{3}$	2.88	8.33
19	折转光管位置安装误差造成的方位传递误差	5	方位传递误差	均匀	$\sqrt{3}$	2.88	8.33
20	自准光管和发射光管方位装调误差	10	方位传递误差	均匀	$\sqrt{3}$	5.77	33.33
21	二倍伽利略望远镜的倍率误差在艇体变形时产生的方位传递误差	4.5	方位传递误差	正态	3	1.50	2.25

从表 2-9 可以看出,21 项误差可以分为两类:一类是传递误差;另一类是测量误差。其方位的总误差为

$$\Delta = \Delta_传 + \Delta_测 \tag{2-29}$$

式中:$\Delta_传$ 为方位传递误差;$\Delta_测$ 为测量误差。对于其中每一项来说,制造和装调是随机性的,而一经制造和装调完成后应是系统误差,但这些方位传递误差的组合应是一个随机过程。从目前的具体情况来看,项目多(10 项),并且误差的数值相差不大,组合后误差分布应为正态分布,即

$$\Delta_传 = c_传 \cdot \sigma_传 \tag{2-30}$$

式中:$c_传$ 为传递误差的置信因子,$c_传 = 3$;$\sigma_传$ 为传递误差的均方偏差。而传递误差的均方偏差为

$$\sigma_传 = \sqrt{\sum \sigma_i^2} = 11.3'' \quad (i=3,4,5,7,8,9,18,19,20,21)$$

传递误差为

$$\Delta_传 = 3 \times 11.3 = 33.9''$$

令 $\Delta_测$ 为测量误差,对于每一项测量误差来说为随机性的,这些测量误差的总合应是随机性的。其中探测器分辨力凑整误差为均匀分布,即

$$f_1(x_1) = \begin{cases} \dfrac{1}{2}a, & -a \leqslant x_1 \leqslant a \\ 0, & a < |x_1| \end{cases} \tag{2-31}$$

式中：$a = 45''$。艇横摇形成光轴相对扭转而造成的测量误差为反余弦分布，即

$$f_2(x_2) = \begin{cases} \dfrac{1}{\pi}\sqrt{b^2 - x_2}\,, & -b < x_2 < b \\ 0\,, & b \leqslant |x_2| \end{cases} \quad (2\text{-}32)$$

式中：$b = 41''$。

其余各项测量误差，由于数值小，量级相当，项目足够多，合成后应为正态分布，即

$$f_3(x_3) = \frac{1}{\sigma_{x_3}\sqrt{2\pi}} e^{-x_3/2\sigma_{x_3}^2}$$

求解 $\Delta_{测}$ 可归结为求出 $X = x_1 + x_2 + x_3$ 三个随机变量和的分布密度。

由于

$$f(x) = [f_1(x_1) * f_2(x_2)] * f_3(x_3)$$

$$= \int_{-a}^{a} \int_{-b}^{b} f_1(x_1) \cdot f_2(x_2) \cdot f_3(x - x_1 - x_2) \,\mathrm{d}x_1 \mathrm{d}x_2 \quad (2\text{-}33)$$

可化为离散值（求和）计算，即

$$g(kt) = \sum_{-a}^{a} \sum_{-b}^{b} \frac{1}{2a} \cdot \frac{1}{\pi\sqrt{b^2 - x_2^2}} \cdot \frac{1}{\sigma_{x_3}\sqrt{2\pi}} e^{-(x - x_1 - x_2)^2/2\sigma_{x_3}^2}$$

$$= \frac{1}{2\pi a\sqrt{2\pi}\,\sigma_{x_3}} \sum_{-a}^{a} \sum_{-b}^{b} \frac{1}{\sqrt{b^2 - x_2^2}} e^{-(x - x_1 - x_2)/2\sigma_{x_3}^2} \quad (2\text{-}34)$$

式中：$a = 45''$，$b = 41''$，$\sigma_{x_3} = 13''$，步长 $t = 1''$。

将 $g(kt)$ 的值列表，$X = kt$ 值计算到 $k = 129$ 步时，$g(129t) = 0$，大于 129 步可以不计算。计算结果见表 2-10，合成后的测量误差概率密度分布曲线如图 2-7 所示。测量误差的极限误差 $\Delta_{测}$ 按 $\alpha = 0.003$，$p(kt < \Delta_{测}) \leqslant 1 - \alpha = 99.7\%$，或 $p(kt > \Delta_{测}) \geqslant \alpha = 0.3\%$ 来确定，即

$$p(kt < \Delta_{测}) = 2\sum_{1}^{k} g(kt) \geqslant 99.7\% \quad (2\text{-}35\mathrm{a})$$

或

$$p(kt > \Delta_{测}) = 2\sum_{1}^{k} g(kt) \leqslant \alpha = 0.3\% \quad (2\text{-}35\mathrm{b})$$

当 $kt = 97$ 时，$p = 0.002966$，$\Delta_{测} = \pm 96''$。光电定向仪的极限误差为

$$\Delta = \Delta_{传} + \Delta_{测} = 129.9''$$

表2-10　$g(kt)$的分布密度计算表

k	$g(kt)\times 10^{-6}$	k	$g(kt)\times 10^{-6}$	k	$g(kt)\times 10^{-6}$	k	$g(kt)\times 10^{-6}$	k	$g(kt)\times 10^{-6}$	k	$g(kt)\times 10^{-6}$
0	9158	22	7591	44	5420	66	3255	88	904	110	44
1	9154	23	7485	45	5327	67	4144	89	824	111	37
2	9141	24	7380	46	5235	68	3013	90	748	112	30
3	9119	25	7274	47	5142	69	2921	91	681	113	25
4	9089	26	7170	48	5050	70	2808	92	610	114	20
5	9051	27	7066	49	4957	71	2694	93	547	115	16
6	9005	28	6962	50	4863	72	2579	94	489	116	13
7	8951	29	6860	51	4770	73	2465	95	435	117	11
8	8891	30	6758	52	4675	74	2350	96	386	118	8
9	8824	31	6658	53	4580	75	2235	97	341	119	7
10	8950	32	6558	54	4485	76	2121	98	299	120	5
11	8672	33	6460	55	4388	77	2008	99	262	121	4
12	8588	34	6362	56	4291	78	1896	100	228	122	3
13	8500	35	6265	57	4192	79	1785	101	198	123	3
14	8408	36	6169	58	4093	80	1676	102	171	124	2
15	8312	37	6073	59	3992	81	1569	103	147	125	1
16	8214	38	5979	60	3891	82	1465	104	125	126	1
17	8114	39	5884	61	3788	83	1363	105	107	127	1
18	8011	40	5791	62	3684	84	1264	106	90	128	1
19	7907	41	5698	63	3578	85	1168	107	76	129	0
20	7803	42	5605	64	3472	86	1076	108	64		
21	7697	43	5512	65	3364	87	983	109	53		

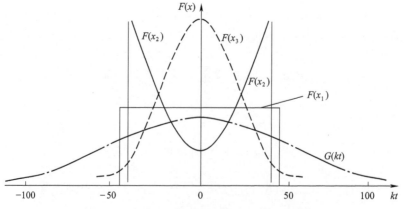

图2-7　合成后的测量误差概率密度分布曲线

2.6.3 系统误差的合成

(1) 代数和法合成已定系统误差为

$$\Delta = \frac{\partial F}{\partial x_1}\Delta_1 + \frac{\partial F}{\partial x_2}\Delta_2 + \cdots + \frac{\partial F}{\partial x_n}\Delta_n = \sum_{i=1}^{n} \frac{\partial F}{\partial x_i}\Delta_i \qquad (2-36)$$

式中:Δ_i 为误差的大小和方向已知的系统误差。

(2) 绝对和法合成未定系统误差为

$$\Delta = \left| \frac{\partial F}{\partial x_1}e_1 \right| + \left| \frac{\partial F}{\partial x_2}e_2 \right| + \cdots + \left| \frac{\partial F}{\partial x_n}e_n \right| = \sum_{i=1}^{n} \left| \frac{\partial F}{\partial x_i}e_i \right| \qquad (2-37)$$

式中:e_i 为误差的大小或方向未定的系统误差。

(3) 方和根法合成未定系统误差为

$$\Delta = \left[\sum_{i=1}^{m} \left(\frac{\partial F}{\partial x_i}e_i \right)^2 \right]^{1/2} \qquad (2-38)$$

式中:e_i 为误差的大小或方向未定的系统误差。

2.6.4 不同性质误差的合成

(1) 已定系统误差和随机误差的合成为

$$\Delta = \sum_{i=1}^{r} \Delta_i \pm c \sqrt{\sum_{i=1}^{n} (\delta_i/c_i)^2} \qquad (2-39)$$

式中:Δ_i 为已定系统误差(r 个);δ_i 为随机误差(n 个,$\delta_i = C_i\sigma_i$)。

(2) 随机误差与已定系统误差和未定系统误差的合成为

$$\Delta = \sum_{j=1}^{r} \Delta_j + \sum_{i=1}^{m} |e_i| \pm c_s \sqrt{\sum_{i=1}^{n} (\delta_i/c_i)^2} \qquad (2-40)$$

或

$$\Delta = \sum_{j=1}^{r} \Delta_j \pm c_{s1} \sqrt{\sum_{i=1}^{m} (e_i/c_i)^2} \pm c_{s2} \sqrt{\sum_{i=1}^{n} (\delta_i/c_i)^2} \qquad (2-41)$$

2.6.5 蒙特卡罗法合成

高分辨力的航空和航天画幅式摄影相机或是应用 TDI CCD 的推扫相机,要想得到清晰的图像,必须解决的一个重要技术是高精度的像移补偿。而实现高精度的像移补偿首先要获得高精度的像移速度矢。在这里通过应用蒙特卡罗法分析星载相机像移速度矢误差的实例来讲解蒙特卡罗合成法。

星载相机对星下点进行摄影或摄像时，地面景物各点在相机像面上的像移公式（推导过程见4.8.3节）如下（本节公式中，均用S代表sin；C代表cos）：

$$\begin{cases} V_{P_1} = \dfrac{f}{H-h}[\Omega(R+h) - \omega(R+h)Ci_0 - g_2\omega Si_0 S\gamma_0]C\theta_0 C\psi_0 - \\ \qquad \dfrac{f}{H-h}[\omega(R+h)Si_0 S\gamma_0 - g_1\omega Si_0 S\gamma_0]C\theta_0 S\psi_0 - \\ \qquad \dfrac{f}{H-h}[g_1\Omega - g_1\omega Ci_0 - g_2\omega Si_0 C\gamma_0]S\theta_0 + \\ \qquad \dfrac{g_1 f}{H-h}(\dot\theta S\theta_0 C\psi_0 + \dot\psi C\theta_0 S\psi_0) + \dfrac{g_2 f}{H-h}(\dot\theta S\theta_0 S\psi_0 - \dot\psi C\theta_0 C\psi_0) + f\dot\theta C\theta_0 \\ \hfill (2\text{-}42) \\ V_{P_2} = \dfrac{-f}{H-h}[\Omega(R+h) - \omega(R+h)Ci_0 - g_2\omega Si_0 S\gamma_0]C\phi_0 S\psi_0 - \\ \qquad \dfrac{f}{H-h}[\omega(R+h)Si_0 C\gamma_0 - g_1\omega Si_0 S\gamma_0]C\phi_0 C\psi_0 - \\ \qquad \dfrac{f}{H-h}(g_1\Omega - g_1\omega Ci_0 - g_2\omega Si_0 C\gamma_0)C\phi_0 C\theta_0 - \\ \qquad \dfrac{g_1 f}{H-h}[\dot\phi(S\phi_0 S\psi_0 + C\phi_0 S\theta_0 C\psi_0) + \dot\theta S\phi_0 C\theta_0 C\psi_0 - \dot\psi C\phi_0 C\psi_0] + \\ \qquad \dfrac{g_2 f}{H-h}[\dot\phi(S\phi_0 C\psi_0 - C\phi_0 S\theta_0 S\psi_0) - \dot\theta S\phi_0 C\theta_0 S\psi_0 + \dot\psi C\phi_0 S\psi_0] + f\dot\phi C\phi_0 C\theta_0 \end{cases}$$

$$\hfill (2\text{-}43)$$

式中：f为相机镜头焦距（mm）；R为相对于地心的地球（克拉索夫斯基椭球）半径（km）；H为被摄景物处，飞船的轨道高度（km）；h为被摄景物的地物地形高度（km）；$H-h$为被摄景物处飞船的真高度（km）；$R+h$为被摄景物处，地物的地心距（km）；i_0为轨道倾角（轨道平面和地球赤道平面间的夹角），$i_0 = 43°$；γ_0为在摄影时刻，在轨道平面内，飞船到降交点（飞船轨道平面在下行段与赤道的交点）之间所对应的中心角，当飞船轨道下行（由北向南）时：λ南纬，$\gamma_0 = \arcsin(\sin\lambda/\sin i_0)$；$\lambda$北纬，$\gamma_0 = -\arcsin(\sin\lambda/\sin i_0)$。当飞船轨道上行（由南向北）时：$\lambda$南纬，$\gamma_0 = 180° - \arcsin(\sin\lambda/\sin i_0)$；$\lambda$北纬，$\gamma_0 = 180° + \arcsin(\sin\lambda/\sin i_0)$；$\alpha$、$\lambda$为在地心地球坐标系中，飞船星下点的经度和纬度；$\omega$为地球自转角速率，$\omega = 7.2722 \times 10^{-5} \text{s}^{-1}$；$\Omega$为在摄影时刻，飞船轨道运动，相对地心的角速率（1/s）；ψ_0、θ_0、ϕ_0分别为飞船坐标系相对于轨道坐标系在摄影时刻的偏航、俯仰和横滚姿态角；$\dot\psi$、$\dot\theta$、$\dot\phi$分别为飞船坐标系相对于轨道坐标系的偏航、俯仰和横滚角速率；ψ_{max}、θ_{max}、ϕ_{max}为飞船三轴姿态角的最大值，$|\psi_{max}| = 0.7°$，$|\theta_{max}| = |\phi_{max}| = 0.5°$；$\dot\psi$、$\dot\theta$、$\dot\phi_{max}$为飞船三轴姿态角速率的极限值，$|\dot\psi_{max}| = |\dot\theta_{max}| = |\dot\phi_{max}| = 0.02 \text{ (°)/s}$。

而像移速度主向量值和偏流角分别为

$$\begin{cases} V_p = \sqrt{V_{p_1}^2 + V_{p_2}^2} \\ \beta_P = \arctan(V_{P_2}/V_{P_1}) \end{cases} \tag{2-44}$$

式中：V_{P_1}、V_{P_2} 为相机像面上前向和横向像移速度（mm/s）；V_p 为相机像面上像移速度主矢量值（mm/s）；β_P 为相机像面上像移速度主矢量在相面坐标系内与 P_1 轴的夹角，偏流角。

$$\begin{cases} g_1 = (H-h)\left(\dfrac{-\mathrm{S}\phi_0\mathrm{C}\theta_0}{\mathrm{C}\phi_0\mathrm{C}\psi_0} - \dfrac{\mathrm{S}\theta_0}{\mathrm{C}\theta_0\mathrm{S}_0}\right) \bigg/ \left(\dfrac{\mathrm{C}\psi_0}{\mathrm{S}\psi_0} + \dfrac{\mathrm{S}\psi_0}{\mathrm{C}\psi_0}\right) \\ g_2 = (H-h)\left(\dfrac{\mathrm{S}\phi_0\mathrm{C}\theta_0}{\mathrm{C}\phi_0\mathrm{S}\psi_0} - \dfrac{\mathrm{S}\theta_0}{\mathrm{C}\theta_0\mathrm{C}\psi_0}\right) \bigg/ \left(\dfrac{\mathrm{S}\psi_0}{\mathrm{C}\psi_0} + \dfrac{\mathrm{C}\psi_0}{\mathrm{S}\psi_0}\right) \end{cases} \tag{2-45}$$

式中：g_1、g_2 为在摄影时刻，相机视场光阑中心对应的地理点在地理坐标系 G 的前向和侧向距离（km）。按理 V_{P_1}、V_{P_2}、V_P 和 β_P 的解析式已有，σ_{V_S}、σ_{H-h}、σ_{R+h}、σ_λ、σ_ψ、σ_θ、σ_ϕ、$\sigma_{\dot\psi}$、$\sigma_{\dot\theta}$、$\sigma_{\dot\phi}$ 和 σ_f 这 11 个随机变量（误差项）的概率密度分布形式和均方偏差已经给出，完全可以应用全微分法求出合成后的 V_{p_1}、V_{p_2}、V_p 和 β_p 的均方偏差，来估计像移速度的误差。

可以给出的误差有：σ_{V_S} 为给出的飞船速度允许误差，$\sigma_{V_S} = 0.01\mathrm{km/s}$；$\sigma_{H-h}$ 为飞船真高度的允许误差，$\sigma_{H-h} = 0.1\mathrm{km}$；$\sigma_{R+H}$ 为飞船的地心轨道高度的允许误差，$\sigma_{R+H} = 0.08\mathrm{km}$；$\sigma_{R+h} = 0.05\mathrm{km}$；$\sigma_{R+h}$ 为地物地心距的允许误差，σ_λ 为星下点纬度和经度给出值的允许误差（相当于 $0.027°$），$\sigma_\lambda = \sigma_a = 3\mathrm{km}$；$\sigma_\psi = \sigma_\theta = \sigma_\phi = 0.05°$ 为飞船偏航、俯仰和横滚姿态角允许的测量误差；$\sigma_{\dot\psi} = \sigma_{\dot\theta} = \sigma_{\dot\phi} = 0.002(°)/\mathrm{s}$ 为飞船偏航、俯仰和横滚姿态角速率允许的测量误差；σ_f 为相机镜头焦距值的允许测量误差，$\sigma_f = 1.35\mathrm{mm}$。

可想而知，用全微分法处理如此复杂的解析式将会遇到不可解决的困难，因此需要寻求一种新的计算方法——蒙特卡罗法（统计试验法）来进行误差的合成。

具体合成步骤如下。

（1）见表 2-11，对应公式中的 11 个随机变量和 6 个姿态初始值产生 17 个伪随机数序列 $S_{i,j}(i=1,2,\cdots,n)$，n 为计算采样数，一个比较大的数；$j=1,2,\cdots,m$（$m=17$，即 17 个伪随机数）。式（2.42）中，i_0、ω 为常数，而 γ_0 的误差已经在 σ_λ 的误差项中考虑，故不重复计算。

在 17 个随机变量中，ϕ_0、θ_0、ψ_0、ϕ、θ 和 ψ 为 6 个均匀分布的变量，因此产生均匀分布随机数序列 $S_{i,j}$，$(i=1,2,\cdots,n,n$ 是一个比较大的数，即计算采样数）；$j=1$，$2,\cdots,6$。而其余的 11 个随机变量为正态分布，因此产生归一化正态分布随机数序列 $T_{i,j}$（$i=1,2,\cdots,n;j=7,8,\cdots,17$）。

表 2-11 参数误差的随机数计算表

序号 i,j	均匀分布 随机数序列 $S_{i,j}$	归一化正态分布 随机数序列 $T_{i,j}$	各参数的随机误差
1	$S_{i,1}$		$\varphi_0 = 2(S_{i,1} - 0.5)\varphi_{\max}$
2	$S_{i,2}$		$\theta_0 = 2(S_{i,2} - 0.5)\varphi_{\max}$
3	$S_{i,3}$		$\psi_0 = 2(S_{i,3} - 0.5)\psi_{\max}$
4	$S_{i,4}$		$\dot\varphi = 2(S_{i,1} - 0.5)\dot\varphi_{\max}$
5	$S_{i,5}$		$\dot\theta = 2(S_{i,2} - 0.5)\dot\theta_{\max}$
6	$S_{i,6}$		$\dot\psi = 2(S_{i,3} - 0.5)\dot\psi_{\max}$
7		$T_{i,7}$	$\Delta V_S = \text{Sign}(\cdot)T_{i,7} \cdot \sigma_{VS}$
8		$T_{i,8}$	$\Delta(H-h) = \text{Sign}(\cdot)T_{i,8} \cdot \sigma_{H-h}$
9		$T_{i,9}$	$\Delta(R+h) = \text{Sign}(\cdot)T_{i,9} \cdot \sigma_{R+h}$
10		$T_{i,10}$	$\Delta\lambda = \text{Sign}(\cdot)T_{i,10} \cdot \sigma_\lambda$
11		$T_{i,11}$	$\Delta f = \text{Sign}(\cdot)T_{i,11} \cdot \sigma_f$
12		$T_{i,12}$	$\Delta\varphi = \text{Sign}(\cdot)T_{i,12} \cdot \sigma_\varphi$
13		$T_{i,13}$	$\Delta\theta = \text{Sign}(\cdot)T_{i,13} \cdot \sigma_\theta$
14		$T_{i,14}$	$\Delta\psi = \text{Sign}(\cdot)T_{i,14} \cdot \sigma_\psi$
15		$T_{i,15}$	$\Delta\dot\varphi = \text{Sign}(\cdot)T_{i,15} \cdot \sigma_\phi$
16		$T_{i,16}$	$\Delta\dot\theta = \text{Sign}(\cdot)T_{i,16} \cdot \sigma_{\dot\theta}$
17		$T_{i,17}$	$\Delta\dot\psi = \text{Sign}(\cdot)T_{i,17} \cdot \sigma_{\dot\psi}$

(2) 将表 2-11 中 $i=1$ 的 $\phi_{0(i=1)}$、$\theta_{0(i=1)}$、$\psi_{0(i=1)}$、$\dot\phi_{0(i=1)}$、$\dot\theta_{0(i=1)}$ 和 $\dot\psi_{0(i=1)}$ 的值,以及式(2-42)和式(2-43)中其余参数某一时刻 $t_{(i=1)}$ 的值 $V_{S(i=1)}$、$(H-h)_{(i=1)}$、$(R+h)_{(i=1)}$、$f_{(i=1)}$,以及 i_0、γ_0 和 ω 共 13 个参数值代入式(2-42)~式(2-45),可以获得 $i=1$,即第一个采样点的 $V_{P(i=1)}$ 和 $\beta_{P(i=1)}$。

(3) 将表 2-11 中 $i=1$ 的 $(\phi_{0(i=1)}+\Delta\phi_{(i=1)})$、$(\theta_{0(i=1)}+\Delta\theta_{(i=1)})$、$(\psi_{0(i=1)}+\Delta\psi)_{(i=1)}$、$(\dot\phi_{0(i=1)}+\Delta\dot\phi_{(i=1)})$、$(\dot\theta_{0(i=1)}+\Delta\dot\theta_{(i=1)})$ 和 $(\dot\psi_{0(i=1)}+\Delta\dot\psi_{(i=1)})$ 的值,$(V_{S(i=1)}+\Delta V_{S(i=1)})$、$[(H-h)_{(i=1)}+\Delta(H-h)_{(i=1)}]$、$[(R+h)_{(i=1)}+\Delta(R+h)_{(i=1)}]$、$(f_{(i=1)}+\Delta f_{(i=1)})$ 和 $(\gamma_{0(i=1)}+\Delta\gamma_{0(i=1)})$ 的值,以及 i_0、a 共 13 个参数值代入式(2-42)~式(2-45),可以获得 $t_{(i=1)}$ 时刻的 $(V_p+\Delta V_p)_{(i=1)}$ 和 $(\beta_p+\Delta\beta_p)_{(i=1)}$ 的值。由此可得

$$\Delta V_{p(i=1)} = (V_p + \Delta V_p)_{(i=1)} - V_{p(i=1)} \tag{2-46}$$

和
$$\Delta \beta_{p(i=1)} = (\beta_p + \Delta \beta_p)_{(i=1)} - \beta_{p(i=1)} \tag{2-47}$$

（4）根据摄影周期，将 $\gamma_{0(i=1)}$ 增加一个增量，即增加卫星轨道运动增加的中心角得到 $\gamma_{0(i=2)}$，同时将表 2-11 中 $i=2, j=1,2,\cdots,17$ 的 17 个随机数按步骤（2）和（3）计算，获得 $\Delta V_{p(i=2)}$ 和 $\Delta \beta_{p(i=2)}$。

（5）重复以上步骤，最终可以获得两组 ΔV_p 和 $\Delta \beta_p$ 合成误差的数列，即两组合成误差的样本为

$$\begin{cases} \Delta V_{p(i=1)} 、 \Delta V_{p(i=2)} 、 \cdots 、 \Delta V_{p(i=n)} \\ \Delta \beta_{p(i=1)} 、 \Delta \beta_{p(i=2)} 、 \cdots 、 \Delta \beta_{p(i=n)} \end{cases}$$

通过对这两组样本进行统计分析，可以获得合成误差的统计特性。

表 2-12 所列为各参数随机波动产生的误差 ΔV_p 区间概率分布情况，即 ΔV_p 的统计直方图。表 2-13 所列为在不同的摄影曝光时间 t 下，$\Delta V_p \cdot t$ 不大于总体分配的允许值 0.0012mm 之内的概率数。表中概率超过置信因子 $C=3$ 时的概率为 99.7%，原因可能是采样点仅为 1800 个。表 2-14 所列为 $\Delta \beta_p$ 的统计直方图。

表 2-12　ΔV_p 区间概率分布表

像移速度的变化范围/(mm/s)	−0.5 ~ −0.4	−0.4 ~ −0.3	−0.3 ~ −0.2	−0.2 ~ −0.1	−0.1 ~ 0	0 ~ 0.1	0.1 ~ 0.2	0.2 ~ 0.3	0.3 ~ 0.4	0.4 ~ 0.5
概率/%	0.9	0.89	5.94	16.67	28.5	25.11	16.5	5.4	0.78	0.16

表 2-13　ΔV_p 小于允许值的概率表

曝光时间/s	1/100	1/150	1/200	1/250	1/300	1/350	1/400
概率/%	81.83	91.11	96.9	99.1	99.83	99.89	99.89

表 2-14　$\Delta \beta_p$ 区间概率分布表

偏流角的变化范围/(°)	−0.04 ~ −0.03	−0.03 ~ −0.02	−0.02 ~ −0.01	−0.01 ~ 0	0 ~ 0.01	0.01 ~ 0.02	0.02 ~ 0.03	0.03 ~ 0.04
概率/%	0.22	2.22	13	32.33	33.17	16.5	2.33	0.22

2.6.6　信号流动图法合成

在海上鉴定、测试弹载平台的原始方位和调平精度是个比较复杂的问题。测试过程中，待测参数多，动用各类光测设备多，数据处理和测试方案本身的误差分

析和计算很烦琐。在实际的工程中,我们应用流动图的方法,分析了鉴定测试中的主要参数和测试中各类光测设备的测量误差对被鉴定的弹载平台原始方位和调平精度的影响,并给出了它们的计算公式。希望简便、直观地推导出计算公式,避免求解一系列烦琐的微分方程。在本教材中应用部分分析材料来讲解信号流动图法进行误差合成的方法。

1. 符号说明

$OE_xE_yE_z$——固定在地球表面一点的地理坐标系,E_z 指向天顶,E_y 指向目标并与 E_z 正交,E_yE_z 与射面重合,E_x 与 E_y、E_z 正交,构成右手坐标系;

$OS_xS_yS_z$——固定在艇体上的艇体坐标系,S_y 为纵轴,S_xS_y 构成艇甲板平面,S_z 与 S_x、S_y 正交,构成右手系;

$OT_xT_yT_z$——固定于 $K\Phi T$ 摄影经纬仪视轴上的跟踪器坐标系,T_y 为视轴,T_x 与水平轴重合,T_z 轴与 T_x、T_y 轴正交,构成右手系;

$OT_x'T_y'T_z'$——跟随艇体摇摆之后,$K\Phi T$ 视轴上的跟踪器坐标系;

$OP_xP_yP_z$——弹载平台台体在地理坐标系内的框架坐标系。原点固定在台体上,P_z 为台体轴,指向天顶;P_y 为内框架轴,指向与 P_z 正交;P_x 轴与 P_y、P_z 轴正交,构成右手系;

$OP_x'P_y'P_z'$——假设平台台体跟随艇体摇摆之后的框架坐标系;

$OP_{yx}'P_{yy}'P_{yz}'$——经过一系列空间坐标转换后,P_{yy}'轴与原台体 P_y'轴相重合的框架坐标系;

$OP_{zx}'P_{zy}'P_{zz}'$——经过一系列空间坐标转换后,P_{zz}'轴与原台体 P_z'轴相重合的框架坐标系;

q_1——在地理坐标系内,岸标到艇位连线相对艇首尾连线的夹角;

ε_1——在地理坐标系内,在艇位处测得的岸标高角;

q_1'——在艇体坐标系内,$K\Phi T$ 测得的岸标到艇位连线相对实际航向时的艇首尾连线的夹角;

ε_1'——在艇体坐标系内,$K\Phi T$ 测得的岸标高角;

q_0——在地理坐标系内,平台台体相对艇首尾连线夹角;

ε_0——在地理坐标系内,平台台体的调平误差;

q_y、ε_y——在地理坐标系内,平台台体坐标系 P_{yy}'轴的方位角和高角;

q_z、ε_z——在地理坐标系内,平台台体坐标系 P_{zz}'轴的方位角和高角(其中 $q_y = q_0$,$\varepsilon_z = \varepsilon_0$);

δq_1——q_1 的测量误差角;

$\delta\varepsilon_1$——ε_1 的测量误差角;

δq_0(或 δq_y)——q_0 的测量误差;

$\delta\varepsilon_0$(或 $\delta\varepsilon_z$)——ε_0 的测量误差；

Δq、$\Delta\varepsilon$——在艇体坐标系内，$K\Phi T$ 测量岸标的舷角(岸标到艇位连线相对实际艇首尾连线的夹角)和高角的测量误差角；

Δq_0——$K\Phi T$ 在艇体上的方位安装误差；

λ、ψ、α——在地理坐标系内，测得的平台台体坐标系的纵摇角、横摇角和方位角；

δ_λ、δ_ψ、δ_α——λ、ψ 和 α 的测量误差角；

λ'、ψ'、α'——在艇体坐标系内，测得的平台台体坐标系的纵摇角、横摇角和方位角；

$\Delta\lambda'$、$\Delta\psi'$、$\Delta\alpha'$——λ'、ψ' 和 α' 的测量误差角；

θ、ϕ——在地理坐标系内，艇体坐标系的横摇角和纵摇角；

$\Delta\theta$、$\Delta\varphi$——在地理坐标系内，艇体坐标系的横摇角和纵摇角的测量误差；

S_{xx}、S_{yx}、S_{zx}——平台坐标系 P_x' 轴在艇体坐标系 $OS_xS_yS_z$ 三轴上投影；

S_{xy}、S_{yy}、S_{zy}——平台坐标系 P_y' 轴在艇体坐标系 $OS_xS_yS_z$ 三轴上投影；

S_{xz}、S_{yz}、S_{zz}——平台坐标系 P_z' 轴在艇体坐标系 $OS_xS_yS_z$ 三轴上投影；

P_{xy}、P_{xz}——沿艇体坐标系 S_x 轴放置的照相测角仪坐标系的相面坐标；

P_{yx}、P_{yz}——沿艇体坐标系 S_y 轴放置的照相测角仪坐标系的相面坐标；

P_{zx}、P_{zy}——沿艇体坐标系 S_z 轴放置的照相测角仪坐标系的相面坐标；

f_x、f_y、f_z——沿 S_x、S_y 和 S_z 三轴布置的三台照相测角仪焦距；

ΔS_{tx}、ΔS_{zx}、ΔS_{xy}、ΔS_{zy}、ΔS_{xy}、ΔS_{yz}——照相测角仪的测量误差(其中包括安装误差)。

2. 测试方案介绍

为了阅读方便，首先简单地介绍鉴定、测试方案。其基本思想是在发射筒顶端安装一个双层支架，支架上层安装 $K\Phi T$ 摄影经纬仪，下层安装待测平台和两台照相测角仪。$K\Phi T$ 用来拍摄岸标，测量岸标到艇位连线相对实际航向时艇首尾连线夹角 q_1'，以及岸标相对艇甲板平面的高低角 ε_1'。照相测角仪用来测量记录待测平台相对艇体的方位角 α'，横摇角 ψ'，纵摇角 λ'。

岸标处架设一台电影经纬仪，测量岸标和艇位连线与岸标处真北方向间的夹角 q_2。岸上同时还架设电影经纬仪若干台，测量艇位 ψ_1 和 λ_1。

艇915惯导测量艇体坐标系相对地理坐标系的横摇角 θ 和纵摇角 Φ。

上述的全部测试设备由统一时统控制、实时记录。平台台体原始方位精度测试原理如图2-8所示。

图中 N——正北方向；

P_y——平台台体在地理坐标系内的方位指向；

S_y——艇体坐标系在地理坐标系内的方位指向；

q_1——在地理坐标系内，岸标站点到艇位连线相对艇首尾连线的夹角；

q_0——在地理坐标系内，平台台体相对艇首尾连线艇艏方向的夹角；

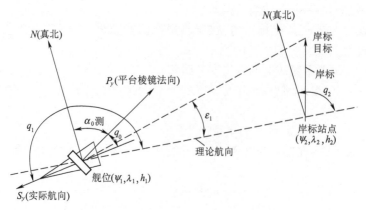

图 2-8　平台台体原始方位精度测试原理

α_0——平台台体相对艇位处正北方向的夹角。

平台台体相对在艇位处的正北方向夹角的理论值 α_0（q_2 角），可以根据艇和目标 uj 两地的地理位置（ψ_1，λ_1）、（ψ_2，λ_2）和两地海拔高度 h_1 和 h_2 求得。而 α_0 的测量值（或称实际值）可用下式求出，即

$$\alpha_{0测} = q_2 + 180° - (q_1 - q_0) + \gamma + \Delta\alpha_{kp}$$

式中：γ 为子午线收敛角；$\Delta\alpha_{kp}$ 为地球曲率修正值。

下面分析如何通过各测量设备获得的测量数据来计算出 q_1、q_0、ε_1 和 ε_0，以及其他确定平台台体原始方位精度和调平精度所需的数据和测试方案中各环节误差（测量误差、安装误差）对测试结果的影响。

3. 角度与误差计算

如图 2-9 所示，设原始位置时，艇体坐标系 $S_x S_y S_z$、$K\Phi T$ 坐标系 $T_x T_y T_z$ 和地理

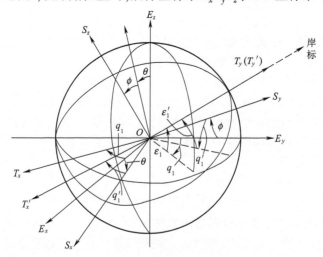

图 2-9　艇体坐标系 $OS_x S_y S_z$、地理坐标系 $OE_x E_y E_z$ 和 $K\Phi T$ 坐标系 $OT_x T_y T_z$ 旋转图

坐标系 $E_x E_y E_z$ 完全重合。首先在地理坐标系内 $K\Phi T$ 经纬仪坐标系先绕 E_z 轴作方位旋转 q_1 角;然后绕 T_x 轴高低旋转 ε_1 角,得到 $T_x T_y T_z$ 空间(图内 T_z 没有画出)使 T_y 轴指向岸标。

然后以另一种方式,艇体坐标系($K\Phi T$ 坐标系伴随艇体坐标系)在地理坐标系内绕 E_y 轴作横摇 θ 和绕 S_x 轴作纵摇 ϕ,得艇体空间 $S_x S_y S_z$。而后 $K\Phi T$ 坐标系在艇体坐标系内,绕 S_z 轴做方位旋转 q_1' 和绕 T_x' 轴作高低旋转 ε_1' 角,使 T_y' 轴也指向岸标。得到另一个 $K\Phi T$ 空间 $T_x' T_y' T_z'$(图中 T_z' 轴没有画出)。由于 T_y 轴和 T_y' 轴都指向岸标,因此要 $T_x T_y T_z$ 和 $T_x' T_y' T_z'$ 两空间彼此重合,只要使 $T_x' T_y' T_z'$ 坐标系绕 T_y' 轴继续作一个适当的旋转即可。其中旋转的 q_1' 和 ε_1' 角,即 $K\Phi T$ 在艇体坐标系内测得岸标的方位角和高角;而 q_1 和 ε_1 为要求解的在地理坐标系内岸标相对理论航向时艇首尾连线夹角 q_1 和岸标高角 ε_1。

根据以上坐标系的旋转,可得到图 2-10 所示的信号流动图。

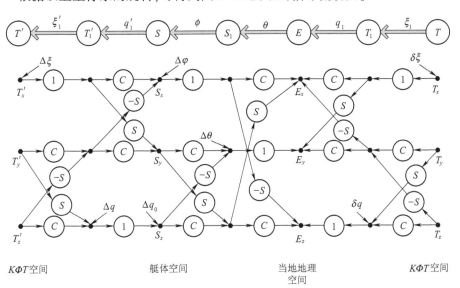

图 2-10　信号流动图

由于 T_y' 轴和 T_y 轴重合,都指向岸标,因而 T_y 和 T_y' 分别在地理坐标系 E_x、E_y、E_z 三轴上的投影应相等。根据信号流动图可以直接写出以下等式:

在 E_x 轴上的投影为

$$\cos\varepsilon_1 \sin q_1 = \cos\varepsilon_1' \cos q_1' \cos\theta - \sin\varepsilon_1' \cos\phi \sin\theta - \cos\varepsilon_1' \cos q_1' \sin\phi \sin\theta$$

$$(2\text{-}48\text{a})$$

在 E_y 轴上的投影为

$$\cos\varepsilon_1 \cos q_1 = \cos\varepsilon_1' \cos q_1' \cos\phi - \sin\varepsilon_1' \sin\phi \qquad (2\text{-}48\text{b})$$

在 E_z 轴上的投影为

$$\sin\varepsilon_1 = \cos\varepsilon_1'\cos q_1'\sin\phi\cos\theta + \sin\varepsilon_1'\cos\phi\cos\theta + \cos\varepsilon_1'\sin q_1'\sin\theta \quad (2\text{-}48\text{c})$$

式(2-48c)等号左端仅有 ε_1 项,由此可得

$$\varepsilon_1 = \arcsin(\cos\varepsilon_1'\cos q_1'\sin\phi\cos\theta + \sin\varepsilon_1'\cos\phi\cos\theta + \cos\varepsilon_1'\sin q_1'\sin\theta)$$
$$(2\text{-}49)$$

将式(2-48a)除以式(2-48b),可得

$$q_1 = \arctan\frac{\cos\varepsilon_1'\sin q_1'\cos\theta - \sin\varepsilon_1'\cos\phi\sin\theta - \cos\varepsilon_1'\cos q_1'\sin\phi\sin\theta}{\cos\varepsilon_1'\cos q_1'\cos\phi - \sin\varepsilon_1'\sin\phi}$$
$$(2\text{-}50)$$

把 $K\Phi T$ 在艇体上安装时的方位误差 Δq_0、$K\Phi T$ 在艇体坐标系内测量岸标的方位角和高角的测量误差 Δq、$\Delta\varepsilon$,以及艇体纵、横摇测量误差 $\Delta\phi$ 和 $\Delta\theta$ 引入图 2-10 所示的信号流动图内。

根据信号流动图,可直接求出由误差因素产生的 q_1 角和 ε_1 角的测量误差值。

由 $K\Phi T$ 在艇体上安装方位误差 Δq_0 产生的测量误差(属系统误差)为

$$\begin{cases} \delta q_1 = \Delta q_0\cos\phi\cos\theta & (2\text{-}51\text{a}) \\ \delta\varepsilon_1 = \Delta q_0(\cos\phi\sin\theta\cos q_1 - \sin\phi\sin q_1) & (2\text{-}51\text{b}) \end{cases}$$

由 $K\Phi T$ 测量误差 Δq 和 $\Delta\varepsilon$ 产生的测量误差为

$$\begin{cases} \delta q_2 = \Delta q\cos\phi\cos\theta + \Delta\varepsilon(\sin q_1'\sin\phi\cos\theta - \cos q_1'\sin\theta) & (2\text{-}52\text{a}) \\ \delta\varepsilon_2 = \Delta\varepsilon(\cos q_1'\cos\theta\cos q_1 + \sin q_1'\cos\phi\sin q_1 + \sin q_1'\sin\phi\sin\theta\cos q_1') \\ \qquad + \Delta q(\cos\phi\sin\theta\cos q_1 - \sin\phi\sin q_1) & (2\text{-}52\text{b}) \end{cases}$$

由艇体纵横摇测量误差 $\Delta\phi$ 和 $\Delta\theta$ 产生的测量误差为

$$\begin{cases} \delta q_3 = -\Delta\phi\sin\theta & (2\text{-}53\text{a}) \\ \delta\varepsilon_3 = \Delta\phi\cos\theta\cos q_1 + \Delta\theta\sin q_1 & (2\text{-}53\text{b}) \end{cases}$$

由式(2-51)~式(2-53),可得

$$\delta q = \delta q_1 + \sqrt{\delta^2 q_2 + \delta^2 q_3} \quad (2\text{-}54\text{a})$$

$$\delta\varepsilon = \delta\varepsilon_1 + \sqrt{\delta^2\varepsilon_2 + \delta^2\varepsilon_3} \quad (2\text{-}54\text{b})$$

习　题

1. 列出 5 种常用的随机变量分布,包括分布名称、分布的概密度函数、期望值和均方偏差。

2. 列出一维和二维随机变量的数学期望和标准(均方)偏差的数学表达式(包括离散型和连续型)。

3. 已知 $X = f(x_1, x_2, \cdots, x_n)$,各随机变量 x_i 的方差(标准偏差)为 σ_{xi}。当 $x_i(i=$

$1,2,\cdots,n$)彼此独立、不相关,无系统误差,且 σ_{xi} 值彼此之间相差不大。试求: σ_x (只需列出推导过程)。

4. 用 χ^2 分布进行 σ^2 的区间估计时, $\hat{\sigma}^2$ 为作 $(k+1)$ 测量,得出的方差估值,方差 σ^2 的置信区间为

$$\frac{k\hat{\sigma}^2}{x_{\alpha/2}^2} < \sigma^2 \leqslant \frac{k\hat{\sigma}^2}{x_{1-\alpha/2}^2}$$

试说明上式的物理意义。

5. 已知某测量仪器的测量误差由两部分组成,第一部分的误差为均匀分布,其极限误差值为 $\Delta_1 = \pm 30''$;第二部分的极限误差为正态分布,其值为 $\Delta_2 = \pm 25''$,试计算其总误差(进行误差合成),只需列出数值计算步骤和公式,不必求出具体的数值。

6. 设某测量仪器的一个测量值 y 与 8 个变量(测量值、随机变量)成函数关系: $y = f(x_1, x_2, x_3, x_4, x_5, x_6, x_7, x_8)$。已知 x_1, x_2, x_3, x_4 的测量误差的极限误差分别为 $\pm a_1, \pm a_2, \pm a_3, \pm a_4$,且为均匀分布;而 x_5, x_6, x_7, x_8 的测量误差的标准偏差(方差)分别为 $\sigma_5, \sigma_6, \sigma_7, \sigma_8$,且为正态分布。试用蒙特卡罗法计算 y 的标准偏差 σ_y。只需列出计算步骤,以及参数误差的随机数计算表。

参 考 文 献

[1] 肖明耀.误差理论与应用[M].北京:计量出版社,1985.

[2] 赵志祥,周德邻.数据测量和评价工作中的数学处理[M].北京:原子能出版社,1994.

[3] 天津大学,陈林才,张鄂.精密仪器设计[M].北京:机械工业出版社,1991.

[4] 杨惠连.误差理论与数据处理[M].天津:天津大学出版社,1992.

[5] 浙江大学数学系高等数学教研组.高等学校试用教材 工程数学 概率论与数理统计[M].北京:高等教育出版社,1979.

[6] 王家骐,于平,颜昌翔,等.航天光学遥感器像移速度矢计算数学模型[J].光学学报,2004(12):1585-1589.

[7] 杨秀彬,贺小军,张刘,等.偏流角误差对 TDI CCD 相机成像的影响与仿真[J].光电工程,2008,35(11)45-50+56.

[8] 杨秀彬,常琳,金光.单框架控制力矩陀螺转子动不平衡对遥感卫星成像的影响[J].中国光学,2012,5(4):358-365.

[9] 常琳,金光,杨秀彬.航天 TDI CCD 相机成像拼接快速配准算法设计与分析[J].光学学报,2014(5):56-64.

[10] 金光.机载光电跟踪测量的目标定位误差分析和研究[D].长春:中国科学院长春光精密机械与物理研究所,2001.

[11] 王悦勇.基于外测岸标的潜地导弹瞄准精度鉴定方法研究[D].长春:中国科学院研究生院(长春光学精密机械与物理研究所),2003.

[12] 王亚敏,杨秀彬,金光,等.微光凝视成像曝光自适应研究[J].光子学报,2016,45(012):69-75.

第3章
光学传递函数

3.1 用传递函数表示的线性系统随机信号的输入响应

在时域中,线性系统随机信号的输入和输出关系如图 3-1(a) 所示。

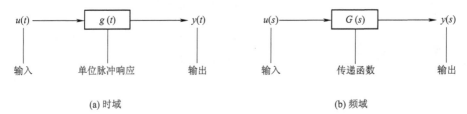

(a) 时域   (b) 频域

图 3-1 线性系统随机信号输入和输出框图

系统的输出为输入与系统的单位脉冲响应的卷积,即

$$y(t) = \int_0^\infty g(t)u(t - \tau)\mathrm{d}\tau \tag{3-1}$$

在频域中,线性系统随机信号的输入和输出关系如图 3-1(b) 所示。

系统的输出为输入与系统的传递函数的乘积,即

$$y(s) = G(s)u(s) \tag{3-2}$$

当 $t < 0, u(t) = 0; y(t) = 0; g(t) = 0$。$S$ 平面的右平面中没有极点。

输出的自相关函数为

$$
\begin{aligned}
\varPhi_y(\tau) &= E[y(\tau)y(t - \tau)] \\
&= \lim_{\tau \to \infty} \frac{1}{2T} \int_{-T}^{T} y(t)y(t - \tau)\mathrm{d}t \\
&= \int_0^\infty \int_0^\infty g(\tau_1)g(\tau_2)\left[\lim_{T \to \infty} \frac{1}{2T} \cdot \int_{-T}^{T} u(t - \tau_1)u(t + \tau_1 - \tau_2)\mathrm{d}t\right]\mathrm{d}\tau_1\mathrm{d}\tau_2 \\
&= \int_0^\infty \int_0^\infty g(\tau_1)g(\tau_2)\varPhi_u(\tau + \tau_1 - \tau_2)\mathrm{d}\tau_1\mathrm{d}\tau_2 \tag{3-3}
\end{aligned}
$$

输出的自相关函数的另一种算法为

$$\Phi_y(\tau) = \lim_{T \to \infty} \frac{1}{2T} \int_{-T}^{T} \left[\int_0^{\infty} g(\tau_1) u(t - \tau_1) \mathrm{d}\tau_1 \cdot y(t + \tau) \right] \mathrm{d}t$$

$$= \int_0^{\infty} g(\tau_1) \left[\lim_{T \to \infty} \frac{1}{2T} \int_{-T}^{T} u(t - \tau_1) y(t + \tau) \mathrm{d}\tau \right] \mathrm{d}\tau_1$$

$$= \int_0^{\infty} g(\tau_1) \Phi_{uy}(\tau + \tau_1) \mathrm{d}\tau_1 \qquad (3-4)$$

输入和输出的互相关函数为

$$\Phi_{uy}(t) = E[u(\tau) y(t + \tau)]$$

$$= \lim_{T \to \infty} \frac{1}{2T} \int_{-T}^{T} y(t + \tau) u(t) \mathrm{d}t$$

$$= \lim_{T \to \infty} \frac{1}{2T} \int_{-T}^{T} \left[u(t) \int_0^{\infty} g(\tau_1) u(t + \tau - \tau_1) \mathrm{d}\tau_1 \right] \mathrm{d}t$$

$$= \int_0^{\infty} g(\tau_1) \left[\lim_{T \to \infty} \frac{1}{2T} \int_{-T}^{T} u(t) u(t + \tau - \tau_1) \mathrm{d}t \right] \mathrm{d}\tau_1$$

$$= \int_0^{\infty} g(\tau_1) \Phi_u(\tau - \tau_1) \mathrm{d}\tau_1 \qquad (3-5)$$

式中：$\Phi_u(\tau)$ 为输入的自相关函数。

对式(3-3)进行傅里叶变换可得输入、输出的频谱函数,即

$$\Phi_y(\omega) = F^{-1}[\Phi_y(\tau)]$$

$$= \int_{-\infty}^{\infty} \left[\int_0^{\infty} \int_0^{\infty} g(\tau_1) g(\tau_2) \Phi_u(\tau + \tau_1 - \tau_2) \mathrm{d}\tau_1 \mathrm{d}\tau_2 \right] \cdot \mathrm{e}^{-\mathrm{j}\omega\tau} \mathrm{d}\tau$$

$$= \int_0^{\infty} \int_0^{\infty} g(\tau_1) g(\tau_2) \mathrm{e}^{\mathrm{j}\omega\tau_1} \mathrm{e}^{-\mathrm{j}\omega\tau_2} \cdot \left[\int_{-\infty}^{\infty} \Phi_u(\tau + \tau_1 - \tau_2) \mathrm{e}^{\mathrm{j}\omega(\tau + \tau_1 + \tau_2)} \mathrm{d}\tau \right] \mathrm{d}\tau_1 \mathrm{d}\tau_2$$

$$= \int_0^{\infty} g(\tau_1) \mathrm{e}^{\mathrm{j}\omega\tau_1} \mathrm{d}\tau_1 \cdot \int_0^{\infty} g(\tau_2) \mathrm{e}^{-\mathrm{j}\omega\tau_2} \mathrm{d}\tau_2 \cdot \int_{-\infty}^{\infty} \Phi_u(\tau + \tau_1 - \tau_2) \mathrm{e}^{-\mathrm{j}\omega(\tau + \tau_1 + \tau_2)} \mathrm{d}\tau$$

$$= G(-\mathrm{j}\omega) G(\mathrm{j}\omega) \Phi_u(\omega)$$

$$= |G(\mathrm{j}\omega)|^2 \Phi_u(\omega) \qquad (3-6)$$

对式(3-4)和式(3-5)分别进行傅里叶变换,可得

$$\Phi_y(\omega) = G(-\mathrm{j}\omega) \Phi_{uy}(\omega) \qquad (3-7)$$

$$\Phi_{uy}(\omega) = G(\mathrm{j}\omega) \Phi_u(\omega) \qquad (3-8)$$

以传递函数为 $G(s)$ 所描述的线性系统中,当随机信号 $u(t)$ 输入时,输出为 $g(t)$。输入和输出关系由式(3-6)确定,即把输入和输出 $[G(\mathrm{j}\omega)]^2$ 用传递函数形式表示为输入和输出的频谱密度函数。式(3-8)是系统识别时常用的重要关系式。当输入 $u(t)$ 是白噪声时,$\varphi_u(\omega) = 1$,则

$$\Phi_{uy} = G(\mathrm{j}\omega) \qquad (3-9)$$

系统的传递函数表示了输入和输出的相互频谱密度(输入和输出的相关函数的傅里叶变换)。

3.2 控制系统的主要环节的传递函数

1. 比例放大环节

传递函数：$\qquad G(s) = K$

频率特性：$\qquad G(j\omega) = K$

对数幅频特性：$\quad 20\lg | G(j\omega) | = 20\lg K \ \text{dB}$ $\qquad$ (3-10)

相频特性：$\qquad \Phi(\omega) = 0$

2. 积分环节

传递函数：$\qquad G(s) = \dfrac{1}{TS}$

频率特性：$\qquad G(j\omega) = j\omega T$

对数幅频特性：$\quad 20\lg | G(j\omega) | = 20\lg(\omega T) \ \text{dB}$ $\qquad$ (3-11)

相频特性：$\qquad \Phi(\omega) = 90°$

3. 微分环节

传递函数：$\qquad G(s) = TS$

频率特性：$\qquad G(j\omega) = j\omega T$

对数幅频特性：$\quad 20\lg | G(j\omega) | = 20\lg(\omega T) \ \text{dB}$ $\qquad$ (3-12)

相频特性：$\qquad \Phi(\omega) = 90°$

4. 惯性环节

传递函数：$\qquad G(s) = \dfrac{1}{1 + TS}$

频率特性：$\qquad G(j\omega) = \dfrac{1}{1 + j\omega T}$

对数幅频特性：$\quad 20\lg | G(j\omega) | = -20\lg\sqrt{1 + \omega^2 T^2}$ $\qquad$ (3-13)

相频特性：$\qquad \Phi(\omega) = -\arctan(\omega T)$

5. 一阶导数环节

传递函数：$\qquad G(s) = 1 + TS$

频率特性：$\qquad G(j\omega) = 1 + j\omega T$

对数幅频特性：$\quad 20\lg | G(j\omega) | = -20\lg\sqrt{1 + \omega^2 T^2}$ $\qquad$ (3-14)

相频特性：$\qquad \phi(\omega) = -\arctan(\omega T)$

6. 振荡环节

传递函数：$\qquad G(s) = \dfrac{\omega_n^2}{\omega_n^2 + 2\xi\omega_n s + s^2}$

式中:ξ 为阻尼系数;ω_n 为谐振频率。

频率特性:
$$G(j\omega) = \frac{1}{1 + 2\xi(j\omega/\omega_n) + (j\omega/\omega_n)^2}$$

对数幅频特性:$20\lg|G(j\omega)| = -20\lg\sqrt{\left(1 - \frac{\omega^2}{\omega_n^2}\right)^2 + \left(2\xi\frac{\omega}{\omega_n}\right)^2}$

相频特性:
$$\phi(\omega) = -\arctan\frac{2\xi\dfrac{\omega}{\omega_n}}{1 - \left(\dfrac{\omega}{\omega_n}\right)^2} \tag{3-15}$$

7. 纯滞后环节

传递函数:
$$G(s) = e^{-\tau s}$$

式中:τ 为延时时间。

频率特性:
$$G(j\omega) = e^{-j\omega\tau}$$

对数幅频特性:
$$20\lg|G(j\omega)| = 0 \tag{3-16}$$

相频特性:
$$\varPhi(\omega) = -\omega\tau$$

8. 组合环节

串联系统:
$$G(s) = \prod_{i=1}^{n} G_i(s)$$

并联系统:
$$G(s) = \sum_{i=1}^{n} G_i(s)$$

反馈闭环系统:
$$G(s) = \frac{G_1(s)}{1 \pm G_1(s) \cdot H(s)} \tag{3-17}$$

3.3　一个自由度机械系统的传递函数

一个自由度机械系统示意如图 3-2 所示。

系统的运动方程式为
$$m\ddot{x} + c(\dot{x} - \dot{x}_0) + k(x - x_0) = 0 \tag{3-18}$$

设 $k/m = \omega_0^2, C/\sqrt{mk} = 2\xi, u(t) = x_0(t) + 2\dot{x}_0(t)\xi/\omega_0$,则式(3-18)简化为
$$\ddot{x} + 2\xi\omega_0\dot{x} + \omega_0^2 x = \omega_0^2 u(t) \tag{3-19}$$

系统的传递函数为
$$G(s) = x(s)/u(s)$$

$$G(s) = \frac{\omega_0^2}{s^2 + 2\xi\omega_0 s + \omega_0^2} \tag{3-20}$$

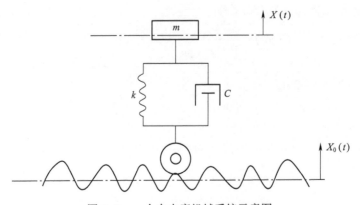

图 3-2　一个自由度机械系统示意图

$X_0(t)$ —输入(随机信号);$X(t)$ —输出;m —质量;k —刚度系数;C —阻尼系数。

在分析中,设 $u(t)$ 为白噪声,$\xi < 1$。

脉冲响应为

$$g(t) = \frac{\omega_0^2}{\omega_1} e^{-\xi \omega_0 t} \sin(\omega_1 t) \tag{3-21}$$

式中:$\omega_1 = \sqrt{1 - \xi^2}\, \omega_0$ 其功率频谱密度函数为

$$\Phi_x(\omega) = G(j\omega) \cdot G(-j\omega) \Phi_u(\omega)$$

由于 $u(t)$ 是白噪声,因此 $\Phi_u(\omega) = 1$,则

$$\begin{aligned}
\Phi_x(\omega) &= \frac{\omega_0^4}{(\omega^2 - \omega_0^2)^2 + (2\xi\omega_0\omega)^2} \\
&= \frac{\omega_0^4}{[\omega^2 - \omega_0^2(1 - 2\xi^2)]^2 \cdot 4\xi^2(1 - \xi^2)\omega_0}
\end{aligned} \tag{3-22}$$

由式(3-22)可知,当 $\omega^2 = \omega_0^2(1 - 2\xi^2)$ 时,有尖峰的共振现象。因此当白噪声 $u(t)$ 输入时,车体强烈吸收其自身固有频率相对应的能量而引起共振。

3.4　光学系统传递函数

光学系统(或其他成像环节)对不同空间频率物体的衰减情况,称为系统或环节的频率响应、传递特性或光学传递函数(OTF)。

光学成像系统的物像关系和物像一维正弦亮度分布分别如图 3-3 和图 3-4 所示,设物面上原物体的亮度分布为

$$I(x) = b_0 + b_1 \cos(2\pi N x) \tag{3-23}$$

式中:b_1 为亮度起伏;b_0 为平均亮度;T 为周期(mm);N 为 $\dfrac{1}{T}$ 空间频率(lp/mm)。

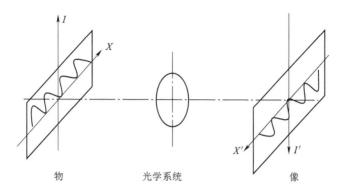

图 3-3　光学成像系统的物像关系

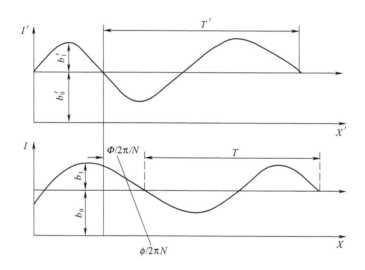

图 3-4　物像一维正弦亮度分布

由于光学系统有衍射、像差和破坏像质的其他因素影响,像的亮度分布为

$$I(x') = b_0' + b_1'\cos(2\pi N\alpha' - \varphi) \tag{3-24}$$

为讨论方便,假设光学系统放大倍率等于 1,即 $X = X'$;透过率等于 1,即 $b_0' = b_0$,可以看到,成像后,像与物有两点相同,两点不同。

相同点:(1)像的亮度分布仍然是余弦分布;(2)像与物的亮度分布周期相等,$T = T'$(放大率为 $1^×$)。

像的亮度分布可以写成如下形式,即

$$I'(x) = b_0' + b_1'\cos(2\pi Nx - \varphi) \tag{3-25}$$

不同点:(1)$b_1' < b_1$;(2)像的位置错动了一个 φ 角,即相位变了。

3.4.1 从物理概念上进行讨论

（1）调制度变小了，即对比变小了，亮度起伏小了。
定义调制度为

$$M = \frac{I_{\max} - I_{\min}}{I_{\max} + I_{\min}} \qquad (3-26)$$

物的调制度为

$$M_0 = \frac{b_1}{b_0} \qquad (3-27)$$

像的调制度为

$$M'_0 = \frac{b'_1}{b'_0} = \frac{b'_1}{b_0} \qquad (3-28)$$

因为 $b'_1 < b_1$，所以 $M'_0 < M_0$。
正弦亮度分度的物通过光学系统，使调制度下降，可以表示为

$$\mathrm{MTF} = \frac{M'_0}{M_0} = \frac{b'_1}{b_1} \leq 1 \qquad (3-29)$$

物、像调制度之比称为光学系统调制传递函数（MTF）。
经过归化：MTF≤1。
MTF 的内涵为通过光学系统，调制度只会降低，不会提高；从信息传递观点来说，通过光学系统，总的信息量只能减小，不会增加。
（2）位相错动了角 φ，这是由于不对称像差（如彗差）引起的，即

$$\mathrm{MTF} = \tan\varphi \qquad (3-30)$$

式(3-30)称相位传递函数。
（3）调制度下降和位相错动都是随频率而变化，物正弦亮度分布的频率不一样，下降和错动的大小也不一样。频率指空间频率，即每毫米的周波数（lp/mm），归化频率定义为

$$S = \frac{\lambda}{2n'\sin u'} N_s \qquad (3-31)$$

式中：λ 为波长；$n'\sin u'$ 为像方数值孔径；N_s 为实际的空间频率。
MTF 和 PTF 随归化频率的变化如图 3-5 所示。

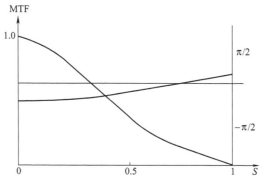

图 3-5　MTF 和 PTF 随归化频率的变化

3.4.2　MTF 曲线的两个重要性质

（1）MTF 曲线有一个截止频率，当 $S = 1$ 时，有

$$N_{s_0} = \frac{2n'\sin u'}{\lambda} = \frac{2NA}{\lambda} = \left(\frac{2D/f}{\lambda}\right) \qquad (3-32)$$

式（3-32）就是各类光学系统的理论分辨极限或称极限分辨力、截止频率。瑞利极限和理论分辨极限的比较见表 3-1。

表 3-1　瑞利极限和理论分辨极限的比较

项目	瑞利极限分辨力	$S = 1$ 时的理论分辨力
显微镜	$\delta = \dfrac{0.6\lambda}{n'\sin u'}$ $N = 1.67n'\sin u'/\lambda$	$\delta = \dfrac{0.5\lambda}{n'\sin u'}$ $N = 2n'\sin u'/\lambda$
望远镜 $\lambda = 0.555\mu m$ 时	$\theta = \left(\dfrac{140}{D}\right)''$	$\theta = \left(\dfrac{112}{D}\right)''$
照像物镜	$N = 1470/F$ 数（lp/mm）	$N = 1800/F$ 数（lp/mm）

由表 3-1 可知，用 MTF 曲线可以更精确地描述光学系统分辨极限，它是比瑞利极限更高的一个数。

（2）光学系统 MTF 曲线有负值，这是 MTF 曲线的另一个重要特点，即

$$\text{MTF} = \frac{b'_1}{b_1}$$

式中：b'_1 取负值，表示像的亮度起伏与原物体相反，发生对比反转，也就是相位错动

了半个周期,黑的变白,白的变黑。对比反转如图3-6所示。

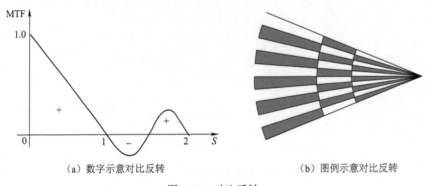

（a）数字示意对比反转　　　　　　　　　（b）图例示意对比反转

图 3-6　对比反转

图 3-6 有三个 MTF = 0 的点,即伪分辨情况(在用辐条状目标成像后,出现黑白条纹位置颠倒的现象,只不过辐条状物体是对方波反应,而 MTF 是对正弦波反应)。

总之,光学系统或器件,对正弦波的反应,可以用 MTF 和 PTF 来表示,合起来总称为 OTF,即光学传递函数。

3.5　光学传递函数的进一步认识

3.5.1　一维成像

光学系统在指定的视场、孔径、焦面、波长的线扩散函数为 $A(\delta)$。

正弦物的能量分布为

$$I(x) = b_0 + b_1\cos(2\pi Nx)$$

物像关系为

$$I'(x) = \int_{-\infty}^{\infty} A(\delta)I(x-\delta)\,\mathrm{d}s \tag{3-33}$$

$$I'(N) = A(N)I(N) \tag{3-34}$$

$$A(N) = \frac{I'(N)}{I(N)} \tag{3-35}$$

$$\mathrm{OTF}(N) = A(N) = \int_{-\infty}^{\infty} A(\delta)\mathrm{e}^{-\mathrm{i}2\pi N\delta}\,\mathrm{d}\delta \tag{3-36}$$

式中:$A(N)$ 为 $A(\delta)$ 的傅里叶变换;$I(N)$ 为物能量分布的傅里叶变换;$I'(N)$ 为像能量分布的傅里叶变换。

令 $A_c(N)$ 为傅里叶余弦变换;$A_s(N)$ 为傅里叶正弦变换,可表示为

$$A_c(N) = \int_{-\infty}^{\infty} A(\delta)\cos(2\pi N)\delta \mathrm{d}\delta \tag{3-37}$$

$$A_s(N) = \int_{-\infty}^{\infty} A(\delta)\sin(2\pi N)\delta \mathrm{d}\delta \tag{3-38}$$

则

$$\mathrm{MTF}(N) = \sqrt{A_c^2(N) + A_s^2(N)} \tag{3-39}$$

$$\mathrm{PTF}(N) = \arctan A_s(N)/A_c(N) \tag{3-40}$$

$$\mathrm{OTF} = \mathrm{MTF}(N) \cdot \mathrm{e}^{-i \cdot \mathrm{PTF}(N)} \tag{3-41}$$

即光学系统的传递函数就是线扩散函数 $A(\delta)$ 的傅里叶变换。

光学系统一维成像示意如图 3-7 所示。

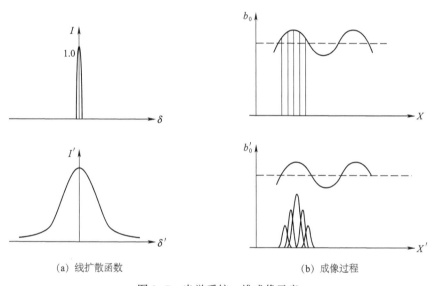

(a) 线扩散函数   (b) 成像过程

图 3-7 光学系统一维成像示意

3.5.2 二维成像

假定光学系统光瞳坐标为 x、y,像面坐标为 u、v,并用归化频率,则二维成像时光学系统的传递函数为

$$\mathrm{OTF}(s,t) = \int_{-\infty}^{\infty}\int A(u,v)\mathrm{e}^{-2\pi i(us+vt)}\,\mathrm{d}u\mathrm{d}v \tag{3-42}$$

光学系统二维成像示意如图 3-8 所示。

式(3-42)中的 $A(u,v)$ 是二维的点扩散函数,根据衍射理论,它等于点物成像时,像面上振幅分布函数 $|F(u,v)|$ 的平方,即

$$A(u,v) = |F(u,v)|^2 \tag{3-43}$$

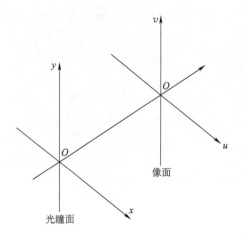

图 3-8 光学系统二维成像示意

点像的振幅分布由经典电磁波理论推出为

$$F(u,v) = \iint_{-\infty}^{\infty} f(x,y) \mathrm{e}^{\mathrm{i}2\pi(ux+vy)} \mathrm{d}x\mathrm{d}y \qquad (3-44)$$

式中：$f(x,y)$ 为光学系统的光瞳函数，定义为

$$f(x,y) = \begin{cases} T(x,y)\mathrm{e}^{-\mathrm{i}k\omega(u,v)}, & \text{在光瞳内} \\ 0, & \text{在光瞳外} \end{cases} \qquad (3-45)$$

式中：$T(x,y)$ 为光瞳透过率函数；$W(x,y)$ 为波像差函数，$K=2\pi/\lambda$。

由此光学系统的传递函数可写成

$$\begin{aligned} \mathrm{OTF}(s,t) &= \int_{-\infty}^{\infty}\int_{-\infty}^{\infty} A(u,v)\mathrm{e}^{-2\pi\mathrm{i}(us+vt)} \mathrm{d}u\mathrm{d}v \\ &= \int_{-\infty}^{\infty}\int_{-\infty}^{\infty} \mid F(u,v) \mid^2 \mathrm{e}^{-2\pi\mathrm{i}(us+vt)} \mathrm{d}u\mathrm{d}v \\ &= \int_{-\infty}^{\infty}\int_{-\infty}^{\infty} F(u,v)\cdot F^*(u,v)\mathrm{e}^{-2\pi\mathrm{i}(us+vt)} \mathrm{d}u\mathrm{d}v \end{aligned} \qquad (3-46)$$

式(3-46)是一个共轭函数的傅里叶变换，根据自相关函数的傅里叶变换性质，它等于 $F(x,y)$ 函数的逆傅里叶变换函数 $f(x,y)$ 的自相关积分，即

$$\begin{aligned} \mathrm{OTF}(s,t) &= \int_{-\infty}^{\infty}\int_{-\infty}^{\infty} f(x,y)\cdot f^*(x-s,y-t) \mathrm{d}x\mathrm{d}y \\ &= \int_{-\infty}^{\infty}\int_{-\infty}^{\infty} f(x+s/2,y+t/2)f^*(x-s/2,y-t/2) \mathrm{d}x\mathrm{d}y \end{aligned} \qquad (3-47)$$

上式表明光学系统的传递函数是光瞳函数的自相关积分。而光瞳函数是与波像差有关,波像差是由系统结构参数决定。因此,用式(3-47)可以由结构参数→求波像差→求光瞳函数→求 OTF,这是基本公式。

光学传递函数除了光学系统的结构因数外,还要考虑:光波的波长、照明(相干照明、非相干照明)、光线的离轴情况和对称性(弧矢、子午面)等。

3.5.3 计算光学系统传递函数的三种方法

计算光学系统传递函数的三种方法,如图 3-9 所示。

(1)自相关积分法:$A \rightarrow B \rightarrow C$。

(2)快速傅里叶变换法:$A \rightarrow B \rightarrow B' \rightarrow C$,经两次傅里叶变换,具有快速性、数据全等优点(要用大容量计算机)。

(3)点列图方法:$A \rightarrow B' \rightarrow C$,它是一种几何光学近似计算方法,在低频时常用,速度快,有一定的精度。

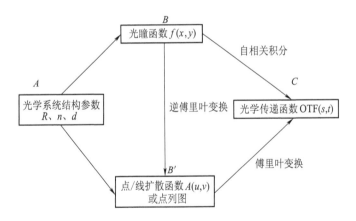

图 3-9 计算光学系统传递函数的三种方法图解

3.6 各种光学环节的传递函数

3.6.1 人眼的传递函数

人眼的性能是光学系统总体设计中必须考虑的重要一环。目视系统以人眼作光学接收器,就是由摄影、电视等系统得到的图像,最后还是用人眼来判读、观察。

人眼作为一个光学系统有像差、有衍射作用,视网膜又是一个颗粒状的接收器。物体通过眼球成像到视网膜上,要形成一个扩散函数。人眼形成的像的能量分布可表示为指数函数形式,如图 3-10(a)所示 ,进行傅里叶变换后得到的 MTF 曲线如图 3-10(b)所示。也可直接测量得到人眼的 MTF 曲线,如图 3-11 所示。

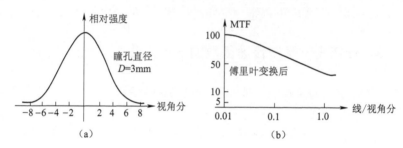

图 3-10　人眼形成的像的能量分布

(a)点扩散函数;(b)傅里叶变换后的 MTF。

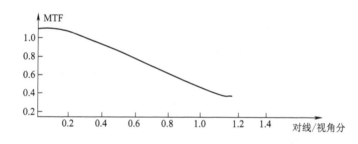

图 3-11　直接测量得到人眼的 MTF 曲线

考虑到人的视觉的生理特点,又有人测出视觉系统的 MTF 在 16lp/mm(视网膜上)有极大值,截止频率为 20~50lp/mm,与实际测试结果比较吻合。考虑人的视觉生理特点测出的视觉系统的 MTF 曲线如图 3-12 所示。

当物体对眼的张角大于 3′时,人眼所能发现的极限对比也称为人眼极限灵敏度阈值,这是一个经常要用到的量,经测定其值为

$$C_{0人眼} = \frac{I_{max} - I_{min}}{I_{min}} = \frac{0.05}{0.95} \approx 0.05$$

式中:$I_{max} = 1$,$I_{min} = 0.95$。人眼极限灵敏度阈值物理意义如图 3-13 所示。

对应的极限调制度为

$$M_{人眼} = \frac{1 - 0.95}{1 + 0.95} = 0.026$$

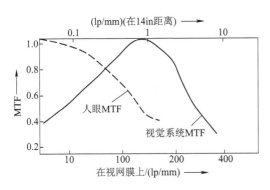

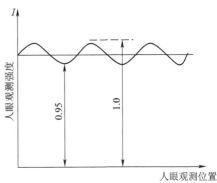

图 3-12 考虑人的视觉生理特点测出的 视觉系统的 MTF 曲线

图 3-13 人眼极限灵敏度阈值的物理意义

3.6.2 底片的传递函数

底片的 MTF 是由乳剂层、片基的反射、乳剂感光银颗粒性等造成的(是各向同性),还与显影、定影有关。

底片的 MTF 主要靠试验测定,底片试验测定结果见表 3-2。表中列出与试验测定结果符合精度较高的 4 种近似表示。

表 3-2 底片 MTF 试验测定结果

MTF	线扩散函数 $A(x)$	点扩散函数 $P(r)$	精度
$\exp\left(-\dfrac{2\pi N}{\alpha}\right)$	$\dfrac{\alpha}{\pi}\cdot\dfrac{1}{1+(\alpha x)^2}$	$\dfrac{\alpha^2}{\pi}\cdot\dfrac{1}{\left[1+(\alpha r)^2\right]^{\frac{3}{2}}}$	0.96
$\dfrac{1}{1+(2\pi N/\alpha)^2}$	$\dfrac{\alpha}{2}\cdot\exp\left[-\alpha(x)\right]$	$\dfrac{\alpha^2}{2\pi}\cdot k_0(\alpha r)$	0.99
$\dfrac{1}{\left[1+(2\pi N/\alpha)^2\right]^{\frac{3}{2}}}$	$\dfrac{\alpha^2(x)}{\pi}k_1\left[\alpha(x)\right]$	$\dfrac{\alpha^2}{2\pi}e^{-\alpha r}$	0.98
$\exp\left[-\left(\dfrac{2\pi N}{\alpha}\right)^2\right]$	$\dfrac{\alpha}{2\sqrt{\pi}}\exp\left[-\left(\dfrac{\alpha x}{2}\right)^2\right]$	$\dfrac{\alpha^2}{4\pi}\exp\left[-\left(\dfrac{\alpha r}{2}\right)^2\right]$	0.94

表中 N——频率(lp/mm);α——与底片性能有关的系数(感光银粒颗粒越细,α 值越大);精度——与试验测定的 MTF 值平均符合精度。

由表 3-2 可知,各种底片的 MTF 近似表示法,基本上都是高斯函数或指数函数。

Agfa-IF 底片,对应表 3-2 用 4 种近似方法表示,系数 α 的选取,以最小平方差为标准:

（1）$e^{-2\pi N/\alpha}$， $\alpha = 510\mathrm{mm}^{-1}$。

（2）$\dfrac{1}{1+(2\pi N/\alpha)^2}$， $\alpha = 330\mathrm{mm}^{-1}$。

（3）$\dfrac{1}{\left[1+(2\pi N/\alpha)^2\right]^{\frac{3}{2}}}$， $\alpha = 440\mathrm{mm}^{-1}$。

（4）$e^{-(2\pi N/\alpha)^2}$， $\alpha = 430\mathrm{mm}^{-1}$。

底片的调制度与底片的特性曲线有关,底片的特性曲线如图 3-14 所示。

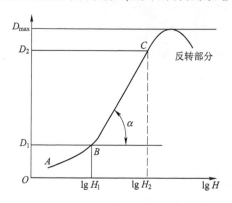

图 3-14　底片的特性曲线

在特性曲线的线性部分,有
$$D_2 - D_1 = \gamma(\lg H_2 - \lg H_1) = \gamma \lg(H_2/H_1) \qquad (3\text{-}48)$$
式中:γ 为底片伽玛值,$\gamma = \tan\alpha$；D 为黑度值,$D_{\max} \approx 3\sim4$；H 为曝光量,$H = E \times t$,其中 E 为照度,t 为曝光时间。

底片如用人眼判读,其极限调制度与人眼灵敏度阈值有关,也与 γ 值有关。用人眼判读,要求底片:$D_2 - D_1 = 0.05$,即 $\lg(H_2/H_1) = 0.05/\gamma$。

当 $\gamma = 1$ 时,$c = H_2/H_1 \geq 1.12$,$M_{底片} \geq \dfrac{1.12-1}{1.12+1} = 0.057$；

当 $\gamma = 2$ 时,$c = H_2/H_1 \geq 1.06$,$M_{底片} \geq \dfrac{1.06-1}{1.06+1} = 0.029$。

这就是底片的极限调制度,比 $M_{底片}$ 更小,人眼就判读不了。

3.6.3　大气调制传递函数的计算

1. 大气透过率

对一些目视光学仪器(如夜视仪)来讲,一般可以用图 3-15 所示的通过大气的图像传递来表示其成像过程。

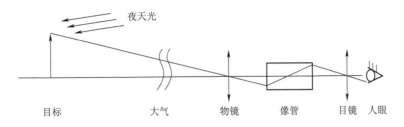

图 3-15　通过大气的图像传递

图像从目标到人眼接收的传递过程中,要经过几百米甚至几千米、几十千米的大气,其对成像的影响是决不能忽略的。在图像传递过程中主要发生了以下三种传递作用,分别是视角的传递、亮度的传递和对比的传递。大气直接影响亮度的传递和对比的传递,特别是在电视和红外跟踪测量、望远摄影、航空和航天摄影中,大气造成的影响必须加以考虑。下面讨论关于大气透过率的问题。

当光通过大气时,由于悬浮微粒(大气中的微粒)散射或吸收而产生衰减。作为微粒的有云、雨、雾、霾中水滴、烟雾中液滴、烟和尘埃等,即使是在非混浊的晴空中也会被空气分子所散射。

图 3-16 表示了一束强度为 I 的平行光束通过大气时产生衰减的情况。

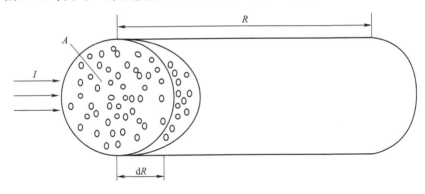

图 3-16　光通过大气的透过率计算

设强度为 I 的平行光束,通过厚度为 $\mathrm{d}R$ 的大气层时产生的衰减为

$$\mathrm{d}I = -I \cdot n \cdot A \cdot \mathrm{d}R \tag{3-49}$$

式中:负号表示衰减量;n 为单位体积内的微粒数;A 为单个微粒的平均截面积。

假设

$$\sigma = nA \tag{3-50}$$

为大气的衰减系数(消光系数),则式(3-49)可写为

$$\mathrm{d}I = -I \cdot \sigma \cdot \mathrm{d}R \tag{3-51}$$

将式(3-51)整理并两边进行积分,可得

$$\int_{l_0}^{l} \frac{dI}{I} = \int_0^R -\sigma dR$$

$$\ln I \big|_{I_0}^{I} = -\sigma R$$

$$\ln\left(\frac{I}{I_0}\right) = -\sigma R$$

则

$$T_a = \frac{I}{I_0} = \exp(-\sigma R) \tag{3-52}$$

我们把式(3-52)的 $T_a = \exp(-\sigma R)$ 定义为光通过路程 R 的大气透过率,衰减系数 σ 是由散射系数 σ_b 和吸收系数 σ_k 组成的,即

$$\sigma = \sigma_b + \sigma_k$$

在实际的大气中,对可见光而言,吸收系数很小,光几乎是被散射衰减的。另外,式(3-52)对单色光和由均匀大气组成的水平路程才严格有效。

另外,下列大气透过率的试验公式与在波长 $\lambda = 0.35 \sim 1.54 \mu m$ 测定的数值基本一致,即

$$T_a(R) = \exp\{-3.912RR_v^{-1}(0.55/\lambda)^{0.585R_v^{1/3}}\} \tag{3-53}$$

式中: R_v 为能见距离(km); R 为被观察距离(km); λ 为波长(μm)。

由于大气透过率的存在,光(或辐射)通过大气时就会引起衰减。例如,某辐射源发射强度为 I 的光,经过大气衰减,在距离 R 处的辐照度为

$$E = \frac{T_a \cdot I}{R^2}$$

在大气透过率 T_a 存在的情况下,若图3-16中的目标照度为 E_s ,物镜的光圈数为 F ,目标的反射率为 ρ ,物镜的透过率为 T_l ,那么物镜焦平面上的照度为

$$E = \frac{T_a \cdot T_l \rho}{4F^2} \cdot E_s \tag{3-54}$$

2. 大气的能见度

在观察方向上从目标表面发出的光,由于存在大气微粒:一部分被大气微粒散射所衰减;另一部分在光路中与途中其他微粒散射的空间光所叠加(图3-17)。

由此可见,观察一个目标时,在光路中会看到两种光:一种是来自目标的被大气衰减的光 L_1 ;另一种是由大气散射产生的空间光 L_2 。

设距离很近处的目标的亮度为 L_0 ,由于大气衰减那么在距离 R 处的目标亮度 L_1 为

$$L_1 = L_0 e^{-\sigma R} \tag{3-55}$$

式中: σ 为大气平均衰减系数; R 为被观察距离。

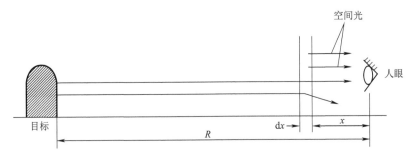

图 3-17　野外物体表观亮度随距离变化的说明

离观察者距离为 x ,厚度为 $\mathrm{d}x$ 的空气层发出的散射在光路中的空间光强度与 $\mathrm{d}x$ 以及衰减系数 σ 成正比。设空气层的亮度为 $L\sigma\mathrm{d}x$,空间光到达观察者时也受到衰减,即

$$L\sigma\mathrm{d}x \rightarrow L\sigma\mathrm{e}^{-\sigma x}\mathrm{d}x$$

这样,在观察者和目标之间的空间光产生的亮度为

$$L_2 = \int_0^R L\sigma\mathrm{e}^{-\sigma x}\mathrm{d}x = L(1 - \mathrm{e}^{\sigma R}) \tag{3-56}$$

若目标在无穷远,那么 $L(1 - \mathrm{e}^{-\sigma R})$ 就变为 L ,这个 L 值就是在该方向上的天空亮度 L_H ,即

$$L = L_\mathrm{H}$$

因此,在距离 R 上观察到的目标表观亮度为

$$L_0' = L_1 + L_2 = L_0\mathrm{e}^{-\sigma R} + L_\mathrm{H}(1 - \mathrm{e}^{-\sigma R}) \tag{3-57}$$

把式(3-52)代入式(3-57),目标的表观亮度变为

$$L_0' = L_0 T_\mathrm{a} + L_\mathrm{H}(1 - T_\mathrm{a}) \tag{3-58}$$

同理,对背景的表观亮度有

$$
\begin{aligned}
L_\mathrm{b}' &= L_\mathrm{b}^{-\sigma R} + L_\mathrm{H}(1 - \mathrm{e}^{-\sigma R}) \\
&= L_\mathrm{b} T_\mathrm{a} + L_\mathrm{H}(1 - T_\mathrm{a})
\end{aligned} \tag{3-59}
$$

可在实际的观察中体会到:当目标距离越来越远时,目标亮度与周围背景亮度之间的对比会逐渐变小,直到看不清目标本身。当目标亮度 L_0 和背景亮度 L_b 已知时,对比 C (或称衬度) 可表示为

$$C = \left| \frac{L_0 - L_\mathrm{b}}{L_\mathrm{b}} \right| \tag{3-60}$$

如果背景为观察视线方向的天空, C_0 为从很近距离上观察到的目标与背景的对比,那么从距离 R 上观察到的对比 C_R 可表示为

$$
\begin{aligned}
C_\mathrm{R} &= \left| \frac{L_\mathrm{R} - L_\mathrm{H}}{L_\mathrm{H}} \right| \\
&= \left| \frac{L_0\mathrm{e}^{-\sigma R} + L_\mathrm{H}(1 - \mathrm{e}^{-\zeta R}) - L_\mathrm{H}}{L_\mathrm{H}} \right|
\end{aligned}
$$

$$= \left| \frac{L_0 - L_H}{L_H} \right| e^{-\sigma R}$$

即

$$C_R = C_0 \cdot e^{-\sigma R} \tag{3-61}$$

由此可见,当背景为天空时,物体对比的衰减等同于平行光束的亮度衰减。

若目标为黑色物体,则 $L_0 = 0, C_0 = 1$,这时根据式(3-61)有

$$C_R = e^{-\sigma R} \tag{3-62}$$

如果对比的识别阈值为 2%,即 $C_R = 0.02$,则

$$e^{-\sigma R} = 0.02,$$

$$-\sigma R = \ln 0.02 = -3.912$$

即

$$R_v = \frac{3.912}{\sigma_v} \tag{3-63}$$

识别以天空为背景的黑色物体时,常把识别对比阈值为 0.02 时得到的最大距离称为能见距离(能见度) R_v (这个 R_v,在美国称为气象距离,在日本和德国称为视程), σ_v 称为大气平均衰减系数。图 3-18 表示了当识别对比阈值为 0.02 时,白昼能见距离 R_v 和大气平均衰减系数 σ_v 之间的关系。

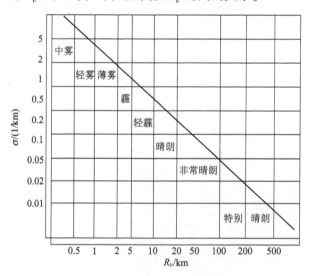

图 3-18 白昼能见距离 R_v 和大气平均衰减系数 σ 之间的关系

3. 大气扰动造成的 MTF

上面讨论了大气透过率和大气能见度的有关计算,并初步了解到大气对成像性能有影响。接下来进一步采用传递函数方法,来说明大气是怎样影响成像性能。

大气调制传递函数主要是由两部分组成:一部分是大气扰动造成的,记为

$MTF_{扰动}$;另一部分是由大气微粒散射引起的,记为 $MTF_{散射}$。总的大气调制传递函数记为 $MTF_{大气}$,即

$$MTF_{大气} = MTF_{扰动} \cdot MTF_{散射}$$

首先来分析由大气扰动引起的 $MTF_{扰动}$。因为大气折射率和大气密度会随着气压和气温的变化而发生变化,当大气密度和折射率产生不均匀变化时,来自同一个物点并通过大气的波前就会发生形变。这种随机变化在自然界中总是存在的,故称为扰动(或湍流)。

关于大气扰动引起的调制传递函数可以表示为

$$MTF_{扰动} = \exp(-3.44 v_0^{5/3}) \tag{3-64}$$

式中:v_0 为被 d_0 规化的空间频率,它可写为

$$v_0 = v \cdot \lambda \cdot f / d_0 \tag{3-65}$$

式中:v 为物镜焦平面上空间频率(lp/mm);λ 为波长;f 为物镜焦距(mm);d_0 为相干距离。

相干距离可表示为

$$d_0 = 3.18 / A_1^{3/5} \tag{3-66}$$

式中:A_1 为大气结构函数。对于接近地面的水平距离来说,有

$$A_1 = 2.91 k^2 \cdot R \cdot C_n^2 \tag{3-67}$$

式中:k 为传播常数,$k = 2\pi/\lambda$;R 为观察距离(m);C_n 为大气折射率结构常数$(m^{-1/3})$。

把式(3-66)代入式(3-65),可得

$$v_0 = v \cdot \lambda \cdot f \cdot \frac{A_1^{3/5}}{3.18}$$

则

$$
\begin{aligned}
v_0^{5/3} &= [v \cdot \lambda \cdot f(0.3144) \cdot A_1^{3/5}]^{5/3} \\
&= v^{5/3} \cdot f^{5/3} \cdot \lambda^{5/3} \cdot (0.3144)^{5/3} \cdot A_1
\end{aligned} \tag{3-68}
$$

将式(3-67)代入式(3-68),可得

$$
\begin{aligned}
v_0^{5/3} &= v^{5/3} \cdot f^{5/3} \cdot \lambda^{5/3} \times 0.1448 \times 2.91 \times \frac{4\pi^2}{\lambda^2} \cdot R \cdot C_n^2 \\
&= 1.69 v^{5/3} \cdot f^{5/3} \cdot \lambda^{-1/3} \cdot R \cdot C_n^2 \cdot \pi^2
\end{aligned} \tag{3-69}
$$

将式(3-69)代入式(3-64),可得

$$MTF_{扰动} = \exp(-5.8\pi^2 v^{5/3} \cdot f^{5/3} \cdot \lambda^{-1/3} \cdot R \cdot C_n^2) \tag{3-70}$$

式(3-70)表达了由大气扰动引起的调制传递函数,它与物镜焦平面上的空间频率 ν、物镜焦距 f、波长 λ、被观察距离 R 和大气折射率结构常数 C_n 有关。在这些参数中,结构常数 C_n 主要决定 MTF 的大小。当 C_n 很大时,即在强扰动情况下,计算得到的 $MTF_{扰动}$ 较低,也就是大气扰动对成像对比度影响较大;在 C_n 很小

时,即在弱扰动情况下,计算得到的 $\text{MTF}_{扰动}$ 较高,也就是大气扰动对成像对比度影响较小,往往可以把它略去不计。此外,就一般情况而言,大气扰动白天比夜晚大,冬天比夏天大,靠近海洋比陆地大,远距离比近距离大,弱扰动时 $C_n = 8 \times 10^{-9} \text{m}^{-1/3}$。

4. 大气微粒散射引起的 MTF

如上所述,由于受到大气透过率和天空亮度的影响,通过大气观察的目标,不仅表观亮度与固有的亮度不同,而且表观对比也产生了变化。可以通过 MTF 描述这种对比的变化。

利用式(3-58)和式(3-59),可得

$$
\begin{aligned}
\frac{\mid L'_0 - L'_b \mid}{L'_b} &= \frac{\mid L_0 - L_b \mid T_a}{L_b T_a + L_H(1 - T_a)} \\
&= -\frac{\mid L_0 - L_b \mid}{L_b[1 + L_H/L_b(1 - T_a/T_a)]}
\end{aligned}
\tag{3-71}
$$

设 $C' = \dfrac{\mid L'_0 - L'_b \mid}{L'_b}$ 为经大气后看到的目标表观对比;$C_0 = \dfrac{\mid L_0 - L_b \mid}{L_b}$ 为未经大气看到的目标固有对比;$K = \dfrac{L_H}{L_b}$ 为天空背景亮度比。

根据式(3-71)可得

$$
\text{MTF}_{散射} = \frac{C'}{C_0} = \left[1 + K\left(\frac{1}{T_a} - 1 \right) \right]^{-1}
\tag{3-72}
$$

根据式(3-52)可将式(3-72)改写为

$$
\text{MTF}_{散射} = [1 + K(e^{\sigma R} - 1)]^{-1}
\tag{3-73}
$$

这就是由微粒散射引起的调制传递函数的表达式。由此可见,$\text{MTF}_{散射}$ 与天空背景亮度比 K、大气能见度和被观察距离 R 有关。此外,由于观察距离与空间频率有关,因此,$\text{MTF}_{散射}$ 也与空间频率有关。天空背景亮度比如表 3-3 所列。

表 3-3　天空背景亮度比

天空	背景	亮度比 K
阴天	雪	1
	沙漠	7
	山林	25
晴天	雪	1.2
	沙漠	1.4
	山林	5

3.6.4 振动与像移的调制传递函数

由于光学成像系统载体的运动,包括航空航天器、人、车辆和舰船等,尤其是角运动或角振动,或是可造成光学系统成像面的振动和移动(可以是底片、各种光电图像接收器上的图像)。当在像面上设置了像移补偿相关措施后,这种运动称为像移补偿后的残差。这种像相对记录介质或接收器之间的相对振动与像移会影响到成像系统的调制传递函数。

四种运动曲线如图 3-19 所示。对应图中四种运动的 MTF 如下。

(1) 线性运动:

$$\mathrm{MTF}(N) = \frac{\sin(\pi a N)}{\pi a N} \tag{3-74}$$

式中:a 为像移移动量,$a = V_p \cdot \Delta t$,V_p 为像面的像移速度;Δt 为曝光时间(或积分时间);N 为频率空间。

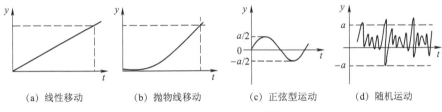

(a) 线性移动　　(b) 抛物线移动　　(c) 正弦型运动　　(d) 随机运动

图 3-19　四种运动曲线

(2) 抛物线运动:

$$\mathrm{MTF}(N) = \frac{1}{2\sqrt{aN}}\left\{\int_0^{2aN}\left[\cos\frac{\pi}{2}v^2 + \sin\frac{\pi}{2}v^2\right]\mathrm{d}v\right\}^{1/2} \tag{3-75}$$

(3) 正弦型运动:

$$\mathrm{MTF}(N) = J_0(\pi a N) \tag{3-76}$$

式中:a 为像运动的峰-谷值大小;J_0 为零阶贝塞尔函数。

(4) 随机运动:

$$\mathrm{MTF}(N) = \mathrm{e}^{-2\pi^2 a^2 N^2} \tag{3-77}$$

式中:a 为在像面上,像的运动平方平均值,如在大气扰动中,$a = f\sigma$,其中,f 为成像光学系统焦距;σ 为大气波面变化强度因子。

3.7　CCD 星载相机综合调制传递函数分析

本实例中的 CCD 星载相机最终目的是能从计算机屏幕上分辨出地面像元分

辨力优于 1m 的地面目标的图像,关于如何才能实现这一个目标,需要在开始设计相机时进行系统的分析和评估,可有效减少设计的盲目性。近期通过采用调制传递函数(MTF)分析的方法对与光学相关的系统进行论证分析,在 MTF 分析过程中,不仅要涉及影响像质各环节的误差,还要包括相机各部分公差的要求。因此调制传递函数分析对相机设计是有实际应用价值的。

1. 计算分析的依据

(1)焦距:$f' = 6m$;

(2)F 数:$F^{\#} = 10$;

(3)波长:510~800nm;

(4)采用 96 级 TDI CCD,像元尺寸 $d{\times}d = 10\mu m{\times}10\mu m$。

据此得出奈奎斯特(Nyquist)频率为 $V_N = \dfrac{1}{2d} = \dfrac{1}{20\mu m} = 50lp/mm$。相对光学系统的归化频率为:$V_C = V_N \cdot \lambda \cdot F^{\#} = 0.35(\lambda = 700nm)$,焦距 6m,轨道高度 500km,对应的地面像元分辨力为 0.83m,下面的分析计算都对这一分辨力而言。

2. 光学串

地面目标需要经过许多环节才能最后成像在计算机屏幕上,这一多环节系统被称为光学串。图像的对比决定了图像在计算机屏幕上的清晰度,且图像的对比又与目标及背景的对比有关。因此,对比用调制度 M 可表示为

$$M = \frac{I_{\max} - I_{\min}}{I_{\max} + I_{\min}}$$

式中:$I_{\max}$、$I_{\min}$ 分别为最大亮度值和最小亮度值。

光学串中每一环节对最后图像调制度的贡献可通过调制传递函数来描述。同时最终图像的调制度可用目标调制度和各环节调制传递函数的乘积近似地表示出来。由地面目标至计算机屏幕图像这一光学串,CCD 成像系统光学串如图 3-20 所示。

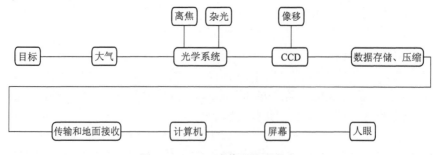

图 3-20 CCD 成像系统光学串

图中,数据存储、压缩、传输和地面接收以及计算机这些环节,由于信噪比都很高,对图像对比的影响可忽略不计。只需要求出由 CCD 输出的视频信号的信噪

比,就可估计出屏幕上图像的对比是否能被人眼分辨,因此可写为

$$M_{信号} = M_{目标} \cdot M_{大气} \cdot M_{光学} \cdot M_{离焦} \cdot M_{杂光} \cdot M_{像移} \cdot M_{CCD} \tag{3-78}$$

各环节的 M 值可以有根据地求出来或估计出来。

3. 目标对比

知道目标对比就可算出调制度。地面目标的对比都比较低。如美国 ITEK 公司生产的航空相机的分辨力都是指对比为 2:1 的分辨力板而言。详查 CCD 相机的指标要求中,分辨力指标没有提对比,不妨取目标对比为 2:1,即

$$C = \frac{I_{\max}}{I_{\min}} = 2$$

则

$$M_{目标} = \frac{C-1}{C+1} = 0.33 \tag{3-79}$$

对于其他目标对比的分析计算,可以求出对比为 2:1 的 $M_{目标}$ 后,很容易换算出来。

4. 大气影响

大气对分辨力的影响主要有两种:一种由于温度,气压不均匀而造成大气折射率空间分布不均匀,且随时间变化而变化,即大气抖动。对于卫星摄影,这一影响可忽略不计。另一种是由于大气粒子散射作用而使目标的对比降低,这一影响可用反衬度来分析。对比为 2:1,反衬度为

$$C_0 = \frac{I_{\max} - I_{\min}}{I_{\min}} = C - 1 = 1$$

图 3-21 所示为三种不同大气条件下,海平面上大气衰减系数与波长函数关系,取波长 $\lambda = 700\text{nm}$,对于有轻微烟尘大气(能见距离 8km),从图上查得 $\sigma = 0.4(1/\text{km})$。又由于离地面高度大于 7.62km 后,大气就不再使物的对比衰减,因此取 $H = 7.62\text{km}$,于是经过大气后,目标反衬度为

$$C_R = C_0 \cdot \exp(-0.2\sigma H) = 0.54$$

相应的对比为

$$C = C_R + 1 = 1.54$$

因此,得到经过大气后,对比为 2:1 的地面目标的调制度为

$$M_{目标} \cdot M_{大气} = \frac{C-1}{C+1} = 0.21 \tag{3-80}$$

5. 光学系统影响

$M_{光学}$ 可表示为以下形式的乘积,即

$$M_{光学} = M_{衍射} \cdot M_{设计} \cdot M_{加工}$$

式中:$M_{衍射}$ 为无像差光学系统的传递函数,可表达如下:

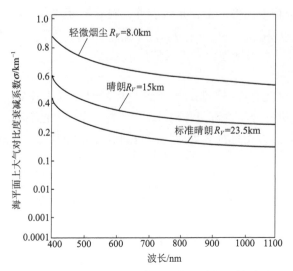

图 3-21 海平面上大气衰减系数与波长函数关系

$$M_{衍射} = \frac{2}{\pi}\left[\arccos V_C - V_C \cdot \sin(\arccos V_C) \right] = 0.56$$

式中：V_C 为规化频率，$V_C = 0.35(\text{rad})$。

$M_{设计}$ 是由设计产生的光学传递函数，由于采用三个非球面的三反射镜系统，设计质量可使像质接近衍射极限，因此可给定 $M_{设计} = 0.98$。如图 3-22 所示，为最基本的三级球差和传递函数的关系。为了确保 $M_{信号}$ 能达到要求，应尽量提高加工产生的光学传递函数 $M_{加工}$。但是，公差太严很难加工，经反复考虑和估算，给定允许由于加工公差（包括装调）产生的波差为 $\lambda/4$，从图 3-22 可知，与 $V_C = 0.35$ 和波差为 $\lambda/4$ 对应的 $M_{光学} \approx 0.45$。而 $M_{衍射} = 0.56$，因此 $M_{加工} = 0.81$，于是有

$$M_{光学} = M_{衍射} \cdot M_{设计} \cdot M_{加工} = 0.45 \tag{3-81}$$

当参考平面处于边缘和近轴之间，有如下关系：

曲线 $A - LA_m = 0$，波差 $D = 0$；

曲线 $B - LA_m = 4\lambda/N\sin^2 u'$，波差 $D = \lambda/4$；

曲线 $C - LA = 8\lambda/N\sin^2 u'$，波差 $D = \lambda/2$；

曲线 $D - LA_m = 16\lambda/N\sin^2 u'$，波差 $D = \lambda$。

6. 离焦影响

由于卫星在发射过程中的力学环境影响、在轨运行过程中的热影响以及失重变化，可导致光学系统产生离焦，因此需加调焦机构进行调焦。给定调焦误差为 0.01mm，CCD 拼接导致的不共面度引起的离焦为 0.01mm，因此总离焦量 $\Delta = 0.02\text{mm}$，于是有

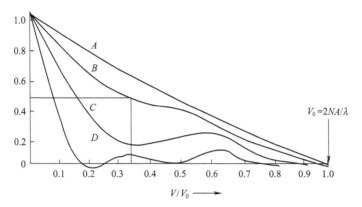

图 3-22　三级球差对 MTF 的影响

$$
\begin{cases}
X = \dfrac{\pi \cdot \varDelta \cdot V_{\mathrm{N}}}{F_{\#}} = 0.31 \\[3mm]
M_{\text{离焦}} = \dfrac{2J_1(X)}{X} = 0.99
\end{cases}
\tag{3-82}
$$

式中：$J_1(\,\boldsymbol{\cdot}\,)$ 为一阶贝塞尔函数。

　　另外，由于反射镜和镜筒采用了热稳定性最好的碳化硅（同时具有低膨胀系数和高热导率）和碳纤维结构，经计算，温度的波动对离焦几乎不产生影响，可忽略不计。

　　7. 像移的影响

　　（1）CCD 像元在采集光信号过程中产生的像移。CCD 线阵推扫成像相当于狭缝扫描成像，像移量即为 CCD 像元宽度。这种像移是不能补偿的，由此产生的 MTF 为

$$
M_{\text{推扫}} = \frac{\sin(\pi \cdot D \cdot V_{\mathrm{N}})}{\pi \cdot d \cdot V_{\mathrm{N}}} = 0.64
$$

　　（2）可以补偿的像移。主要来自卫星在轨道上的飞行速度，其次是地球的自转和卫星姿态变化速率。由于这些像移都有确定的方向，因此采用了在各像移方向的组合矢量方向上进行像移匹配，即使 TDI CCD 时间延时转移速率和组合矢量方向上的合成速度相匹配来达到同步的方法来补偿像移。但是，由于相机本身的焦距误差和偏流角误差以及卫星飞行速度、飞行高度、姿态变化角速率、侧视畸变以及 TDI CCD 自身的转移速率的控制误差等一系列误差，最终使 TDI CCD 行转移速率和实际的地面目标在 CCD 靶面上的像的移动速度不同步，即产生匹配残余误差，经分析给出的 CCD 像移匹配的速度残余误差为

$$\frac{\Delta V_{\mathrm{p}}}{V_{\mathrm{p}}} = 5.37 \times 10^{-3}$$

由此像移匹配残差而得出的 MTF 为

$$M_{匹配} = \frac{\sin\left(\frac{\pi}{2} \cdot \frac{V_{\mathrm{C}}}{V_{\mathrm{N}}} \cdot M \frac{\Delta V_{\mathrm{p}}}{V_{\mathrm{p}}}\right)}{\frac{\pi}{2} \cdot \frac{V_{\mathrm{C}}}{V_{\mathrm{N}}} \cdot M \frac{\Delta V_{\mathrm{p}}}{V_{\mathrm{p}}}} = 0.89$$

式中:取特征频率 $V_{\mathrm{C}} = V_{\mathrm{N}}$,TDI CCD 级次 $M = 96$。这是沿推扫方向上的 MTF。此外,在专题分析中还给出由于偏流角匹配误差产生的横向匹配的残余误差为

$$\frac{\Delta d}{d} = 2.14 \times 10^{-3}$$

由此横向匹配的残余像移产生的 MTF 值为

$$M_{横向} = \frac{\sin\left(\frac{\pi}{2} \cdot \frac{V_{\mathrm{C}}}{V_{\mathrm{N}}} \cdot M \frac{\Delta d}{d}\right)}{\frac{\pi}{2} \cdot \frac{V_{\mathrm{C}}}{V_{\mathrm{N}}} \cdot M \frac{\Delta d}{d}} = 0.98 \tag{3-83}$$

最后,得出由于像移产生的 MTF 在扫描方向上为

$$M_{像移} = M_{推扫} \cdot M_{匹配} = 0.57 \tag{3-84}$$

而在和扫描垂直方向上的 MTF 为 $M_{横向}$。

8. 杂光的影响

杂光主要来自视场外的非成像光束,它经过筒壁漫反射后有可能到达像面,使图像的对比降低。因为相机的视场很小,因此进入相机的杂光要比成像光多几千倍,如不注意消除,对图像质量影响很大。这样的杂光可通过加外遮光罩,在筒壁上涂消光漆和加挡光环等措施来消除。在考虑了这些措施后,要求杂光不大于 $G = 5\%$(指亮度的平均值)。为算出由杂光产生的 MTF。首先要算出由到达 CCD 靶面上的成像光束所成图像的调制度,即

$$M_{靶面} = M_{目标} \cdot M_{大气} \cdot M_{光学} \cdot M_{离焦} = 0.083 \tag{3-85}$$

图 3-23 中虚线为有杂光时的曲线和无杂光的实线曲线相比,信号和背景都增加了同一个亮度值 I_G(像面上杂光的平均强度)。与 $M_{靶面} = 0.083$ 对应的对比为

$$C_{靶面} = \frac{1 + M_{靶面}}{1 - M_{靶面}} = \frac{1 + 0.083}{1 - 0.083} = 1.181$$

则有了杂光后的调制度为

$$M'_{靶面} = \frac{C_{靶面} - 1}{C_{靶面} + 1 + 2G} = 0.079 \tag{3-86}$$

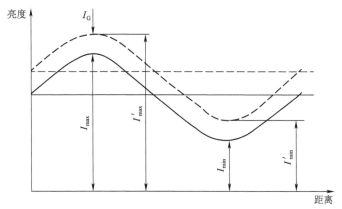

图 3-23　杂光和无杂光对比的影响

式中: G 为杂光系数, $G = \dfrac{I_G}{I_{\min}}$, 而 I_G 为像面上杂光的平均强度。

相应地, 有

$$M_{杂光} = \frac{M'_{靶面}}{M_{靶面}} = \frac{0.079}{0.083} = 0.952 \tag{3-87}$$

9. CCD 的影响

除了在前面提到的 $M_{推扫}$ 和 $M_{匹配}$ 外还有三种影响, 主要是像元之间的信号串扰, 它的影响随波长的增加而迅速增加。典型串扰影响如图 3-24 所示, 由图可得, 当 $\lambda = 700\mathrm{nm}$ 时, $M_{串扰} = 0.6$。其次是电荷传递失效和电荷传递的不连续性, 根据文献[3], 后两项可分别给定 0.96 和 0.97, 则:

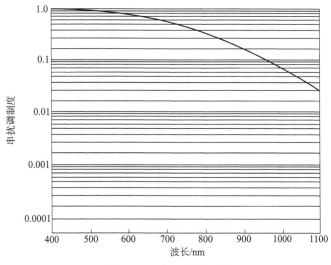

图 3-24　典型串扰影响

$$M_{CCD} = M_{串扰} \cdot M_{失效} \cdot M_{不连续} = 0.6 \times 0.96 \times 0.97 = 0.56 \qquad (3\text{-}88)$$

10. 温度梯度的影响

温度梯度主要影响的是像差。对于采用的非共轴三反射镜系统,第一块反射镜口径很大,因此受温度梯度影响最大。其他两块口径小得多,因而受温度梯度影响要小很多。因此只考虑第一块反射镜就可说明问题。其口径为 600mm,且孔径光阑设在其上。又设反射镜厚为 60mm。采用低膨胀系数的熔石英玻璃,线膨胀系数为 2.1×10^{-7}。又给定反射镜边缘与中心的温差为 1℃。则产生的波差为

$$W = \frac{2 \times 60 \times 2.1 \times 10^{-7}}{0.0007} = 0.036\lambda$$

W 值接近 $\lambda/30$,实际上的温度梯度要比 1℃ 小得多,因此温度梯度的影响可忽略不计。此外,反射镜还不受气压变化的影响。

11. 方波传递函数和正弦传递函数

检验光学系统用的分辨力板和检验卫星摄影地面分辨力用的分辨力条带都是一黑一白的方波函数,而计算的传递函数和传递函数检测都是对正弦波而言,因此需将正弦波传递函数 $M(V_C)$ 转换成方波传递函数 $S(V_C)$。两者的关系为

$$M(V_C) = \frac{\pi}{4}\left[S(V_C) - \frac{S(3V_C)}{3} + \frac{S(5V_C)}{5} \cdots \right]$$

因 $V_C = 0.35$,因此括号内从第二项起都为零,即

$$S(V_C) = \frac{4}{\pi}M(V_C) = 1.27M(V_C) \qquad (3\text{-}89)$$

12. 相机给出的视频信号的调制度,反衬度和对比度

至此可求出对比为 2∶1 的地面目标在经过相机后传输给地面的视频信号的调制度为

$$M_{信号} = M_{靶面} \cdot M_{杂光} \cdot M_{像移} \cdot M_{CCD} \cdot \frac{4}{\pi}$$

$$= 0.083 \times 0.956 \times 0.57 \times 0.56 \times 1.27 \approx 0.032$$

$$(3\text{-}90)$$

对比度和反衬度为

$$C_{信号} = \frac{1 + M_{信号}}{1 - M_{信号}} = 0.066 \qquad (3\text{-}91)$$

$$C_{0信号} = C_{信号} + 1 = 1.066 \qquad (3\text{-}92)$$

以上计算结果及其他四种目标对比计算结果见表 3-4。

表 3-4　各种目标对比的计算结果

目标对比 C			2：1	4：1	6：1	20：1	1000：1
$M_{目标}$			0.33	0.60	0.71	0.90	0.998
$M_{目标}$、$M_{大气}$			0.21	0.45	0.57	0.84	0.996
$M_{光学}$	$M_{衍射}$		0.56				
	$M_{设计}$		0.98				
	$M_{加工}$		0.81				
$M_{离焦}$			0.99				
$M_{杂光}$			0.954	0.957	0.958	0.961	0.963
像移匹配	纵向	$M_{推扫}$	0.64				
		$M_{匹配}$	0.89				
	$M_{横向}$		0.98				
M_{CCD}	$M_{串扰}$		0.60				
	$M_{失效}$		0.96				
	$M_{不连续}$		0.97				
$M_{信号、正弦波}$	纵向		0.025	0.054	0.068	0.100	0.120
	横向		0.043	0.092	0.116	0.172	0.203
$M_{信号、方波}$	纵向		0.032	0.069	0.086	0.127	0.153
	横向		0.057	0.117	0.147	0.220	0.258
$C_{信号}$	纵向		0.066	0.148	0.188	0.291	0.358
	横向		0.121	0.265	0.345	0.564	0.700
$C_{0信号}$	纵向		1.066	1.148	0.188	1.291	1.359
	横向		1.121	1.256	0.345	1.564	1.700

习　题

1. 画出 CCD 星载相机影响相机系统成像质量各因素(环节)的方框图。

2. 写出影响 CCD 星载相机系统传递函数 $M_{相机}$($M_{信号}$)各环节的传递函数，以及相机系统与影响相机系统传递函数各环节传递函数之间的关系式。

3. 用框图说明空间相机论证的内容。并列出用户要求和与平台的匹配性(平台的能力)的 5 项最主要的要求或约束。

参 考 文 献

[1] 嘉纳秀明. 现代控制工程学[M]. 上海:上海交通大学出版社,1991.

[2] 王其祥.工程光学原理[M]. 南京:江苏科学技术出版社,1983.

[3] 蒋筑英. 光学系统成像质量评价及检验文集[M]. 北京:中国计量出版社,1988.

[4] 张云熙. 大气调制传递函数的计算[J]. 舰船光学,1984(4):1-6.

[5] 美国无线电公司. 电光学手册[M]. 北京:国防工业出版社,1978.

[6] 杨秀彬,金光,张刘,等. 卫星后摆补偿地速研究及成像仿真分析[J]. 宇航学报,2010,031
    (003):912-917.

[7] 金光. 机载光电跟踪测量的目标定位误差分析和研究[D]. 长春:中国科学院长春光学精密
    机械与物理研究所,2001.

第4章
光学仪器中的坐标变换

4.1 用齐次坐标表示的三维图形的坐标变换

齐次坐标表示法为"用一个 $n+1$ 维的分矢量来表示一个 n 维的分矢量"。若把三维坐标系中的一个点 $P(x,y,z)$ 用齐次坐标表示法表示,则有 (w_x,w_y,w_z,w)。齐次坐标与笛卡儿坐标关系,可用下列式子进行换算,即

$$x = \frac{w_x}{w}, y = \frac{w_y}{w}, z = \frac{w_z}{w}$$

(1) 图形以原点为中心的放大(缩小):

$$\begin{bmatrix} S_x & 0 & 0 & 0 \\ 0 & S_y & 0 & 0 \\ 0 & 0 & S_z & 0 \\ 0 & 0 & 0 & 1 \end{bmatrix} \begin{bmatrix} x \\ y \\ z \\ 1 \end{bmatrix} = \begin{bmatrix} S_x x \\ S_y y \\ S_z z \\ 1 \end{bmatrix} = \begin{bmatrix} x' \\ y' \\ z' \\ 1 \end{bmatrix} \tag{4-1}$$

图形以原点为中心,在 (x,y,z) 方向上分别放大(缩小) S_x、S_y、S_z 倍。

(2) 图形平移:

$$\begin{bmatrix} 1 & 0 & 0 & e \\ 0 & 1 & 0 & f \\ 0 & 0 & 1 & g \\ 0 & 0 & 0 & 1 \end{bmatrix} \begin{bmatrix} x \\ y \\ z \\ 1 \end{bmatrix} = \begin{bmatrix} x+e \\ y+f \\ z+g \\ 1 \end{bmatrix} = \begin{bmatrix} x' \\ y' \\ z' \\ 1 \end{bmatrix} \tag{4-2}$$

沿着(x,y,z)方向图形分别移动了 e、f、g。或者说相对于图形而言,坐标系原点在(x,y,z)方向分别移动了$-e$、$-f$、$-g$。

（3）图形绕 x 轴旋转：

$$
\begin{bmatrix} 1 & 0 & 0 & 0 \\ 0 & \cos\theta & -\sin\theta & 0 \\ 0 & \sin\theta & \cos\theta & 0 \\ 0 & 0 & 0 & 1 \end{bmatrix}
\begin{bmatrix} x \\ y \\ z \\ 1 \end{bmatrix}
=
\begin{bmatrix} x \\ \cos\theta y - \sin\theta z \\ \sin\theta y + \cos\theta z \\ 1 \end{bmatrix}
=
\begin{bmatrix} x' \\ y' \\ z' \\ 1 \end{bmatrix}
\tag{4-3}
$$

即 $x'=x',y'=\cos\theta y - \sin\theta z;z'=\sin\theta y + \cos\theta z$。也可认定为相对图形而言坐标系 x 轴旋转"$-\theta$"角。

（4）图形绕 y 轴旋转：

$$
\begin{bmatrix} \cos\theta & 0 & \sin\theta & 0 \\ 0 & 1 & 0 & 0 \\ -\sin\theta & 0 & \cos\theta & 0 \\ 0 & 0 & 0 & 1 \end{bmatrix}
\begin{bmatrix} x \\ y \\ z \\ 1 \end{bmatrix}
=
\begin{bmatrix} \cos\theta x + \sin\theta z \\ y \\ -\sin\theta x + \cos\theta z \\ 1 \end{bmatrix}
=
\begin{bmatrix} x' \\ y' \\ z' \\ 1 \end{bmatrix}
\tag{4-4}
$$

即 $x'=\cos\theta x + \sin\theta z,y'=y',z'=-\sin\theta x + \cos\theta z$,此时也可视为坐标系相对图形绕 y 轴旋转角$-\theta$ 之后的结果。

（5）图形绕 z 轴旋转：

$$
\begin{bmatrix} \cos\theta & -\sin\theta & 0 & 0 \\ \sin\theta & \cos\theta & 0 & 0 \\ 0 & 0 & 1 & 0 \\ 0 & 0 & 0 & 1 \end{bmatrix}
\begin{bmatrix} x \\ y \\ z \\ 1 \end{bmatrix}
=
\begin{bmatrix} \cos\theta x - \sin\theta y \\ \sin\theta x + \cos\theta y \\ z \\ 1 \end{bmatrix}
=
\begin{bmatrix} x' \\ y' \\ z' \\ 1 \end{bmatrix}
\tag{4-5}
$$

即 $x'=\cos\theta x - \sin\theta y,y'=\sin\theta x + \cos\theta y,z'=z$。也可认定为相对图形而言坐标系 z 轴旋转角"$-\theta$"。

（6）物体关于物镜成像的坐标变换：

$$
\begin{bmatrix} -f'/z & 0 & 0 & 0 \\ 0 & -f'/z & 0 & 0 \\ 0 & 0 & -f'/(z-f') & 0 \\ 0 & 0 & 0 & 1 \end{bmatrix}
\begin{bmatrix} x \\ y \\ z \\ 1 \end{bmatrix}
=
\begin{bmatrix} \dfrac{-f'}{z} \cdot x \\ \dfrac{-f'}{z} \cdot y \\ \dfrac{-f'}{(1-f'/z)} \\ 1 \end{bmatrix}
=
\begin{bmatrix} x' \\ y' \\ z' \\ 1 \end{bmatrix}
\tag{4-6}
$$

式中： f' 为物镜的焦距； $x'=\dfrac{-f'}{z} \cdot x,y'=\dfrac{f'}{z} \cdot y,z'=\dfrac{-f'}{1-f'/z}$,当 $z \geqslant f'$ 时,$-f'/(z-f')$ 可简化为$-f'/z$。

以上只列出光轴与 z 轴重合的变换,光轴与 x 轴或 y 轴重合时的变换矩阵不难写出。

(7) 小结。三维齐次坐标的一般变换矩阵可以表达成下列形式,即

$$T = \begin{bmatrix} a & b & c & p \\ d & e & f & q \\ h & i & j & r \\ l & m & n & s \end{bmatrix} \Rightarrow \begin{bmatrix} 3 \times 3 & \vdots & 3 \\ & \vdots & \times \\ \cdots\cdots & \vdots & 1 \\ 1 \times 3 & \vdots & 1 \end{bmatrix}$$

将 4×4 变换矩阵分割为 4 块矩阵:①产生比例变换、错切和旋转为 3×3 矩阵;②产生平移为 3×1 矩阵;③产生透视变换为 1×3 矩阵;④产生全部的比例变换为 1×1 矩阵。

4.2 光路转折

1. 平面反射镜的光路转折

对于平面反射镜,其出射光线 A_2 和入射光线 A_1 之间的关系,如图 4-1(a) 所示。其表达式为

$$A_2 = HA_1 \tag{4-7}$$

式中:H 为反射矩阵,可表示为

$$H = 1 - 2NN^{\mathrm{T}} \tag{4-8}$$

而 N 为平面反射镜的法线单位矢量。

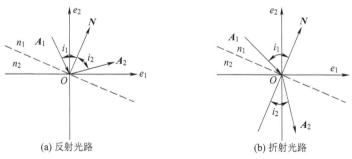

(a) 反射光路   (b) 折射光路

图 4-1　光线在界面处的反射和折射光路

2. 平面折射界面的光路转折

对于平面折射界面,其出射光线 A_2 和入射光线 A_1 之间,可以认为是 A_2 相对于 A_1 作一旋转的线性变换,其关系如图 4-1(b) 所示。而其表达式为

$$A_2 = MA_1 \tag{4-9}$$

式中:M 为折射界面的折射作用矩阵,其表达式为

$$\boldsymbol{M} = \begin{pmatrix} \cos(i_2 - i_1) & -\sin(i_2 - i_1) & 0 \\ \sin(i_2 - i_1) & \cos(i_2 - i_1) & 0 \\ 0 & 0 & 1 \end{pmatrix} \qquad (4\text{-}10)$$

而

$$\begin{cases} i_1 = \arccos(-\boldsymbol{N}^{\mathrm{T}}\boldsymbol{A}_1) \\ i_2 = \arcsin\left(\dfrac{n_2}{n_1}\sin i_1\right) \end{cases} \qquad (4\text{-}11)$$

式中: $\boldsymbol{N}$ 为界面法线矢量。

3. 望远系统的光路转折

对于正倍望远系统,可以视作一个折射界面,其出射光线 $\boldsymbol{A}_2$ 和入射光线 $\boldsymbol{A}_1$ 之间也可以认为是 $\boldsymbol{A}_2$ 相对于 $\boldsymbol{A}_1$ 作一个线性旋转变换,其关系如图 4-2(a) 所示。其表达式为

$$\boldsymbol{A}_2 = \boldsymbol{M}\boldsymbol{A}_1$$

不同之处在于其作用矩阵为

$$\boldsymbol{M} = \begin{pmatrix} \cos(k-1)\theta & -\sin(k-1)\theta & 0 \\ \sin(k-1)\theta & \cos(k-1)\theta & 0 \\ 0 & 0 & 1 \end{pmatrix} \qquad (4\text{-}12)$$

式中: $\theta = \arccos(-\boldsymbol{N}^{\mathrm{T}}\boldsymbol{A}_1)$; k 为望远系统的放大倍率; $\boldsymbol{N}$ 为望远系统光轴的单位矢量。

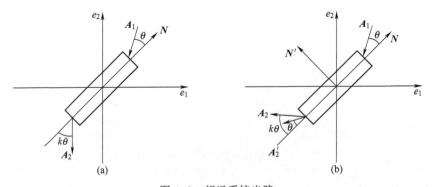

图 4-2　望远系统光路

对于负倍系统,其出射光线 $\boldsymbol{A}_2$ 和入射光线 $\boldsymbol{A}_1$ 之间可以认为是反射镜面和折射界面二次作用的结果,关系如图 4-2(b) 所示,其表达式为

$$\boldsymbol{A}_2 = \boldsymbol{M}\boldsymbol{H}\boldsymbol{A}_1 \qquad (4\text{-}13)$$

其作用矩阵为

$$M = \begin{pmatrix} \cos(k-1)\theta & -\sin(k-1)\theta & 0 \\ \sin(k-1)\theta & \cos(k-1)\theta & 0 \\ 0 & 0 & 1 \end{pmatrix}$$

$$H = 1 - 2N'N'^{\mathrm{T}}$$

其中，N' 为与 N 和 A_1 共面，并与 N 正交的单位矢量。

其实只要把 k 的负值代入式(4-12)，也可得到负倍系统的作用矩阵。

4.3 平台调平误差引起的瞄准误差分析

当表征平台方位的平台棱镜(二次反射直角棱镜或称波罗棱镜) 无调平误差时，如图 4-3(a) 所示，两个反射面交棱 y 与 x_2 轴平行，此时当平台棱镜与光电瞄准仪自准时，光电瞄准仪将原始方位无误差地传递到平台棱镜。如图 4-3(b) 所示，当平台棱镜存在调平误差 $\Delta\beta$(y 棱绕 x_1 轴旋转 $\Delta\beta$ 角) 时，A_1 光线经过平台棱镜反射后的光线 A_3 在方位平面内将构成偏差角。瞄准时必须构成自准，即控制平台在方位上转动，如图 4-3(c) 所示，设平台方位上调正到 $\Delta\alpha$ 角后，A_3 与 A_1 在方位平面内平行，此 $\Delta\alpha$ 角即为由于平台调平误差引起的瞄准误差。

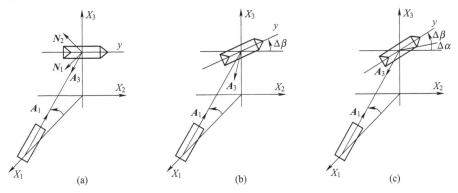

图 4-3　陆基光电瞄准原理图

图 4-3(a)中平台棱镜两反射面的单位法向矢量为

$$N_1 = \begin{bmatrix} \cos\dfrac{\pi}{4} \\ 0 \\ -\sin\dfrac{\pi}{4} \end{bmatrix} = \frac{\sqrt{2}}{2}\begin{bmatrix} 1 \\ 0 \\ -1 \end{bmatrix}, \quad N_2 = \begin{bmatrix} \cos\dfrac{\pi}{4} \\ 0 \\ \sin\dfrac{\pi}{4} \end{bmatrix} = \frac{\sqrt{2}}{2}\begin{bmatrix} 1 \\ 0 \\ 1 \end{bmatrix}$$

光电瞄准仪光电自准光管的光轴 A_1 的单位矢量为

$$A_1 = \begin{bmatrix} -\cos\lambda \\ 0 \\ \sin\lambda \end{bmatrix}$$

如图 4-3（c）所示，此时平台棱镜的法线单位矢量可以视为首先绕 x_3 旋转 $\Delta\alpha$ 角后，再绕 x_1 轴旋转 $\Delta\beta$ 角，两次旋转变换后的平台棱镜法线单位矢量分别为

$$N_1' = \begin{bmatrix} 1 & 0 & 0 \\ 0 & \cos\Delta\beta & -\sin\Delta\beta \\ 0 & \sin\Delta\beta & \cos\Delta\beta \end{bmatrix} \begin{bmatrix} \cos\Delta\alpha & -\sin\Delta\alpha & 0 \\ \sin\Delta\alpha & \cos\Delta\alpha & 0 \\ 0 & 0 & 1 \end{bmatrix} \frac{\sqrt{2}}{2}\begin{bmatrix} 1 \\ 0 \\ -1 \end{bmatrix}$$

$$= \frac{\sqrt{2}}{2}\begin{bmatrix} \cos\Delta\alpha \\ \sin\Delta\alpha\cos\Delta\beta + \sin\Delta\beta \\ \sin\Delta\alpha\sin\Delta\beta - \cos\Delta\beta \end{bmatrix}$$

$$N_2' = \begin{bmatrix} 1 & 0 & 0 \\ 0 & \cos\Delta\beta & -\sin\Delta\beta \\ 0 & \sin\Delta\beta & \cos\Delta\beta \end{bmatrix} \begin{bmatrix} \cos\Delta\alpha & -\sin\Delta\alpha & 0 \\ \sin\Delta\alpha & \cos\Delta\alpha & 0 \\ 0 & 0 & 1 \end{bmatrix} \frac{\sqrt{2}}{2}\begin{bmatrix} 1 \\ 0 \\ 1 \end{bmatrix}$$

$$= \frac{\sqrt{2}}{2}\begin{bmatrix} \cos\Delta\alpha \\ \sin\Delta\alpha\cos\Delta\beta - \sin\Delta\beta \\ \sin\Delta\alpha\sin\Delta\beta + \cos\Delta\beta \end{bmatrix}$$

根据式（4-7）和式（4-8），光线 A_1 经 N_1' 反射后的光线 A_2 可表示为

$$A_2 = (1 - 2N_1' \cdot N_1'^{\mathrm{T}}) \cdot A_1$$

A_2 经 N_2' 反射后的光线 A_3 可表示为

$$A_3 = (1 - 2N_2' \cdot N_2'^{\mathrm{T}}) \cdot (1 - 2N_1' \cdot N_1'^{\mathrm{T}})A_1$$

由于 N_2' 与 N_1' 正交，则

$$A_3 = (1 - 2N_2' \cdot N_2'^{\mathrm{T}} - 2N_1' \cdot N_1'^{\mathrm{T}})A_1 \tag{4-14}$$

将 N_1'、$N_1'^{\mathrm{T}}$ 和 N_2'、$N_2'^{\mathrm{T}}$，以及 A_1 值代入式（4-14），可得

$$A_3 = \begin{bmatrix} -\cos(2\Delta\alpha) & -\sin(2\Delta\alpha)\cos\Delta\beta & -\sin(2\Delta\alpha)\sin\Delta\beta \\ -\sin(2\Delta\alpha)\cos\Delta\beta & \cos(2\Delta\alpha)\cos^2\Delta\beta - \sin^2\Delta\beta & \cos^2\Delta\alpha\sin(2\Delta\beta) \\ -\sin(2\Delta\alpha)\sin\Delta\beta & \cos^2\Delta\alpha\sin(2\Delta\beta) & \cos(2\Delta\alpha)\sin^2\Delta\beta - \cos^2\Delta\beta \end{bmatrix}\begin{bmatrix} -\cos\lambda \\ 0 \\ \sin\lambda \end{bmatrix}$$

即

$$A_3 = \begin{bmatrix} A_{31} \\ A_{32} \\ A_{33} \end{bmatrix} = \begin{bmatrix} \cos(2\Delta\alpha)\cos\lambda - \sin(2\Delta\alpha)\sin\Delta\beta\sin\lambda \\ \sin(2\Delta\alpha)\cos\Delta\beta\cos\lambda + \cos^2\Delta\alpha\sin(2\Delta\beta)\sin\lambda \\ \sin(2\Delta\alpha)\sin\Delta\beta\cos\lambda + \cos(2\Delta\alpha)\sin^2\Delta\beta\sin\lambda - \cos^2\Delta\beta\sin\lambda \end{bmatrix}$$

$$\tag{4-15}$$

由于只有当 $A_{32} = 0$ 时，满足自准条件，即

$$\sin(2\Delta\alpha)\cos\Delta\beta\cos\lambda + \cos^2\Delta\alpha\sin(2\Delta\beta)\sin\lambda = 0$$

最后可得

$$\tan\Delta\alpha = -\sin\Delta\beta \cdot \tan\lambda , \Delta\alpha = \arctan(-\sin\Delta\beta \cdot \tan\lambda) \tag{4-16}$$

当 $\Delta\alpha$ 和 $\Delta\beta$ 都是小角度时,式(4-16)可以简化为

$$\Delta\alpha = -\Delta\beta \cdot \tan\lambda \tag{4-17}$$

表4-1为用式(4-17)计算的不同高角 λ 和调平误差 $\Delta\beta$ 时的方位瞄准误差 $\Delta\alpha$ 值,表中 $\lambda=10°$,相当于从30m处校正5m高导弹的原始方位,而 $\lambda=18°$ 时,相当于300m处校正100m高火箭的原始方位。

以上仅分析了当二次反射棱镜两个反射面完全正交的情况,实际上两个反射面存在的不正交误差和二次反射棱镜存在的塔差(两个反射面交棱和棱镜的折射面不平行误差)与平台调平误差耦合后还会产生瞄准误差。在瞄准系统的误差分析中还应详细地分析,并根据允许的瞄准误差来分配二次反射棱镜的直角误差和塔差。

表 4-1　方位瞄准误差 $\Delta\alpha$ 值

$\Delta\alpha$		λ							
		1°	2°	5°	10°	12°	14°	16°	18°
$\Delta\beta$	30″	0.52″	1.05″	2.62″	5.29″	6.38″	7.48″	8.60″	9.75″
	1′	1.05″	2.09″	5.25″	10.58″	12.75″	14.96″	17.20″	19.49″
	2′	2.09″	4.19″	10.50″	21.16″	25.51″	29.92″	34.41″	38.99″
	3′	3.14″	6.28″	15.75″	31.74″	38.26″	44.88″	51.61″	58.48″

4.4　折转光管位置装调误差引起的方位传递误差分析

如图4-4(a)所示,在光电瞄准和潜望镜中用两块在空间平行的平面反射镜组成一个折转光管,使光路折转一个距离,但保持其方向。

设两平行平面反射镜法线分别为 N_1 和 N_2。当 N_1 和 N_2 严格平行时,如图4-4(b)所示,无论折转光管安装误差(倾斜 β 角)为多少,都不能产生方位上的传递误差,即入射和出射的光线 A_1 和 A_3 在三维空间上将始终保持平行。但当 N_1 和 N_2 之间由于安装或结构上的变形形成误差时,则折转光管的安装误差耦合作用的结果,将会造成方位上的传递误差。以下分析如图4-4(c)所示情况, N_1 和 N_2 之间存在 $\Delta\beta$ 角误差,而整个折转光管又在 X_2OX_3 平面内侧向倾 β 角后形成方位传递误差。

如图4-4(a)所示,两反射镜面单位法矢量分别为

$$N_1 = \begin{bmatrix} \cos\dfrac{\pi}{4} \\ 0 \\ \sin\dfrac{\pi}{4} \end{bmatrix} = \dfrac{\sqrt{2}}{2}\begin{bmatrix} 1 \\ 0 \\ 1 \end{bmatrix}, N_2 = \begin{bmatrix} -\cos\dfrac{\pi}{4} \\ 0 \\ -\sin\dfrac{\pi}{4} \end{bmatrix} = \dfrac{\sqrt{2}}{2}\begin{bmatrix} -1 \\ 0 \\ -1 \end{bmatrix}$$

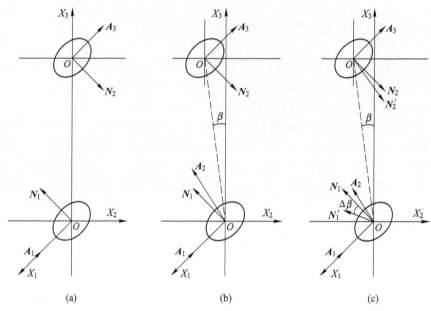

$$(a) \qquad\qquad (b) \qquad\qquad (c)$$

图 4-4　折转光管方位传递原理图

传递方位的光线 $\boldsymbol{A}_1$ 的单位矢量为

$$\boldsymbol{A}_1 = \begin{bmatrix} -1 \\ 0 \\ 0 \end{bmatrix}$$

如图 4-4(c) 所示,当折转光管两个平面反射镜法线之间存在不平行误差 $\Delta\beta$ 和装调偏差 β 角后,两反射镜法线单位矢量 $\boldsymbol{N}_1'$ 和 $\boldsymbol{N}_2'$ 分别为

$$\boldsymbol{N}_1' = \boldsymbol{M}_2 \cdot \boldsymbol{M}_1 \cdot \boldsymbol{N}_1 , \quad \boldsymbol{N}_2' = \boldsymbol{M}_2 \cdot \boldsymbol{N}_2$$

其中

$$\boldsymbol{M}_1 = \begin{bmatrix} \cos\Delta\beta & 0 & \sin\Delta\beta \\ 0 & 1 & 0 \\ -\sin\Delta\beta & 0 & \cos\Delta\beta \end{bmatrix}, \quad \boldsymbol{M}_2 = \begin{bmatrix} 1 & 0 & 0 \\ 0 & \cos\beta & -\sin\beta \\ 0 & \sin\beta & \cos\beta \end{bmatrix}$$

则

$$\boldsymbol{N}_1' = \frac{\sqrt{2}}{2} \begin{bmatrix} \cos\Delta\beta + \sin\Delta\beta \\ -\sin\beta(\cos\Delta\beta - \sin\Delta) \\ \cos\beta(\cos\Delta\beta - \sin\Delta\beta) \end{bmatrix}$$

$$\boldsymbol{N}_2' = \frac{\sqrt{2}}{2} \begin{bmatrix} -1 \\ \sin\beta \\ -\cos\beta \end{bmatrix}$$

从折转光管出射的光线为

$$A_3 = (I - 2N_2' \cdot N_2'^{\mathrm{T}})(I - 2N_1' \cdot N_1'^{\mathrm{T}}) \cdot A_1$$

其中(S 代表 sin,C 代表 cos)

$I - 2N_1' \cdot N_1'^{\mathrm{T}} =$

$$\begin{bmatrix} 1 - (C\Delta\beta + S\Delta\beta)^2 & S\beta(C\Delta\beta + S\Delta\beta) & -C\beta(C\Delta\beta + S\Delta\beta) \\ & (C\Delta\beta - S\Delta\beta) & (C\Delta\beta - S\Delta\beta) \\ S\beta(C\Delta\beta + S\Delta\beta) & 1 - S^2\beta(S\Delta\beta - C\Delta\beta)^2 & S\beta C\beta(C\Delta\beta - S\Delta\beta)^2 \\ (C\Delta\beta - S\Delta\beta) & & \\ -C\beta(C\Delta\beta + S\Delta\beta) & S\beta C\beta(C\Delta\beta - S\Delta\beta)^2 & 1 - C^2\beta(S\Delta\beta - C\Delta\beta)^2 \\ (C\Delta\beta - S\Delta\beta) & & \end{bmatrix}$$

$$A_2 = (I - 2N_1' \cdot N_1'^{\mathrm{T}})A_1$$

$$A_2 = \begin{bmatrix} (\cos\Delta\beta + \sin\Delta\beta)^2 - 1 \\ -\sin\beta(\cos\Delta\beta + \sin\Delta\beta)(\cos\Delta\beta - \sin\Delta\beta) \\ \cos\beta(\cos\Delta\beta + \sin\Delta\beta)(\cos\Delta\beta - \sin\Delta\beta) \end{bmatrix}$$

则

$$I - 2N_2' \cdot N_2'^{\mathrm{T}} = \begin{bmatrix} 0 & \sin\beta & -\cos\beta \\ \sin\beta & \cos^2\beta & \sin\beta\cos\beta \\ -\cos\beta & \sin\beta\cos\beta & \sin^2\beta \end{bmatrix}$$

$$A_3 = (I - 2N_2' \cdot N_2'^{\mathrm{T}})A_2$$

$$A_3 = \begin{bmatrix} A_{31} \\ A_{32} \\ A_{33} \end{bmatrix} = \begin{bmatrix} -(C^2\beta + S^2\beta)(C\Delta\beta + S\Delta\beta)(C\Delta\beta - S\Delta\beta)S\beta[(C\Delta\beta + \\ S\Delta\beta)^2 - 1] - S\beta C^2\beta(C\Delta\beta + S\Delta\beta)(C\Delta\beta - S\Delta\beta) \\ + S\Delta\beta C^2\Delta\beta(C\Delta\beta + S\Delta\beta)(C\Delta\beta - S\Delta\beta) \\ C\beta[1 - (C\Delta\beta + S\Delta\beta)^2] - S^2\beta C\beta(C\Delta\beta + S\Delta\beta)(C\Delta\beta - S\Delta\beta) \\ + S^2\beta C\beta(C\Delta\beta + S\Delta\beta)(C\Delta\beta - S\Delta\beta) \end{bmatrix}$$

$$= \begin{bmatrix} -(C\Delta\beta + S\Delta\beta)(C\Delta\beta - S\Delta\beta) \\ S\beta[(C\Delta\beta + S\Delta\beta)^2 - 1] \\ C\beta[(1 - (C\Delta\beta + S\Delta\beta)^2] \end{bmatrix} = \begin{bmatrix} -C(2\Delta\beta) \\ S\beta S(2\Delta\beta) \\ -C\beta S(2\Delta\beta) \end{bmatrix}$$

A_3 和 A_1 在方位上的误差角 $\Delta\alpha$ 可由下式求出,即

$$\tan\Delta\alpha = \frac{A_{32}}{A_{31}} = -\sin\beta\frac{\sin(2\Delta\beta)}{\cos(2\Delta\beta)}$$

则

$$\Delta\alpha = \arctan[-\tan(2\Delta\beta) \cdot \sin\beta] \tag{4-18}$$

当 $\Delta\beta$ 和 $\Delta\alpha$ 都为小角误差时,可以简化为

$$\Delta\alpha = -2\Delta\beta \cdot \sin\beta \tag{4-19}$$

以上仅分析了折射光管在 X_2OX_3 平面内倾斜安装误差耦合后引起的方位传递误差,在瞄准系统的误差分析中,还要考虑折射光管在 X_1OX_3 平面内的倾斜安

装误差和在 X_1OX_2 平面内的扭转安装误差耦合后引起的方位传递误差。

4.5 瞄准中构件水平面内变形自动补偿分析

为了实现一组多个平台方位的实时校正,我们使用一个带有光源且与特大构件纵轴平行的平行光管(基准光管)。并在每一台上面摆放一块表征校正平台方位的二次反射棱镜,其棱脊处于方位平面内。在每个平台前放置校正仪,在校正仪内布置正交的平面反射镜,其目的是用于分光和折转光路;光电接收平行管用于测量平台相对构件纵轴的实时偏流角;正二倍望远系统(与该光电接收平行光管正交),共同组成一个复合型的光路折转系统,自动补偿构件变形造成的校正仪在方位上的偏移,对校正的影响,如图4-5所示为校正仪复合光路示意图。

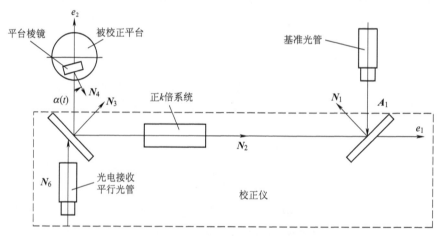

图 4-5　校正仪复合光路示意图

图中 e_2 为构件纵轴,e_1 和 e_2 组成方位平面。A_1 为平行光管基准光轴,即为构件纵轴,也是平行光管内发出光束的单位矢量。N_1 和 N_3 为校正仪内两个相互正交的平面反射镜法线的单位矢量;正 k 倍望远镜光轴的单位矢量为 N_2,表征校正平台方位的二次反射棱镜交棱在方位平面内法线的单位矢量为 N_4,其与构件纵轴 A_1 的偏差为 $\alpha(t)$。

分析时为了计算方便,N_2 与 N_1 和 N_3 分别呈 $\pi/4$ 角。当构件无变形时,各单位矢量分别为

$$A_1 = \begin{bmatrix} 0 \\ -1 \end{bmatrix}; \ N_1 = \frac{\sqrt{2}}{2}\begin{bmatrix} -1 \\ 1 \end{bmatrix}; \ N_2 = \begin{bmatrix} 1 \\ 0 \end{bmatrix}$$

$$N_3 = \frac{\sqrt{2}}{2}\begin{bmatrix} 1 \\ 1 \end{bmatrix}; \ N_4 = \begin{bmatrix} \sin(\alpha t) \\ -\cos(\alpha t) \end{bmatrix}; \ N_6 = \begin{bmatrix} 0 \\ 1 \end{bmatrix}$$

设构件在水平面范围内,基准光管和校正仪两个安装点之间的变形角为 α_0,则校正仪相对基准光管旋转 α_0 角。由于需要实时测量的是平台台体棱镜法线相对大构件纵轴(基准光管光轴)之间的夹角,为了计算方便,可以使基准光管光轴和平台台体 (A_1 和 N_4) 反方向旋转 $-\alpha_0$ 角,而不影响分析的结果。构件沿纵轴在方位平面内变形后光路如图 4-6 所示。

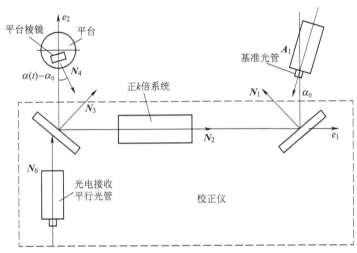

图 4-6 构件沿纵轴在方位平面内变形后光路示意图

各单位矢量分别为

$$A_1 = \begin{bmatrix} \cos(-\alpha_0) & -\sin(-\alpha_0) \\ \sin(-\alpha_0) & \cos(-\alpha_0) \end{bmatrix} \begin{bmatrix} 0 \\ -1 \end{bmatrix} = \begin{bmatrix} \cos\alpha_0 & \sin\alpha_0 \\ -\sin\alpha_0 & \cos\alpha_0 \end{bmatrix} \begin{bmatrix} 0 \\ -1 \end{bmatrix} = \begin{bmatrix} -\sin\alpha_0 \\ -\cos\alpha_0 \end{bmatrix}$$

$$N_1 = \frac{\sqrt{2}}{2} \begin{bmatrix} -1 \\ 1 \end{bmatrix}; \quad N_2 = \begin{bmatrix} 1 \\ 0 \end{bmatrix}; \quad N_3 = \frac{\sqrt{2}}{2} \begin{bmatrix} 1 \\ 1 \end{bmatrix};$$

$$N_4 = \begin{bmatrix} \cos\alpha_0 & \sin\alpha_0 \\ -\sin\alpha_0 & \cos\alpha_0 \end{bmatrix} \begin{bmatrix} \sin\alpha(t) \\ -\cos\alpha(t) \end{bmatrix} = \begin{bmatrix} \sin(\alpha(t)-\alpha_0) \\ -\cos(\alpha(t)-\alpha_0) \end{bmatrix}$$

$$N_6 = \begin{bmatrix} 0 \\ 1 \end{bmatrix}$$

光线 A_1 经平面镜 N_1 反射后为

$$A_2 = (I - 2N_1 N_1^T)A_1 = \begin{bmatrix} -\cos\alpha_0 \\ -\sin\alpha_0 \end{bmatrix}$$

因为

$$N_2^T A_2 = -\cos\alpha_0,$$

所以 $\theta = \alpha_0$,即 A_2 与 k 倍望远系统光轴夹角为 α_0。

光线 A_2 经 k 倍望远系统后为

$$A_3 = MA_2 = \begin{bmatrix} \cos(k-1)\alpha_0 & -\sin(k-1)\alpha_0 \\ \sin(k-1)\alpha_0 & \cos(k-1)\alpha_0 \end{bmatrix} \begin{bmatrix} -\cos\alpha_0 \\ -\sin\alpha_0 \end{bmatrix} = \begin{bmatrix} -\cos(k\alpha_0) \\ -\sin(k\alpha_0) \end{bmatrix}$$

光线 A_3 经平面镜 N_3 反射后为

$$A_4 = (I - 2N_3 N_3^{\mathrm{T}})A_3 = \begin{bmatrix} \sin(k\alpha_0) \\ \cos(k\alpha_0) \end{bmatrix}$$

光线 A_4 经平面镜 N_4 反射后为

$$A_5 = (I - 2N_4 N_4^{\mathrm{T}})A_4 = \begin{bmatrix} \sin\{2[a(t) - \alpha_0] + k\alpha_0\} \\ -\cos\{2[a(t) - \alpha_0] + k\alpha_0\} \end{bmatrix}$$

光电接收平行光管测量的工件台体相对构件纵轴的偏差角(二倍的 A_5 和 N_6 之间的夹角,二倍是由于自准直的结果)为

$$2\alpha'(t) = 2(\alpha(t) - \alpha_0) + k\alpha_0 \tag{4-20}$$

由式(4-20)知,当 $k=2$ 时, $\alpha'(t) = \alpha(t)$,说明校正仪采用正二倍系统后,实时测量值与 α_0 无关,自动补偿了构件变形。

以上分析的校正仪内的平面反射镜组和正二倍系统的相对位置关系不是唯一的。侧向方位实时校正时的光路如图4-7所示。如果作如图4-7的布置,同时可以实现平台的侧向方位实时测量,此时两平面反射法线之间的夹角为 $3\pi/4$,而光电接收平行光管与正二倍系统之间的夹角为 $\pi/4$ 。

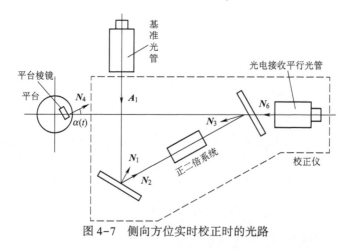

图4-7 侧向方位实时校正时的光路

4.6 构件在中纵剖面内变形耦合后引起的方位自校正误差分析

以上分析仅作为平面问题来处理,分析了构件在水平面内的变形,而实际问题

是空间题,要复杂得多,还必须分析其他两个转角(可以是构件变形造成,也可以是校正仪安装误差造成)对实时测量的影响。以下分析校正仪相对构件坐标系其他两个轴有角偏移时对测量结果的影响。三维时的光路图如图4-8所示。图中示意了在三维情况下,各单位矢量的情况,其中表征平台台体方位的棱镜棱边单位法线改换成了两个相互正交的反射面单位法矢量 N_4 和 N_5。e_2 轴为构件纵轴,e_1 和 e_2 组成构件水平面,e_2 和 e_3 组成构件的中纵剖面,其单位矢量与前面相同。

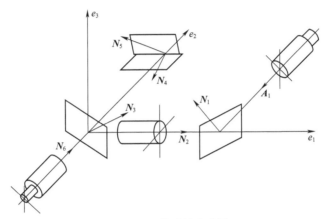

图 4-8　三维时的光路图

当构件无变形时,各单位矢量分别为

$$A_1 = \begin{bmatrix} 0 \\ -1 \\ 0 \end{bmatrix}; N_1 = \frac{\sqrt{2}}{2}\begin{bmatrix} -1 \\ 1 \\ 0 \end{bmatrix}; N_2 = \begin{bmatrix} 1 \\ 0 \\ 0 \end{bmatrix} \quad N_3 = \frac{\sqrt{2}}{2}\begin{bmatrix} 1 \\ 1 \\ 0 \end{bmatrix}; N_4 = \frac{\sqrt{2}}{2}\begin{bmatrix} \sin\alpha(t) \\ -\cos\alpha(t) \\ -1 \end{bmatrix};$$

$$N_5 = \frac{\sqrt{2}}{2}\begin{bmatrix} \sin\alpha(t) \\ -\cos\alpha(t) \\ 1 \end{bmatrix}; N_6 = \begin{bmatrix} 0 \\ 1 \\ 0 \end{bmatrix}$$

为了分析方便,首先设 A_1 和 N_4、N_5 在水平面内绕 e_3 轴旋转 $-a_0$ 角;然后在中纵剖面内旋转 $-\lambda_0$ 角。其旋转作用矩阵分别为

$$\begin{bmatrix} \cos\alpha_0 & \sin\alpha_0 & 0 \\ -\sin\alpha_0 & \cos\alpha_0 & 0 \\ 0 & 0 & 1 \end{bmatrix} 和 \begin{bmatrix} 1 & 0 & 0 \\ 0 & \cos\lambda_0 & \sin\lambda_0 \\ 0 & -\sin\lambda_0 & \cos\lambda_0 \end{bmatrix}$$

式中:a_0 和 λ_0 分别为构件在水平面和中纵剖面内,相应于基准光管和校正仪安装点之间构件的挠曲变形角或为校正仪的安装误差角。

变形后,各单位矢量分别为

$$
A_1 = \begin{bmatrix} 1 & 0 & 0 \\ 0 & \cos\lambda_0 & \sin\lambda_0 \\ 0 & -\sin\lambda_0 & \cos\lambda_0 \end{bmatrix} \begin{bmatrix} \cos\alpha_0 & \sin\alpha_0 & 0 \\ -\sin\alpha_0 & \cos\alpha_0 & 0 \\ 0 & 0 & 1 \end{bmatrix} \begin{bmatrix} 0 \\ -1 \\ 0 \end{bmatrix} = \begin{bmatrix} -\sin\alpha_0 \\ -\cos\alpha_0\cos\lambda_0 \\ \cos\alpha_0\sin\lambda_0 \end{bmatrix}
$$

$$
N_1 = \frac{\sqrt{2}}{2}\begin{bmatrix} -1 \\ 1 \\ 0 \end{bmatrix} ;N_2 = \begin{bmatrix} 1 \\ 0 \\ 0 \end{bmatrix} ;N_3 = \frac{\sqrt{2}}{2}\begin{bmatrix} 1 \\ 1 \\ 0 \end{bmatrix} ;
$$

$$
N_4 = \frac{\sqrt{2}}{2}\begin{bmatrix} 1 & 0 & 0 \\ 0 & \cos\lambda_0 & \sin\lambda_0 \\ 0 & -\sin\lambda_0 & \cos\lambda_0 \end{bmatrix} \begin{bmatrix} \cos\alpha_0 & \sin\alpha_0 & 0 \\ -\sin\alpha_0 & \cos\alpha_0 & 0 \\ 0 & 0 & 1 \end{bmatrix} \begin{bmatrix} \sin\alpha(t) \\ -\cos\alpha(t) \\ -1 \end{bmatrix}
$$

$$
= \frac{\sqrt{2}}{2}\begin{bmatrix} \sin(\alpha(t) - \alpha_0) \\ -\cos(\alpha(t) - \alpha_0)\cos\lambda_0 - \sin\lambda_0 \\ \cos(\alpha(t) - \alpha_0)\sin\lambda_0 - \cos\lambda \end{bmatrix}
$$

$$
N_5 = \frac{\sqrt{2}}{2}\begin{bmatrix} 1 & 0 & 0 \\ 0 & \cos\lambda_0 & \sin\lambda_0 \\ 0 & -\sin\lambda_0 & \cos\lambda_0 \end{bmatrix} \begin{bmatrix} \cos\alpha_0 & \sin\alpha_0 & 0 \\ -\sin\alpha_0 & \cos\alpha_0 & 0 \\ 0 & 0 & 1 \end{bmatrix} \begin{bmatrix} \sin\alpha(t) \\ -\cos\alpha(t) \\ 1 \end{bmatrix}
$$

$$
= \frac{\sqrt{2}}{2}\begin{bmatrix} \sin(\alpha(t) - \alpha_0) \\ -\cos(\alpha(t) - \alpha_0)\cos\lambda_0 + \sin\lambda_0 \\ \cos(\alpha(t) - \alpha_0)\sin\lambda_0 + \cos\lambda_0 \end{bmatrix}
$$

$$
N_6 = \begin{bmatrix} 0 \\ 1 \\ 0 \end{bmatrix}
$$

光线 A_1 经平面镜 N_1 反射后为

$$A_2 = (I - 2N_1N_1^T)A_1$$

光线 A_2 经正二倍系统后,出射光线为 A_3。应用坐标旋转矩阵计算 A_3 会很复杂。在正二倍的特殊情况下(图4-9),作反射矩阵为

$$H_2 = I - 2A_2A_2^T \qquad (4-21)$$

则光线 A_3 可以视为是 N_2 经 H_2 线性变换的结果,有

$$A_3 = H_2N_2 = [I - 2A_2A_2^T]N_2 = [I - 2(I - 2N_1N_1^T)A_1A_1^T(I - 2N_1N_1^T)^T]N_2$$

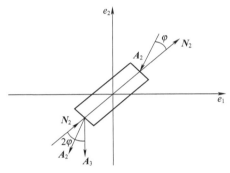

图4-9　正二倍望远系统光路转折

光线 A_3 经平面镜 N_3 反射后为

$$A_4 = (I - 2N_3N_3^T)A_3 = (I - 2N_3N_3^T)[1 - 2(1 - 2N_1N_1^T)A_1A_1^T(I - 2N_1N_1^T)^T]N_2$$

光线 A_4 经平面镜 N_4 反射后为

$$A_5 = (I - 2N_4N_4^T)A_4$$

$$= (I - 2N_4N_4^T)(I - 2N_3N_3^T)[I - 2(I - 2N_1N_1^T)A_1A_1^T(I - 2N_1N_1^T)^T]N_2$$

光线 A_5 经平面镜 N_5 反射后为

$$A_6 = (I - 2N_5N_5^T)A_5 = (I - 2N_5N_5^T)(I - 2N_4N_4^T)(I - 2N_3N_3^T)$$

$$[I - 2(I - 2N_1N_1^T)A_1A_1^T(I - 2N_1N_1^T)^T]N_2$$

因为 N_5 与 N_4、N_1 与 N_3 分别两两正交即 $N_5^TN_4 = 0$　$N_3^TN_1 = 0$,所以有

$$A_6 = (I - 2N_5N_5^T - 2N_4N_4^T)[I - 2N_3N_3^T - 2(I - 2N_1N_1^T - 2N_3N_3^T)$$

$$A_1A_1^T(I - 2N_1N_1^T)^T]N_2 \qquad (4-22)$$

而光电接收平行光管测量结果为

$$2\alpha_{\lambda 0} = \arctan \frac{\alpha_{61}}{-\alpha_{62}} \tag{4-23}$$

式中：α_{61} 和 α_{62} 为 $\boldsymbol{A}_6 = \begin{bmatrix} \alpha_{61} & \alpha_{62} & \alpha_{63} \end{bmatrix}^{\mathrm{T}}$ 的两个分量。

把变形后的各矢量代入式(4-22)，可得

$$\boldsymbol{A}_1 \boldsymbol{A}_1^{\mathrm{T}} = \begin{bmatrix} \sin^2\alpha_0 & \sin\alpha_0\cos\alpha_0\cos\lambda_0 & -\sin\alpha_0\cos\alpha_0\sin\lambda_0 \\ \sin\alpha_0\cos\alpha_0\cos\lambda_0 & \cos^2\alpha_0\cos^2\lambda_0 & -\cos^2\alpha_0\sin\lambda_0\cos\lambda_0 \\ -\sin\alpha_0\cos\alpha_0\sin\lambda_0 & -\cos^2\alpha_0\cos\lambda_0\sin\lambda_0 & \cos^2\alpha_0\sin^2\lambda_0 \end{bmatrix}$$

$$\boldsymbol{I} - 2\boldsymbol{N}_1\boldsymbol{N}_1^{\mathrm{T}} = \begin{bmatrix} 0 & 1 & 0 \\ 1 & 0 & 0 \\ 0 & 0 & 1 \end{bmatrix}$$

$$\begin{bmatrix} \boldsymbol{I} - 2\boldsymbol{N}_1\boldsymbol{N}_1^{\mathrm{T}} \end{bmatrix}^{\mathrm{T}} = \begin{bmatrix} 0 & 1 & 0 \\ 1 & 0 & 0 \\ 0 & 0 & 1 \end{bmatrix}$$

$$\boldsymbol{I} - 2\boldsymbol{N}_3\boldsymbol{N}_3^{\mathrm{T}} = \begin{bmatrix} 0 & -1 & 0 \\ -1 & 0 & 0 \\ 0 & 0 & 1 \end{bmatrix}$$

$$\boldsymbol{I} - 2\boldsymbol{N}_1\boldsymbol{N}_1^{\mathrm{T}} - 2\boldsymbol{N}_3\boldsymbol{N}_3^{\mathrm{T}} = \begin{bmatrix} -1 & 0 & 0 \\ 0 & -1 & 0 \\ 0 & 0 & 1 \end{bmatrix}$$

$$\boldsymbol{I} - 2\boldsymbol{N}_3\boldsymbol{N}_3^{\mathrm{T}} - 2(\boldsymbol{I} - 2\boldsymbol{N}_1\boldsymbol{N}_1^{\mathrm{T}} - 2\boldsymbol{N}_3\boldsymbol{N}_3^{\mathrm{T}})\boldsymbol{A}_1\boldsymbol{A}_1^{\mathrm{T}}(\boldsymbol{I} - 2\boldsymbol{N}_1\boldsymbol{N}_1^{\mathrm{T}})^{\mathrm{T}}]\boldsymbol{N}_2$$

$$= \begin{bmatrix} 2\sin\alpha_0 & \cos\alpha_0 & \cos\lambda_0 \\ 2\cos^2\alpha_0 & \cos^2\alpha_0 & \lambda_0 - 1 \\ 2\cos^2\alpha_0 & \cos\lambda_0 & \sin\lambda_0 \end{bmatrix}$$

$$\boldsymbol{I} - 2\boldsymbol{N}_4\boldsymbol{N}_4^{\mathrm{T}} - 2\boldsymbol{N}_5\boldsymbol{N}_5^{\mathrm{T}}$$

$$= \begin{bmatrix} C2[\alpha(t) - \alpha_0] & S2[\alpha(t) - \alpha_0]C\lambda_0 & -S2[\alpha(t) - \alpha_0]S\lambda_0 \\ -S2[\alpha(t) - \alpha_0]C\lambda_0 & 1 - 2C^2[\alpha(t) - \alpha_0]C\lambda_0 - S^2\lambda_0 & 2C^2[\alpha(t) - \alpha_0]S\lambda_0 C\lambda_0 - 2S\lambda_0 C\lambda_0 \\ -S2[\alpha(t) - \alpha_0]S\lambda_0 & 2C^2[\alpha(t) - \alpha_0]S\lambda_0 C\lambda_0 - 2S\lambda_0 C\lambda & 1 - 2C^2[\alpha(t) - \alpha_0]S^2\lambda_0 - C^2\lambda_0 \end{bmatrix}$$

将以上公式联立可得

$$A_6 = \begin{bmatrix} \sin2[\alpha(t) - \alpha_0]\cos\lambda_0(2\cos^2\alpha_0\cos(2\lambda_0) - 1) \\ + \cos2[\alpha(t) - \alpha_0]\sin2\alpha_0\cos\lambda_0 \\ \cos2[\alpha(t) - \alpha_0]\cos^2\lambda_0(1 - 2\cos^2\alpha_0\cos(2\lambda_0)) \\ + \sin2[\alpha(t) - \alpha_0]\sin(2\alpha_0)\cos^2\lambda_0 + \sin^2\lambda_0 \\ 1/2\sin2[\alpha(t) - \alpha_0]\sin(2\lambda_0)\sin(2\alpha_0) \\ + 1/2\cos[\alpha(t) - \alpha_0]\sin(2\lambda_0)(2\cos^2\alpha_0\cos(2\lambda_0) - 1) \\ + \sin2\lambda_0(\cos^2\alpha_0\cos(2\lambda_0) + \sin(2\lambda_0)\sin^2\alpha_0 - 1/2) \end{bmatrix}$$

$$2\alpha_{\lambda0}(t) = \arctan|A_{61}/A_{62}| = \arctan|\{[\sin2(\alpha(t) - \alpha_0)\cos\lambda_0(2\cos^2\alpha_0\cos(2\lambda_0) - 1) +$$
$$\cos2(\alpha(t) - \alpha_0)\sin(2\alpha_0)\cos\lambda_0]/[\cos2(\alpha(t) - \alpha_0)\sin(2\alpha_0)\cos^2\lambda_0 - \sin^2\lambda_0]\}| \tag{4-24}$$

而

$$\Delta\alpha_{\lambda0}(t) = [2\alpha_{\lambda0}(t) - 2\alpha(t)]/2 \tag{4-25}$$

图 4-10 所示为根据式(4-24)和式(4-25)计算所得的沿纵轴挠曲变形对自校正精度影响曲线。

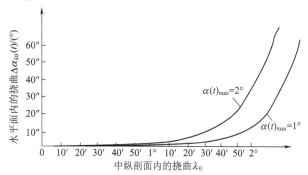

图 4-10 沿纵轴挠曲变形对自校正精度影响曲线

4.7 构件沿纵轴扭转变形耦合后引起的方位自校正误差分析

设 A_1 和 N_4、N_5 在水平面内绕 e_3 轴旋转"$-\alpha_0$"角,然后绕构件纵轴 e_1 扭转 "$-\Psi_0$"角。其作用矩阵分别为

$$\begin{bmatrix} \cos\alpha_0 & \sin\alpha_0 & 0 \\ -\sin\alpha_0 & \cos\alpha_0 & 0 \\ 0 & 0 & 1 \end{bmatrix} 和 \begin{bmatrix} \cos\Psi_0 & 0 & -\sin\Psi_0 \\ 0 & 1 & 0 \\ \sin\Psi_0 & 0 & \cos\Psi_0 \end{bmatrix}$$

式中：α_0 和 Ψ_0 分别为构件在水平面内的挠曲变形角和构件纵轴的扭转角。

变形后，各单位矢量分别为（C 代表 cos，S 代表 sin）

$$A_1 = \begin{bmatrix} C\Psi_0 & 0 & -S\Psi_0 \\ 0 & 1 & 0 \\ S\Psi_0 & 0 & C\Psi_0 \end{bmatrix} \begin{bmatrix} C\alpha_0 & S\alpha_0 & 0 \\ -S\alpha_0 & C\alpha_0 & 0 \\ 0 & 0 & 1 \end{bmatrix} \begin{bmatrix} 0 \\ -1 \\ 0 \end{bmatrix} = \begin{bmatrix} -S\alpha_0 C\Psi_0 \\ -C\alpha_0 \\ -S\alpha_0 S\Psi_0 \end{bmatrix}$$

$$N_4 = \frac{\sqrt{2}}{2} \begin{bmatrix} C\Psi_0 & 0 & -S\Psi_0 \\ 0 & 1 & 0 \\ S\Psi_0 & 0 & C\Psi_0 \end{bmatrix} \begin{bmatrix} C\alpha_0 & S\alpha_0 & 0 \\ -S\alpha_0 & C\alpha_0 & 0 \\ 0 & 0 & 1 \end{bmatrix} \begin{bmatrix} S\alpha(t) \\ -C\alpha(t) \\ -1 \end{bmatrix}$$

$$= \frac{\sqrt{2}}{2} \begin{bmatrix} -S[\alpha(t)-\alpha_0]C\Psi_0 + S\Psi_0 \\ -C[\alpha(t)-\alpha_0] \\ S[\alpha(t)-\alpha_0]S\Psi_0 - C\Psi_0 \end{bmatrix}$$

$$N_5 = \frac{\sqrt{2}}{2} \begin{bmatrix} C\Psi_0 & 0 & -S\Psi_0 \\ 0 & 1 & 0 \\ S\Psi_0 & 0 & C\Psi_0 \end{bmatrix} \begin{bmatrix} C\alpha_0 & S\alpha_0 & 0 \\ -S\alpha_0 & C\alpha_0 & 0 \\ 0 & 0 & 1 \end{bmatrix} \begin{bmatrix} S\alpha(t) \\ -C\alpha(t) \\ -1 \end{bmatrix}$$

$$= \frac{\sqrt{2}}{2} \begin{bmatrix} -S[\alpha(t)-\alpha_0]C\Psi_0 - S\Psi_0 \\ -C[\alpha(t)-\alpha_0] \\ S[\alpha(t)-\alpha_0]S\Psi_0 + C\Psi_0 \end{bmatrix}$$

$$A_1 A_1^{\mathrm{T}} = \begin{bmatrix} S^2\alpha_0 C^2\Psi_0 & S\alpha_0 C\alpha_0 C\Psi_0 & S^2\alpha_0 S\Psi_0 C\Psi_0 \\ S\alpha_0 C\alpha_0 C\Psi_0 & C^2\alpha_0 & S\alpha_0 C\alpha_0 S\Psi_0 \\ S^2\alpha_0 S\Psi_0 C\Psi_0 & S\alpha_0 C\alpha_0 S\Psi_0 & S^2\alpha_0 S^2\Psi_0 \end{bmatrix}$$

$$I - 2N_1 N_1^{\mathrm{T}} = \begin{bmatrix} 0 & 1 & 0 \\ 1 & 0 & 0 \\ 0 & 0 & 1 \end{bmatrix}$$

$$I - 2N_3 N_3^{\mathrm{T}} = \begin{bmatrix} 0 & -1 & 0 \\ -1 & 0 & 0 \\ 0 & 0 & 1 \end{bmatrix}$$

$$I - 2N_1 N_1^{\mathrm{T}} - 2N_3 N_3^{\mathrm{T}} = \begin{bmatrix} -1 & 0 & 0 \\ 0 & -1 & 0 \\ 0 & 0 & 1 \end{bmatrix}$$

$$I - 2N_4 N_4^{\mathrm{T}} - 2N_5 N_5^{\mathrm{T}}$$

$$= \begin{bmatrix} 1-2S^2[\alpha(t)-\alpha_0]C^2\Psi_0-S^2\Psi_0 & 2S[\alpha(t)-\alpha_0]C[\alpha(t)]-\alpha_0]C\Psi_0 & -2S[\alpha(t)-\alpha_0]C[\alpha(t)-\alpha_0]S\Psi_0C\Psi_0+2S\Psi_0C\Psi_0 \\ 2-S[\alpha(t)-\alpha_0]C[\alpha(t)]-\alpha_0] & -2C^2[\alpha(t)-\alpha_0] & 2S[\alpha(t)-\alpha_0]C[\alpha(t)-\alpha_0]S\Psi_0 \\ -2S[\alpha(t)-\alpha_0]S\Psi_0C\Psi_0+2S\Psi_0C\Psi & 2S[\alpha(t)-\alpha_0]C\alpha(t)-2C^2\Psi_0 & -2S[\alpha(t)-\alpha_0]S^2\Psi_0-2C^2\Psi_0 \end{bmatrix}$$

$$\big[(\boldsymbol{I}-2\boldsymbol{N}_3\boldsymbol{N}_3^{\mathrm{T}})-2(\boldsymbol{I}-2\boldsymbol{N}_1\boldsymbol{N}_1^{\mathrm{T}}-2\boldsymbol{N}_3\boldsymbol{N}_3^{\mathrm{T}})\boldsymbol{A}_1\boldsymbol{A}_1^{\mathrm{T}}(\boldsymbol{I}-2\boldsymbol{N}_1\boldsymbol{N}_1^{\mathrm{T}})\boldsymbol{N}_2=\begin{bmatrix} S(2\alpha_0)\cos\Psi_0 \\ \cos(2\alpha_0) \\ S(2\alpha_0)S\Psi_0 \end{bmatrix}$$

$$\boldsymbol{A}_6=\begin{bmatrix} S2[\alpha(t)-\alpha_0]C\Psi_0C^2\alpha_0+\{1-2S2[\alpha(t)-\alpha_0]C\Psi_0\}S2\alpha_0C\Psi_0-2S2[\alpha(t)-\alpha_0]S2\Psi_0C\Psi_0S2\alpha_0-C2\alpha(t) \\ S2[\alpha(t)-\alpha_0]S\Psi_0C2\alpha_0-2S2[\alpha(t)-\alpha_0]S\Psi_0S2\alpha_0+S2\alpha_0C\Psi_0 \end{bmatrix}$$

联立上式公式可得

$$2\alpha_{\Psi_0}(t)=\arctan\left|\frac{A_{\mathrm{b1}}}{A_{\mathrm{b2}}}\right|$$

$$=\arctan\big|\{\sin2[\alpha(t)-\alpha_0]\cos\Psi_0\cos2\alpha_0+[1-2\sin^2(\alpha(t)-\alpha_0)\cos\Psi_0)]\cdot$$

$$\sin2\alpha_0\cos\Psi_0-\sin2[\alpha(t)-\alpha_0]\sin^2\Psi_0\cos\Psi_0\sin2\alpha_0\}/\cos2\alpha(t)\big|$$

$$(4-26)$$

则

$$\Delta\alpha_{\Psi_0}(t)=\frac{[2\alpha_{\Psi_0}(t)-2\alpha(t)]T/2}{2} \qquad (4-27)$$

图 4-11 所示为根据式(4-26)和式(4-27)计算所得的绕纵轴扭转对自校正精度的影响曲线。

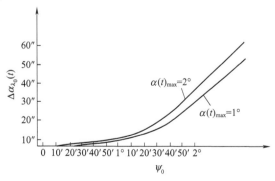

图 4-11　绕纵轴扭转对自校正精度的影响曲线

从计算得到的误差曲线看,构件沿纵轴的扭转变形,在很大范围内,造成的原理误差都是微不足道的。而构件沿纵轴的挠曲变形造成的误差,总的来说也是允许的。并可以通过误差曲线,根据精度要求,合理地选择测量范围、允许的变形量,以及校正仪的安装误差。

4.8 航天相机像移速度的分析

航天相机像移补偿机构及其控制器构成像移补偿执行系统,用于补偿航天相机拍照时地物产生的像移,提高动态照像分辨力。像移速度计算和像移补偿技术是长焦距相机的关键技术之一。本节将介绍星下点摄影时像面位置方程和像移速度公式的推导。

4.8.1 坐标变换

航天相机星下点摄影时的几何关系如图 4-12 所示,在某时刻相机处于轨道坐标系 B 的原点 B_0 处,其星下点 G_0 为地理坐标系 G 的原点。

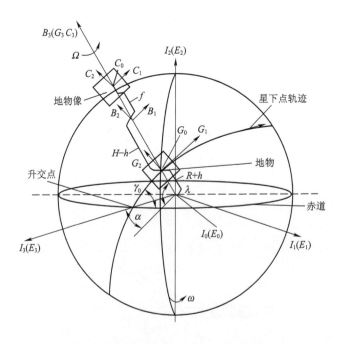

图 4-12 航天相机星下点摄影时的几何关系

坐标变换中各坐标系定义如下（全部采用右手系）。

（1）地心惯性坐标系 $I(I_1,I_2,I_3)$。

原点在地心处，I_2 轴指向北极，I_3 轴为飞船的轨道平面和赤道面的交点，I_1 轴垂直 I_2 和 I_3 两轴形成的平面，该坐标系保持惯性空间。

（2）地球坐标系 $E(E_1,E_2,E_3)$。

该坐标系固联于地球，原点与 I_1 系原点重合，E_2 指向北极，与 I_2 轴重合，地球坐标系在 I_1 系内绕 $E_2(I_2)$ 逆时针方向以角速度 w 自转。

（3）飞船轨道坐标系 $B(B_1,B_2,B_3)$。原点在轨道上，B_1 轴指向轨道前向，B_3 轴指向天顶（并过 I_1 系的原点），B_1 和 B_3 在轨道面内，B_2 与轨道面垂直。B 系在 I 系内，沿轨道以角速度 Ω 做轨道运动。

（4）地理坐标系 $G(G_1,G_2,G_3)$。从 B 坐标系沿 B_3 轴（G_3 轴）平移$-(H-h)$（飞船到船下点的真高度），即得到 G 坐标系。G_1、G_2 即景物偏离船下点前向和横向距离。

（5）飞船坐标系 $S(S_1,S_2,S_3)$。B 系与飞船坐标系的原点重合，当飞船处于无姿态运动时，S 系和 B 系重合，飞船的三轴姿态 φ、θ、Ψ 可视为 S 系在 B 系内的三轴姿态。

（6）相机坐标系 $C(C_1,C_2,C_3)$。相机坐标系的原点为相机物镜的主点，在飞船内相机无安装误差或误差可忽略不计时，飞船坐标系与相机坐标系重合，而比例尺缩小了$(f/(H-h))$。

（7）像面坐标系 $P(P_1,P_2,P_3)$。像面坐标系的原点在像面的中心，在 C 系中，沿 C_3 轴平移 f（相机物镜的焦距）即得到 P 系，P_1 和 P_2 组成像面。

从地物在地理坐标系中的位置到像面坐标系中的像，可以通过如图 4-13 所示的坐标变换过程建立起相应的关系。所用符号的定义、各参数及其允许误差见第 2 章蒙特卡罗法合成。

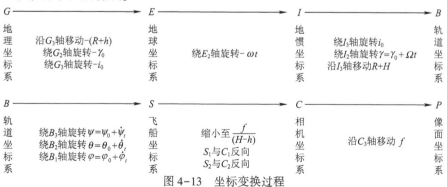

图 4-13　坐标变换过程

4.8.2 像面位置方程

从图 4-13 坐标变换过程可以得到从地理坐标系到像面坐标系的变换方程,即

$$
P = \begin{bmatrix} P_1 \\ P_2 \\ P_3 \\ 1 \end{bmatrix} = \begin{bmatrix} -f/(H-h) & 0 & 0 & 0 \\ 0 & -f/(H-h) & 0 & 0 \\ 0 & 0 & f/(H-h) & -f \\ 0 & 0 & 0 & 1 \end{bmatrix} \begin{bmatrix} 1 & 0 & 0 & 0 \\ 0 & \cos\phi & \sin\phi & 0 \\ 0 & -\sin\phi & \cos\phi & 0 \\ 0 & 0 & 0 & 1 \end{bmatrix}
$$

$$
\cdot \begin{bmatrix} \cos\theta & 0 & -\sin\theta & 0 \\ 0 & 1 & 0 & 0 \\ \sin\theta & 0 & \cos\theta & 0 \\ 0 & 0 & 0 & 1 \end{bmatrix} \begin{bmatrix} \cos\Psi & \sin\Psi & 0 & 0 \\ -\sin\Psi & \cos\Psi & 0 & 0 \\ 0 & 0 & 1 & 0 \\ 0 & 0 & 0 & 1 \end{bmatrix} \begin{bmatrix} 1 & 0 & 0 & 0 \\ 0 & 1 & 0 & 0 \\ 0 & 0 & 1 & -(R+H) \\ 0 & 0 & 0 & 1 \end{bmatrix}
$$

$$
\cdot \begin{bmatrix} \cos\gamma & 0 & -\sin\gamma & 0 \\ 0 & 1 & 0 & 0 \\ \sin\gamma & 0 & \cos\gamma & 0 \\ 0 & 0 & 0 & 1 \end{bmatrix} \begin{bmatrix} \cos i_0 & -\sin i_0 & 0 \\ \sin i_0 & \cos i_0 & 0 & 0 \\ 0 & 0 & 1 & 0 \\ 0 & 0 & 0 & 1 \end{bmatrix} \begin{bmatrix} \cos(\omega t) & 0 & \sin(\omega t) & 0 \\ 0 & 1 & 0 & 0 \\ -\sin(\omega t) & 0 & \cos(\omega t) & 0 \\ 0 & 0 & 0 & 1 \end{bmatrix}
$$

$$
\cdot \begin{bmatrix} \cos i_0 & \sin i_0 & 0 & 0 \\ -\sin i_0 & \cos i_0 & 0 & 0 \\ 0 & 0 & 1 & 0 \\ 0 & 0 & 0 & 1 \end{bmatrix} \begin{bmatrix} \cos\gamma_0 & 0 & \sin\gamma_0 & 0 \\ 0 & 1 & 0 & 0 \\ -\sin\gamma_0 & 0 & \cos\gamma_0 & 0 \\ 0 & 0 & 0 & 1 \end{bmatrix} \begin{bmatrix} 1 & 0 & 0 & 0 \\ 0 & 1 & 0 & 0 \\ 0 & 0 & 1 & (R+h) \\ 0 & 0 & 0 & 1 \end{bmatrix} \begin{bmatrix} g_1 \\ g_2 \\ 0 \\ 1 \end{bmatrix}
$$

$$(4-28)$$

令 $t=0$,则可以得到像面位置方程(地物位置和像面位置之间的对应关系),即

$$
P = \begin{bmatrix} P_1 \\ P_2 \\ P_3 \\ 1 \end{bmatrix}_{t=0} = \begin{bmatrix} -f/(H-h) & 0 & 0 & 0 \\ 0 & -f/(H-h) & 0 & 0 \\ 0 & 0 & f/(H-h) & -f \\ 0 & 0 & 0 & 1 \end{bmatrix} \begin{bmatrix} 1 & 0 & 0 & 0 \\ 0 & \cos\Psi_0 & \sin\Psi_0 & 0 \\ 0 & -\sin\Psi_0 & \cos\Psi_0 & 0 \\ 0 & 0 & 0 & 1 \end{bmatrix}
$$

$$
\cdot \begin{bmatrix} \cos\theta_0 & 0 & -\sin\theta_0 & 0 \\ 0 & 1 & 0 & 0 \\ \sin\theta_0 & 0 & \cos\theta_0 & 0 \\ 0 & 0 & 0 & 1 \end{bmatrix} \begin{bmatrix} \cos\Psi_0 & \sin\Psi_0 & 0 & 0 \\ -\sin\Psi_0 & \cos\Psi_0 & 0 & 0 \\ 0 & 0 & 1 & 0 \\ 0 & 0 & 0 & 1 \end{bmatrix} \begin{bmatrix} 1 & 0 & 0 & 0 \\ 0 & 1 & 0 & 0 \\ 0 & 0 & 1 & -(R+H) \\ 0 & 0 & 0 & 1 \end{bmatrix}
$$

$$\cdot \begin{bmatrix} 1 & 0 & 0 & 0 \\ 0 & 1 & 0 & 0 \\ 0 & 0 & 1 & (R+h) \\ 0 & 0 & 0 & 1 \end{bmatrix} \begin{bmatrix} g_1 \\ g_2 \\ 0 \\ 1 \end{bmatrix} \tag{4-29}$$

即(为了书写方便,以下 sin 简记 S,cos 简记 C)

$$\boldsymbol{P}_{t=0} = \begin{bmatrix} P_1 \\ P_2 \\ P_3 \\ 1 \end{bmatrix}_{t=0}$$

$$= \begin{bmatrix} -\left(\dfrac{f}{H-h}\right)C\theta_0 C\Psi_0 & -\left(\dfrac{f}{H-h}\right)C\theta_0 S\Psi_0 & \left(\dfrac{f}{H-h}\right)S\theta_0 & -fS\theta_0 \\ \left(\dfrac{f}{H-h}\right)(C\phi_0 S\Psi_0 - S\phi_0 S\theta_0 C\Psi_0) & -\left(\dfrac{f}{H-h}\right)(C\phi_0 C\Psi_0 + S\phi_0 S\theta_0 S\Psi_0) & -\left(\dfrac{f}{H-h}\right)S\phi_0 C\theta_0 & fS\phi_0 C\theta_0 \\ \left(\dfrac{f}{H-h}\right)(S\phi_0 S\Psi_0 + C\phi_0 S\theta_0 C\Psi_0) & -\left(\dfrac{f}{H-h}\right)(S\phi_0 C\Psi_0 - C\phi_0 S\theta_0 S\Psi_0) & \left(\dfrac{f}{H-h}\right)C\phi_0 C\theta_0 & -fC\phi_0 C\theta_0 \\ 0 & 0 & 0 & 1 \end{bmatrix} \begin{bmatrix} g_1 \\ g_2 \\ 0 \\ 1 \end{bmatrix} \tag{4-30}$$

将上式展开后可得

$$\begin{cases} P_1 = -\left(\dfrac{f}{H-h}\right)C\theta_0 C\Psi_0 g_1 - \left(\dfrac{f}{H-h}\right)C\theta_0 S\Psi_0 g_2 - fS\theta_0 \\ P_2 = \left(\dfrac{f}{H-h}\right)(C\phi_0 S\Psi_0 - S\phi_0 S\theta_0 C\Psi_0) g_1 - \left(\dfrac{f}{H-h}\right)(C\phi_0 C\Psi_0 + S\phi_0 S\theta_0 S\Psi_0) g_2 + fS\phi_0 C\theta_0 \end{cases} \tag{4-31}$$

已知像面坐标系中一点的 P_1、P_2 值后,可通过下述方程求出对应的地理坐标系中地物点的位置,即

$$\begin{cases} g_1 = \dfrac{(H-h)}{f}\left(\dfrac{P_2 - fS\phi_0 C\theta_0}{C\phi_0 C\Psi_0 + S\phi_0 S\theta_0 S\Psi_0} - \dfrac{P_1 + fS\theta_0}{C\theta_0 S\Psi_0}\right) \bigg/ \left(\dfrac{C\Psi_0}{S\Psi_0} - \dfrac{S\phi_0 S\theta_0 C\Psi_0 - C\phi_0 S\Psi_0}{C\phi_0 C\Psi_0 + S\phi_0 S\theta_0 S\Psi_0}\right) \\ g_2 = \dfrac{(H-h)}{f}\left(\dfrac{P_2 - fS\phi_0 C\theta_0}{S\phi_0 S\theta_0 C\Psi_0 - C\phi_0 S\Psi_0} - \dfrac{P_1 + fS\theta_0}{C\theta_0 C\Psi_0}\right) \bigg/ \left(\dfrac{S\Psi_0}{C\Psi_0} - \dfrac{C\phi_0 C\Psi_0 + S\phi_0 S\theta_0 S\Psi_0}{S\phi_0 S\theta_0 C\Psi_0 - C\phi_0 S\Psi_0}\right) \end{cases} \tag{4-32a}$$

由于 Ψ_0 和 θ_0 为小量,忽略高阶小量项 $S\Psi_0 S\theta_0$ 后,并令 $P_1 = P_2 = 0$,则可得像面中心点对应的地物点的位置的简化公式为

$$\begin{cases} g_1 = (H-h)\left(\dfrac{-S\phi_0 C\theta_0}{C\phi_0 C\Psi_0} - \dfrac{S\theta_0}{C\theta_0 S\Psi_0}\right) \bigg/ \left(\dfrac{C\Psi_0}{S\Psi_0} + \dfrac{S\Psi_0}{C\Psi_0}\right) \\ g_2 = (H-h)\left(\dfrac{S\phi_0 C\theta_0}{C\phi_0 S\Psi_0} - \dfrac{S\theta_0}{C\theta_0 C\Psi_0}\right) \bigg/ \left(\dfrac{S\Psi_0}{C\Psi_0} + \dfrac{C\Psi_0}{S\Psi_0}\right) \end{cases} \tag{4-32b}$$

4.8.3 像移速度方程及像移速度求解

将式(4-28)两边分别对时间 t 微分后,求出 $t=0$ 的值,即可得到像面上各点的像移方程,即

$$\frac{\mathrm{d}P}{\mathrm{d}t}\bigg|_{t=0} = \begin{bmatrix} \mathrm{d}P_1/\mathrm{d}t \\ \mathrm{d}P_2/\mathrm{d}t \\ \mathrm{d}P_3/\mathrm{d}t \\ 0 \end{bmatrix}_{t=0} = \begin{bmatrix} V_{P_1} \\ V_{P_2} \\ V_{P_3} \\ 0 \end{bmatrix}$$

$$V_{P1} = \frac{\mathrm{d}P_1}{\mathrm{d}t}\bigg|_{t=0} = \frac{f}{H-h}\big[\Omega(R+h) - \omega(R+h)\mathrm{C}i_0 - g_2\omega\mathrm{S}i_0\mathrm{S}\gamma_0\big]\mathrm{C}\theta_0\mathrm{C}\Psi_0 -$$

$$\frac{f}{H-h}\big[\omega(R+h)\mathrm{S}i_0\mathrm{C}\gamma_0 - g_1\omega\mathrm{S}i_0\mathrm{S}\gamma_0\big]\mathrm{C}\theta_0\mathrm{S}\Psi_0 +$$

$$\frac{f}{H-h}\big[g_1\Omega - g_1\omega\mathrm{C}i_0 - g_2\omega\mathrm{S}i_0\mathrm{C}\gamma_0\big]\mathrm{S}\theta_0 +$$

$$\frac{g_1F}{H-h}(\dot{\theta}\mathrm{S}\theta_0\mathrm{C}\Psi_0 + \dot{\Psi}\mathrm{C}\theta_0\mathrm{S}\Psi_0) +$$

$$\frac{g_2f}{H-h}(\dot{\theta}\mathrm{S}\theta_0\mathrm{S}\Psi_0 - \dot{\Psi}\mathrm{C}\theta_0\mathrm{C}\Psi_0) - f\dot{\theta}\mathrm{C}\theta_0 \qquad (4-33)$$

$$V_{P2} = \frac{\mathrm{d}P_2}{\mathrm{d}t}\bigg|_{t=0} = \frac{f}{H-h}\big[\Omega(R+h) - \omega(R+h)\mathrm{C}i_0 - g_2\omega\mathrm{S}i_0\mathrm{S}\gamma_0\big] \cdot$$

$$(-\mathrm{C}\phi_0\mathrm{S}\Psi_0 + \mathrm{S}\phi_0\mathrm{S}\theta_0\mathrm{C}\Psi_0) -$$

$$\frac{f}{H-h}\big[\omega(R+h)\mathrm{S}i_0\mathrm{C}\gamma_0 - g_1\omega\mathrm{S}i_0\mathrm{S}\gamma_0\big] \cdot$$

$$(\mathrm{C}\phi_0\mathrm{C}\Psi_0 + \mathrm{S}\phi_0\mathrm{S}\theta_0\mathrm{S}\Psi_0) -$$

$$\frac{f}{H-h}\big[g_1\Omega - g_1\omega\mathrm{C}i_0 - g_2\omega\mathrm{S}i_0\mathrm{C}\gamma_0\big]\mathrm{S}\phi_0\mathrm{C}\theta_0 -$$

$$\frac{g_1f}{H-h}\big[\dot{\phi}(\mathrm{S}\phi_0\mathrm{S}\Psi_0 + \mathrm{C}\phi_0\mathrm{S}\theta_0\mathrm{C}\Psi) + \dot{\theta}\mathrm{S}\phi_0\mathrm{C}\theta_0\mathrm{C}\Psi_0 -$$

$$\dot{\Psi}(\mathrm{C}\phi_0\mathrm{C}\Psi_0 + \mathrm{S}\phi_0\mathrm{S}\theta_0\mathrm{S}\Psi_0)\big] +$$

$$\frac{g_2f}{H-h}\big[\dot{\phi}(\mathrm{S}\phi_0\mathrm{C}\Psi_0 - \mathrm{C}\phi_0\mathrm{S}\theta_0\mathrm{S}\Psi) - \dot{\theta}\mathrm{S}\phi_0\mathrm{C}\theta_0\mathrm{S}\Psi_0 +$$

$$\dot{\Psi}(\mathrm{C}\phi_0\mathrm{S}\Psi_0 - \mathrm{S}\phi_0\mathrm{S}\theta_0\mathrm{C}\Psi_0)\big] + f(\dot{\phi}\mathrm{C}\phi_0\mathrm{C}\theta_0 - \dot{\theta}\mathrm{S}\phi_0\mathrm{S}\Psi_0)$$

$$(4-34a)$$

由于 ϕ_0 和 θ_0 为小量,忽略高价小量项 $S\phi_0 \cdot S\theta_0$ 后,式(4-34a)可简化为

$$V_{P2} = \frac{dP_1}{dt}\bigg|_{t=0} = \frac{-f}{H-h}\big[\Omega(R+h) - \omega(R+h)Ci_0 - g_2\omega Si_0 S\gamma_0\big]C\phi_0 S\Psi_0 -$$

$$\frac{f}{H-h}\big[\omega(R+h)Si_0 C\gamma_0 - g_1\omega Si_0 S\gamma_0\big]C\phi_0 C\Psi_0 -$$

$$\frac{f}{H-h}\big[g_1\Omega - g_1\omega Ci_0 - g_2\omega Si_0 C\gamma_0\big]C\phi_0 C\theta_0 -$$

$$\frac{g_1 f}{H-h}\big[\dot{\phi}(S\phi_0 S\Psi_0 + C\phi_0 S\theta_0 C\Psi_0) + \dot{\theta}S\phi_0 C\theta_0 C\Psi_0 - \dot{\Psi}C\phi_0 C\Psi_0\big] +$$

$$\frac{g_2 f}{H-h}\big[\dot{\phi}(S\phi_0 C\Psi_0 - C\phi_0 S\theta_0 S\Psi_0) - \dot{\theta}S\phi_0 C\theta_0 S\Psi_0 + \dot{\Psi}C\phi_0 S\Psi_0\big]$$

$$+ f\dot{\phi}C\phi_0 C\theta_0 \tag{4-34b}$$

最终得到像移速度主向量值和偏流角为

$$V_P = \sqrt{V_{P_1}^2 + V_{P_2}^2} \tag{4-35}$$

$$\beta_P = \arctan(V_{P_2}/V_{P_1}) \tag{4-36}$$

以上仅推导了航天相机星下点摄影时的像面位置方程和像移速度方程,如果航天相机侧摆或前摆,以及侧摆和前后摆组合后摄影时,其像面位置方程和像移速度方程将更为复杂,这里不再推导。为了提高相机的时间分辨力,必须规划相机侧摆之后的摄影。星下点摄影只是光轴侧摆和前后摆情况下的一个特例。

计算像移速度矢量数学模型 4 个版本完善过程的简要说明见表 4-2。

表 4-2 计算像移速度矢量数学模型 4 个版本完善过程的简要说明

版本号	数学模型的完善过程	应用的局限性	载荷的应用情况
第 1 版	定义 18 个影响像移速度矢量的参数; 建立 7 个坐标系; 进行 7 个坐标系之间共 11 次齐次线性变换; 从物空间到像空间的位置映射; 建立像面位置方程; 求解像面移速度矢量	只适用于同轴光学系统的星下点摄像	2003 年,XX_5 星下点摄像; 2005 年,XX_6 星下点摄像
第 2 版	定义 18 个影响像移速度矢量的参数; 建立 7 个坐标系; 引入光轴、视轴和光线的概念; 进行 7 个坐标系之间共 11 次齐次线性变换; 从物空间到像空间的位置映射; 建立像面位置方程; 求解像面移速度矢量; 引入单独计算投影畸变和地球曲率半径畸变形成的偏流角	可应用于离轴光学系统; 只适用于卫星侧摆或前后摆姿态的摄像。 要区分左、右侧摆,南、北半球,上、下行的 8 种组合;前、后腰,南、北半球,上、下行的 8 种组合,共 16 种情况进行计算; 由投影畸变和地球曲率半径畸变产生的畸变偏流角需单独补充计算	
第 3 版	定义 18 个影响像移速度矢量的参数; 建立 8 个坐标系(引入过景点星下垂线地平坐标系); 引入光轴、视轴和光线的概念,并进行光线追迹; 进行 8 个坐标系之间共 15 次齐次线性变换; 从物空间到像空间的位置映射; 建立像面位置方程; 求解像面移速度矢量; 引入单独计算投影畸变和地球曲率半径畸变形成的偏流角	由于采用位置场的映射和投影变、地球曲率半径之间的单独计算,造成 18 个参数之间的相关项漏算,得到的像移速度矢量有理论误差,特别在大卫星姿态时,误差值合很大	2009 年,XX_9 首星,最大侧摆角 40°摄像(TDI CCD 片与片之间有漏缝)
第 4 版	定义 18 个影响像移速度矢量的参数; 建立 8 个坐标系(引入过景点星下垂线地平坐标系); 引入光轴、视轴和光线的概念,并进行光线追迹; 进行 8 个坐标系之间共 15 次齐次线性变换; 求解物空间到速度矢量; 从物空间到像空间映射,得到像面移速度矢量	无应用局限性	2011 年和 2013 年,XX_9-9,02 星 XX_9,03 星,最大侧摆角 40°摄像; 2011 年,丁 XX_1,最大侧摆角 15°摄像; 2013 年,K_XX_1,最大侧摆角 45°摄像; 2014 年,K_XX_2,最大侧摆角 45°摄像

参 考 文 献

[1] 王俊，卢锷，王家骐，等. 光学系统动态像点移动的坐标变换法[J]. 光学精密工程，1999，7(006)：48-55.

[2] 金光. 机载光电跟踪测量的目标定位误差分析和研究[D].长春：中国科学院长春光学精密机械与物理研究所，2001.

[3] 蔡盛. 舰载导弹共架垂直发射方位瞄准系统研究[D].长春：中国科学院研究生院(长春光学精密机械与物理研究所)，2010.

[4] 李伟雄. 高分辨率空间相机敏捷成像的像移补偿方法研究[D].长春：中国科学院研究生院(长春光学精密机械与物理研究所)，2012.

第5章
光电跟踪测量仪器总体设计

5.1 概述

5.1.1 用途

光电跟踪测量系统一般是用来精确测量空间目标的位置,从其应用领域上,可以分为以下三类。

1. 天文望远镜

天文望远镜主要用于进行天文观测和天文测量,也就是通过它来测量和观察天体。天文望远镜要求测量精度很高,焦距较长,视场较小,而跟踪速度、加速度很小。

2. 靶场光测设备

从靶场光测设备发展历史来看,主要应用于靶场弹道测量,尤其是火箭、导弹弹道测量,形成了其独有一类的综合光学精密仪器。靶场光测设备最早期的代表是电影经纬仪,随着科学技术的发展,现已形成了装配有电视、红外、激光跟踪测量以及电影记录的光电跟踪经纬仪。在发展过程中应卫星业务运行和管理的需要,发展出了深空网的概念。

靶场光测设备对跟踪精度和测量精度要求极高。这一类设备焦距较长,视场较小,对跟踪速度和加速度要求越来越高。

3. 光电跟踪仪

这类设备主要用来给火器指示目标,给出具体的空间位置信息。随着电子对抗的发展,往往对雷达信号造成强力干扰,从而影响到整个火控系统的有效性。因此作为雷达的补充,越来越多的火控系统装置有光电跟踪仪,同时还可以提高对目标的指示精度。

5.1.2　光电跟踪测量仪器的主要设计内容

1. 目标信息通道(光、电传感器)设计内容

1）目标信息通道的配置

为了适应对各种不同目标的跟踪和测量需要,现代的光电跟踪测量仪器往往配置了多种测量、记录传感器。最典型的有电影摄影记录、电视跟踪测量、红外跟踪测量、激光测距、激光跟踪测量传感器、目视观察望远镜以及微波测距测速雷达。

在方案设计阶段,首先应该根据用户的要求,诸如目标种类、目标、背景和大气的特性,对目标的跟踪测量的作用距离,捕获目标的能力,跟踪测量的精度指标,对测量的实时性要求选择目标信息通道(传感器)的种类和主从排序。如果用户要求以精度为主,配置以摄影记录为主;如果以测量的实时性和自动跟踪为主,则配置以电视测量传感器为主;如果以对低温目标的跟踪测量为主,则配置上以红外(热成像)跟踪测量传感器为主,当然红外传感器还可以分成中红外($3 \sim 5 \, \mu m$)和长波红外($8 \sim 12 \, \mu m$)。为了满足单站测量的要求,可以配置激光测距机,由于雷达小型化技术的进步,最近还有用测距测速微波雷达配置到光电跟踪仪器上的趋势。

2）光学设计

光学设计的内容包括:镜头参数选择、望远镜头类型的选择、波长和波长范围的选择、成像探测器种类和型号选择;变倍、调光和调焦方案的选择及光路设计。

光电跟踪测量仪器传感器在光学系统结构形式上使用得最多的有牛顿式和卡塞格林式两种折反式望远镜头。卡塞格林光路的优点为轴向尺寸紧凑,可以布置成穿轴形式。但由于其存在中心遮栏比较大的问题,导致跟踪仪做高低角运动时会存在视场转动(需加装消旋棱镜组件)等缺点。牛顿式光路的优点为中心遮栏比较小,理想传函较高;杂光小,光学镜组加工工艺性较好;装调工艺相对简单;没有视场转动等问题,缺点是轴向尺寸大。由此当焦距比较短,尤其是连续变焦距时,望远镜头一般还是采用折射式光路。

所用的光谱波长和波长范围,完全决定于目标的光谱特性,大气传输特性和记录介质。记录介质包括摄影胶片和各种成像探测器,摄影胶片的感光波长范围一般为 200nm,其中心波长的变化一般在 100nm 左右,如 $500 \sim 700nm$,或 $600 \sim 800nm$。各种成像探测器变化较大,例如,硅基底的 CCD 器件,其敏感的波长范围为 $400 \sim 1100nm$,但由于短波处大气散射很严重,反而往往会降低信噪比,而波长大于 900nm。由于器件的原因也不应用,一般为 $500 \sim 900nm$。根据目标的光谱特性,再仔细地权衡。总的来说,要根据总的信噪比或目标与背景的对比度来选择中心波长和波长范围。

望远镜头的主要参数有焦距、相对孔径和视场。测量精度的要求决定了焦距的长短，当测量精度要求很高时，例如，摄影记录测量或测量电视最长的焦距可以到达 5~10m，但焦距过长，由于摄影胶片画幅或成像探测器尺寸有限，视场角就会变得很小，因此一般采用 1~3m 焦距。而对于连续变倍的捕获电视或红外传感器的望远镜头一般在 1m 之内。焦距过长，相对孔径很难做大，若勉强做大了，会导致重量和体积急剧地增大，整个测量仪器的造价提高。相对孔径确定了望远镜头的集光能力，也就直接影响到跟踪和测量目标的作用距离，摄影记录和跟踪测量电视的相对孔径一般在 1/12~1/8。而对于连续变倍的捕获电视或红外传感器的望远镜头的相对孔径一般为 1/10~1/3。视场实际上由所选的胶片画幅大小或是电视成像探测器的尺寸与焦距所确定，一般在 10′~40′，视场太小会影响跟踪的成功率。而对于连续变倍的捕获电视和红外传感器的视场要大一些，这是由于捕获目标的要求，其视场一般取相应的摄影记录和跟踪测量电视视场的 2~3 倍。

变倍主要是通过变换焦距来实现，从长焦到短焦变化，一是可以增大相对孔径，提高目标在像面上的照度；二是可以增大视场。对于折反式望远镜头，一般采用定倍率的变倍方式，通过更换后组来实现，通常为 2~3 挡。例如，一个 3m 焦距的望远镜头，设 2 挡时，可以是 1.5m 和 3m；如果设 3 挡，可以是 1m、2m 和 3m。对于连续变倍（折射光路）一般倍率为 10 倍，或 20 倍。由于光学技术的发展，越来越多地采用连续变倍，连续变倍时可以在测量过程中没有任何间断地进行变倍，使视场从小到大，或从大到小，可以为跟踪测量带来很大方便。但在设计和制造时，要特别仔细，视场中心在连续变倍中不能有明显的晃动，否则会影响跟踪的平稳性，或者造成跟踪失败；由于要进行空间位置的精确测量，镜头上还应有精确的实时焦距输出，以供归算时用。

为了适应不同亮度目标和不同背景亮度（一天昼变，季节变化，或不同太阳高角），都能具有最佳的目标背景的对比度和最佳的信噪比，以及不造成像面照度太小而目标信号弱或像面照度太大而使信号饱和，望远镜头光路中要设置调光手段，一般用两种调光方法结合起来，以达到很宽的调光范围。一是采用间断变换定衰减率的一组中性滤光片进行有级的调光；二是通过两块中性变密度盘的相对运动来实现连续调光。但是，这两种调光方法的滤光器应放置在孔径光阑中，不影响相对孔径，否则会使镜头的传递函数下降。通常在光路中还设置一组颜色滤光片，用来适应不同的目标和背景情况下的光谱滤波，提高目标背景的对比度。由于 CCD 技术的发展，CCD 成像器件本身还带有电子快门，快门的曝光时间可以变化几百倍。因此跟踪测量电视往往采用三种调光方式，实现更宽的调光范围。对于摄影记录来说，摄影机上还设有机械快门，进一步进行调光控制。

由于被跟踪测量目标可以在几十米到几十千米，甚至上百千米的范围内变动；以及外场的温度可以从−30~45℃跨度上变化。为了适应这种变化都能获得目标的清晰图像，望远镜头上要设计自动调焦组件，分为温度调焦和目标距离调焦，光路中调焦光学元件可以是调焦透镜组，也可以是两块光楔，像面沿视轴的平移或是在记录介质或成像探测器前方的平面反射镜沿光轴的移动。

3）结构设计

光学设计完成之后,能否使光学设计获得的成像质量得到保证,除了光学元件的加工和装配工艺是重要因素之外,结构设计是关键。结构设计应保证有足够的刚度和精度,热稳定性,在力学环境下的结构稳定性,装配校正的工艺适应性和检验时的可能性,以及操作、维修和保养的方便性;并且还要使结构的体积和重量最小,具有对各种外场环境(如高温、低温、湿热、风沙、油雾、盐雾,以及霉菌)的抵抗能力,在各种力学环境(运输、振动和冲击)下的可靠性,外形和线条的美观大方,以及仪器整体的协调性。由于计算技术的发展(包括硬件和软件),使我们可以在设计阶段应用计算机辅助设计(CAD)和计算机辅助工程(CAE),对结构进行详细的分析和仿真,提高设计、研制和生产的一次成功概率。

4）记录介质和图像传感器的选择

在摄影记录时,记录介质是电影胶片,选择参数主要有胶片种类、规格、影像分辨力、感光速度、γ 值和灰雾度等。在进行光学设计和结构设计时就应该根据选用的胶片来进行综合匹配。

图像传感器的参数主要有光谱响应范围、像元尺寸、像元数、曝光灵敏度、饱和曝光量、动态范围、等效噪声和时钟频率等。在进行光学设计和结构设计时就应该根据选用的成像探测器进行综合匹配。

5）图像数据处理、存储和显示

目标在视场中的图像和其在空间位置(球坐标)信息一般有 6 个应用通道:一是供弹道测量用;二是供光电跟踪仪自身自动跟踪目标用;三是引导其他光电跟踪仪或雷达用;四是弹道实时处理后供安全控制用;五是实时处理、显示后供本机操作人员和指控中心用;六是记录后供事后处理用。因此,设计时对这 6 个信息通道都要规划好。其中供自身自动跟踪目标用的信息通道,根据目标的几何特性、光谱特性和运动特性可以相应有以下 4 种跟踪方式:点跟踪、边缘跟踪、形心跟踪和相关跟踪的图像信息处理。

在摄影记录时,存储体是胶片,事后使用胶片判读仪来读取和处理信息。在电视和红外跟踪传感器时,用录像机记录,存储体是磁带,事后用视频处理器进行回放和处理。

当图像和空间位置信息需要引导其他设备,或远距离显示时,还应设计好信息的传输通道。

6）作用距离分析

当上述的几个设计内容中的参数初步选定后,就应该对目标信息通道的各种传感器能达到的作用距离进行分析。根据作用距离分析来进一步修正上述的设计参数,或者应用各种滤波技术,诸如空间滤波、光谱滤波,或其他可以提高信噪比或目标背景对比度的技术措施。其中选择更高质量的成像传感器,往往是提高作用距离最有效的办法,因此近年来各种高性能成像探测器的问世,使光电跟踪测量仪器性能越来越佳,功能越来越全。

7) 误差分析

测量精度是衡量光电跟踪测量仪器性能的一个重要指标。在跟踪测量成像过程中,由于测量设备对运动目标动对动跟踪成像,在成像链路中存在多种扰动因素影响测量精度。根据光电测量仪器不同分系统的设置,将影响测量精度的误差分为以下部分:光学系统引入的包括相机镜头畸变和电子器件噪声等造成的成像误差;转动轴系引入的装调几何误差以及框架转动误差;观测平台引入的位置和角度等测量误差;以及其他安装方位误差、测量算法误差、目标脱靶量误差等多源误差。因此对各种误差源进行理论分析和验证对提高仪器测量精度具有十分重要的意义。

2. 跟踪架设计内容

一般来说跟踪架设计内容大体有以下几个部分。

(1) 跟踪架选型和配置。跟踪架是地平式还是极轴式,以及各个信息通道传感器在仪器上的配置。

(2) 站点的安装和使用形式。站点是固定站点的固定式,还是车载活动式,车载活动式又分为主机工作时不下载车的完全活动式和工作时从载车上卸载、下落到地基环上的半活动式两种形式。

(3) 轴系设计。轴系包括水平轴系和垂直轴系设计。两个轴系是决定光电跟踪测量仪器测量精度的两个关键组件。

(4) 照准架和底座设计。它们是连接两个轴系以及其他部件的核心组件。照准架和底座的设计好坏在一定程度上决定了仪器的刚度、体积,以及整机装配和调整性能。

(5) 机械连接的接口设计。主要包括各种光学跟踪测量传感器、驱动电机、导电环、各种传动部件、角位置传感器、各种机上电气箱和操作显示面板,以及各种限位机构和调平机构与照准架、底座、水平轴系和垂直轴系之间的接口。同时,还要考虑机上布线的方便和可靠。

(6) 轴系精度分析和误差分配。

(7) 刚度分析(模态分析),或称刚度校核。

(8) 外形设计。要求整体协调、美观、大方。

3. 电控回路设计内容

(1) 伺服控制类型的选择。根据跟踪精度、跟踪角速度和角加速度的要求来选择伺服控制类型,使其既能符合角速度和角加速度的要求,同时又能满足跟踪精度要求。

（2）回路控制精度分析。

（3）回路控制稳定性分析。

（4）软件设计。

（5）可靠性设计。

（6）故障检测设计。

4. 控制管理设计内容

现代的光电跟踪测量仪,一般是用微型计算机进行整机任务调度、信息通道各种传感器的相互协调工作。因此要求进行以下设计:

（1）配置规划;

（2）方案选择;

（3）软件设计;

（4）接口协议;

（5）可靠性设计;

（6）软件测试。

5. 其他设计内容

除了上述的四大部分的设计内容之外,还应根据用户需求,以及用户场地的配置要求,进行二次电源设计、主机载车设计、控制车设计、通信手段设计和外场检测辅助装置设计等。

5.1.3　光电跟踪测量仪主机的基本配置

早期的光电跟踪测量仪往往在主机上配置有操作员,依靠人-机交互操作进行半自动跟踪。操作员使用目视瞄准镜,通过双人操作手轮,或单人操作单杆以此来实现半自动跟踪。随着传感器如电视跟踪测量传感器和红外跟踪测量传感器,和伺服控制技术的发展,新型研制的光电跟踪测量仪为脱机操作,大多不在主机上设操作员,而是依靠雷达引导、光电跟踪测量系统间的相互引导、光电跟踪测量系统各种跟踪测量传感器自身强大的捕获和跟踪能力,来完成对目标的捕获和跟踪。有时也需根据任务的需要,单独设立若干由人操作的独立配置的引导仪,作为目标捕获的辅助手段,可提高目标捕获成功的概率。由于不在主机上设操作员,不但能够极大地降低主机的重量与体积,同时也能简化跟踪架的复杂程度,大幅提高机械谐振频率,由此改善整个系统的跟踪测量性能。

光电跟踪测量仪主机基本配置如图 5-1 所示。U 形架配置的两个水平轴头相离较远,水平轴的基线可以做得较长,因此水平轴和垂直轴的不正交误差和水平轴的晃动可以控制得更严。这对于跟踪和测量高低角非常大(非常接近天顶角)的目标特别有意义。用于靶场光测设备或深空网设备的光电跟踪测量仪首先要求的是高精度测量,因此首先选择 U 形架配置。

对于在火控系统中的光电跟踪仪,其对测量精度的要求通常比靶场光测设备低1~2个数量级,所以往往采用T形架配置,如图5-1(b)所示。用来减轻光电跟踪仪的重量即减小转动惯量,同时缩小体积并提高刚度,目的是用来提高光电跟踪仪的跟踪角速度和角加速度。

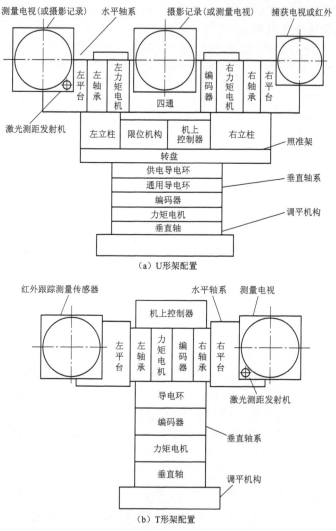

图5-1 光电跟踪测量仪主机基本配置

5.1.4 典型的光电经纬仪测量系统的组成和功能

图5-2用框图表示出了某用于靶场光测的光电跟踪测量仪的组成。测量仪

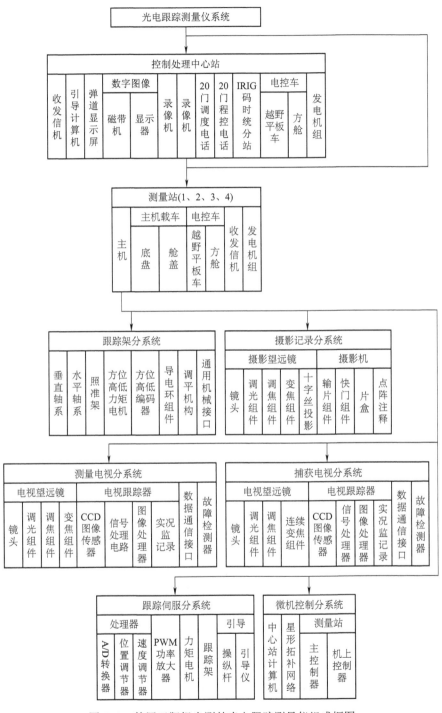

图 5-2　某用于靶场光测的光电跟踪测量仪组成框图

103

由一个控制处理中心站和4个测量站组成。其主机装置在载车上(车载式),可以按任务布置到靶场的任一测量站点。主机上带有一定的控制部件,但主要的控制管理部分放置在由电子方舱和越野车组成的电控车内。主机由跟踪架,摄影记录、跟踪测量电视和捕获电视传感器,跟踪伺服和微机控制等分系统组成。要进行单站测量时,可以在光电跟踪测量仪上配置激光测距机,或者使用与光电跟踪测量仪配置在同一测量站的测距雷达。尽管布站时测距雷达会尽量布置得靠近光电经纬仪,但由此产生的视差一定要进行严格的修正。光电跟踪测量仪的功能见表5-1。

表5-1 光电跟踪测量仪的功能

控制处理中心站的功能	测量站的功能
实时 { 接收 / 处理 } 外引导数据; 引导其他光电跟踪仪	可独立执行测量任务; 可与中习站构成测量网络; 电视自动捕获目标
实时 { 接收 / 处理 } 各测量站测量数据; 完成交会测量	可接受 { 人工引导 / 外设引导 / 数学引导 }
对测量站进行 { 调度 / 指挥 / 控制 }	实现实时电视跟踪和测量; 完成实时记录 { 弹道数据 / 设备状态 }; 完成实时报影记录供事后处理
实时显示 { 重要数据 / 图像 }	实现 { 人工引导 / 外设引导 / 数学引导 / 捕获电视 / 测量电视 } 间的自动平稳切换
实时记录测量站的 { 工作情况 / 有关数据 }	实现 { 自动 / 半自动 } 故障检测

5.1.5 光电跟踪测量仪跟踪架的基本形式

跟踪架基本形式有地平式和极轴式两种。

1. 地平式跟踪架

地平式跟踪架如图5-3(a)所示,垂直轴即外框架轴通过地球质心,垂直指向天顶,即当跟踪架绕垂直轴旋转时所有跟踪架上的质点在水平面内运动。调平定义为,应用水平传感器调整垂直轴与水平面的垂直度,水平传感器通常是指水泡或电子水平仪。水平轴即内框架轴,应严格地垂直于垂直轴保持与地平面平行,并且水平轴与垂直轴应在同一个平面内。通常将光学或光电传感器的光轴称为视轴,将其架设在水平轴上,并严格地垂直于水平轴。一般来说,垂直轴、水平轴和视轴三者应严格地在空间交于同一点。当跟踪架上布置有多个传感器时,一般将跟踪或测量精度要求最高的主传感器安置在中心位置,而其他传感器挂在水平轴的两端,但是由于水平方向视轴有位移,测量时要产生视差,测量结果必须根据目标的距离加以修正。以水平面为基准,水平轴一般在-10°(俯角)到90°(仰角)范围内转动,当仰角为 90°时为天顶位置,仰角超过 90°为倒镜位置。垂直轴的转动(对应为方位角)和水平轴的转动(对应为高低角)的合成,可以控制视轴指向任意的空间目标。同时垂直轴是无限制地转动,并且可以做大于 360°的转动。

2. 极轴式跟踪架

一般在靶场测量和火控系统中都应用地平式跟踪架,这是因为地平式跟踪架可以通过重力场进行调平,可以比较容易,快捷和精确地在外场进行方位校正和水平校正,同时也符合人们的操作习惯。但是地平式跟踪架对于跟踪测量接近天顶的目标,精度明显降低且会受到限制,尤其是在跟踪和测量过顶的目标时会失效。因此往往应用极轴式布置的跟踪架进行天文观察和测量,或在卫星跟踪和卫星管理业务中应用的部分深空网设置中,如图 5-3(b)所示。其外框架轴指向两极,并与当地水平面倾斜当地的地理纬度角,平行于地轴,水平轴和视轴与垂直轴的相对位置关系和地平式跟踪架相同。其好处是观察和测量当地天顶目标不受限制,特别是在作天文观察时,只要外框架轴以地球自转角速度运动时,不必控制内框架轴,视轴就可同步于被观察的天体。但极轴式跟踪架的缺点是在观察和测量接近两极的目标时会受到限制,因此往往还需使用滚地式跟踪架进行天文观察和测量。滚地式跟踪架外框架轴的指向不一定通过两极,而是根据观察和测量任务规划的需要,可任意改变外框架轴的取向。

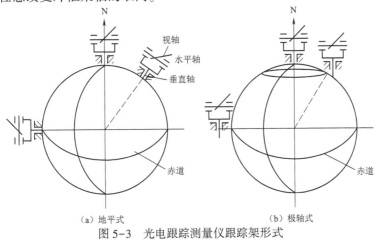

(a)地平式　　　　　　　　　(b)极轴式

图 5-3　光电跟踪测量仪跟踪架形式

5.2　光电跟踪测量仪应用的光学系统

5.2.1　应用的光学器件

1. 望远镜

望远镜光路简图如图 5-4 所示。

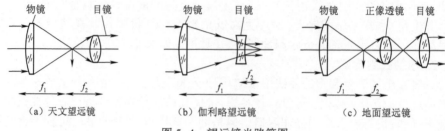

（a）天文望远镜　　　　（b）伽利略望远镜　　　　（c）地面望远镜

图 5-4　望远镜光路简图

2. 畸变光路

畸变镜头光路简图如图 5-5 所示。

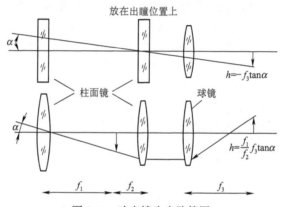

图 5-5　畸变镜头光路简图

畸变系统：任意一子午面内的焦距或放大率不同于其他子午面。

3. 转像和正像光路

转像光路简图如图 5-6 所示。

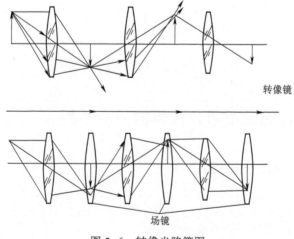

图 5-6　转像光路简图

可以用多组转像透镜通过长而窄的光路传递像。在每一转像镜后面的像面上放置一场镜,增加光能的传递。每一场镜使前一转像透镜的孔径成像于后一个转像透镜的孔径上。

4. 投影光路和聚光器

投影系统光路简图如图5-7所示。

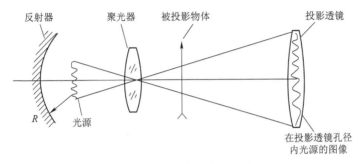

图5-7 投影系统光路简图

反射器:当反射器为球面镜时,光源在反射器曲率中心上。

聚光器(或场镜):其作用为使光源在投影透镜孔径上成像。光源像应完全填满投影透镜的孔径,以获得最大效率。一般由一个或几个镜组组成,每个镜组的球差要求做得最小,这可以用薄透镜三级像差方程来实现。

5.2.2 探测器的光学系统

探测器光路简图如图5-8所示。

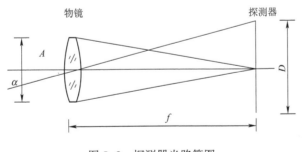

图5-8 探测器光路简图

当光学系统的物镜焦距为f、有效孔径为A、半视场角为α,探测器直径为D时,其相对孔径为

$$\frac{1}{fn_0} = \frac{A}{f} \tag{5-1}$$

$$D = 2f\tan\alpha \tag{5-2}$$

107

大部分的红外传感器要求光学系统的 fn_0（数值孔径）小，即有效孔径 A 足够大，尽可能多地接收能量，为获得到最佳的信噪比，要求探测器直径 D 尽可能小；视场 α 要足够大。从理论上来说，可达到的最小的 $fn_0 = 0.5$，而实际上受条件限制，不希望 $fn_0 > 1$，因此可得 A、D、α 之间的极限关系为

$$D_{min} = 2A（理论极限）\tag{5-3}$$

$$D_{min} = 2A\tan\alpha（实际极限）\tag{5-4}$$

1. 场镜

对于调制盘安置在焦平面上，而物镜相对孔径小，接收元件又小的光学系统，为了探测器上得到均匀照明，一般在焦平面附近放置场镜。使用场镜光路图如图5-9所示。

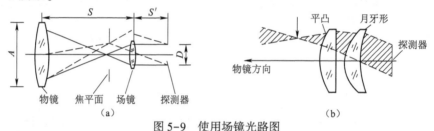

图 5-9　使用场镜光路图

其几何关系为

$$\frac{A}{D} = \frac{S}{S'}\tag{5-5}$$

$$\frac{1}{f} = \frac{1}{S} + \frac{1}{S'}\tag{5-6}$$

联立式（5-5）和式（5-6），可得

$$f = \frac{SD}{(D + A)}\tag{5-7}$$

对于场镜的要求如下：

（1）可以根据视场边缘光线的光路推算出场镜口径，如有渐晕，则可减小场镜的直径。

（2）焦面处是场镜放置的最佳位置，此时直径最小，但实际系统上，由于调制盘的干扰，或场镜本身的限制，要求采取某种折中方案位置选择最优。

（3）对场镜进行设计时，要保证尽量小的像差，使元件尽可能多地接收光能量。

（4）在实际应用过程中，应把场镜本身看成是成像光路的一个部分，用光线追迹或三级像差理论评估物镜孔径像的质量。

（5）当口径较大时，要求校正彗差，有时还要求校正球差，这时通常采用两片或更多片结构，减小像差，有效传递能量。

2. 光锥

为了提高集光效率,可以采用光锥。如图 5-10 所示,光锥内光路的长度为

$$d = L\left(1 - \frac{n'}{n}\sin^2\theta\right)^{-1/2} \tag{5-8}$$

式中:L 为光锥长度;θ 为光线在光锥正面上的入射角;n 为空气折射率;n' 为光锥折射率。

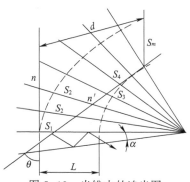

图 5-10 光锥内的追光图

而光锥透光率 τ 为

$$\tau = \rho^{m/2}(1 - \rho^2)e^{-\alpha d} \tag{5-9}$$

式中:ρ 为光锥两端的反射率;α 为光锥锥角;m 为光线在光锥内的反射次数。光线在光锥内的反射次数 m 可表示为

$$m = \frac{nL\sin\theta}{\alpha r(n'^2 - n^2\sin^2\theta)^{1/2}} \tag{5-10}$$

式中:r 为光锥的半径。

3. 浸没透镜

浸没透镜原理如图 5-11 所示当探测器浸没于折射率为 n' 的物质中,探测器直径 D 可缩小 $1/n'$。设计浸没透镜时应注意以下事项。

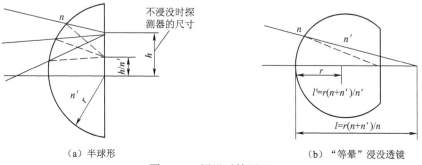

（a）半球形   （b）"等晕"浸没透镜

图 5-11 浸没透镜原理

（1）浸没透镜的直径要大于非浸没时的探测器直径,且部分光线要从主光学

系统一直追到视场边缘。

（2）光线射到浸没透镜表面上的入射角度不能太大，否则会造成很大的光能损失。

5.2.3 光电传感器常用的望远镜头光路

光电跟踪测量仪采用的望远镜头光学系统分类见表5-2。

表5-2 光电跟踪测量仪采用的望远镜头光学系统分类

类型		构成图示	使用处	优点	存在问题及措施	要注意问题
折射式物镜	单透镜	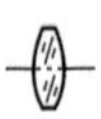	要求像质不高的红外系统	简单、便宜	存在较大的球差、色差	—
折射式物镜	消色差透镜	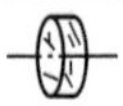	—	—	—	—
折射式物镜	几个薄透镜的组合	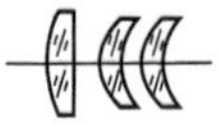		降低球差	色差与单透镜相同	
反射式物镜（完全没有色差）	球面反射镜	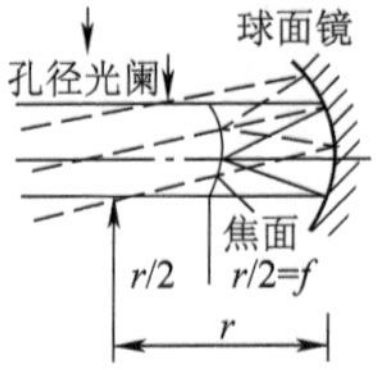		（1）简单、便宜，易于装配，调整； （2）孔径光阑位于其曲率中心时，则只有球差	像差大	—
反射式物镜（完全没有色差）	抛物面反射镜	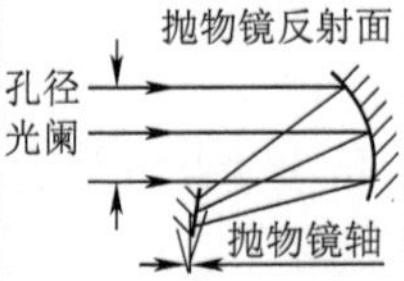	用于小视场像质要求高的系统内	（1）位于光轴上无限远的物，反射镜没有像差； （2）可以制成离轴系统	（1）像质受衍射所限； （2）光阑位于反射镜上时，其彗差和像散值与球面相同	优质的抛物面比相应球面贵一个数量级。深抛物面很难做得精度高
反射式物镜（完全没有色差）	其他二次曲面（椭圆和双曲）	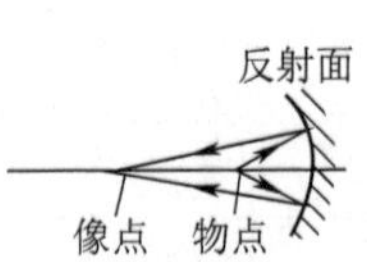		以两个焦点分别作为像点和物点，成像完善，不产生球差	彗差大，不能用来构成有限大小物体的良好影像	价格与抛物面面积成正比关系
反射式物镜（完全没有色差）	组合（或双）反射系统：牛顿系统	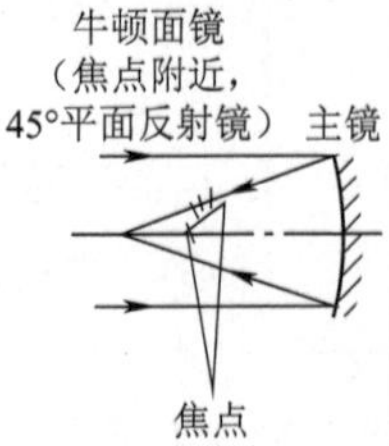	简单，小型天文望远镜			注意遮拦轴外光，避免外界辐射直射焦面

类型			构成图示	使用处	优点	存在问题及措施	要注意问题
反射式物镜(完全没有色差)	组合(或双)反射系统	折叠式反射镜系统	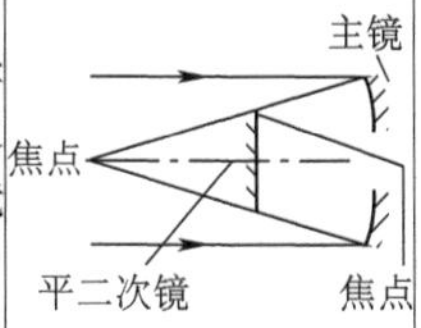		简单	遮栏大（将近通光口径的50%）	注意遮拦轴外光，避免外界辐射直射焦面
反射式物镜（完全没有色差）	组合(或双)反射系统	卡塞格林物镜	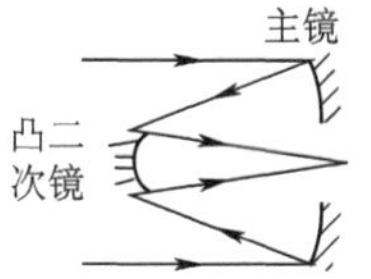		（1）焦点易于在系统外部；（2）遮栏比相当小		注意遮拦轴外光，避免外界辐射直射焦面
		格利高里系统	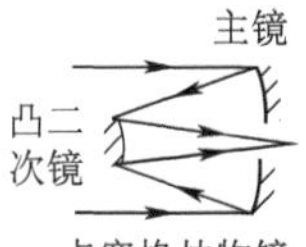		最终像为正像		注意遮拦轴外光，避免外界辐射直射焦面
折反射式物镜（内反射物镜）	施密特系统		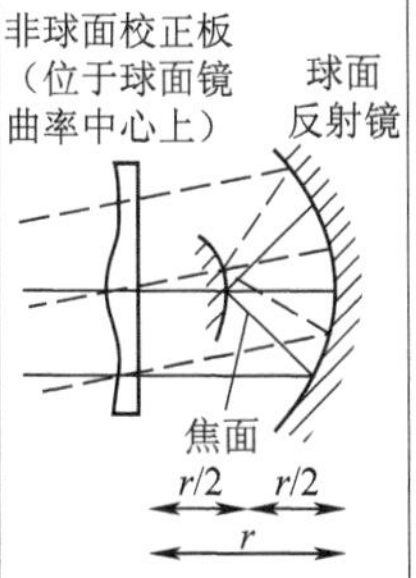		（1）兼有球面和抛物面的优点；（2）校正板安装在曲率中心，使系统既无慧差又无像散；（3）比抛物面的非球面容易制作。光束透过校正板时折射率差仅为0.5，而抛物反射面折射率差达2.0	无法构成完善像，因轴外光束投射到校正板上的角度与轴上光束不同，产生了一个过校正的轴外像差，加以改进的方法：（1）对于欠校正的轴上点球差，通过减小轴外像差校正；（2）轻微非球面化主镜，减小校正板贡献；（3）稍微修正校正板的曲率；使轴外像差的过校正减少；（4）采用多个校正板；（5）采用一个消色差校正板	

111

类型		构成图示	使用处	优点	存在问题及措施	要注意问题
	曼金反射镜	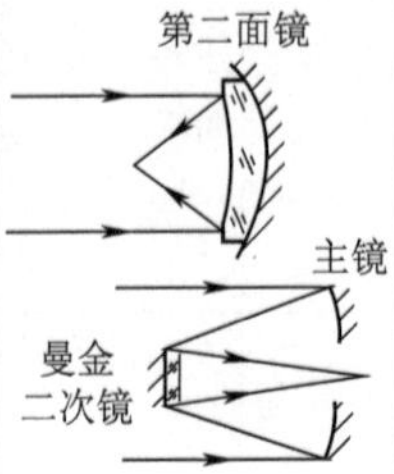 第二面镜 主镜 曼金二次镜		（1）加入一个与反射镜相接的负透镜来校正球差； （2）相对孔径大时，边缘球差是可以修正的，但还有残余球差； （3）造价低廉，安装较简单	负折射镜会造成色差，可采用将负镜做成消色差双胶合镜的办法而使曼金镜消色差	
折反射物镜（内反射物镜）	包沃斯（马克苏托夫）物镜	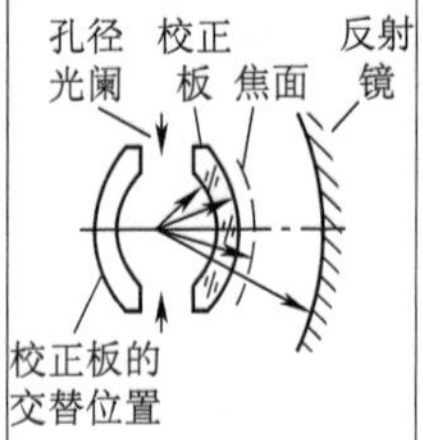 孔径光阑 校正板 焦面 反射镜 校正板的交替位置 卡塞格林物镜的包沃斯系统 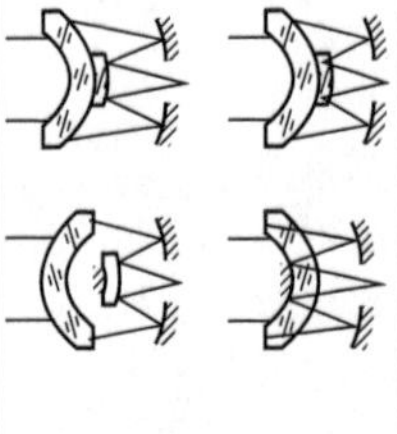		（1）和光阑位于曲率中心的单球面是一样的，在所有的视场角上像质都一样； （2）由于同心原理，使校正板不管是处在系统共同中心的后面或前面都同样工作； （3）校正板可作为卡塞格林次镜的支架； （4）同心，全是球面，只有3个变量（3个半径）设计制造都容易； （5）利用两个自由度（形状和尺寸），使成像质量比曼金镜有很大改进	基本的包沃斯系统具有剩余的色差和球差，值得校正，其措施如下： （1）将校正板做成双胶合镜组，以减少色差； 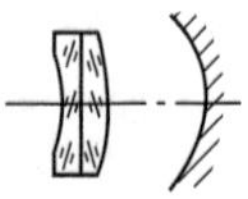 （2）在系统共同中心部位上加入一个施密特型非球面校正板，便可消除剩余的球差 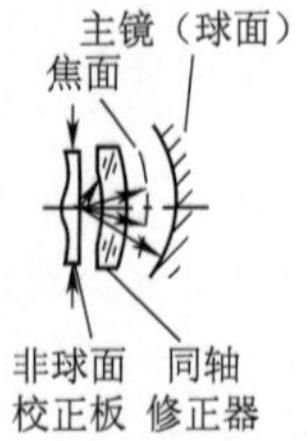 主镜（球面）焦面 非球面校正板 同轴修正器	

5.2.4 对于某些光学系统像差弥散圆的快速估算法

衍射极限为

$$\beta = 2.44\lambda \times D^{-1} \tag{5-11}$$

埃里圆直径为

$$B = 2.44\lambda(fn_0) \tag{5-12}$$

球面反射镜:
球差为

$$\beta = 0.0078(fn_0)^{-3} \tag{5-13}$$

弧矢彗差为

$$\beta = 0.0625\theta(fn_0)^{-2} \tag{5-14}$$

像散为

$$\beta = 0.5\theta^2(fn_0)^{-1} \tag{5-15}$$

式中:θ 为视场角。

当光阑在曲率中心时,彗差和像散为零。其中彗差是关于光阑到曲率中心距离的性能函数,而像散则为光阑到曲率中心距离的平方函数。

(1)抛物面反射镜。

彗差:同式(5-14),彗差不随光阑位置改变而变化。

像散:同式(5-15),当光阑在焦平面上时,像散为零。

施密特系统,总子午光线光斑为

$$\beta = 0.0417\theta^2(fn_0)^{-3} \tag{5-16}$$

(2)单透镜。

球差为

$$\beta = k(fn_0)^{-3} \tag{5-17}$$

式中:$k = \dfrac{n'(4n'-1)}{128(n'-1)^2(n'+2)}$。

彗差为

$$\beta = \frac{\theta}{16(n'+2)(fn_0)^2} \tag{5-18}$$

色差为

$$\beta = 0.5v^{-1}(fn_0)^{-1} \tag{5-19}$$

式中:v 为玻璃阿贝数。

色散为

$$\beta = 0.5\theta^2(fn_0)^{-1} \tag{5-20}$$

5.3 光电跟踪测量仪器的视场拼接

5.3.1 引言

高速摄像技术在交通、航空、航天、汽车安全测试等领域得到了广泛的应用,尤其是在现代军事靶场中的起到了重要的作用。目前,国内外的高速摄像机已经实现了大靶面、高帧频、大存储容量技术。由于多目标高速测量领域内,被测目标多且小、同时要求有高帧频,由此不但要求视场大(往住横向要比纵向大好几倍),而且要求有高分辨力和极高的数据量和数据速率。应用单台的高速摄像机已经不能满足需要,需要进行视场拼接来实现大视场角的多目标测量。根据摄像距离500~1000m,视场角呈40°,以及被测目标的形状和尺度的需求,经过初步的方案论证,我们选取外拼接方案,因此本节将重点研究和分析一种寄于物方外视场拼接的多目标高速影像拼接测量技术。

5.3.2 视场拼接类型和拼接方式的选取与比较

1. 视场拼接的类型

视场拼接一般可以分为内拼接和外拼接两个类型,其中内拼接又称为像方拼接;外拼接又称为物方拼接。

1) 内拼接(像方拼接)

内拼接有多种拼接方法,可以在第一像面上,把多个面阵图像探测器直接拼接,称为直接拼接法;也可以在第一像面之后借助于光学零件,首先将不同分视场成像到各自的面阵图像探测器,然后进行视场拼接,称为光学拼接法。

(1)图像探测器直接拼接法。根据视场的大小和视场横纵的比例,确定拼接的图案,可以是横向连续拼接数块,称"横一"字形拼接,如图5-12(a)所示。可以是纵向连续拼接数块,称"纵1"形拼接,如图5-12(b)所示。也可以进行2块×2块的"田"字形拼接,称"田"字形拼接,如图5-12(c)所示。

内拼接的直接拼接法的优点是:只须采用一个光学镜头、接拼最直观、没有视差、像方视场的拼接图形直接反映了物方的拼接图形,对摄取的视频图像无须进行拼接处理,就可以得到完整的一幅图像。

但是这种拼接方法的缺点是:首先必须研制特殊图像探测器,不能应用市场上采购的器件,图像探测器的两个端边不能有引出导线,而且此端边的几何形状和尺寸精度应该符合直接拼接的要求;其次是视场很大,视场中心到视场边缘有很大的渐晕,产生像面照度明显的不均匀;再次这种方法对于拼接方阵时,最多实现4块,

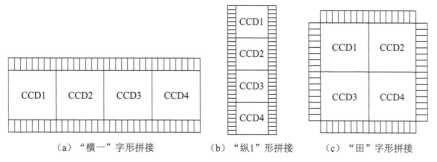

| (a)"横一"字形拼接 | (b)"纵1"形拼接 | (c)"田"字形拼接 |

图 5-12　图像探测器的直接拼接示意

实现"田"字形拼接。

（2）图像探测器光学拼接法。用半反半透镜进行拼接是最简单的方法,分光一次（一级）可实现两块图像探测器的拼接;分光两次（二级）可实现4块图像探测器的拼接,即需要再用两个第二级半反半透分光镜,如图5-13所示。用半反半透镜进行拼接的缺点:能量利用率低,用一级分光时（进行两块图像探测器拼接）,能量的最大利用率仅为50%,而用二级分光时（进行4块图像探测器拼接）,能量的最大利用率仅为25%;分光次数越多,要求光学镜头的后截距越长,有时这种结构上的要求是达不到的。

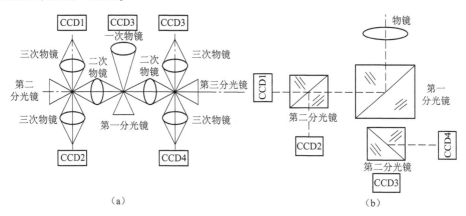

图 5-13　图像探测器的光学拼接示意

也可以采用棱锥反射镜再加上二次成像实现光学拼接,但技术上比较复杂。

2）外拼接（物方拼接）

外拼接是按精密计算的角度将几台高速摄像机进行组合,成为具有大视场覆盖的多目标高速摄像系统,称为物方外拼接。

2. 外拼接方式的选取与比较

当单个摄像机不能满足成像的视场覆盖宽度时,可以将几台高速摄像机按精密计算的角度进行组合,成为具有大视场覆盖的多目标高速摄像系统,称为外视场拼接。

外拼接一般来说可分为三种方式:"横一"字方式拼接,"纵1"字方式拼接和"田"字方式拼接。多目标高速影像测量系统一般由3台独立的大视场、高分辨力、高帧频凝视测量相机组成,进行交汇测量。把其中任意两台的测量数据进行解算,就可以获得多目标在空间的位置和运动参数。其中的任意第三台作为备份,目的是提高测量的成功概率,还可以应用第三台的数据,通过数据处理提高系统的测量精度。

从单台测量相机的凝视等待测量原理来说,无须配备二轴精密转台,但是将多台测量相机组合成系统,就需要将每台中的多个测量相机单元装配到同一个二轴精密转台上,来满足各个测量相机单元光轴位置之间的精密几何关系;同时通过该二轴转台,将各台测量相机坐标系之间位置实现精确定位,建成一个统一的坐标系。因此以下将结合二轴转台的构型来分析测量相机的配置方式。

1) 测量相机在二轴精密轴台上的结构配置

用得最多的二轴精密转台有两种基本配置:一种为U形架配置;另一种为T形架配置。

(1) U形架配置(图5-14)。

U形架配置的两个水平轴头相离较远,水平轴的基线可以做得较长,因此水平轴和垂直轴的不正交误差和水平轴的晃动可以控制得更严,这对于测量高低角非常大(非常接近天顶)的目标特别有意义,用于靶场光测设备或深空网设备的光电跟踪测量仪可以提高测量精度。

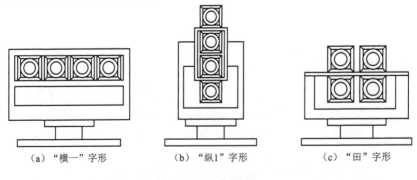

(a) "横一"字形   (b) "纵1"字形   (c) "田"字形

图5-14 U形架配置

(2) T形架配置(图5-15)。

T形架配置的优点:重量轻、体积小、使用方便。缺点:水平轴基线比较短,外挂悬臂长,水平轴和垂直轴的不正交误差和水平轴的晃动较大,水平轴系稳定性差,因此不适合要求在高低角非常大的条件下的测量。

2) 测量相机的外视场拼接方式

由于存在两种二轴转台的配置和4台测量相机在二轴转台上布置方式,再加

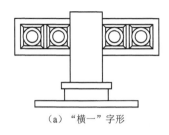
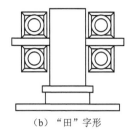

（a）"横一"字形 　　　　　　　　　　　　（b）"田"字形

图 5-15　T 形架配置

上需要的外视场的"横一"字形、"纵 1"字形和"田"字形三种拼接方式,可以有多种多样的组合。但是在选型时不但要考虑如何使相机测量仪的结构紧凑、减轻重量、缩小体积、提高刚度等多种因素,而且还要考虑如何尽量减小或消除拼接时的视差影响。

　　虽然 U 形架配置可以有如图 5-14(a)、(b)和(c)三种方式,但是为了视场拼接的方便起见,图 5-14(a)所示的配置只用于外视场为"横一"字方式拼接,并且将诸测量相机光学镜头的节点放置在水平轴的轴线上,由此在进行外视场拼接时,不必考虑纵向的视差影响;图 5-14(b)所示的配置用于外视场为"纵 1"字方式拼接,并且将诸测量相机光学镜头的节点放置在过水平轴的同一根垂线上,由此在进行外视场拼接时,也可以不必考虑横向的视差影响;图 5-14(c)所示的配置,无论"横一"字、"纵1"字或"田"字形三种外视场的拼接都会产生视差,给视场拼接带来误差。

　　虽然 T 形架配置可以有两种方式,但是为了视场拼接的方便起见,图 5-15(a)所示的配置也可用于外视场为"纵 1"字方式拼接,并且将诸测量相机光学镜头的节点放置在水平轴的轴线上,由此在进行外视场拼接时,不必考虑横向的视差影响。

　　由于本测量系统的高低角不会太大,每个测量相机单元的重量和体积都不大,采用 T 形架配置可以减轻测量设备的重量和体积,增加使用方便性。本论证方案采用如图 5-15(b)所示的 T 形架配置,在 T 形架的两个外伸轴头上,分别上下、左右对称位置上装置 4 个测量相机,即采用如图 5-16 所示的 T 形架、"田"字布置、实现外视场的"横一"字形拼接方案。

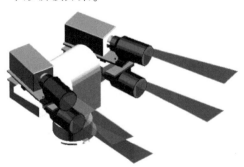

图 5-16　T 形架、"田"字布置、实现外视场的"横一"字形拼接方案

T形架结构图如图 5-17 所示。

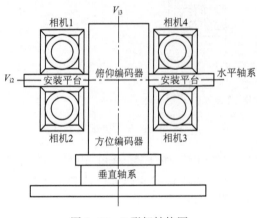

图 5-17　T形架结构图

5.3.3　外视场拼接的实现

1. 机械结构

安装 4 台高速摄像机的小型精密机架选用 T 形结构,主要由水平轴系、垂直轴系、方位、俯仰编码器、方位俯仰微调锁紧机构及调平机构组成,其结构形式为 T 形两轴转台,主要构件均采用铸造铝合金材料。方位轴系采用 A 形精密机架,俯仰轴系的转动选用高精度径向止推轴承,俯仰轴系两端为两个安装平台,摄像机及镜头通过过渡底板与安装平台连接,背对背的形式进行装配, 其轴向和径向均采用过盈配合,外加载荷总质量约为 40kg。该结构的主要特点是载荷对称布置、刚度好不变形、稳定性高、体积小、重量轻和便于安装调试。其结构如图 5-17 所示。

为保证水平轴系晃动精度,结构设计时采用保刚度设计,当刚度满足要求时其强度已远远满足要求,因此对其强度不作分析。按其结构和受力状态分析,靠近支撑轴承轴向边缘的水平轴截面所受弯矩最大,如图 5-18 所示。而水平轴近似等刚度轴,依此条件按材料力学原理求得载荷位置的最大挠度变形为 1.78μm。计算过程如下。

圆环形截面梁为

$$1 = \frac{\pi(D^4 - d^4)}{64}$$

代入挠入挠曲线,即

$$V = \frac{Px^2}{6EI}(3L - x)$$

其最外端点 B 处的挠曲变形为

118

$$F_b = -\frac{PL^3}{3EL} = -\frac{64PL^3}{3\pi E(D^4 - d^4)}$$

其中,$P = 245\mathrm{N}$,$L = 200\mathrm{m}$,$E = 210\mathrm{GPa}$,$D = 80\mathrm{mm}$,$d = 75\mathrm{mm}$,则 $F_b \approx -1.78\mu\mathrm{m}$。

挠度变形示意如图 5-18 所示。

图 5-18　挠度变形示意

经换算因挠度变形引起水平轴系晃动均方根误差为 0.59″。方位轴系采用高精度径向止推轴承,其承载能力及刚度远远大于精密机架头部转动部分载荷的要求,因此 B 型精密机架刚度能够满足使用要求。该精密机架方位、俯仰轴系精度(轴系晃动)均可保证在 3.5″ 以内。按以上结构设计,T 形精密机架外形尺寸为 570mm(长)×600mm(宽)×650mm(高)。质量:T 形精密机架质量 44kg、高速摄像机质量 3.5kg×4、镜头质量 5kg×4、辅助连接件质量为 7kg、调平底座质量 13kg,测量仪总质量为 98kg。

2. 光学镜头设计

为保证光学系统的作用距离不小于 500m,光学设计时充分考虑镜头的口径和相对孔径。因要满足 40°(方位)×10°(高低)视场要求,每台高速摄像机装配一个 10°视场镜头,该镜头相对孔径 2.8,以满足成像能量;因要减小体积,镜头焦距为 94mm;口径为 32mm。根据公式 $f' = y'/2\tan(\theta/2)$,其中,y' 为探测器靶面尺寸;θ 为视场角。当焦距为 94mm,探测器靶面尺寸为 16.4mm 时,视场角为 9.97°,因叠加角度可以在 5′ 以内,此镜头可以满足要求。

3. 拼接效果

4 台高速摄像机有效视场的拼接是高速电视测量仪精密机架结构设计的关键,根据要求采用视场角 10°镜头进行视场拼接,实际拼接后最大视场为 40°(方位)×10°(高低)。为保证有效覆盖区域内无盲区,相邻上下两摄像系统外边缘视场采用平行叠加的方式拼接,叠加角度控制在 5′ 以内,机架内侧两摄像系统内边缘视场采用交会叠加的方式拼接。用 10°视场拼接时,视差为 360mm,经计算距摄像机大于 247m 远无盲区,可以满足拍摄需求。

4. 软件实现

"田"字形拼接软件模块,完成对同一机架 4 台摄像机成像进行拼接,实现演示播放、数据处理提供整体成像视频效果。4 台摄像机视场是在水平方向进行拼接,而且采用凝视工作模式,成像时相邻两台摄像机的图像有重叠区域,拍摄物体可能位于两个或两个以上视场。首先对两台相邻摄像机的图像重叠区域同一背景或目标作为拼接依据,近似合成为一幅图像;然后对两台摄像机拍摄物体进行轨迹预测,自动进行目标拼接,可人工干预保证匹配的正确性。

5.3.4 外视场拼接测量系统的视场拼接和交汇测量数学模型

本书选择了4个测量相机上下、左右对称地配置在"T"字形跟踪架水平轴外伸两轴端上,在结构上组成"田"字形布局配置,而在视场上实现"一"字形拼接的外视场拼接测量系统作为分析对象,建立外视场拼接测量系统的视场拼接和交汇测量数学模型。

外视场拼接测量系统,一般由3个测量站2台光电测量仪组成,通过交汇测量获得每个目标在空间的位置信息。采用外视场拼接,光学系统简单,重量轻、体积小、制造难度低,便于使用。但由于外视场拼接会产生视差,给视场拼接带来复杂性,计算量大。由于计算机技术的发展,对外视场拼接的复杂而量大的计算提供了可能。采用如图5-19所示的配置,每个测量站光电测量仪上装置4个测量相机,这4个测量相机上下、左右对称地配置在"T"字形跟踪架水平轴外伸两轴端上,结构上组成"田"字形布局配置。

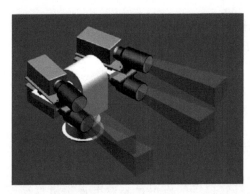

图5-19 外视场拼接测量系统的每个测量站光电测量仪的外观图

虽然4台摄像机视场是在外视场实现水平方向的"一"字形拼接,而且采用凝视工作模式,可以应用成像时相邻两台摄像机图像的重叠区域(拍摄物体可能位于两个或两个以上视场)。首先对两台相邻摄像机的图像重叠区域同一个背景或目标作为拼接依据,近似合成为一幅图像;然后对两台摄像机拍摄物体进行轨迹预测,自动进行目标拼接。

但是,各光电测量仪的4个测量相机在上下、左右方向都存在视差,在目标没有距离信息的情况下,只依靠单台光电测量仪的信息时,是不可能完成精密的视场拼接的。只有应用两台光电测量仪所获得的信息,对同一个目标同时进行视场拼接和交汇测量,才能完成精密的视场拼接。

由于采用"T"字形跟踪架、"田"字形布局配置的光电测量仪,4个测量相机在上下、左右方向都存在视差,其视场拼接和交汇测量的数学模型具有典型性,因此本文选择了对这一方案进行分析,对一个目标建立视场拼接和交汇测量的数学模型。并且在建立数学模型时,还必须考虑地球曲率半径和子午线收敛误差的影响。

1. 坐标系和参数定义

1) 坐标系的定义

根据实际分析的需要共建立 5 个坐标系(图 5-20)。各坐标系(右手坐标系)定义如下:

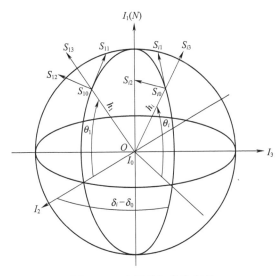

图 5-20 坐标系和参数定义

(1) $I(I_1、I_2、I_3)$——地球质心坐标系。

原点 I_0 在地球质心,I_1 轴为地球自转轴,I_2 轴和 I_3 轴位于赤道平面内,I_2 轴指向第一个测量站光电测量仪所在的经线与赤道的交点,I_1 轴、I_2 轴和 I_3 轴构成右手坐标系。

(2) $S_i(S_{i1}, S_{i2}, S_{i3})$——第 i 个测量站光电测量仪地平坐标系(当地的地理坐标系)。

地平坐标系原点 S_{0i} 在地球表面,S_{0i} 处的经度、纬度和相对地球质心的高程(距离)分别为 δ_i、θ_i 和 h_i,如图 5-20 所示。

S_{i3} 指向天顶,过地平坐标系 S_{i1} 轴的经线与赤道的交点到 S_{10} 的经线与赤道的交点之间的经度差为 $(\delta_i-\delta_0)$,S_{i2} 与 S_{i1} 和 S_{i3} 构成右手坐标系。

(3) $V_i(V_{i1}, V_{i2}, V_{i3})$——第 i 个光电测量仪垂直轴坐标系。

光电测量仪照准部和竖轴为同一刚体,即为垂直轴坐标系,垂直轴坐标系原点 V_{i0} 与地平坐标系原点 S_{i0} 重合,当没有调平误差时,垂直轴坐标系 V_i 与地平坐标系

S_i 重合。

（4）$H_i(H_{i1},H_{i2},H_{i3})$——第 i 个光电测量仪水平轴坐标系（测量相机视场拼接后的组合测量相机坐标系）。

水平轴坐标系 H_i 固联在水平轴上，水平轴坐标系 H_i 表征了跟踪架水平轴的空间位置。其原点 H_{i0} 与垂直轴坐标系原点 V_{i0} 重合。水平轴在垂直轴坐标系内可以绕 V_{i2} 轴在俯仰面内做俯仰角 λ_i 旋转，当没有俯仰角时，水平轴坐标系 H_i 与垂直轴坐标系 V_i 重合；H_{i1} 轴和 H_{i2} 轴位于水平面内，H_{i1} 轴指向正北，H_{i3} 轴指向天顶，并与 H_{i1} 轴和 H_{i2} 轴组成正交右手坐标系。

（5）$C_{ij}(C_{ij1},C_{ij2},C_{ij3})$——第 i 个光电测量仪、第 j 个测量相机坐标系。

每台光电测量仪上装置 4 台测量相机，测量相机坐标系的原点 C_{ij0} 为每台测量相机镜头的节点，测量相机坐标系的原点 C_{ij0} 相对光电测量仪水平轴坐标系原点 H_{i0}，在光电测量仪水平轴坐标系 H_i 中，在 H_{i1}、H_{i2} 和 H_{i3} 轴方向上分别平移 d_{ij1}、d_{ij2} 和 d_{ij3} 距离，并根据外场拼接的要求，测量相机坐标系 C_{ij} 分别绕光电测量仪水平轴坐标系的 H_{i3} 轴，在水平方向上偏转 ξ_{ij} 角（方位角）。

2）参数和符号定义

i、j、k——分别为测量站光电测量仪、每个光电测量仪上装置的测量相机和被测目标的序号；

δ_i、θ_i、h_i——分别为第 i 个光电测量仪坐标系原点 S_{i0} 处的赤经、赤纬和相对地球质心的高程（距离 km）；

α_i——第 i 个测量站光电测量仪地平坐标系与地理坐标系（正北方向 N）之间的夹角（即真方位角）；

λ_i——第 i 个测量站光电测量仪水平轴坐标系相对垂直轴坐标系的俯仰角；

ξ_{ij}——第 i 个光电测量仪，第 j 个测量相机光轴，相对第 i 个光电测量仪水平轴坐标系在方位上的偏转角；

d_{ij1}、d_{ij2}、d_{ij3}——第 i 个光电测量仪，第 j 个测量相机望远镜头的节点，相对第 i 个光电测量仪水平轴坐标系原点 H_{i0}，在 3 个坐标轴上的位移距离（mm），其位移的次序为 d_{ij2}、d_{ij3}、d_{ij1}，最后光轴绕节点在方位上转动 ξ_{ij}；

f'_{ij}——第 i 个光电测量仪，第 j 个测量相机镜头的焦距（mm）；

f'——测量相机视场拼接后的组合测量相机的标准镜头焦距（mm）；

$2p_x$、$2p_y$——分别为测量相机面阵 CCD 在横向和竖向的尺寸，$2p_2 \times 2p_y =$ 16.384mm（1024 像元×1024 像元）；

a——测量相机像面上面阵 CCD 像元尺寸，$a \times a = 0.016mm \times 0.016mm$；

ω_x、ω_y——分别为测量相机在横向和竖向的半视场角，$\omega_x = \arctan(p_x/f'_{ij})$、$\omega_y = \arctan(p_x/f'_{ij})$；

x_{ijk}、x_{ijk}——分别为第 i 个光电测量仪，第 j 个测量相机的面阵 CCD 上，第 k 个目标的横向和竖向脱靶量（mm）；

x_{ik}、y_{ik}——分别为在第 i 个光电测量仪中,经视场拼接后,第 k 个目标在第 i 个光电测量仪组合测量相机视场中的横向和竖向脱靶量(mm);

$\Delta\alpha_{ijk}$、$\Delta\lambda_{ijk}$——分别为第 k 个目标,在第 i 个光电测量仪,第 j 个测量相机坐标系中的方位角和俯仰角;

A_{ik}、E_{ik}——分别为第 k 个目标在第 i 个光电测量仪坐标系中的方位角和俯仰角;

l_{i1}、l_{i2}——被测多目标群到第 i 个光电测量仪的最近和最远的距离(m),$l_i = (l_{i1} + l_{i2})/2$。

2. 测量相机外视场拼接参数 ξ_{ij} 的确定

由于四个测量相机上下、左右对称地配置在"T"形跟踪架水平轴外伸两轴端上,组成"田"字形布置,而在物方实现水平方向上的"一"字形外视场拼接,不可避免地会造成视差。当拼接参数 ξ_{ij} 选择不当时,在一定的测量距离上会产生测量盲区(即漏测),或者浪费测量相机的视场资源。为了实现每台光电测量仪的四个测量相机视场在外场的合理拼接,可以让中间的两个(第二个和第三个)测量相机之间,在 $0.7l_i$ 距离处的外视场紧密拼接(刚刚不露缝),而在两边的两个(第一个和第二个、第三个和第四个)测量相机之间为紧密搭接(即视场边缘的像元既无重叠又无间隙,条件是第一和第二个,第三和第四个测量相机的节点,两两上下对齐)。

第 i 个光电测量仪测量相机外视场拼接如图 5-21 所示。

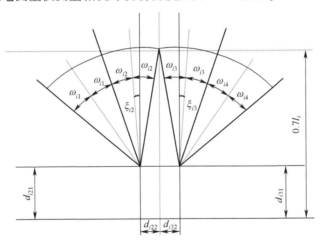

图 5-21 第 i 个光电测量仪测量相机外视场拼接

由图 5-21 所示的几何关系可知:

$$d_{i22} = (0.7l_i - d_{i21})\tan(\omega_{i2} - \xi_{i2}) \tag{5-21}$$

$$d_{i32} = (0.7l_i - d_{i31})\tan(\omega_{i3} - \xi_{i3}) \tag{5-22}$$

由此可解得 ξ_{i2} 和 ξ_{i3},并进一步解得 ξ_{i1} 和 ξ_{i4}:

$$\xi_{i1} = \xi_{i2} + \omega_{i2} + \omega_{i1} \tag{5-23}$$

$$\xi_{i4} = \xi_{i3} + \omega_{i3} + \omega_{i4} \tag{5-24}$$

为了使各测量相机的各视场之间有一定的覆盖,计算时可将各相机的有效视场角减小一定的量值,用来实现视场的覆盖。

3. 从第 i 个光电测量仪第 j 个测量相机坐标系到第 i 个光电测量仪水平轴坐标系 H_i 的变换

设第 k 个目标,到第 i 个光电测量仪第 j 个测量相机坐标系 C_{ij} 原点的距离为 r_{ijk},则该目标在第 i 个光电测量仪,第 j 个测量相机坐标系 C_{ij} 中的测量值为

$$C_{ijk} = \begin{bmatrix} r_{ijk}\cos\Delta\lambda_{ijk}\cos\Delta\alpha_{ijk} \\ r_{ijk}\cos\Delta\lambda_{ijk}\sin\Delta\alpha_{ijk} \\ r_{ijk}\sin\Delta\lambda_{ijk} \\ 1 \end{bmatrix} \tag{5-25}$$

其中

$$\Delta\alpha_{ijk} = \arctan(x_{ijk}/f'_{ij}) \tag{5-26}$$

$$\Delta\lambda_{ijk} = \arctan[y_{ijk}/(x_{ijk}^2 + f_{ijk}^2)^{1/2}] \tag{5-27}$$

设第 k 个目标到第 1 个光电测量仪、第 j 个测量相机坐标系 C_{1j} 原点 C_{1jo} 的距离为 r_{1jk},则该目标在第 1 个光电测量仪、第 j 个测量相机坐标系 C_{1j} 中的测量值为

$$C_{1jk} = \begin{bmatrix} C_{ijk1} \\ C_{ijk2} \\ C_{ijk3} \\ 1 \end{bmatrix} = \begin{bmatrix} r_{1jk}\cos\Delta\lambda_{1jk}\cos\Delta\alpha_{1jk} \\ r_{1jk}\cos\Delta\lambda_{1jk}\sin\Delta\alpha_{1jk} \\ r_{ijk}\sin\Delta\lambda_{ijk} \\ 1 \end{bmatrix} \tag{5-28}$$

其中

$$\Delta\alpha_{1jk} = \arctan(x_{1jk}/f'_{1j}) \tag{5-29}$$

$$\Delta\lambda_{1jk} = \arctan[y_{1jk}/(x_{1jk}^2 + f'^2_{ij})^{1/2}] \tag{5-30}$$

设第 k 个目标,经过视场拼接后,在第 i 个光电测量仪水平轴坐标系 H_i(测量相机视场拼接后的组合测量相机坐标系)中,测量值为

$$H_{ik} = \begin{bmatrix} H_{ik1} \\ H_{ik2} \\ H_{ik3} \\ 1 \end{bmatrix} = \begin{bmatrix} R_{ik}\cos E_{ik}\cos A_{ik} \\ R_{ik}\cos E_{ik}\sin A_{ik} \\ R_{ik}\sin E_{ik} \\ 1 \end{bmatrix} \tag{5-31}$$

坐标转换过程如下:

① 绕 C_{ij3} 轴旋转 $(-\xi_{ij})$ 角;② 沿 C_{ij1} 轴平移 $(-d_{ij1})$;③ 沿 C_{ij3} 轴平移 $(-d_{ij3})$;④ 沿 C_{ij2} 轴平移 $(-d_{ij2})$。

可以实现第 k 个目标,在第 i 个光电测量仪的第 j 个测量相机坐标系 C_{ij} 中的测量值到第 i 个光电测量仪水平轴坐标系 H_i 中的测量值的变换,即

$$H_{ik} = \begin{bmatrix} H_{ik1} \\ H_{ik2} \\ H_{ik3} \\ 1 \end{bmatrix} = \begin{bmatrix} R_{ik}\cos E_{ik}\cos A_{ik} \\ R_{ik}\cos E_{ik}\sin A_{ik} \\ R_{ik}\sin E_{ik} \\ 1 \end{bmatrix}$$

$$
=\begin{bmatrix} 1 & 0 & 0 & 0 \\ 0 & 1 & 0 & d_{ij2} \\ 0 & 0 & 1 & d_{ij3} \\ 0 & 0 & 0 & 1 \end{bmatrix} \cdot \begin{bmatrix} 1 & 0 & 0 & d_{ij1} \\ 0 & 1 & 0 & 0 \\ 0 & 0 & 1 & 0 \\ 0 & 0 & 0 & 1 \end{bmatrix} \cdot \begin{bmatrix} \cos(-\xi_{ij}) & \sin(-\xi_{ij}) & 0 & 0 \\ -\sin(-\xi_{ij}) & \cos(-\xi_{ij}) & 0 & 0 \\ 0 & 0 & 1 & 0 \\ 0 & 0 & 0 & 1 \end{bmatrix}
$$

$$
\cdot \begin{bmatrix} r_{ijk}\cos\Delta\lambda_{ijk}\cos\Delta\alpha_{ijk} \\ r_{ijk}\cos\Delta\lambda_{ijk}\sin\Delta\alpha_{ijk} \\ r_{ijk}\sin\Delta\lambda_{ijk} \\ 1 \end{bmatrix} \tag{5-32}
$$

同理应用下述的坐标转换过程。

①绕 C_{i13} 轴旋转 $(-\xi_{1j})$;②沿 C_{i11} 轴平移 $(-d_{1j1})$;③沿 C_{i13} 轴平移 $-d_{1j3}$;④沿 C_{i12} 轴平移 $(-d_{1j2})$。

可以实现第 k 个目标,在第 1 个测量相机坐标系 C_{i1} 中的测量值,到第 1 个光电测量仪水平轴坐标系 H_1 中的测量值的变换,即

$$
H_{1k}=\begin{bmatrix} H_{1k1} \\ H_{1k2} \\ H_{1k3} \\ 1 \end{bmatrix}=\begin{bmatrix} R_{1k}\cos E_{1k}\cos A_{1k} \\ R_{1k}\cos E_{1k}\sin A_{1k} \\ R_{1k}\sin E_{1k} \\ 1 \end{bmatrix}
$$

$$
=\begin{bmatrix} 1 & 0 & 0 & 0 \\ 0 & 1 & 0 & d_{1j2} \\ 0 & 0 & 1 & d_{1j3} \\ 0 & 0 & 0 & 1 \end{bmatrix} \cdot \begin{bmatrix} 1 & 0 & 0 & d_{1j1} \\ 0 & 1 & 0 & 0 \\ 0 & 0 & 1 & 0 \\ 0 & 0 & 0 & 1 \end{bmatrix} \cdot \begin{bmatrix} \cos(-\xi_{1j}) & \sin(-\xi_{1j}) & 0 & 0 \\ -\sin(-\xi_{1j}) & \cos(-\xi_{1j}) & 0 & 0 \\ 0 & 0 & 1 & 0 \\ 0 & 0 & 0 & 1 \end{bmatrix}
$$

$$
\cdot \begin{bmatrix} r_{ijk}\Delta\lambda_{ijk}\cos\Delta\alpha_{ijk} \\ r_{ijk}\Delta\lambda_{ijk}\sin\Delta\alpha_{ijk} \\ r_{ijk}\sin\Delta\lambda_{ijk} \\ 1 \end{bmatrix} \tag{5-33}
$$

4. 从第 i 个光电测量仪第 j 个测量相机水平轴坐标系到第 1 个光电测量仪水平轴坐标系 $H_i(H_{i1}、H_{i2}、H_{i3})$ 的变换

坐标转换过程如下:

(1) 从第 i 个光电测量仪水平轴坐标系 H_i 到第 i 个光电测量仪垂直轴坐标系 V_i 的坐标转换:绕 H_{i2} 轴旋转 $-\lambda_i$ 角。

（2）从第 i 个光电测量仪垂直轴坐标系 V_i 到第 i 个光电测量仪地平坐标系 S_i 的坐标转换：绕 S_{i3} 轴旋转 $-\alpha_i$ 角。

（3）从第 i 个光电测量仪地平坐标系 S_i 到地球质心坐标系 I 的坐标转换：①沿 S_{i3} 轴平移 $-h_i$；②绕 S_{i2} 轴旋转 $-\theta_i$ 角。

（4）从地球质心坐标系 I 到第 1 个光电测量仪地平坐标系 S_1 的坐标转换：①绕 I_1 轴旋转 $(\delta_i-\delta_1)$ 角；②绕 I_2 轴旋转 θ_1 角；③沿 S_{13} 轴平移 h_1。

（5）从第 1 个光电测量仪地平坐标系 S_1：①沿 S_{13} 轴平移 h_1，到第 1 个光电测量仪垂直轴坐标系 V_1 的坐标转换；②绕 S_{13} 轴旋转 α_1 角。

（6）从第 1 个光电测量仪垂直轴坐标系 V_1 到第 1 个光电测量仪水平轴坐标系 H_1 的坐标转换：绕 V_{12} 轴旋转 λ_1 角。

可以实现第 k 个目标，在第 i 个光电测量仪水平轴坐标系 H_i 在（测量相机视场拼接后的组合测量相机坐标系）中的测量值 H_{ik}，到第 1 个光电测量仪地平坐标系 H_1（测量相机视场拼接后的组合测量相机坐标系）中的测量值 H_{1k} 的变换，即

$$
\boldsymbol{H}_{1k} = \begin{bmatrix} H_{1k1} \\ H_{1k2} \\ H_{1k3} \\ 1 \end{bmatrix} = \begin{bmatrix} R_{1k}\cos E_{1k}\cos A_{1k} \\ R_{1k}\cos E_{1k}\sin A_{1k} \\ R_{1k}\sin E_{1k} \\ 1 \end{bmatrix}
$$

$$
= \begin{bmatrix} \cos-\lambda_1 & 0 & -\sin\lambda_1 & 0 \\ 0 & 1 & 0 & 0 \\ \sin(-\lambda_1) & 0 & \cos(-\lambda_1) & 0 \\ 0 & 0 & 0 & 1 \end{bmatrix} \begin{bmatrix} \cos\alpha_1 & \sin\alpha_1 & 0 & 0 \\ -\sin\alpha_1 & \cos\alpha_1 & 0 & 0 \\ 0 & 0 & 1 & 0 \\ 0 & 0 & 0 & 1 \end{bmatrix}
$$

$$
\cdot \begin{bmatrix} 1 & 0 & 0 & 0 \\ 0 & 1 & 0 & 0 \\ 0 & 0 & 1 & -h_1 \\ 0 & 0 & 0 & 1 \end{bmatrix} \begin{bmatrix} \cos\theta_1 & 0 & -\sin\theta_1 & 0 \\ 0 & 1 & 0 & 0 \\ \sin\theta_1 & 0 & \cos\theta_1 & 0 \\ 0 & 0 & 0 & 1 \end{bmatrix}
$$

$$
\cdot \begin{bmatrix} 1 & 0 & 0 & 0 \\ 0 & \cos(\delta_1-\delta_i) & \sin(\delta_1-\delta_i) & 0 \\ 0 & -\sin(\delta_1-\delta_i) & \cos(\delta_1-\delta_i) & 0 \\ 0 & 0 & 0 & 1 \end{bmatrix}
$$

$$
\cdot \begin{bmatrix} \cos(-\theta_i) & 0 & -\sin(-\theta_i) & 0 \\ 0 & 1 & 0 & 0 \\ \sin(-\theta_i) & 0 & \cos(-\theta_i) & 0 \\ 0 & 0 & 0 & 1 \end{bmatrix}
$$

$$\cdot \begin{bmatrix} 1 & 0 & 0 & 0 \\ 0 & 1 & 0 & 0 \\ 0 & 0 & 1 & h_i \\ 0 & 0 & 0 & 1 \end{bmatrix} \begin{bmatrix} \cos(-\alpha_i) & \sin(-\alpha_i) & 0 & 0 \\ -\sin(-\alpha_i) & \cos(-\alpha_i) & 0 & 0 \\ 0 & 0 & 1 & 0 \\ 0 & 0 & 0 & 1 \end{bmatrix}$$

$$\cdot \begin{bmatrix} \cos\lambda_i & 0 & -\sin\lambda_i & 0 \\ 0 & 1 & 0 & 0 \\ \sin\lambda_i & 0 & \cos\lambda_i & 0 \\ 0 & 0 & 0 & 1 \end{bmatrix} \begin{bmatrix} H_{ik1} \\ H_{ik2} \\ H_{ik3} \\ 1 \end{bmatrix} \tag{5-34}$$

5. 视场拼接和交汇测量

由于每台光电测量仪的 4 台测量相机之间都存在左右和上下的视差,仅仅应用测量相机的测量数据不能完成在自身的光电测量仪中的视场拼接。如式(5-34)所示,要完成视场拼接首先应解出距离 r_{ijk} 和 r_{1jk},也就是说首先要对两台光电测量仪的测量相机的测量数据进行交汇,求得距离信息 r_{ijk} 和 r_{1jk}。即通过联立解下述方程组,即

$$\begin{bmatrix} R_{1k}\cos E_{1k}\cos A_{1k} \\ R_{1k}\cos E_{1k}\sin A_{1k} \\ R_{1k}\sin E_{1k} \\ 1 \end{bmatrix} = \begin{bmatrix} \cos(-\lambda_1) & 0 & -\sin(-\lambda_1) & 0 \\ 0 & 1 & 0 & 0 \\ \sin(-\lambda_1) & 0 & \cos(-\lambda_1) & 0 \\ 0 & 0 & 0 & 1 \end{bmatrix}$$

$$\cdot \begin{bmatrix} \cos\alpha_1 & \sin\alpha_1 & 0 & 0 \\ -\sin\alpha_1 & \cos\alpha_1 & 0 & 0 \\ 0 & 0 & 1 & 0 \\ 0 & 0 & 0 & 1 \end{bmatrix} \begin{bmatrix} 1 & 0 & 0 & 0 \\ 0 & 1 & 0 & 0 \\ 0 & 0 & 1 & -h_1 \\ 0 & 0 & 0 & 1 \end{bmatrix}$$

$$\cdot \begin{bmatrix} \cos\theta_1 & 0 & -\sin\theta_1 & 0 \\ 0 & 1 & 0 & 0 \\ \sin\theta_1 & 0 & \cos\theta_1 & 0 \\ 0 & 0 & 0 & 1 \end{bmatrix} \begin{bmatrix} 1 & 0 & 0 & 0 \\ 0 & \cos(\delta_i-\delta_1) & \sin(\delta_i-\delta_1) & 0 \\ 0 & \sin(\delta_i-\delta_1) & \cos(\delta_i-\delta_1) & 0 \\ 0 & 0 & 0 & 1 \end{bmatrix}$$

$$\cdot \begin{bmatrix} \cos(-\theta_i) & 0 & -\sin(-\theta_i) & 0 \\ 0 & 1 & 0 & 0 \\ \sin(-\theta_i) & 0 & \cos(-\theta_i) & 0 \\ 0 & 0 & 0 & 1 \end{bmatrix} \begin{bmatrix} 1 & 0 & 0 & 0 \\ 0 & 1 & 0 & 0 \\ 0 & 0 & 1 & h_i \\ 0 & 0 & 0 & 1 \end{bmatrix}$$

$$\cdot \begin{bmatrix} \cos(-\alpha_i) & \sin(-\alpha_i) & 0 & 0 \\ -\sin(-\alpha_i) & \cos(-\alpha_i) & 0 & 0 \\ 0 & 0 & 1 & 0 \\ 0 & 0 & 0 & 1 \end{bmatrix} \begin{bmatrix} \cos\lambda_i & 0 & -\sin\lambda_i & 0 \\ 0 & 1 & 0 & 0 \\ \sin\lambda_i & 0 & \cos\lambda_i & 0 \\ 0 & 0 & 0 & 1 \end{bmatrix}$$

$$
\cdot
\begin{bmatrix}
1 & 0 & 0 & d_{ij1} \\
0 & 1 & 0 & 0 \\
0 & 0 & 1 & 0 \\
0 & 0 & 0 & 1
\end{bmatrix}
\begin{bmatrix}
r_{ijk}\cos\Delta\lambda_{ijk}\cos\Delta\alpha_{ijk} \\
r_{ijk}\cos\Delta\lambda_{ijk}\sin\Delta\alpha_{ijk} \\
r_{ijk}\sin\Delta\lambda_{ijk} \\
1
\end{bmatrix}
$$

$$
\begin{bmatrix}
R_{1k}\cos E_{1k}\cos A_{1k} \\
R_{1k}\cos E_{1k}\sin A_{1k} \\
R_{1k}\sin E_{1k} \\
1
\end{bmatrix}
=
\begin{bmatrix}
1 & 0 & 0 & 0 \\
0 & 1 & 0 & d_{1j2} \\
0 & 0 & 1 & d_{1j3} \\
0 & 0 & 0 & 1
\end{bmatrix}
\begin{bmatrix}
1 & 0 & 0 & d_{1j1} \\
0 & 1 & 0 & 0 \\
0 & 0 & 1 & 0 \\
0 & 0 & 0 & 1
\end{bmatrix}
\quad (5-35)
$$

$$
\cdot
\begin{bmatrix}
\cos(-\xi_{1j}) & \sin(-\xi_{1j}) & 0 & 0 \\
-\sin(-\xi_{1j}) & \cos(-\zeta_{1j}) & 0 & 0 \\
0 & 0 & 1 & 0 \\
0 & 0 & 0 & 1
\end{bmatrix}
\begin{bmatrix}
r_{1jk}\cos\Delta\alpha_{1jk}\cos\Delta\lambda_{1jk} \\
r_{1jk}\cos\Delta\alpha_{1jk}\sin\Delta\lambda_{1jk} \\
r_{1jk}\sin\Delta\alpha_{1jk} \\
1
\end{bmatrix}
$$

求得 r_{ijk} 和 r_{1jk}，则在第 i 个光电测量仪中，第 k 个目标，在被视场拼接后在组合视场中的测量值为

$$
\boldsymbol{H}_{ik} =
\begin{bmatrix}
H_{ik1} \\
H_{ik2} \\
H_{ik3} \\
1
\end{bmatrix}
=
\begin{bmatrix}
R_{ik}\cos E_{ik}\cos A_{ik} \\
R_{ik}\cos E_{ik}\sin A_{ik} \\
R_{ik}\sin E_{ik} \\
1
\end{bmatrix}
$$

$$
A_{ik} = \arctan(x_{ik}/f')
$$

$$
E_{ik} = \arctan[y_{ik}/(x_{ik}^2 + f'^2)^{1/2}] \quad (5-36)
$$

再求出 R_{ik}、E_{ik}、和 A_{ik}，由此可得第 k 个目标，在第 i 个光电测量仪中，被视场拼接后在组合视场中两个方向上的脱靶量 x_{ik} 和 y_{ik} 分别为

$$
x_{ik} = f'\tan A_{ik} \quad (5-37)
$$

$$
y_{ik} = f'\tan E_{ik}/\cos A_{ik} \quad (5-38)
$$

解求出 R_{1k}，E_{1k} 和 A_{1k}，则在第 1 个光电测量仪中，第 k 个目标，在被视场拼接后在组合视场中的测量值 $\boldsymbol{H}_{1k}$ 为

$$
\boldsymbol{H}_{1k} =
\begin{bmatrix}
H_{1k1} \\
H_{1k2} \\
H_{1k3} \\
1
\end{bmatrix}
=
\begin{bmatrix}
R_{1k}\cos E_{1k}\cos A_{1k} \\
R_{1k}\cos E_{1k}\sin A_{1k} \\
R_{1k}\sin E_{1k} \\
1
\end{bmatrix}
\quad (5-39)
$$

由此可得第 k 个目标，在第 1 个光电测量仪中，被视场拼接后在组合视场中两个方向上的脱靶 x_{1k} 和 y_{1k} 分别为

$$
\begin{cases}
x_{1k} = f'\tan A_{1k} \\
y_{1k} = f'\tan E_{1k}/\cos A_{1k}
\end{cases}
\quad (5-40)
$$

其中

$$A_{1k} = \arctan(x_{1k}/f') \tag{5-41}$$

$$E_{1k} = \arctan\left[y_{1k} / (x_{1k}^2 + f'^2)^{1/2} \right] \tag{5-42}$$

5.4 光电跟踪仪的误差分析

5.4.1 光电跟踪仪的坐标系

1. 像面坐标系 $P(P_1, P_2, P_3)$

像面坐标系附着在光学跟踪测量传感器焦平面成像探测器上。像面坐标系的原点为各光学传感器光轴与像面的交点。P_1 轴与光轴重合,指向前方;头光轴水平放置时,P_3 轴正交于 P_1 轴并指向天顶;P_2 轴分别与 P_3 和 P_1 轴正交,并与 P_3 和 P_1 轴符合右手坐标系。

2. 望远镜坐标系 $T(T_1, T_2, T_3)$

望远镜坐标系表述了望远镜的空间位置,其原点位于光学传感器望远镜光轴与跟踪架水平轴的交点上,T_1 轴为望远镜头光轴,指向前方;当望远镜头光轴处于水平位置时,T_3 轴与 T_1 轴正交并指向天顶;T_2 轴分别与 T_3 和 T_1 轴正交,并组成右手坐标系。

3. 水平轴坐标系 $L(L_1, L_2, L_3)$

水平轴坐标系固联在水平轴上,水平轴坐标系表述了跟踪架水平轴的空间位置。其原点在横轴与望远镜光轴的交点上。L_1 轴和 L_2 轴位于水平面内,L_1 轴指向前方,并相互正交;L_3 轴指向天顶,与 L_1 轴和 L_2 轴正交,并组成右手坐标系。

4. 照准部坐标系 $C(C_1, C_2, C_3)$

照准部与水平轴之间以轴承相连接,水平轴可以在照准部上带着望远镜坐标系 T 绕 L_2 轴回转,称连接高低运动(或称俯仰运动),转动的角度称高低角 E。照准部还包括跟踪架垂直轴系的转动部分,照准部可以绕垂直轴在水平面内做回转(称为方位运动),转动的角度称为方位角 A。照准部坐标系 C 固联在照准部上,其原点在垂直轴系中心对称线的晃动中心(垂直轴晃动最小处称晃动中心)上。C_1 轴指向前方,C_1 轴和 C_2 轴在水平面内正交;C_3 轴指向天顶,C_3 轴分别与 C_1、C_2 轴正交,并构成右手坐标系。

5. 基座坐标系 $B(B_1, B_2, B_3)$

垂直轴系的固定部分固联在基座上,跟踪架的调平机构与基座的下部相关联。基座坐标系 B 固联在基座上,表征了基座的空间位置,其原点位于基座调平面的中心对称点上。B_1 轴指向前方;B_1 轴和 B_2 轴在水平面内正交;B_3 轴指向天顶,B_2

轴分别与 B_3、B_1 轴正交,并构成右手正交坐标系。

6. 测量站点地平坐标系 $S(S_1,S_2,S_3)$

站点地平坐标系固联在测量站点预先制作好的地基上,通过大地测量精确地标定其经度、纬度和高程等地理位置坐标。测量基准点即站点地平坐标系的原点,S_3 指向天顶;S_1 和 S_2 位于水平面内;S_1 指向方位标,S_3 与 S_1 和 S_2 分别正交,组成右手坐标系。当光电跟踪测量仪安置在站点上时,偏离基准点时会产生经度、纬度和高程等地理位置误差。

5.4.2　光电跟踪测量仪的主要误差因素

所谓光电跟踪测量仪对空间目标位置的测量,就是要在站点的地平坐标系 S 中测量出目标的方位角 A、高低角 E 和距离 R 3 个参数,如图 5-22 所示为光电跟踪测量仪目标空间位置。其中高低角 E 和方位角 A 是通过光电传感器相面坐标系中的脱靶量 P_1 和 P_2 以及分别安装在垂直轴和水平轴上的角位移编码器的测量值 E_t 和 A_t,根据下式计算可得

$$E = E_t + \arctan(P_1/f) \tag{5-43}$$

$$A = A_t + \frac{\arctan(P_2/f)}{\cos E} \tag{5-44}$$

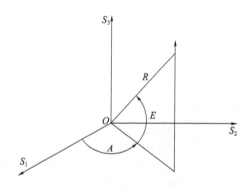

图 5-22　光电跟踪测量仪目标空间位置

距离 R 是通过如激光测距器或微波测距雷达这样一些技术手段获得的。当光电跟踪测量仪没有配备测距器时,只能通过两台光电跟踪测量仪同步获得的两组方位角和高低角数据 A_1 和 E_1、A_2 和 E_2,根据交汇测量原理求出。

因为光电跟踪测量仪器是一个很复杂的测量系统,误差因素来源每个环节的制造、安装缺陷以及在环境和使用上产生的波动等,从而带来这些测量值的不确定

度。因此在设计仪器时,必须对误差进行严格地分析和分配,并且需要严格的控制制造过程,在使用中仔细地调整和精心的操作,才能使光电跟踪测量仪获得优良的性能和高精度的测量。

光电跟踪测量仪的主要误差因素如图 5-23 所示。在进行多站交汇测量时,还应考虑两个测站之间的子午线收敛角和地球曲率的修正。当各测站基准点的经度、纬度和高程有误差时,就会通过子午线收敛角和地球曲率的修正引入交汇测量误差。

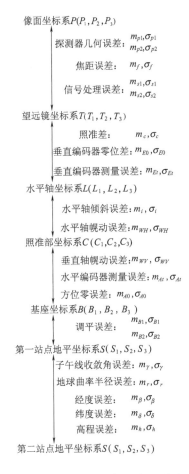

图 5-23 光电跟踪测量仪的主要误差因素

5.4.3 垂直轴调平误差 $\Delta\beta$ 引起的测量误差

垂直轴调平误差 $\Delta\beta$ 引起的测量误差,由两部分组成。

方位角测量误差为

$$\Delta A_\beta = A - A^* \tag{5-45}$$

高低角测量误差为

$$\Delta E_\beta = E - E^* \tag{5-46}$$

式中:当没有垂直轴调平误差时,A 和 E 分别为目标测得的方位角和高低角;当垂直轴在方位上偏离方位标 A_0 的方位上存在垂直轴调平误差 $\Delta\beta$ 时,A^* 和 E^* 分别为目标测得的方位角和高低角。

底座调平误差 $\Delta\beta$ 引起的测量误差如图 5-24 所示,通过球面三角公式来分别推导方位角和高低角的测量误差。在图 5-24 所示的直角三角形①中,有

$$\tan\Delta E_\beta = \tan\Delta\beta\sin[90° - (A - A_0)]$$

即

$$\tan\Delta E_\beta = \tan\Delta\beta\cos(A - A_0) \tag{5-47}$$

一级近似为

$$\Delta E_\beta = \Delta\beta\cos(A - A_0) \tag{5-48}$$

式(5-47)和式(5-48)即为调平误差 $\Delta\beta$ 所引起的高低角测量误差的精确关系式和一级近似关系式。

在图 5-24 所示的任意三角形②中,有

$$\cos\Delta\beta = \cos(90° - E)\cos(90° - E^*) + \sin(90° - E)\sin(90° - E^*)\cos\theta$$

即

$$\cos\Delta\beta = \sin E\sin E^* + \cos E\cos E^*\cos\theta \tag{5-49}$$

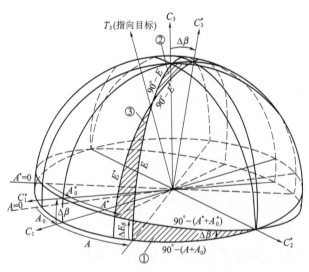

图 5-24　底座调平误差 $\Delta\beta$ 引起的测量误差

将小角 $\Delta\beta$ 和 θ 的余弦展开为余弦级数,取到它们的二次项,即

$$1 - \frac{1}{2}\Delta^2\beta = \sin E \sin E^* + \cos E \cos E^* - \cos E \cos E^* \cdot \frac{1}{2}\theta^2 \quad (5-50)$$

则

$$\sin E \sin E^* + \cos E \cos E^* = \cos(E - E^*) = \cos E_\beta \quad (5-51)$$

同时可将式(5-50)中的 θ^2 项的因子近似地写成

$$\cos E \cos E^* \approx \cos^2 E$$

因 ΔE_β 也很小,同样展开 ΔE_β 的余弦,从而由式(5-50)可得

$$1 - \frac{1}{2}\Delta^2\beta = 1 - \frac{1}{2}\Delta^2 E_\beta - \frac{1}{2}\cos^2 E \cdot \theta^2$$

即

$$\Delta^2\beta = \Delta^2 E_\beta + \cos^2\lambda \cdot \theta^2 \quad (5-52)$$

将式(5-48)的 ΔE_β 代入式(5-52),并稍加变换后可得

$$\Delta\beta \cdot \sin(A - A_0) = \theta \cdot \cos E \quad (5-53)$$

在图5-24所示的直角三角形③中,有

$$\tan\Delta A_\beta = \tan\theta \sin E^* \quad (5-54)$$

近似地可得

$$\Delta A_\beta \approx \theta \cdot \sin E \quad (5-55)$$

将式(5-53)中的 θ 值代入式(5-55),可得

$$\Delta A_\beta \approx \sin(A - A_0)\tan E \cdot \Delta\beta \quad (5-56)$$

由式(5-56)可见,如果高角 E 很大,则方位角测量误差会很大。因为只计算到二次项,所以对高角 E 接近90°的,式(5-56)不能应用。

要导出一个也能适用于大角度的精确公式则复杂多了,近似公式不影响使用,因为其使用范围极小($E = 89° \sim 90°$)。

5.4.4 水平轴倾斜误差 Δi 引起的测量误差

在确定高低角时,望远镜坐标系 T 的 T_1 轴要绕水平轴坐标系 L 的 L_2 轴转动。L_2 轴必须与照准坐标系 C 的 C_2 轴重合(即与垂直轴垂直),当 L_2 轴相对于 C_2 轴有倾斜,即水平轴倾斜 Δi 误差后,将会引起测量误差 ΔA_i 和 ΔE_i,当然只有在对天顶附近以外的目标进行测量时,这一测量误差才是小角误差。水平轴倾斜 Δi 误差引起的测量误差如图5-25所示。

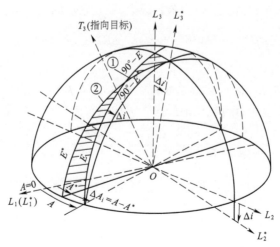

图 5-25 水平轴倾斜误差 Δi 引起的测量误差

首先考察图 5-25 所示中划阴影线①的球面直角三角形,有

$$\cos(90° - E) = \cos(90° - E^*)\cos\Delta i + \sin(90° - E^*)\sin\Delta i\cos90°$$

即

$$\sin E = \sin E^* \cos\Delta i \qquad (5-57)$$

式(5-57)为存在水平轴倾斜误差 Δi 时,目标高低角的测量值 E^* 和其真值 E 之间的精确关系。只有在天顶附近,才需要应用上述精确关系式。一般在小角度的情况下,常可取下面的一级近似值,即

$$E^* \cong E \qquad (5-58)$$

在图 5-25 所示中划阴影线的①和②两个球面直角三角形,有

$$\sin\theta = \frac{\sin\Delta i}{\sin(90° - E)} = \frac{\sin\Delta A_i}{\sin E^*} \qquad (5-59)$$

即

$$\frac{\sin\Delta i}{\cos E} = \frac{\sin\Delta A_i}{\sin E}\cos\Delta i$$

由此可得出精确的方位角测量误差公式为

$$\sin\Delta A_i = \tan E \cdot \tan\Delta i \qquad (5-60)$$

对于不超过 89 °的高低角,可以用下式求出良好的近似值,即

$$\Delta A_i \approx \tan E \cdot \Delta i \qquad (5-61)$$

5.4.5 照准差(视准轴误差) ΔC 引起的测量误差

如果望远镜光轴不垂直于水平轴,其不垂直误差为 ΔC,望远镜的视准轴就不

再在一个大圆上运动,而是在一个距离大圆为 ΔC 且与大圆平行的圆周上运动,望远镜视轴与水平轴不垂直误差 ΔC 引起的测量误差如图 5-26 所示。则在测量时会引起对目标的测量误差 ΔA_C 和 ΔE_C。

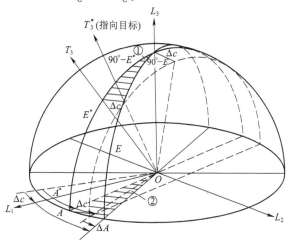

图 5-26 望远镜视轴与水平轴不垂直误差 ΔC 引起的测量误差

首先考查画阴影线的球面直角三角形,有

$$\cos(90° - E) = \cos(90° - E^*)\cos\Delta C + \sin(90° - E^*)\sin\Delta C\cos90°$$

即

$$\sin E = \sin E^*\cos\Delta C \qquad (5\text{-}62)$$

式(5-62)为存在照准差 ΔC 时,目标高低角的测量值 E^* 和真值 E 之间的精确关系式。只有当目标在天顶附近时,才需要应用上述精确关系式。一般在小角度的情况下,常可取下面的一级近似值(高低角可视作无误差),即

$$E^* \cong E \qquad (5\text{-}63)$$

从划影线的三角形①和②可以得出下列关系式,即

$$\sin\theta = \frac{\sin\Delta C}{\sin(90° - E)} = \sin(\Delta A_C + \Delta C)$$

则

$$\frac{\sin\Delta C}{\cos E} = \sin(\Delta A_C + \Delta C) \qquad (5\text{-}64)$$

式(5-64)是一个精确的关系式。因为 ΔC 是一个小角,所以角 ΔA_C 一般也是小角($E \cong 90°$ 的情况除外),因此可以写出下面的一级近似式,即

$$\Delta A_C + \Delta C \approx \frac{\Delta C}{\cos\lambda} \qquad (5\text{-}65)$$

或

$$\Delta A_C \approx \left(\frac{1}{\cos\lambda} - 1 \right) \Delta C \qquad (5\text{-}66)$$

表 5-3 为 5.4.3 节、5.4.4 节和 5.4.5 节中分析的垂直轴调平误差 $\Delta\beta$、水平轴倾斜误差 Δi 和照准差(视轴误差)ΔC,对光电跟踪测量仪测量目标时引起的测量误差。

表 5-3　三轴(垂直轴、水平轴和视轴)误差引起的测量误差的关系式

误差源名称	由诸误差源引起的方位角和高低角的测量误差			
	精确关系式		一级近似关系式	
	ΔA	ΔE	ΔA	ΔE
垂直轴调平和晃动误差 $\Delta\beta$		$\tan\Delta E_\beta = \tan\Delta\beta\cos(A-A_0)$	$\Delta A_\beta \approx \sin(A-A_0)\tan E \cdot \Delta\beta$	$\Delta E_\beta \approx$ $\Delta\beta \cdot \cos(A-A_0)$
水平轴倾斜和晃动误差 Δi	$\sin\Delta A_i =$ $\tan E \cdot \tan\Delta i$	$\Delta E_i = E - E^*$ $\sin E = \sin E^* \cos\Delta i$	$\Delta A_i \approx \tan E \cdot \Delta i$	$E^* \approx E$ $\Delta E_i \approx 0$
照准差 ΔC		$\Delta E_C = E - E^*$ $\sin E = \sin E^* \cos\Delta c$	$\Delta A_C \approx \left(\frac{1}{\cos E} - 1 \right) \Delta C$	$E^* \approx E$ $\Delta E_C \approx 0$

5.5　光电传感器的跟踪测量作用距离

在进行光电传感器跟踪测量仪器的总体设计时,首先会遇到的重要问题之一是论证光电传感器的跟踪测量作用距离。由于作用距离受到目标、背景和大气,望远镜头的成像质量,电子图像探测器或摄影记录介质,电子信号处理水平,跟踪伺服系统跟踪精度等诸多复杂因素的影响,因此是一个非常复杂的难以精确计算的问题。

5.5.1　影响跟踪测量作用距离的重要因素

1. 目标、背景和大气

1) 目标特性

被跟踪的目标特性有以下几类:几何特性,包括目标的数量、大小和形状;运动特性,包括运动速度和加速度的方向和大小;目标轨迹相对跟踪测量仪的位置特性,包括高度、距离、相对取向,即目标相对跟踪仪传感器光轴是前视、侧视还是尾随;目标的光学特性,包括目标本身或尾焰的温度(光谱)特性、目标本身的光谱反

射或散射系数,以及目标相对太阳的夹角等。这些特性的不同都会影响到跟踪测量作用距离。

2) 背景特性

目标都处在背景中,一般来说有以下三种背景。

第一种是天空背景,当被测量目标高度比较高,则背景为天空背景。天空背景特性取决于气候、气象条件、大气质量、季节和昼夜、太阳高角、太阳到目标和跟踪测量传感器光轴到目标的夹角等因素。

第二种是天空和地面景物相结合的背景。当被测量目标高度比较低,或目标贴海飞行时,则背景可以是远处的山和天空,或是地面和天空,或海面和天空。这时候背景中还会出现云彩、飞鸟、灯光、浪花以及构成全反射的闪光亮物等。

第三种是复杂的地物背景。对于长距离贴地面飞行或海面飞行的目标(如巡航导弹),光电跟踪测量仪需要安装在航空飞行器上,作跟随式的,由空中向下对目标进行跟踪测量,这种地物背景是最复杂的一类背景。除了决定天空背景的那些因素之外,这种地物背景还存在频率很高的空间和光谱变化,同时背景中还会出现云彩、飞鸟、灯光以及构成全反射的闪亮物等。

3) 大气特性

目标信息要经过长距离(作用距离)的大气传输,才能达到光电传感器的集光器(镜头)。大气一方面由于氧分子、氮分子、水分子、二氧化碳分子、尘埃和气溶胶等的吸收和散射作用而衰减;另一方面由于大气的散射作用还会有一部分天空的散射光作为目标亮度的附加部分。这种衰减和增强将随着空气质量的大小(地面随着高度的增加,空气质量随之下降),水分子、二氧化碳、尘埃和气溶胶含量的变化而变化,以及不同的测量方向和高角的变化会使大气的衰减系数产生很大的变化。因此在分析和计算跟踪作用距离时,变得非常复杂。

2. 望远镜头的品质

光电传感器望远镜头的作用是将远处的目标,成像在图像探测器或摄影记录介质(胶片)感光面上。一般根据需要的作用距离和跟踪测量精度合理地选择望远镜头的焦距、有效孔径、光谱的波段以及调光倍率。同时,要从设计、制造、装配、校正和检验全方位地保证光电传感器体积小、重量轻,并且最终获得高目标背景对比度,或是高信噪比,从而最经济地获得高测量精度和远作用距离。

1) 孔径和相对孔径

对于点目标来说,有效孔径决定目标像在像面上的照度,孔径越大目标的光能量收集得越多,作用距离就越远;而对于面目标来说,相对孔径决定目标像在像面上的照度,即有效孔径与焦距之比。作用距离都是指跟踪测量传感器刚能探测到的很远位置处,一般都可以点目标来处理。虽然在应用面阵图像探测器进行凝视探测时,还需保证目标像覆盖 2~3 个像元,但是光学系统的像点弥散斑会有一定的尺度,因此还是可以用点目标来处理。

孔径或相对孔径增大,可以增加作用距离,但是无限制地增大,会增加光电传感器的体积和重量,从而增大整个光电跟踪测量仪的体积和重量。由此将增加研制经费,延长研制周期和提高研制难度。因此,应该合理、合适地选择,从而极力避免盲目地追求大孔径或大相对孔径。

2) 像差

最理想的情况是望远镜头光学系统应该将物空间的目标和背景完全线性地映射到像空间(像面)。由于光学系统的有限孔径产生的衍射,以及设计与理想系统的差距,光学零件的制造缺陷,结构上的不稳定性,装调校正的不完善,使得像面上目标和背景的像与理想情况产生偏差,这种偏差会使点目标能量发生弥散,边缘会产生模糊,视场会产生畸变,轴上到轴外会存在渐晕等变异,从而产生目标在像面上的照度和目标与背景像之间对比度的下降,影响跟踪和测量的作用距离。

3) 光谱波段

根据目标和背景的光谱特性、图像探测器的光谱光电特性或胶片感光层的光谱光敏特性,合理地选择望远镜头的光谱波段的带宽和位置,不仅获得尽可能多的目标光能量,更重要的是获取最佳对比度或信噪比。

为了能适应各种光谱特性的目标和背景,望远镜头中往往还配有前截止、后截止,以及具有不同带宽的带通滤光片,并且应该做到可以方便地实时更换。

4) 调光调焦

为了适应昼夜或亮度变化范围特别大的目标跟踪测量,需要调光范围比较大的调光装置。对于电视跟踪测量来说可以用以下三种调光手段的复合,即变密度盘无级连续调光、中性滤光片有级调光和图像探测器的电子快门(用来改变 CCD 图像探测器的积分时间)的复合;而对于胶片摄影记录来说,采用以下三种调光手段的复合,即变密度盘的无级连续调光、中性滤光片有级的复合调光和改变摄影机快门开口角(用来改变胶片的曝光时间)的复合。光电跟踪测量仪中,各光电传感器望远镜头均不采用改变孔径光阑的办法进行调光,由于镜头焦距都比较长,相对孔径都不大,如果采用减小孔径光阑方法来调光,衍射极限的限制导致了光学系统传递函数的下降,从而影响到跟踪精度和作用距离。

目标距离的变化会产生望远镜头成像面轴向位置的改变,跟踪测量仪的工作环境温度的变化,也会产生像面轴向位置的移动。为了保持始终得到清晰的图像,保证具有最好的跟踪测量性能,光电传感器的光路中应配备有效的调焦装置,来补偿工作环境温度变化而引起的离焦量(称温度调焦)和目标距离变化引起的离焦量(称距离调焦)。自动调焦装置的性能好坏,即调焦补偿残差的大小,将会影响到跟踪测量的作用距离。

5) 透过率和杂光

一个典型的望远镜头光学系统具有 20~30 个折射界面,3~4 个反射面,以及几个分光或分束界面。为了使整个望远镜头具有高透过率,即能量利用率,就必须对每个界面的表面设计、制作高性能的减反膜,或高反射膜,或高效的分束膜和分光膜。同时要使光路中制作透镜、棱镜、分光镜和分色镜的光学材料具有尽可能低的光吸收系数。为了获得高透过率的稳定性,还须根据使用条件在各个膜层上镀制保护膜。应该说光学零件表面镀膜是提高作用距离的一个重要技术。透过率高,可以减小光学系统的相对孔径,从而降低整个跟踪测量仪的重量和体积,以及制造成本。反过来说,具有相同相对孔径的传感器,透过率高的,可以获得更远的作用距离。

望远镜头的杂光抑制的好坏,是影响作用距离的另一个重要因素。抑制的杂光要从以下 4 个方面采取措施。一是要严格地排除折反光学系统中的一次杂光,它是由于光路中遮光罩设计不恰当而产生。视场外的光没有通过光学系统中正确成像的各个界面,而直接到达成像探测器或胶片上,这会严重影响光电传感器的性能,甚至造成完全失效。二是严格地处理光路中的侧壁,使其具有最小的反射或散射系数,并具有尽量多的反射次数,使进入望远镜头的视场外的光线在侧壁上反射或散射后,不会或很少到达像面。三是降低光路中每个界面的表面粗糙度,即减少界面的散射系数,光路中界面的散射无疑会增加光学系统的杂光系数。四是严格设计光路中的平板玻璃(如滤光片、变密度盘等)、棱镜、分光镜和分式镜,使其不产生由于多次反射后形成的鬼像。尤其要特别重视会聚光路中接近像面的哪些光学件和准直光路中的平板玻璃。要是无法避免鬼像,一定要采取合适的措施,使鬼像不在有效视场内(准直光路中),或达不到像面(汇聚光路中)。当采用微光成像探测器时,还应该严密地密封所有光路中结构件的缝隙,连螺钉孔都要采取严格措施,否则将会产生严重的后果。

3. 图像探测器

由于微电子技术和光电子技术的迅速发展,对于跟踪测量电视和红外跟踪测量传感器来说,提高作用距离潜力最大的是图像探测器。因此要密切注视生产厂家不断推出的新产品,选择探测灵敏度高、动态范围大、噪声小(或最小可用照度低)等优良性能,即选用可以获得最佳跟踪测量性能匹配和整个光电跟踪测量仪最高性能价格比的那些电子图像探测器。

4. 视频信号处理

视频信号处理就是图像探测器将目标和背景像的光信号转变成视频信号。在送给跟踪伺服系统应用之前,必须由视频处理器对视频信号进行预处理;然后对形成的图像信息进行实时统计分析、目标位置检测、目标特征提取、目标分割和识别等一系列的图像信息处理。这些图像信息处理不但用来完成电视或红外跟踪测量诸多功能的需要,同时还进一步增强目标和背景对比度。

5.5.2 跟踪测量电视传感器的作用距离

就跟踪测量电视传感器而言,与作用距离有关的问题有两个:一是具有足够目标能量,即使电视的 CCD 像探测器接收足够的光能量;二是具有可以适应实时信号处理能力的目标与背景对比度。

远距离跟踪特别是当跟踪测量仰角很低或接近水平上的高速飞行的目标,由于大气衰减严重,将大大降低跟踪电视接收的目标信号能量和目标对背景的对比度,从而严重影响作用距离;另一高速目标穿越电视视场时,将大大减少目标在接收器像素上的驻留时间,从而降低动态对比度,这也将严重影响作用距离。实践证明,随着探测器灵敏度的大幅度提高,电视跟踪测量作用距离越来越取决于目标对背景的对比度,尤其是动态对比度。

1. 作用距离分析

1) 目标信号的分析

为保证足够高的跟踪捕获概率和很低的虚警概率,一般要求目标像点至少覆盖 2~3 个 CCD 像元。这意味着进行光能计算时,对目标不能按光学意义的点目标处理。

(1) 目标像面光照度。

一般来说有两种目标:一是加装曳光弹的飞行体,这时所谓的目标即曳光弹;二是不加装曳光弹的飞行体,其自身的漫反射体构成目标。对光能计算,前者给出的是发光强度 I,它对应的光亮度为

$$N_{t1} = \frac{I}{\frac{\pi}{4}d^2} \qquad (5-67)$$

式中:d 为曳光弹火球直径。

后者给出的光亮度为

$$N_{t2} = \frac{E_t}{\pi}\rho \qquad (5-68)$$

式中:E_t 为目标的照度;ρ 为目标的漫反射系数。

它们经光学系统成像在 CCD 像面上的光照度为

$$E_t' = [\bar{\tau}_a N_t] \left[\frac{\pi}{4} K_0 \tau_0 \left(\frac{D}{f'} \right)^2 \right] \tag{5-69}$$

式中:$\bar{\tau}_a$ 为作用距离上大气平均透过率,其数值取决于目标光谱辐射 $I(\lambda)$ 或 $E_t(\lambda)$、大气光谱透过率 $\tau_a(\lambda)$ 和 CCD 的光谱响应 $R(\lambda)$ 等因素;τ_0 为光学系统透过率;K_0 为光学系统的点扩散引起的衰减,$K_0 = \dfrac{1}{K_1^2}$,$K_1 = \dfrac{d_R'}{d'}$,d' 为几何像点直径,d_R' 为实际像点直径,$d_R' = \sqrt{d'^2 + d_0^2}$,$d_0$ 为光学成像弥散直径;N_t 为目标亮度,可为 N_{t1} 或 N_{t2};$\dfrac{D}{f'}$ 为光学系统相对孔径。

(2) CCD 最小可用光照度。

CCD 摄像机生产厂提供物方最小可用光照度 E_{min},与之相应的 CCD 像面最小可用光照度为

$$E_{min}' = \tau E_{min} \sin^2 u' \tag{5-70}$$

式中:τ 为厂家生产的 CCD 摄像机镜头透过率;u' 为 CCD 摄像机镜头像方孔径角。

2) 目标与背景对比度

(1) 静态对比度。背景在 CCD 像面产生的光照度为

$$E_b' = \tau_0 \frac{\pi}{4} \left(\frac{D}{f'} \right)^2 N_b \tag{5-71}$$

式中:N_b 为背景的平均亮度。

静态对比度为

$$C = \frac{E_t'}{E_b'} = \bar{\tau}_a K_0 \frac{N_t}{N_b} \tag{5-72}$$

(2) 动态对比度。当电视跟踪测量系统拦截捕获目标时,目标以速度 V 相对视轴运动。当目标距离为 L 时,在每帧的积分时间 t_h 内,目标像在电视视场内的穿越长度为

$$\Delta l = \frac{V \cdot t_h \cdot f'}{L}$$

所穿越的像元数为

$$n_d = \frac{\Delta l}{b} = \frac{V \cdot t_h \cdot f'}{L \cdot b}$$

式中:b 为 CCD 像元尺度。

由于目标的相对运动,使像点所覆盖的像元数从静态的 n 个增加到动态时的 $n + n_d$ 个,降低了目标实际曝光量,为了分析方便,使用动态照度和动态对比度的概

念。其动态照度为

$$E'_{td} = E'_t \frac{n}{n+n_d} = \left[\bar{\tau}_a \cdot N_t\right]\left[\frac{\pi}{4}K_0\tau_0\left(\frac{D}{f'}\right)^2\right]K_d \tag{5-73}$$

式中：$n = \dfrac{df'}{Lb}$。

相应的动态对比度为

$$C_d = \frac{E'_{td}}{E'_b} = C \cdot K_d = \bar{\tau}_a\tau_0 K_0 K_d \frac{N_t}{N_b} \tag{5-74}$$

式中：K_d 为动态衰减系数，$K_d = \dfrac{d}{V \cdot t_h + d}$（$d$ 为目标的尺度）。

动态光照度和动态对比度下降 K_d 倍，即为静态时的 $1/K_d$。如果在平稳跟踪的情况下，静态对比度余量不是很大时，在动态捕获或者当系统跟踪稳定度不高时，动态对比度将下降 $1/K_d$，对电视的目标信号提取，将带来极为严重的甚至难以克服的困难。因此，为了提高作用距离还必须提高跟踪测量仪的跟踪性能。

3）从光谱辐射的角度考虑 E'_{td} 和 C_d

当目标的光谱辐射强度 $I(\lambda)$、目标的光谱辐照度 $E_t(\lambda)$、目标的光谱反射率 $\rho(\lambda)$、大气光谱透过率 $\tau_a(\lambda)$、CCD 的光谱响应 $R(\lambda)$ 和背景的光谱辐亮度 $N_b(\lambda)$ 为已知时，可以应用前面推导的基本公式，从光谱辐射的角度获得动态辐射照度和动态对比度。

当目标为曳光弹时，CCD 像面上的动态辐照度为

$$E'_{td} = \left[\frac{\int_{\lambda_1}^{\lambda_2} I(\lambda)\tau_a(\lambda)R(\lambda)\,\mathrm{d}\lambda}{d^2\int_{\lambda_1}^{\lambda_2} R(\lambda)\,\mathrm{d}\lambda}\right]\left[\tau_0 K_0\left(\frac{D}{f'}\right)^2\right]K_d \tag{5-75}$$

当目标为漫反射体时，CCD 像面上的动态辐照度为

$$E'_{td} = \left[\frac{\int_{\lambda_1}^{\lambda_2} E_t(\lambda)\rho(\lambda)\tau_a(\lambda)R(\lambda)\,\mathrm{d}\lambda}{4\int_{\lambda_1}^{\lambda_2} R(\lambda)\,\mathrm{d}\lambda}\right]\left[\tau_0 K_0\left(\frac{D}{f'}\right)^2\right]K_d \tag{5-76}$$

当目标为曳光弹时，CCD 像面上的动态对比度为

$$C_d = \left[\frac{4\int_{\lambda_1}^{\lambda_2} I(\lambda)\tau_a(\lambda)R(\lambda)\,\mathrm{d}\lambda}{\pi d^2\int_{\lambda_1}^{\lambda_2} N_b(\lambda)R(\lambda)\,\mathrm{d}\lambda}\right]K_0 K_d \tag{5-77}$$

当目标为漫反射体时，CCD 像面上的动态对比度为

$$C_d = \left[\frac{\int_{\lambda_1}^{\lambda_2} E_t(\lambda)\rho(\lambda)\tau_a(\lambda)R(\lambda)\,\mathrm{d}\lambda}{\pi\int_{\lambda_1}^{\lambda_2} N_b(\lambda)R(\lambda)\,\mathrm{d}\lambda} \right] K_0 K_d \qquad (5\text{-}78)$$

4）像面上所需的最小对比度 $C'_{\min}$

以上仅考虑了与光学系统的不完善有关的 K_0，而获得了动态对比度。而实际可得的对比度还要考虑以下两个因素：大气扰动传递函数 M_a 和 CCD 传感器传递函数 M_s。

对比度 C 和调制度 M 之间的关系为

$$M = \frac{C-1}{C+1} \qquad (5\text{-}79)$$

考虑以上两个因素后，应该采用由视频信号处理技术水平决定的可用最小对比度 $C_{\min}$ 相对应的对比度，为像面上所需的最小对比度 $C'_{\min}$。

由

$$\frac{C'_{\min}-1}{C'_{\min}+1} M_a M_s = \frac{C_{\min}-1}{C_{\min}+1} \qquad (5\text{-}80)$$

可得

$$C'_{\min} = \frac{M_a M_s + \dfrac{C_{\min}-1}{C_{\min}+1}}{M_a M_s - \dfrac{C_{\min}-1}{C_{\min}+1}} \qquad (5\text{-}81)$$

在论证跟踪测量电视的作用距离时，必须满足以下两个条件，即

$$E'_{td} \geqslant E'_{\min} \qquad (5\text{-}82)$$

$$C_d \geqslant C'_{\min} \qquad (5\text{-}83)$$

2. 提高作用距离的措施

由于 CCD 灵敏度的大幅度提高，无论是外场试验，还是分析计算，都证明限制作用距离的主要因素是对比度。以下从对比度这一因素出发，分析提高作用距离的几个措施。

1）光谱匹配

光谱匹配是指在首先保证 $E'_{td} \geqslant E'_{\min}$ 的条件下，选择合适的曳光弹光谱，考虑目标的光谱辐照度 $E_t(\lambda)$、目标的光谱反射率 $\rho(\lambda)$、大气的光谱透过率 $\tau_a(\lambda)$、背景的光谱辐亮度 $N_b(\lambda)$ 和 CCD 的光谱的响应 $R(\lambda)$，选择合适的光谱范围（ λ_1 和 λ_2），使

$$\frac{\int_{\lambda_1}^{\lambda_2} I(\lambda)\tau_a(\lambda)R(\lambda)\mathrm{d}\lambda}{\int_{\lambda_1}^{\lambda_2} N_b(\lambda)R(\lambda)\mathrm{d}\lambda}\text{和}\frac{\int_{\lambda_1}^{\lambda_2} E_t(\lambda)\rho(\lambda)\tau_a(\lambda)R(\lambda)\mathrm{d}\lambda}{\int_{\lambda_1}^{\lambda_2} N_b(\lambda)R(\lambda)\mathrm{d}\lambda}$$

获得最大值。

对加装曳光弹的目标计算分析表明,将光谱范围从 $0.5\sim0.7\mu m$ 移到 $0.6\sim$ $0.85\mu m$,则在 45km 的作用距离上大气平均透过率 τ_a 可增加 3 倍,背景得到抑制(平均背景辐亮度可降低 2/3),同时可充分利用 CCD 光谱响应。另据文献介绍,总的对比度可提高 13 倍。

对漫反射体目标,计算分析表明,将光谱范围从 CCD 的光谱响应区 $0.4\sim$ $0.9\mu m$,用 $0.6\mu m$ 前截止滤光片进行光谱滤波后,当作用距离为 10 km 时,可以将目标和天空背景的对比度提高 3 倍。

2)提高光学系统的成像质量

影响光学系统成像质量的因素很多。首先要提高光学系统设计、加工和装配质量,使其接近衍射极限。因为跟踪测量电视系统一般都具有自动调光、自动调焦、变换滤光片的功能、焦距长和系统复杂等特点,稍有不妥会造成各种像点弥散和杂光,降低光点弥散的影响(K_0 值),从而降低对比度,所以还需采取温度补偿等措施提高成像质量和消除杂光。

3)减少 CCD 积分时间

由于 $K_d = d/(V\cdot t_h + d)$,显然减少积分时间可以增加 K_d 值,因此可以利用电子快门,根据目标的速度 V 和目标尺度 d 合理地选取 CCD 的积分时间来提高动态对比度。

4)提高跟踪精度

在平稳跟踪时,提高系统的跟踪精度可以提高作用距离。所谓提高系统的跟踪精度,实际上是减小目标像在视场内的运动速度,即减小 V 值。由于 $K_d = d/(V\cdot t_h + d)$,当 V 值减少,则可减小动态衰减的影响,即增大了 K_d 值,也增大了动态对比度。

5)采用信号处理新技术

在诸多抑制背景噪声的方法中,比较有效的是背景抵消技术,它包括了延时和相位补偿背景抵消方法。实践证明,它可以把畸变严重的背景拉平,保持信号波形基本不变,从而降低了像面上所需的最小对比度。可以在对比度不理想,背景干扰很大的情况下,提高信号的信噪比,对提高作用距离和探测概率极为有利。

5.5.3 摄影记录传感器的作用距离

摄影记录传感器的作用距离需同时满足如下三个条件。

(1) 目标经光学成像后的尺寸要足够大;

(2) 目标的曝光量位于胶片特性曲线的线性段;

(3) 目标像与背景像的影像反差人眼可以清晰分辨,准确判读。

1. 目标像的尺寸

按事后判读测量的要求,目标像的最小尺寸应大于最小可判读尺寸,即

$$d'_{\min} \geq \{d'_{\min}\} \tag{5-84}$$

式中:$[d'_{\min}]$ 为目标像的最小可判读尺寸,通常 $[d'_{\min}] \geq 0.05\text{mm}$; $d'_{\min}$ 为目标像外廓的最小尺寸 mm。

目标像外廓的最小尺寸为

$$d'_{\min} = D_{\min} \frac{f}{L} \tag{5-85}$$

式中:$D_{\min}$ 为目标的外廓尺寸;f 为摄影望远镜头的组合焦距,一般为 $1 \sim 3\text{m}$;L 为目标距离。

目标像外廓的最小尺寸,还应包括光学系统设计和制造缺陷造成的弥散(一般 $1 \sim 3\text{m}$ 焦距的摄影望远镜系统,可以达到 0.02mm),以及大气扰动和跟踪误差造成的动态弥散(一般可以达到 $0.015 \sim 0.025\text{mm}$)。

2. 摄影胶片上的最低曝光量

由于摄影胶片感光特性曲线存在起始段灰雾部(未曝光部分)和趾部(曝光不足部分)的存在,一般让背景曝光量 H'_b 不低于形成密度为 $D_0 + 0.1$ 的标准曝光量 H_m,即

$$H'_b \geq H_m \tag{5-86}$$

而

$$H_m = \frac{K}{S} \tag{5-87}$$

式中:K 为依胶片用途分类选定的计算常数,按我国国家标准 GB2923~2924—82,规定 $K = 0.8$;S 为算术值感光度,国产航微 I 型胶片 $S = 500 \sim 800\text{ASA}$。

背景在像面上的曝光量,可表示为

$$H'_b = E'_b \cdot \tau_d \cdot t \tag{5-88}$$

式中:τ_d 为摄影机减光系数,由中性滤光片、颜色滤光片和变密度盘确定;t 为曝光时间,控制摄影机的快门开口角来实现;E'_b 为背景在像面上的照度。

背景在像面上的照度 E'_b 为

$$E_b' = B_b \left(\frac{D}{f}\right)^2 \cdot \tau_0 \qquad (5-89)$$

式中: B_b 为天空背景亮度; D 为摄影望远镜有效孔径; f 为摄影望远镜组合焦距; τ_0 为摄影望远镜的透过率。

设计和论证中,应根据调光和快门方案,选择合适的减光系数 τ_d 和快门曝光时间 t,使背景在像面上的照度满足式(5-86)和式(5-88)。

3. 目标在像面上的曝光量

目标在像面上的曝光量为

$$H_t' = E_t' \cdot \tau_d \cdot t \qquad (5-90)$$

式中: E_t' 为在像面上目标像的照度,可表示为

$$E_t' = \frac{E_t \cdot A_t \cdot \rho_t \cdot \overline{\tau}_a \cdot D^2 \cdot \tau_0}{A_t' \cdot L^2} \cos\theta \qquad (5-91)$$

式中: E_t 为目标的照度; A_t 为目标在视轴方向的面积; ρ_t 为目标的光谱平均反射率; A_t' 为像面上目标像的面积; $\overline{\tau}_a$ 为大气的光谱平均透过率; D 为摄影望远镜有效孔径; τ_0 为摄影望远镜的透过率; L 为目标到摄影望远镜的距离; θ 为太阳到目标与目标到摄影望远镜之间的夹角。

4. 在胶片曝光后目标与背景形成的影像反差

目标与背景在像面上的景物反差为

$$\Delta H = \lg \frac{H_t' + H_b'}{H_b'} = \lg(H_t' + H_b') - \lg H_b' \qquad (5-92)$$

在胶片曝光后,目标与背景形成的影像反差为

$$\Delta D = D_t' - D_b' = \gamma \cdot \Delta H \qquad (5-93)$$

式中: D_t' 为目标像曝光后在胶片上形成的变黑密度; D_b' 为背景像曝光后在胶片上形成的变黑密度; γ 为反差系数(或称伽玛值),国产的航微 I 型胶片, $\gamma = 1.8 \sim 2.4$。

胶片显影后,人眼能分辨的影像反差为 $0.05 \sim 0.1$。为了提高判读的可靠性和判读精度,在分析作用距离时,应将影像反差适当地提高到 $0.15 \sim 0.2$。

5.5.4 红外传感器的跟踪作用距离

当系统噪声限为探测器噪声情况下,红外系统的作用距离可以计算如下:

$$L = (\overline{J} \cdot \overline{\tau}_a)^{1/2} \left(\frac{\pi}{4} \cdot \frac{D\overline{\tau}_0}{F}\right)^{1/2} \cdot (D^*)^{1/2} \left(\frac{K}{(\omega\Delta f)^{1/2} \cdot \frac{V_s}{V_n}}\right)^{1/2} \qquad (5-94)$$

式中：$(\bar{J}\cdot\bar{\tau}_a)$ 为目标和大气项；$\left(\dfrac{\pi}{4}\cdot\dfrac{D\bar{\tau}_0}{F}\right)$ 为光学系统项；D^* 为探测器项；

$(\omega\Delta f)$ 为匹配滤波和信号处理项；$\bar{J}$ 为目标的平均辐射强度。$\bar{\tau}_a$ 为大气的平均辐射透过率；ω 为敏感元件的瞬时视场；Δf 为电路等效噪声带宽；K 为修正因子，由具体的系统、信号波形、频率和调制度等因素来确定；V_S 为信号电压；V_n 为探测器噪声电压的均方根值。

目标的平均辐射强度为

$$\bar{J}=\int_{\lambda_1}^{\lambda_2}\frac{J(\lambda)\mathrm{d}\lambda}{(\lambda_2-\lambda_1)}\tag{5-95}$$

式中：$J(\lambda)$ 为目标的光谱辐射强度；λ_1、λ_2 为目标辐射的波段范围；

大气的平均辐射透过率为

$$\bar{\tau}_a=\frac{\displaystyle\int_{\lambda_1}^{\lambda_2}J(\lambda)\tau_a(\lambda)\mathrm{d}\lambda}{\displaystyle\int_{\lambda_1}^{\lambda_2}J(\lambda)\mathrm{d}\lambda}\tag{5-96}$$

式中：$\tau_a(\lambda)$ 为大气的光谱透过率；D 为光学系统的有效入射孔径的直径；$\bar{\tau}_0$ 为光学系统的平均辐射透过率。

光学系统的平均辐射透过率 $\bar{\tau}_0$ 为

$$\bar{\tau}_0=\frac{\displaystyle\int_{\lambda_1}^{\lambda_2}J(\lambda)\tau_a(\lambda)\tau_0(\lambda)\mathrm{d}\lambda}{\displaystyle\int_{\lambda_1}^{\lambda_2}J(\lambda)\tau_a(\lambda)\mathrm{d}\lambda}\tag{5-97}$$

式中：$\tau_0(\lambda)$ 为光学系统的光谱透过率。

F 光学系统的 F 数可表示为

$$F=f/D^*\tag{5-98}$$

式中：f 为光学系统的焦距；D^* 为探测器敏感元件在 $\lambda_1-\lambda_2$ 波段内平均探测度。

$\bar{\tau}_a$ 为与距离有关的函数，因此在求解作用距离 L 前无法先确定 $\bar{\tau}_a$ 值。可以将式(5-94)中除 $\bar{\tau}_a$ 以外的其余已知参数全部代入，经计算后可得

$$L=K_1\cdot\bar{\tau}_a^{1/2}\tag{5-99}$$

式中：K_1 为式(5-94)中各已知参数下的计算值。式(5-99)表明从能量观点考虑，大气的透过系数值越大，则作用距离也越远(图 5-27，曲线①)。

又从大气透射观点考虑，传输距离越远，则传输中的损耗也越大，即大气透过系数也越小。为此需要对 $\lambda_1-\lambda_2$ 光谱区间就所讨论情况(气象条件、工作高度、工作仰角及各种距离)下的大气透过率 $\bar{\tau}_a$ 进行具体计算，然后就计算结果做出在给

定工作条件下的曲线,则

$$\overline{\tau}_a^{\frac{1}{2}} = f(L) \qquad\qquad (5-100)$$

式(5-100)表明在不同距离 L 下的大气透射情况(图 5-27,曲线②)。如图 5-27所示中两曲线的交点即为所求的作用距离 L 值。在实际计算中,可以根据经验或作用距离要求和具体的工作条件,计算出 $\overline{\tau}_a$ 后进行初算,然后根据初步计算结果作多次迭代,即可计算出可以达到的作用距离。如果计算出的作用距离不满足要求的话,就应改变设计。

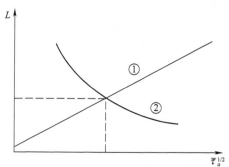

图 5-27　确定作用距离用的曲线

($①L = K_1 \cdot \overline{\tau}_a^{1/2}$; $②\overline{\tau}_a^{1/2} = f(L)$)

5.5.5　激光测距传感器的作用距离

激光测距传感器的作用距离为

$$L = \left(\frac{P_T \cdot \overline{\tau}_a^2}{\theta_T^2}\right)^{1/4} \left(\frac{A_S \rho_S}{\theta_S}\right)^{1/4} \left(\frac{16A_r}{\pi^2}\overline{\tau}_0\right)^{1/4} \left(\frac{1}{p_r}\right) \qquad (5-101)$$

式中:$\left(\dfrac{P_T \cdot \overline{\tau}_a^2}{\theta_T^2}\right)$ 为激光发射机项;$\left(\dfrac{A_S \rho_S}{\theta_S}\right)$ 为角反射器项;$\left(\dfrac{16A_r}{\pi^2}\overline{\tau}_0\right)$ 为接收光学系统项;$\left(\dfrac{1}{p_r}\right)$ 为探测器和信号处理项;P_T 为激光发射峰值功率;$\overline{\tau}_a$ 为大气平均透过率;θ_T 为激光束发散角;A_S 为角反射器有效反射面积;ρ_S 为角反射器反射效率;θ_S 为角反射器衍射角;A_r 为接收器有效孔径面积;$\overline{\tau}_0$ 为光学系统平均透过率;p_r 为探测器最小可探测功率。

由于 $\overline{\tau}_a$ 为与距离有关的函数,因此在求解作用距离 L 前,无法先确定 $\overline{\tau}_a$ 值。因此在计算作用距离时,也需要经过多次迭代后才能获得最终解。

148

5.6 机载光电跟踪测量设备的目标定位误差分析

本节就机载光电跟踪测量设备进行研究,实际上也完全适用于船载或地面光电跟踪测量设备的目标定位误差的分析。

5.6.1 机载光电跟踪测量设备的测量方程

以往对光电跟踪测量设备的误差分析都是首先进行单元分析;然后进行合成。本节通过建立统一的坐标系统,应用空间坐标变换方法建立从中心地平坐标系到目标坐标系的变换过程,并在此基础上建立机载光电跟踪测量设备的测量方程。

1. 机载光电跟踪测量设备的坐标系的定义

为了建立光电跟踪测量设备的测量方程:首先建立起坐标系统;然后按坐标转换关系式进行各种坐标变换。根据实际分析的需要从中心地平坐标系,并引入地心质心坐标系到目标坐标系建立 9 种坐标系,坐标系(均按右手坐标系)定义如下:

(1) $C(C_1,C_2,C_3)$ ——中心地平坐标系(也是一种地平坐标系)。

C_1 指向正北,C_3 指向天顶,C_2 与 C_1 和 C_3 形成右手坐标系。

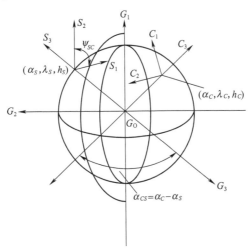

图 5-28 机载光电跟踪测量设备在地心质心坐标系中坐标系统示意

(2) $G(G_1,G_2,G_3)$ ——地心质心坐标系。

机载光电跟踪测量设备在地心质心坐标系中坐标系统示意如图 5-28 所示。其中,地心质心坐标系的原点 G_0 在地球质心,G_1 轴为地球自转轴并指向北极,G_3

轴位于与地平坐标系原点相同经度的赤道平面内，G_2 轴与 G_1 和 G_3 形成右手坐标系。

（3）$S(S_1,S_2,S_3)$——载机航迹地平坐标系。

载机航迹地平坐标系即在某一时刻载机在航迹上所处的位置（由 GPS 确定），S_1 为航向，S_3 指向天顶，S_2 与 S_1 和 S_3 形成右手笛卡儿坐标系。机载光电跟踪测量设备的航迹地平坐标系示意如图 5-29 所示。

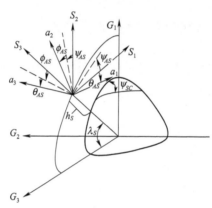

图 5-29　机载光电跟踪测量设备的航迹地平坐标系示意

（4）$A(A_1,A_2,A_3)$——载机坐标系。

当无三轴姿态角时（与载机航迹坐标系 S 重合），$\theta_{AS}(t)$，$\varphi_{AS}(t)$，$\Psi_{AS}(t)$ 分别为载机的三轴姿态角，即载机坐标系相对于载机航迹地平坐标系的三轴姿态角。θ_{AS} 为绕 S_2 轴的转角；φ_{AS} 为绕 S_1 轴的转角；Ψ_{AS} 为绕 S_3 轴的转角。Ψ_{SC} 为航向角（载机航迹地平坐标系的 S_1 轴（航向）与正北方向的夹角）。

（5）$B(B_1,B_2,B_3)$——光电跟踪测量设备基座坐标系（简称基座坐标系）。

光电跟踪测量设备基座坐标系与载机间用减振器相连接，当光电跟踪测量设备基座与载机之间无安装误差时，B 坐标系与 A 坐标系完全重合。在工作时由于减振器的运动，B 坐标系相对 A 坐标系的三轴姿态角为 $\theta_{BA}(t)$，$\varphi_{BA}(t)$，$\Psi_{BA}(t)$。θ_{BA} 为绕 A_2 轴的转角；ψ_{BA} 为绕 A_1 轴的转角；Ψ_{BA} 为绕 A_3 轴的转角。上述转角可实时测量。一般而言，垂直轴系的固定部分固联在基座上，基座的下部与跟踪架的调平机构相连。基座坐标系 B 固联在基座上，表征了基座的空间位置，其原点 B_0 位于基座调平面的中心对称点上。

（6）$V(V_1,V_2,V_3)$——光电跟踪测量设备照准部坐标系（竖轴坐标系）。

照准部与水平轴之间以轴承相连接，水平轴可以在照准部上带着望远镜坐标系 T 绕横轴回转，称高低运动，或称俯仰运动，转动的角度称高低角 λ。照准部还包括跟踪架垂直轴系的转动部分，照准部可以绕垂直轴在水平面内做回转（称为方位运动，转动的角度称为方位角 α）。

（7）$E(E_1,E_2,E_3)$——光电跟踪测量设备横轴坐标系。

横轴（也称水平轴）坐标系固联在水平轴上，水平轴坐标系表征了跟踪架水平轴的空间位置。其原点 E_0 在横轴与望远镜光轴的交点上。E_1 轴和 E_2 轴位于水平面内，E_1 轴指向前方，并相互正交；E_3 轴指向地面，与 E_1 轴和 E_2 轴组成正交右手坐标系。

（8）$T(T_1,T_2,T_3)$——光电跟踪测量设备望远镜坐标系。

望远镜坐标系表征了望远镜的空间位置，其原点在光学传感器望远镜光轴与跟踪架水平轴的交点上，T_1 轴为望远镜头光轴，指向前方；T_3 轴与 T_2 轴正交指向天顶（望远镜头光轴处于水平位置时）；T_2 轴分别与 T_3 和 T_1 轴正交，并组成右手坐标系。

（9）$K(K_1,K_2,K_3)$——目标坐标系。

目标坐标系的定义为 K_1 轴与光电跟踪测量仪的光轴重合，K_2、K_3 与望远镜坐标系方向相同，目标位置定义在坐标原点 K_0 上。

2. 从中心地平坐标系到被测目标坐标系的坐标变换过程

中心地平坐标系到被测目标坐标系的含有测量误差的坐标变换过程示意如图5-30所示。

利用图 5-30 所定义的坐标转换，可建立从中心地平坐标系到目标坐标系的矩阵变换关系。

3. 从中心地平坐标系到目标坐标系的坐标变换作用矩阵

为了分析机载光电跟踪测量设备的测量误差，有必要引入坐标变换的方法。该方法是从中心坐标系通过矩阵坐标变换到经纬仪像面坐标系，具体方法如下。

（1）中心地平坐标系转换到地心质心坐标系。沿 C_3 轴平移 $-h_C$，绕 C_2 轴旋转 $-\lambda_C$，绕 C_1 轴旋转 $\alpha_{CS}(\alpha_C-\alpha_S)$ 后，中心地平坐标系与地心质心坐标系重合。其变换如下。

沿 C_3 轴的平移 $-h_C$ 和误差 Δh_C：

$$\boldsymbol{M}_1 = \begin{bmatrix} 1 & 0 & 0 & 0 \\ 0 & 1 & 0 & 0 \\ 0 & 0 & 1 & (h_C+\Delta h_C) \\ 0 & 0 & 0 & 1 \end{bmatrix} \tag{5-102}$$

绕 C_2 轴的旋转 $-\lambda_C$ 和误差 $\Delta\lambda_C$：

$$\boldsymbol{M}_2 = \begin{bmatrix} \cos(\lambda_C+\Delta\lambda_C) & 0 & \sin(\lambda_C+\Delta\lambda_C) & 0 \\ 0 & 1 & 0 & 0 \\ -\sin(\lambda_C+\Delta\lambda_C) & 0 & \cos(\lambda_C+\Delta\lambda_C) & 0 \\ 0 & 0 & 0 & 1 \end{bmatrix} \tag{5-103}$$

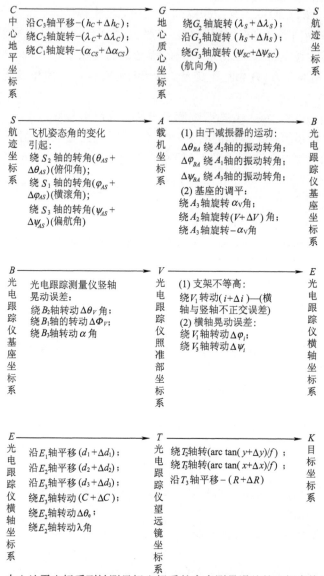

图 5-30　中心地平坐标系到被测目标坐标系的含有测量误差的坐标变换过程示意

绕 C_1 轴的旋转 $-\alpha_{CS}$ 和误差 $\Delta\alpha_{CS}$：

$$M_3 = \begin{bmatrix} 1 & 0 & 0 & 0 \\ 0 & \cos(\alpha_{CS}+\Delta\alpha_{CS}) & -\sin(\alpha_{CS}+\Delta\alpha_{CS}) & 0 \\ 0 & \sin(\alpha_{CS}+\Delta\alpha_{CS}) & \cos(\alpha_{CS}+\Delta\alpha_{CS}) & 0 \\ 0 & 0 & 0 & 1 \end{bmatrix} \tag{5-104}$$

式中：h_C 为中心地平坐标系原点高程；λ_C 为中心地平坐标系原点大地纬度；α_{CS} 为

中心地平坐标系原点与航迹坐标系原点的经度差，$\alpha_{CS} = \alpha_C - \alpha_S$；$\alpha_C$ 为中心地平坐标系原点经度；α_S 为航迹坐标系原点经度。

（2）地心质心坐标系到航迹坐标系的转换。

绕 G_2 轴旋转 λ_S，沿 G_3 轴平移 hs，绕 G_3 轴旋转 Ψ_{SC}（航向角），其变换如下。

绕 G_2 轴旋转 λ_S 和误差 $\Delta\lambda_S$：

$$M_4 = \begin{bmatrix} \cos(\lambda_S + \Delta\lambda_S) & 0 & -\sin(\lambda_S + \Delta\lambda_S) & 0 \\ 0 & 1 & 0 & 0 \\ \sin(\lambda_S + \Delta\lambda_S) & 0 & \cos(\lambda_S + \Delta\lambda_S) & 0 \\ 0 & 0 & 0 & 1 \end{bmatrix} \tag{5-105}$$

沿 G_3 轴平移 h_S 和误差 Δh_S：

$$M_5 = \begin{bmatrix} 1 & 0 & 0 & 0 \\ 0 & 1 & 0 & 0 \\ 0 & 0 & 1 & -(h_S + \Delta h_S) \\ 0 & 0 & 0 & 1 \end{bmatrix} \tag{5-106}$$

绕 G_3 轴旋转 Ψ_{SC} 和误差 $\Delta\Psi_{SC}$（航向角）

$$M_6 = \begin{bmatrix} \cos(\Psi_{SC} + \Delta\Psi_{SC}) & \sin(\Psi_{SC} + \Delta\Psi_{SC}) & 0 & 0 \\ -\sin(\Psi_{SC} + \Delta\Psi_{SC}) & \cos(\Psi_{SC} + \Delta\Psi_{SC}) & 0 & 0 \\ 0 & 0 & 1 & 0 \\ 0 & 0 & 0 & 1 \end{bmatrix} \tag{5-107}$$

（3）航迹地平坐标系 $S(S_1, S_2, S_3)$ 到载机坐标系的变换 $A(A_1, A_2, A_3)$，当无三轴姿态角时，与航迹坐标系重合。$\theta_{AS}(t)$，$\varphi_{AS}(t)$，$\Psi_{AS}(t)$ 分别为载机的三轴姿态角，即载机坐标系相对于载机航迹地平坐标系的三轴姿态角。θ_{AS} 为绕 S_2 轴的转角（俯仰角）；φ_{AS} 为绕 S_1 轴的转角（横滚角）Ψ_{AS}；绕 S_3 轴的转角（偏航角），其变换如下：

绕 S_2 轴旋转 θ_{AS} 角和误差 $\Delta\theta_{AS}$：

$$M_7 = \begin{bmatrix} \cos(\theta_{AS} + \Delta\theta_{AS}) & 0 & -\sin(\theta_{AS} + \Delta\theta_{AS}) & 0 \\ 0 & 1 & 0 & 0 \\ \sin(\theta_{AS} + \Delta\theta_{AS}) & 0 & \cos(\theta_{AS} + \Delta\theta_{AS}) & 0 \\ 0 & 0 & 0 & 1 \end{bmatrix} \tag{5-108}$$

绕 S_1 轴旋转 φ_{AS} 角和误差 $\Delta\varphi_{AS}$：

$$M_8 = \begin{bmatrix} 1 & 0 & 0 & 0 \\ 0 & \cos(\varphi_{AS} + \Delta\phi_{AS}) & \sin(\varphi_{AS} + \Delta\phi_{AS}) & 0 \\ 0 & -\sin(\varphi_{AS} + \Delta\varphi_{AS}) & \cos(\theta_{AS} + \Delta\phi_{AS}) & 0 \\ 0 & 0 & 0 & 1 \end{bmatrix} \tag{5-109}$$

绕 S_3 轴旋转 Ψ_{AS} 角和误差 $\Delta\Psi_{AS}$：

$$M_9 = \begin{bmatrix} \cos(\Psi_{AS}+\Delta\Psi_{AS}) & \sin(\Psi_{AS}+\Delta\Psi_{AS}) & 0 & 0 \\ -\sin(\Psi_{AS}+\Delta\Psi_{AS}) & \cos(\Psi_{AS}+\Delta\Psi_{AS}) & 0 & 0 \\ 0 & 0 & 1 & 0 \\ 0 & 0 & 0 & 1 \end{bmatrix}$$ (5-110)

（4）载机坐标系 $A(A_1,A_2,A_3)$ 到光电跟踪测量设备基座坐标系 $B(B_1,B_2,B_3)$ 的变换。光电跟踪测量设备基座坐标系与载机间用减振器相连接，当基座与载机之间无安装误差时，B 坐标系与 A 坐标系完全重合。在工作时由于减振器的运动，B 坐标系相对 A 坐标系的三轴姿态角分别为 $\Delta\theta_{BA}(t)$，$\Delta\varphi_{BA}(t)$，$\Delta\Psi_{BA}(t)$。$\Delta\theta_{BA}$ 为绕 A_1 轴转角，$\Delta\varphi_{BA}$ 为绕 A_2 轴的转角，$\Delta\Psi_{BA}$ 为绕 A_3 轴的转角。由于飞机的振动规律比较复杂，为了分析方便，在此把减振器的振动近似看成简谐振动，则

$$\begin{cases} \Delta\theta_{BA}(t) = \theta_M \sin(\omega t + \alpha) \\ \Delta\varphi_{BA}(t) = \varphi_M \sin(\omega t + \alpha) \\ \Delta\Psi_{BA}(t) = \Psi_M \sin(\omega t + \alpha) \end{cases}$$

式中：$\theta_M,\varphi_M,\Psi_M$ 分别为最大角振幅；$(\omega t + \alpha)$ 为位相，ω 与飞机的振动主频有关（Z-9直升机 $\omega = 150\text{rad/s}$）。

绕 A_2 轴旋转 $\Delta\theta_{BA}$ 角：

$$M_{10} = \begin{bmatrix} \cos\Delta\theta_{BA} & 0 & -\sin\Delta\theta_{BA} & 0 \\ 0 & 1 & 0 & 0 \\ \sin\Delta\theta_{BA} & 0 & \cos\Delta\theta_{BA} & 0 \\ 0 & 0 & 0 & 1 \end{bmatrix}$$ (5-111)

绕 A_1 轴旋转 $\Delta\varphi_{BA}$ 角：

$$M_{11} = \begin{bmatrix} 1 & 0 & 0 & 0 \\ 0 & \cos\Delta\varphi_{BA} & \sin\Delta\varphi_{BA} & 0 \\ 0 & -\sin\Delta\varphi_{BA} & \cos\Delta\varphi_{BA} & 0 \\ 0 & 0 & 0 & 1 \end{bmatrix}$$ (5-112)

绕 A_3 轴旋转 $\Delta\Psi_{BA}$ 角：

$$M_{12} = \begin{bmatrix} \cos\Delta\Psi_{BA} & \sin\Delta\Psi_{BA} & 0 & 0 \\ -\sin\Delta\Psi_{BA} & \cos\Delta\Psi_{BA} & 0 & 0 \\ 0 & 0 & 1 & 0 \\ 0 & 0 & 0 & 1 \end{bmatrix}$$ (5-113)

（5）光电跟踪测量设备基座坐标系 $B(B_1,B_2,B_3)$ 的调平误差。设竖轴绕 B_3 轴旋转方位角为 α_V 后，倾斜误差为 $(V+\Delta V)$，绕 A_3 轴的转动 $-\alpha_V$。在装机进行调平时进行测定，其变换如下。

绕 B_3 轴旋转 α_V 角:

$$M_{13} = \begin{bmatrix} \cos\alpha_V & \sin\alpha_V & 0 & 0 \\ -\sin\alpha_V & \cos\alpha_V & 0 & 0 \\ 0 & 0 & 1 & 0 \\ 0 & 0 & 0 & 1 \end{bmatrix} \tag{5-114}$$

绕 B_2 轴旋转 V 角和误差 ΔV:

$$M_{14} = \begin{bmatrix} \cos(V + \Delta V) & 0 & -\sin(V + \Delta V) & 0 \\ 0 & 1 & 0 & 0 \\ \sin(V + \Delta V) & 0 & \cos(V + \Delta V) & 0 \\ 0 & 0 & 0 & 1 \end{bmatrix} \tag{5-115}$$

绕 B_3 轴旋转 $-\alpha_V$ 角:

$$M_{15} = \begin{bmatrix} \cos\alpha_V & -\sin\alpha_V & 0 & 0 \\ \sin\alpha_V & \cos\alpha_V & 0 & 0 \\ 0 & 0 & 1 & 0 \\ 0 & 0 & 0 & 1 \end{bmatrix} \tag{5-116}$$

（6）光电跟踪测量设备基座坐标系 $B(B_1, B_2, B_3)$ 到光电跟踪测量设备照准部坐标系（竖轴坐标系） $V(V_1, V_2, V_3)$ 的变换。光电跟踪测量设备竖轴晃动误差，绕 B_2 轴的转动;绕 B_1 轴的转动;绕 B_3 轴转动 α 角。

绕 B_2 轴旋转 $\Delta\theta_V$ 角:

$$M_{16} = \begin{bmatrix} \cos\Delta\theta_V & 0 & -\sin\Delta\theta_V & 0 \\ 0 & 1 & 0 & 0 \\ \sin\Delta\theta_V & 0 & \cos\Delta\theta_V & 0 \\ 0 & 0 & 0 & 1 \end{bmatrix} \tag{5-117}$$

绕 B_1 轴旋转 $\Delta\varphi_V$ 角:

$$M_{17} = \begin{bmatrix} 1 & 0 & 0 & 0 \\ 0 & \cos\Delta\varphi_V & \sin\Delta\varphi_V & 0 \\ 0 & -\sin\Delta\varphi_V & \cos\Delta\varphi_V & 0 \\ 0 & 0 & 0 & 1 \end{bmatrix} \tag{5-118}$$

$$M_{18} = \begin{bmatrix} \cos\alpha & \sin\alpha & 0 & 0 \\ -\sin\alpha & \cos\alpha & 0 & 0 \\ 0 & 0 & 1 & 0 \\ 0 & 0 & 0 & 1 \end{bmatrix} \tag{5-119}$$

其中，

$$\alpha = \alpha_E + \Delta\alpha_1 + \Delta\alpha_2 + \Delta\alpha_3$$

式中: α_E 为竖轴光电编码器读出值; $\Delta\alpha_1$ 为竖轴光电编码器测量误差; $\Delta\alpha_2$ 为竖轴

光电编码器零位误差;$\Delta\alpha_3$ 为竖轴光电编码器联轴节误差。

（7）光电跟踪测量设备照准部坐标系（竖轴坐标系）$V(V_1,V_2,V_3)$ 到光电跟踪测量设备横轴坐标系 $E(E_1,E_2,E_3)$ 的变换。

① 绕 V_1 转动 $(i+\Delta i)$ ——横轴差（横轴与竖轴不正交误差）。

绕 V_1 轴旋转 i 角:

$$\boldsymbol{M}_{19} = \begin{bmatrix} 1 & 0 & 0 & 0 \\ 0 & \cos(i+\Delta i) & \sin(i+\Delta i) & 0 \\ 0 & -\sin(i+\Delta i) & \cos(i+\Delta i) & 0 \\ 0 & 0 & 0 & 1 \end{bmatrix} \tag{5-120}$$

② 横轴晃动误差。绕 V_1 转动 $\Delta\varphi_i$，绕 V_3 转动 $\Delta\Psi_i$。

绕 V_1 轴旋转 $\Delta\varphi_i$ 角:

$$\boldsymbol{M}_{20} = \begin{bmatrix} 1 & 0 & 0 & 0 \\ 0 & \cos\Delta\varphi_i & \sin\Delta\varphi_i & 0 \\ 0 & -\sin\Delta\varphi_i & \cos\Delta\varphi_i & 0 \\ 0 & 0 & 0 & 1 \end{bmatrix} \tag{5-121}$$

绕 V_1 轴旋转 $\Delta\Psi_i$ 角:

$$\boldsymbol{M}_{21} = \begin{bmatrix} \cos\Delta\Psi_i & \sin\Delta\Psi_i & 0 & 0 \\ -\sin\Delta\Psi_i & \cos\Delta\Psi_i & 0 & 0 \\ 0 & 0 & 1 & 0 \\ 0 & 0 & 0 & 1 \end{bmatrix} \tag{5-122}$$

（8）光电跟踪测量设备横轴坐标系 $E(E_1,E_2,E_3)$ 到光电跟踪测量设备望远镜坐标系 $T(T_1,T_2,T_3)$ 变换。该项变换含以下几项。

① 沿 E_1 轴平移 $d_1+\Delta d_1$，d_1 为望远镜主点前后平移的距离;Δd_1 为主点前后平移偏差。

沿 E_1 轴平移 $(d_1+\Delta d_1)$:

$$\boldsymbol{M}_{22} = \begin{bmatrix} 1 & 0 & 0 & -(d_1+\Delta d_1) \\ 0 & 1 & 0 & 0 \\ 0 & 0 & 1 & 0 \\ 0 & 0 & 0 & 1 \end{bmatrix} \tag{5-123}$$

② 沿 E_2 轴平移 $d_2+\Delta d_2$，d_2 为视差;Δd_2 为视差误差。

沿 E_2 轴平移 $(d_2+\Delta d_2)$:

$$\boldsymbol{M}_{23} = \begin{bmatrix} 1 & 0 & 0 & 0 \\ 0 & 1 & 0 & -(d_2+\Delta d_2) \\ 0 & 0 & 1 & 0 \end{bmatrix} \tag{5-124}$$

③ 沿 E_3 轴平移 $d_3+\Delta d_3$，d_3 为望远镜视轴上、下安置距离;Δd_3 为望远镜视轴

上、下按装误差。

沿 E_3 轴平移 $(d_3 + \Delta d_3)$：

$$M_{24} = \begin{bmatrix} 1 & 0 & 0 & 0 \\ 0 & 1 & 0 & 0 \\ 0 & 0 & 1 & -(d_3 + \Delta d_3) \\ 0 & 0 & 0 & 1 \end{bmatrix} \qquad (5\text{-}125)$$

④ 绕 E_2 轴转动 $\Delta\theta_e$，$\Delta\theta_e$ 为视轴高低角晃动。

绕 E_2 轴旋转 $\Delta\theta_e$ 角：

$$M_{25} = \begin{bmatrix} \cos\Delta\theta_e & 0 & -\sin\Delta\theta_e & 0 \\ 0 & 1 & 0 & 0 \\ \sin\Delta\theta_e & 0 & \cos\Delta\theta_e & 0 \\ 0 & 0 & 0 & 1 \end{bmatrix} \qquad (5\text{-}126)$$

⑤ 绕 E_2 的转动 λ，有

$$M_{26} = \begin{bmatrix} \cos\lambda & 0 & -\sin\lambda & 0 \\ 0 & 1 & 0 & 0 \\ \sin\lambda & 0 & \cos\lambda & 0 \\ 0 & 0 & 0 & 1 \end{bmatrix} \qquad (5\text{-}127)$$

其中，

$$\lambda = \lambda_E + \Delta\lambda_1 + \Delta\lambda_2 + \Delta\lambda_3$$

式中：λ_E 为横轴光电编码器读出值；$\Delta\lambda_1$ 为横轴光电编码器测量误差；$\Delta\lambda_2$ 为横轴光电编码器零位误差；$\Delta\lambda_3$ 为横轴光电编码器联轴节误差。

⑥ 绕 E_3 轴转动 $C + \Delta C$；C 为照准差（视轴与横轴的不正交）；ΔC 为照准差的误差（视轴方位角的晃动）。

绕 E_3 轴旋转 $(C + \Delta C)$：

$$M_{27} = \begin{bmatrix} \cos(C + \Delta C) & \sin(C + \Delta C) & 0 & 0 \\ -\sin(C + \Delta C) & \cos(C + \Delta C) & 0 & 0 \\ 0 & 0 & 1 & 0 \\ 0 & 0 & 0 & 1 \end{bmatrix} \qquad (5\text{-}128)$$

（9）望远镜坐标系 $T(T_1, T_2, T_3)$ 到像面像点位置（目标脱靶量 x、y 及误差 Δx、Δy）的变换；从光轴转到像面上目标点位置，即绕 T_2 轴的转动 $\arctan(\Delta y/f')$；绕 T_3 轴的转动 $\arctan(\Delta x/f')$，有

绕 T_2 轴转动 $\arctan\left(\dfrac{y + \Delta y}{f'}\right)$ 角：

$$M_{28} = \begin{bmatrix} \cos\left[\arctan\left(\dfrac{y+\Delta y}{f'}\right)\right] & 0 & -\sin\left[\arctan\left(\dfrac{y+\Delta y}{f'}\right)\right] & 0 \\ 0 & 1 & 0 & 0 \\ \sin\left[\arctan\left(\dfrac{y+\Delta y}{f'}\right)\right] & 0 & \cos\left[\arctan\left(\dfrac{y+\Delta y}{f'}\right)\right] & 0 \\ 0 & 0 & 0 & 1 \end{bmatrix}$$

$$(5-129)$$

绕 T_3 轴转动 $\arctan\left(\dfrac{x+\Delta x}{f'}\right)$ 角

$$M_{29} = \begin{bmatrix} \cos\left[\arctan\left(\dfrac{x+\Delta x}{f'}\right)\right] & \sin\left[\arctan\left(\dfrac{x+\Delta x}{f'}\right)\right] & 0 & 0 \\ -\sin\left[\arctan\left(\dfrac{x+\Delta x}{f'}\right)\right] & \cos\left[\arctan\left(\dfrac{x+\Delta x}{f'}\right)\right] & 0 & 0 \\ 0 & 0 & 1 & 0 \\ 0 & 0 & 0 & 1 \end{bmatrix}$$

$$(5-130)$$

(10) 望远镜坐标系 $T(T_1,T_2,T_3)$ 到目标坐标系 $K(K_1,K_2,K_3)$ 的变换。

沿 K_1 轴平移 $(R+\Delta R)$：

$$M_{30} = \begin{bmatrix} 1 & 0 & 0 & -(R+\Delta R) \\ 0 & 1 & 0 & 0 \\ 0 & 0 & 1 & 0 \\ 0 & 0 & 0 & 1 \end{bmatrix}$$

$$(5-131)$$

4. 机载光电跟踪测量设备测量方程

设考虑误差项时目标在中心地平坐标系坐标为 $[C_{K_1},C_{K_2},C_{K_3}]$，通过坐标转换到目标坐标系 $[K_1,K_2,K_3]$。其变换矩阵为 M，又因 $K_K=[0,0,0,1]^T$，可得测量方程为

$$K_K = \begin{bmatrix} K_{K_1} \\ K_{K_2} \\ K_{K_3} \\ 1 \end{bmatrix} = \prod_{i=0(i\leqslant 29)}^{30-i} M_i \begin{bmatrix} C_{K_1} \\ C_{K_2} \\ C_{K_3} \\ 1 \end{bmatrix} = \begin{bmatrix} 0 \\ 0 \\ 0 \\ 1 \end{bmatrix}$$

$$(5-132)$$

式中：$K_K=[K_{K_1},K_{K_2},K_{K_3},1]$ 为被测目标在目标坐标系中的位置；$C_K=[C_{K_1},C_{K_2},C_{K_3}]$ 为被测目标在中心地平坐标系的位置。

$$K_K = \begin{bmatrix} 1 & 0 & 0 & -(R + \Delta R) \\ 0 & 1 & 0 & 0 \\ 0 & 0 & 1 & 0 \\ 0 & 0 & 0 & 1 \end{bmatrix} \begin{bmatrix} \cos\left[\arctan\left(\dfrac{x + \Delta x}{f'}\right)\right] & \sin\left[\arctan\left(\dfrac{x + \Delta x}{f'}\right)\right] & 0 & 0 \\ -\sin\left[\arctan\left(\dfrac{x + \Delta x}{f'}\right)\right] & \cos\left[\arctan\left(\dfrac{x + \Delta x}{f'}\right)\right] & 0 & 0 \\ 0 & 0 & 1 & 0 \\ 0 & 0 & 0 & 1 \end{bmatrix}$$

$$\cdot \begin{bmatrix} \cos\left[\arctan\left(\dfrac{y + \Delta y}{f'}\right)\right] & 0 & \sin\left[\arctan\left(\dfrac{y + \Delta y}{f'}\right)\right] & 0 \\ 0 & 1 & 0 & 0 \\ \sin\left[\arctan\left(\dfrac{y + \Delta y}{f'}\right)\right] & 0 & \cos\left[\arctan\left(\dfrac{y + \Delta y}{f'}\right)\right] & 0 \\ 0 & 0 & 0 & 1 \end{bmatrix} \begin{bmatrix} \cos(C + \Delta C) & \sin(C + \Delta C) & 0 & 0 \\ -\sin(C + \Delta C) & \cos(C + \Delta C) & 0 & 0 \\ 0 & 0 & 1 & 0 \\ 0 & 0 & 0 & 1 \end{bmatrix}$$

$$\cdot \begin{bmatrix} \cos\lambda & 0 & -\sin\lambda & 0 \\ 0 & 1 & 0 & 0 \\ \sin\lambda & 0 & \cos\lambda & 0 \\ 0 & 0 & 0 & 1 \end{bmatrix} \begin{bmatrix} \cos\Delta\theta_e & 0 & -\sin\Delta\theta_e & 0 \\ 0 & 1 & 0 & 0 \\ \sin\Delta\theta_e & 0 & \cos\Delta\theta_e & 0 \\ 0 & 0 & 0 & 1 \end{bmatrix} \begin{bmatrix} 1 & 0 & 0 & 0 \\ 0 & 1 & 0 & 0 \\ 0 & 0 & 1 & -(d_3 + \Delta d_3) \\ 0 & 0 & 0 & 1 \end{bmatrix}$$

$$\cdot \begin{bmatrix} 1 & 0 & 0 & 0 \\ 0 & 1 & 0 & -(d_2 + \Delta d_2) \\ 0 & 0 & 1 & 0 \\ 0 & 0 & 0 & 1 \end{bmatrix} \begin{bmatrix} 1 & 0 & 0 & -(d_1 + \Delta d_1) \\ 0 & 1 & 0 & 0 \\ 0 & 0 & 1 & 0 \\ 0 & 0 & 0 & 1 \end{bmatrix} \begin{bmatrix} \cos\Delta\Psi_i & \sin\Delta\Psi_i & 0 & 0 \\ -\sin\Delta\Psi_i & -\cos\Delta\Psi_i & 0 & 0 \\ 0 & 0 & 1 & 0 \\ 0 & 0 & 0 & 1 \end{bmatrix}$$

$$\cdot \begin{bmatrix} 1 & 0 & 0 & 0 \\ 0 & \cos\Delta\varphi_i & \sin\Delta\varphi_i & 0 \\ 0 & -\sin\Delta\varphi_i & \cos\Delta\varphi_i & 0 \\ 0 & 0 & 0 & 1 \end{bmatrix} \begin{bmatrix} 1 & 0 & 0 & 0 \\ 0 & \cos(i + \Delta i) & \sin(i + \Delta i) & 0 \\ 0 & -\sin(i + \Delta i) & \cos(i + \Delta i) & 0 \\ 0 & 0 & 0 & 1 \end{bmatrix} \begin{bmatrix} \cos\alpha & \sin\alpha & 0 & 0 \\ -\sin\alpha & \cos\alpha & 0 & 0 \\ 0 & 0 & 1 & 0 \\ 0 & 0 & 0 & 1 \end{bmatrix}$$

$$\cdot \begin{bmatrix} 1 & 0 & 0 & 0 \\ 0 & \cos\Delta\varphi_V & \sin\Delta\varphi_V & 0 \\ 0 & -\sin\Delta\varphi_V & \cos\Delta\varphi_V & 0 \\ 0 & 0 & 0 & 1 \end{bmatrix} \begin{bmatrix} \cos\Delta\theta_V & 0 & -\sin\Delta\theta_V & 0 \\ 0 & 1 & 0 & 0 \\ \sin\Delta\theta_V & 0 & \cos\Delta\theta_V & 0 \\ 0 & 0 & 0 & 1 \end{bmatrix} \begin{bmatrix} \cos\alpha_V & \sin\alpha_V & 0 & 0 \\ \sin\alpha_V & \cos\alpha_V & 0 & 0 \\ 0 & 0 & 1 & 0 \\ 0 & 0 & 0 & 1 \end{bmatrix}$$

$$\cdot \begin{bmatrix} \cos(V + \Delta V) & 0 & -\sin(V + \Delta V) & 0 \\ 0 & 1 & 0 & 0 \\ \sin(V + \Delta V) & 0 & \cos(V + \Delta V) & 0 \\ 0 & 0 & 0 & 1 \end{bmatrix} \begin{bmatrix} \cos\alpha_V & -\sin\alpha_V & 0 & 0 \\ \sin\alpha_V & \cos\alpha_V & 0 & 0 \\ 0 & 0 & 1 & 0 \\ 0 & 0 & 0 & 1 \end{bmatrix}$$

$$\cdot \begin{bmatrix} \cos\Delta\Psi_{BA} & \sin\Delta\Psi_{BA} & 0 & 0 \\ -\sin\Delta\Psi_{BA} & \cos\Delta\Psi_{BA} & 0 & 0 \\ 0 & 0 & 1 & 0 \\ 0 & 0 & 0 & 1 \end{bmatrix} \begin{bmatrix} 1 & 0 & 0 & 0 \\ 0 & \cos\Delta\varphi_{BA} & \sin\Delta\varphi_{BA} & 0 \\ 0 & -\sin\Delta\varphi_{BA} & \cos\Delta\varphi_{BA} & 0 \\ 0 & 0 & 0 & 1 \end{bmatrix}$$

$$\cdot \begin{bmatrix} \cos\Delta\theta_{BA} & 0 & -\sin\Delta\theta_{BA} & 0 \\ 0 & 1 & 0 & 0 \\ \sin\Delta\theta_{BA} & 0 & \cos\Delta\theta_{BA} & 0 \\ 0 & 0 & 0 & 1 \end{bmatrix} \begin{bmatrix} \cos(\Psi_{AS}+\Delta\Psi_{AS}) & \sin(\Psi_{AS}+\Delta\Psi_{AS}) & 0 & 0 \\ -\sin(\Psi_{AS}+\Delta\Psi_{AS}) & \cos(\Psi_{AS}+\Delta\Psi_{AS}) & 0 & 0 \\ 0 & 0 & 1 & 0 \\ 0 & 0 & 0 & 1 \end{bmatrix}$$

$$\cdot \begin{bmatrix} 1 & 0 & 0 & 0 \\ 0 & \cos(\varphi_{AS}+\Delta\varphi_{AS}) & \sin(\varphi_{AS}+\Delta\varphi_{AS}) & 0 \\ 0 & -\sin(\varphi_{AS}+\Delta\varphi_{AS}) & \cos(\varphi_{AS}+\Delta\varphi_{AS}) & 0 \\ 0 & 0 & 0 & 1 \end{bmatrix} \begin{bmatrix} \cos(\theta_{AS}+\Delta\theta_{AS}) & 0 & -\sin(\theta_{AS}+\Delta\theta_{AS}) & 0 \\ 0 & 1 & 0 & 0 \\ \sin(\theta_{AS}+\Delta\theta_{AS}) & 0 & \cos(\theta_{AS}+\Delta\theta_{AS}) & 0 \\ 0 & 0 & 0 & 1 \end{bmatrix}$$

$$\cdot \begin{bmatrix} \cos(\Psi_{SC}+\Delta\Psi_{SC}) & \sin(\Psi_{SC}+\Delta\Psi_{SC}) & 0 & 0 \\ -\sin(\Psi_{SC}+\Delta\Psi_{SC}) & \cos(\Psi_{SC}+\Delta\Psi_{SC}) & 0 & 0 \\ 0 & 0 & 1 & 0 \\ 0 & 0 & 0 & 1 \end{bmatrix} \begin{bmatrix} 1 & 0 & 0 & 0 \\ 0 & 1 & 0 & 0 \\ 0 & 0 & 1 & -(hs+\Delta hs) \\ 0 & 0 & 0 & 1 \end{bmatrix}$$

$$\cdot \begin{bmatrix} \cos(\lambda_S+\Delta\lambda_S) & 0 & -\sin(\lambda_S+\Delta\lambda_S) & 0 \\ 0 & 1 & 0 & 0 \\ \sin(\lambda_S+\Delta\lambda_S) & 0 & \cos(\lambda_S+\Delta\lambda_S) & 0 \\ 0 & 0 & 0 & 1 \end{bmatrix} \begin{bmatrix} 1 & 0 & 0 & 0 \\ 0 & \cos(\alpha_{CS}+\Delta a_{CS}) & -\sin(\alpha_{CS}+\Delta\alpha_{CS}) & 0 \\ 0 & \sin(\alpha_{CS}+\Delta\alpha_{CS}) & \cos(\alpha_{CS}+\Delta\alpha_{CS}) & 0 \\ 0 & 0 & 0 & 1 \end{bmatrix}$$

$$\cdot \begin{bmatrix} \cos(\lambda_C+\Delta\lambda_C) & 0 & \sin(\lambda_C+\Delta\lambda_C) & 0 \\ 0 & 1 & 0 & 0 \\ -\sin(\lambda_C+\Delta\lambda_C) & 0 & \cos(\lambda_C+\Delta\lambda_C) & 0 \\ 0 & 0 & 0 & 1 \end{bmatrix} \begin{bmatrix} 1 & 0 & 0 & 0 \\ 0 & 1 & 0 & 0 \\ 0 & 0 & 1 & (h_C+\Delta h_C) \\ 0 & 0 & 0 & 1 \end{bmatrix} \cdot \begin{bmatrix} C_{K_1} \\ C_{K_2} \\ C_{K_3} \\ 1 \end{bmatrix}$$

$$= \begin{bmatrix} 0 \\ 0 \\ 0 \\ 1 \end{bmatrix} \tag{5-133}$$

5.6.2 机载光电跟踪测量设备的测量误差因素分析

由于机载光电跟踪测量设备安放在飞机上,因此可对地面固定目标及机动目标或飞行目标进行精密测量。从前面的讨论可以看出,从中心地平坐标系到目标坐标系的坐标转换所涉及的环节有几十项。为了最终评价机载光电跟踪测量设备对目标的定位测量的精度。应对所涉及的各个环节所产生的误差进行详情的分析,并给出切实、合理的分配指标。本节将分析与机载光电跟踪测量设备对目标定位误差有关的误差环节。

1. 载机的定位误差和高程误差

飞机的定位误差和高程一般用机下大地经纬度(α_S、λ_S)和大地高程 h_S 来表示,飞机的航向角用 Ψ_{SC} 来表示。通常采用 GPS 和 GPS/INS 组合导航等方法来进行,每种方法的测量原理都不相同,测量误差也不一样,下面将分别进行讨论。

1) GPS 的基本原理和定位误差

(1) 全球卫星定位系统(global positioning system,GPS)的基本原理

GPS 是美军 20 世纪 70 年代初在"子午仪卫星导航定位"技术上发展而起的具有全球性、全能性(陆地、海洋、航空与航天)、全天候性优势的导航定位、定时、测速系统。GPS 由三大子系统构成:空间卫星系统、地面监控系统和用户接收系统。

空间卫星系统由均匀分布在 6 个轨道平面上的 24 颗高轨道工作卫星构成,各轨道平面相对于赤道平面的倾角为 55°,轨道平面间距 60°。在每一个轨道平面内,各卫星升交角距差 90°,任意轨道上的卫星比西边相邻轨道上的相应卫星超前 30°。事实上,空间卫星系统的卫星数量要超过 24 颗,以便及时更换老化或损坏的卫星,保障系统正常工作。该卫星系统能够保证在地球的任一地点向使用者提供 4 颗以上可视卫星。

空间系统的每颗卫星每 12 h(恒星时)沿近圆形轨道绕地球一周,由星载高精度原子钟(基频 $F = 10.23$ MHz)控制无线电发射机在"低噪声窗口"(无线电窗口中,2~8 区间的频区天线噪声最低的一段是空间遥测及射电干涉测量优先选用频段)附近发射 L_1、L_2 两种载波,向全球的用户接收系统连续地播发 GPS 导航信号。GPS 工作卫星组网保障全球任一时刻、任一地点都可对 4 颗以上的卫星进行观测(最多可达 11 颗),实现连续、实时地导航和定位。

GPS 卫星向广大用户发送的导航电文是一种不归零的二进制数据码 $D(t)$,码率 $f_d = 50$Hz。为了节省卫星的电能、增强 GPS 信号的抗干扰性、保密性,实现遥远的卫星通信,GPS 卫星采用伪噪声码对 D 码作二级调制,即先将 D 码调制成伪噪声码(P 码和 C/A 码),再将上述两噪声码调制到 L_1、L_2 两载波上,形成向用户发射的 GPS 射电信号。因此,GPS 信号包括两种载波(L_1、L_2)和两种伪噪声码(P 码、C/A 码)。这 4 种 GPS 信号的频率皆源于 10.23MHz(星载原子钟的基频)的基准频率。基准频率与各信号频率之间存在一定的比例。其中,P 码为精确码,C/A 码为粗码,其定位和时间精度均低于 P 码。目前,全世界的民用客户均可不受限制地免费使用。

（2）GPS 的定位误差。

目前，全球定位系统已广泛应用于军事和民用等众多领域中。GPS 技术按待定点的状态分为静态定位和动态定位两大类。静态定位是指待定点的位置在观测过程中固定不变，例如 GPS 在大地测量中的应用。动态定位是指待定点在运动载体上，在观测过程中是变化的，例如 GPS 在船舶导航中的应用。静态相对定位的精度一般在几毫米到几厘米范围内，动态相对定位的精度一般在几厘米到几米范围内。对 GPS 信号的处理从时间上划分为实时处理及后处理。实时处理就是一边接收卫星信号一边进行计算，获得目前所处的位置、速度及时间等信息；后处理是指把卫星信号记录在一定的介质上，回到室内统一进行数据处理。一般来说，静态定位用户多采用后处理，动态定位用户采用实时处理或后处理。根据目前所了解的情况，GPS 定位误差见表 5-4。

表 5-4　GPS 定位误差

误差源	导航定位 σ/m		差分定位 σ/m	
	P 码	C/A 码	P 码	C/A 码
卫星钟钟差	3.0	3.0	—	—
卫星星历误差	4.3	4.3	0.1	0.1
电离程误差	2.3	5.0~10.0	0.4	1.0~2.0
对流层误差	2.0	2.0	2.8	2.8
多路径效应	1.2	1.2	1.7	1.7
接收机噪声	1.6	7.5	2.3	10.8
合　计	6.4	10.7~13.8	4.0	11.1~11.3
定位误差（PDOP=3）	19.2	32.1~41.4	12.0	33.3~33.9

注：PDOP 为三维位置几何精度衰减因子。

表 5-4 是利用伪距观测量进行的导航定位精度分析，从已进行的实验来看，使用 P 码的 GPS 接收机实时三维定位精度高于 10m；使用 C/A 码的 GPS 接收机的定位精度约为 100m。

2）GPS/INS 组合导航的定位精度

GPS/INS 组合导航是由 GPS 与惯性导航系统相结合发展起来的新兴技术，组合系统可以充分利用 GPS/INS 互补特点，其优点如下：

（1）GPS/INS 组合对改善系统有利；

（2）GPS/INS 组合加强系统的抗干扰能力；

（3）惯导系统辅助 GPS 对信号的捕获；

（4）惯导系统提高 GPS 接收机的跟踪能力；

（5）解决周跳问题；

（6）解决 GPS 动态应用采样频率低的问题；

（7）组合系统将降低对惯导系统的要求。

正因为上述原因,使得 GPS/INS 组合系统在飞机导航系统得到了广泛的应用。其中美国得克萨斯仪器公司(TI)研制的 GPS/INS 组合系统在飞机上试飞结果证实:其定位精度可达 1.5m,速度精度达 0.04m/s。法国克鲁泽(Crouzet)公司研制的机载精密测绘系统其精度高达 15cm(高程),60cm(水平)。美国霍尼韦尔公司研制的 GEO-SPIN 精密定位系统,其中水平和高程定位精度优于 0.5m。

3)误差综合

根据前面的讨论,飞机的定位精度、高程精度和航向角精度将直接关系到机载光电跟踪测量设备对目标位置的测量精度。姿态角测量精度见表 5-5。

表 5-5　姿态角测量精度

参　　数	导航 GPS 定位误差 σ	GPS/INS 组合导航 σ
大地经纬度 $(\alpha_S, \lambda_S)/m$	25	0.5
大地高程 h_S/m	35	0.5
航向角 $\Psi_{SC}/(°)$	—	0.1

2. 载机的姿态角误差

飞机的姿态角 θ_{AS}(俯仰角),ϕ_{AS}(横滚角),Ψ_{AS}(偏航角)的变化会对机载光电跟踪测量设备的测量精度产生影响,偏航角的变化引起方位误差;横滚角、俯仰角的变化引起机载光电跟踪测量设备垂直轴的倾斜。飞机的姿态角主要是依靠机上惯导系统来进行。目前,惯性导航系统对飞机姿态角的误差见表 5-6。

表 5-6　惯性导航系统对飞机姿态角的误差

惯　　导		θ_{AS}(俯仰角),ϕ_{AS}(横滚角),Ψ_{AS}(偏航角)三个姿态角测量精度(σ)
类型	GPS\INS 组合导航姿态角测定精度	水平精度:小于 0.02° 方位定向精度:小于 0.1°
	惯性导航姿态角测定精度	水平精度:小于 0.1° 方位定向精度:小于 0.2°

3. 机载光电跟踪测量设备和载机的惯导两个坐标系间的角误差

机载光电跟踪测量设备一般是安放在飞机上进行测量。它与地基式测量设备相比,测量基准的传递有很大的不同。地基式测量设备是使安放在地基环上并利用方位标定出仪器的基准(A_0, E_0);而动基座测量设备是固定在飞机机体上与飞机(载体)的惯导系统进行对准。机载光电跟踪测量设备的安装分为调平误差和方位对准误差。调平误差也就是机载光电跟踪测量设备的竖轴倾斜误差，在装机进行调平时利用水平仪进行测定，同时，在安装时与惯导系统的水平进行比对。方位对准是光电跟踪测量设备的方位基准与机上的惯导方位基准镜进行比对。由于惯导自身随时间存在漂移，将会对机载动基座的测量产生误差。另外，选用的惯导不同，所产生的误差大小也不一样。惯导系统产生的装调对准误差见表5-7。

表5-7 装调对准误差 σ

调平误差/(″)	10
方位对准误差/(″)	10

4. 减振器角振动误差

由于飞机的振动对机载光电成像测量系统的成像质量造成影响，为消除该影响及从设备安全考虑，在机载光电跟踪测量系统的基座坐标系与载机间用减振器相连接，当机载光电成像测量系统基座与载机之间无安装误差时，两个坐标系完全重合。在工作时由于减振器的运动，两个坐标系不重合，存在三轴角振动误差。将其等效为简谐振动时，其表达式为

$$\begin{cases} \theta_{BA}(t) = \theta_M \sin(\omega t + \alpha) \\ \varphi_{BA}(t) = \varphi_M \sin(\omega t + \alpha) \\ \Psi_{BA}(t) = \Psi_M \sin(\omega t + \alpha) \end{cases}$$

式中：θ_M，φ_M，Ψ_M 为最大角振幅；$\omega t + \alpha$ 为位相，ω 与飞机的振动主频有关系。

减振器角振动误差见表5-8。

表5-8 减振器角振动误差

项 目	最大角振幅/(°)	位相
θ_M	0.1	0~2π
φ_M	0.1	0~2π
Ψ_M	0.05	0~2π

5. 机载光电跟踪测量设备的三轴误差

机载光电跟踪测量设备同经纬仪一样是一种精密测角仪器，可用于测量目标的水平角和高低角。其三轴误差一般指竖轴误差、横轴误差及视轴误差。

1）竖轴误差

（1）调平误差。

调平误差是机载光电跟踪测量设备的竖轴线对铅垂轴线的倾斜误差。调平误差主要分为水准器的灵敏度、水准器的调整误差和水准器的读数误差。

① 水准器的灵敏度(格值)。水准器的灵敏度一般常用 5″,该误差服从均匀分布。

② 水准器的调整误差。设计水准器的调整机构时,其调整灵敏度与水准器的灵敏度相适应,其值为 5″,该误差服从均匀分布。

③ 水准器的读数误差。水准器的最大读数误差是水准器的格值的 1/2,即 2.5″,该误差服从均匀分布。

因此,上述三项误差的均方根和为 7.5″。

(2)竖轴的晃动误差。

竖轴的晃动误差可定义为竖轴系的主轴回转误差。主轴的回转误差可以看作由三个误差分量,即轴向窜动误差、径向晃动误差和角运动误差所组成。

由于竖轴在加工、装调过程中严格控制前面两项误差,因此,所在实际轴系检测中只检测角运动误差。一般采用高精度水平仪及谐波分析法进行。由于利用蒙特卡罗法进行误差分析,首先应知道轴系误差分布的规律,而关于角运动误差的分布,有关文献介绍其误差分布是反正弦分布,其置信系数是 $\sqrt{2}$。对收集到的以前研制的数种经纬仪竖轴轴系误差检测结果(见 6.4.4 节)进行归一化处理和误差分布的数理统计,从统计的结果来看,角运动误差的分布近似于均匀分布。这是由于均匀分布的置信系数是 $\sqrt{3}$,与反正弦分布比较接近。轴承误差统计直方图如图 5-31 所示。

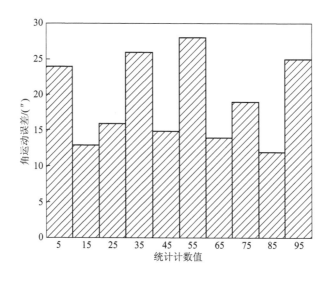

图 5-31 轴承误差统计直方图

(3)竖轴误差综合。

机载光电跟踪测量设备竖轴的误差综合见表 5-9。

表 5-9　竖轴的误差综合 σ

	水准器的灵敏度/(″)	5
竖轴系调平误差	水准器的调整误差/(″)	5
	水准器的读数误差/(″)	2.5
	总计/(″)	7.5
	轴向窜动误差/(″)	2
竖轴系的主轴回转误差	径向晃动误差/(″)	2
	角运动误差/(″)	5
	总计/(″)	5.7

2）横轴误差

（1）与垂直轴不正交误差（横轴差）。横轴的回转轴线与竖轴回转轴线的不正交度定义为横轴差。其产生的原因是机载光电跟踪测量设备的照准架的左右轴承不等高，该误差为系统误差，可通过修正的办法来解决，一般控制在5″以内。

（2）横轴晃动误差。横轴系角晃动误差也可定义为：轴系的主轴回转误差。主轴的回转误差可以看作由三个误差分量，即轴向窜动误差、径向晃动误差和角运动误差所组成。

横轴在加工、装调过程中严格控制前面两项误差。角运动误差的产生是由于轴承环的不圆度、钢球的不圆度等因素造成的，该项误差将造成横轴的晃动误差，当横轴左右轴承的椭圆长轴互呈90°时，水平轴会产生最大的倾斜角，即最大的横轴差。因此，在实际轴系检测中只检测角运动误差。一般采用高精度自准平行光管来测量。而关于角运动误差的分布，有关文献介绍其误差分布是反正弦分布，其置信系数是 $\sqrt{2}$。从统计的结果来看，横轴在加工装调产生的角晃动误差同竖轴一样，角运动误差的分布近似于均匀分布。这是由于均匀分布的置信系数是 $\sqrt{3}$，与反正弦分布比较接近。

（3）横轴误差综合。机载光电跟踪测量设备横轴的误差综合见表5-10。

表 5-10　横轴的综合误差 σ

	平行光管的灵敏度/(″)	0.2
横轴差	自准反射镜的调整误差/(″)	1
（测量）	平行光管的读数误差/(″)	0.2
	照准架的左右轴承不等高误差/(″)	4.8
	总计/(″)	5
	轴向窜动误差/(″)	2
横轴系的主	径向晃动误差/(″)	2
轴回转误差	角运动误差/(″)	4
	总计/(″)	4.89

3）视轴误差

（1）与水平轴不正交度（照准差）。视轴与横轴的不正交度定义为照准差。该项误差一般采用正倒镜的办法来测量。以往大型光电经纬仪的主镜镜筒较大，受重力影响产生变形。为了保证测量精度，在主镜外部通过五棱镜引入光学基准（十字丝）。而机载光电跟踪测量设备重量较轻，因此，视轴的基准往往采用电十字丝，调整容易。照准差属于系统误差。

（2）视轴晃动误差。视轴晃动误差是指机载光电跟踪测量设备运动过程中视轴与横轴的变化。其产生原因是镜筒的变形、刚度不好。该项误差属随机误差。

（3）视轴误差综合。机载光电跟踪测量设备视轴误差综合见表5-11。

表 5-11　视轴综合误差 σ

照准差	CCD 传感器细分误差/(″) 像元尺寸取 0.008 mm，细分误差一般为像元的 1/2 （光学系统焦距 f=1000mm 时）	0.85
	CCD 传感器凑整误差/(″) 像元尺寸取 0.008 mm，细分误差一般为像元的 1/2 （光学系统焦距 f=1000mm 时）	0.85
	CCD 传感器测量误差/(″) 像元尺寸取 0.008mm，测量误差一般取一个像元 （光学系统焦距 f=1000mm 时）	1.7
	总计/(″)	2
视轴晃动误差	光学镜筒变形误差/(″)	2
	CCD 传感器安装支架变形误差/(″)	3
	球星吊舱壳体变形误差/(″)	5
	总计/(″)	6.2
视轴偏移误差	望远镜主点前、后移的平移偏差 Δd_1/mm	0.1
	望远镜视差误差 Δd_2/mm	1
	望远镜视轴上、下安置误差 Δd_3/mm	1

6. 机载光电跟踪测量设备传感器误差

1）机载光电跟踪测量设备的竖轴光电轴角编码器测量误差

由于编码器存在码盘刻划误差、细分误差和安装误差等，使其在角度输出时产生误差。其误差分布也是统计了本书收集的电编码器误差检测结果，并对其结果进行了误差分布的数理统计，从而证明，其误差成均匀分布。

2）机载光电跟踪测量设备的横轴光电轴角编码器测量误差

由于横轴的光电编码器同竖轴一样存在码盘刻划误差、细分误差和安装误差等,它是在角度输出时产生误差,因此其误差分布的结果也成均匀分布。光电轴角编码器测量误差见表5-12。

表5-12 光电轴角编码器测量误差 σ

竖轴光电轴角编码器测量误差	码盘刻划误差/(″)	2
	细分误差/(″)	1
	安装误差/(″)	2
	零位误差/(″)	3
	联轴节误差/(″)	3.5
	总计/(″)	5.2
横轴光电轴角编码器测量误差	码盘刻划误差/(″)	2
	细分误差/(″)	1
	安装误差/(″)	2
	零位误差/(″)	3
	联轴节误差/(″)	3.5
	总计/(″)	5.2

3）电视脱靶量测量误差

电视脱靶量的测量误差主要包括目标在CCD传感器的量化误差、细分误差、拖尾误差和光学系统的焦距误差等。传感器测量误差见表5-13。

表5-13 传感器测量误差

误差种类	高低/ΔY	方位/ΔX
CCD传感器量化误差	像元尺寸取0.008mm,所引起的高低角为1.6″(光学系统焦距$f=1000$mm时)	像元尺寸取0.008mm,所引起的方位角为1.6″(光学系统焦距$f=1000$mm时)
CCD传感器细分误差	像元尺寸取0.008mm,细分误差一般为像元的1/2,所引起的高低角为0.8″(光学系统焦距$f=1000$mm时)	像元尺寸取0.008mm,细分误差一般为像元的1/2,所引起的方位角为0.8″(光学系统焦距$f=1000$mm时)
CCD传感器拖尾误差	像元尺寸取0.008mm,拖尾误差按一个像元考虑,所引起的高低角为1.6″(光学系统焦距$f=1000$mm时)	像元尺寸取0.008mm,拖尾误差按三个像元考虑,所引起的方位角为1.6″(光学系统焦距$f=1000$mm时)
光学系统焦距误差	$\Delta f/f=0.05\%$(光学系统焦距$f=1000$mm时)所引起的高低角为0.3″	$\Delta f'/f'=0.05\%$(光学系统焦距$f=1000$mm时)所引起的方位角为0.3″

4）激光测距误差

激光测距仪测量误差见表5-14。

表 5-14　激光测距仪测距误差

激光测距仪最大测量距离/km	30(发射功率≥20 MW,重复频率 10Hz)
激光测距仪测距误差(σ)/m	1

7. 机载光电跟踪测量设备各种误差类别的分析

(1) 中心地平坐标系 $C(C_1,C_2,C_3)$。该坐标系相对地心质心坐标系的位置偏差为:中心地平坐标系原点的高程误差 Δh_C;大地纬度误差 $\Delta \lambda_C$;相对航迹坐标系的大地经度误差 $\Delta(\alpha_C - \alpha_S)$。设该误差成正态分布。

(2) 航迹地平坐标系 $S(S_1,S_2,S_3)$。该坐标系相对地心质心坐标系的位置偏差为:航迹坐标系的高程误差 Δh_S;大地纬度误差 $\Delta \lambda_S$;航迹坐标系的航向角偏差 $\Delta \Psi_{SC}$。设该误差为正态分布。

(3) 飞机的三轴姿态角误差 $\Delta \theta_{AS}$(俯仰角)、$\Delta \phi_{AS}$(横滚角)和 $\Delta \Psi_{AS}$(偏航角)。误差分布为正态分布。

(4) 减振器的角振动误差:由于飞机的振动则有 $\theta_{BA}(t) = \Phi \sin(\omega t + \alpha)$,$\phi_{BA}(t) = \Phi \sin(\omega t + \alpha)$,$\Psi_{BA}(t) = \Phi \sin(\omega t + \alpha)$。其中,$\Phi$ 为最大角振幅,按均匀分布考虑;$(\omega t + \alpha)$ 为位相;t 为视频积分时间,$t = 20$ ms;α 为初位相等于零;ω 与飞机的振动主频有关系(Z-9 直升机 $\omega = 150$ rad/s)。

(5) 机载经纬仪基座坐标系 $B(B_1,B_2,B_3)$ 的调平误差:设竖轴倾斜方位角为 α_V,倾斜误差是 ΔV。在装机进行调平时进行测定。其误差分布为均匀分布。

(6) 机载经纬仪竖轴晃动误差 $\Delta \theta_V$ 和 $\Delta \varphi_V$,其误差分布为均匀分布。

(7) 竖轴光电编码器测量误差 $\Delta \alpha_1$,其误差分布为均匀分布。

(8) 竖轴光电编码器零位误差 $\Delta \alpha_2$,其误差分布为正态分布。

(9) 竖轴光电编码器联轴节误差 $\Delta \alpha_3$,其误差分布为正态分布。

(10) 横轴差(横轴与竖轴不正交误差)i,其误差分布为正态分布。

(11) 横轴晃动误差 $\Delta \varphi_i$,其误差分布为均匀分布。

(12) 横轴光电编码器测量误差 $\Delta \lambda_1$,其误差分布为均匀分布。

(13) 横轴光电编码器零位误差 $\Delta \lambda_2$,其误差分布为正态分布。

(14) 横轴光电编码器联轴节误差 $\Delta \lambda_3$,其误差分布为正态分布。

(15) 望远镜主点前、后移的平移偏差 Δd_1,其误差分布为正态分布。

(16) 望远镜视差误差 Δd_2,其误差分布为正态分布。

(17) 望远镜视轴上、下安置误差 Δd_3,其误差分布为正态分布。

(18) 照准差 C(视轴与横轴的不正交):照准差的误差(视轴方位角的晃动)为 ΔC;其误差分布为均匀分布。

(19) 视轴高低角晃动误差 $\Delta \theta_e$,其误差分布为正态分布。

(20) 望远镜焦距偏差 $\Delta f'$,其误差分布为正态分布。

(21) 像面像点位置测量误差 Δx 和 Δy,其误差分布为正态分布。

（22）激光测距误差 ΔR，其误差分布为正态分布。

5.6.3 用蒙特卡罗法研究和分析机载光电跟踪测量设备的目标定位误差

应用全微分法对机载光电跟踪测量设备的测量方程进行目标定位误差的评价将会遇到不可克服的困难，本节将应用蒙特卡罗法，并通过机载光电跟踪测量设备的测量方程来评价机载光电跟踪测量设备的目标定位误差。

1. 蒙特卡罗法概述

蒙特卡罗法是通过随机变量的统计试验或随机模拟，求解数学、物理和工程技术问题近似解的数值方法，因此也称为统计试验法或随机模拟法。

蒙特卡罗法是用法国和意大利接壤的一个著名赌城蒙特卡罗（Mont Carlo）命名的。该方法开始应用于 20 世纪 40 年代，集中研究是在 50 年代。由于科学技术的发展，出现了许多复杂的问题，用传统的数学方法或物理试验进行处理有时难以解决，用蒙特卡罗法则可以有效地解决问题。

蒙特卡罗法的理论基础来自概率论的两个基本定理。

大数定理：设 $x_1, x_2, \cdots, x_n$ 是 n 个独立的随机变量，若它们来自同一母体，有相同的分布，且具有相同的有限的均值和方差，分别用 μ 和 σ_2 表示，则对于任意 $\varepsilon > 0$，有

$$\lim_{n \to \infty} P\left(\left| \frac{1}{n} \sum_{i=1}^{n} x_i - \mu \right| < \varepsilon \right) = 1 \qquad (5\text{-}134)$$

伯努利定理：若随机事件 A 发生的概率为 $P(A)$，在 n 次独立试验中，事件 A 发生的频数为 m，频率为 $W(A) = m/n$，则对于任意 $\varepsilon > 0$，有

$$\lim_{n \to \infty} P\left(\left| \frac{m}{n} - P(A) \right| < \varepsilon \right) = 1 \qquad (5\text{-}135)$$

蒙特卡罗法从同一个母体中抽出简单子样来做抽样试验，上述两个定理可知，当 n 足够大时，式（5-134）以概率 1 收敛于 μ；式（5-135）频率 m/n 以概率 1 收敛于 $P(A)$。因此从理论上讲，这种方法的应用几乎没有什么限制。

2. 基本数据的准备

对应式（5-133）中的 35 个随机变量产生 35 个伪随机数序列 $S_{i,j}(i = 1, 2, \cdots, n$ 为计算采样数，一个比较大的数；$j = 1, 2, \cdots m, m = 35$，即 35 个伪随机数），参数误差的随机数计算如表 5-15 所列。35 个随机变量中有 11 个变量为均匀分布，因此产生均匀分布随机数矩阵 $S_{i,j}(i = 1, 2, \cdots n, n$ 是一个比较大的数，即计算采样数；$j = 10, \cdots, 13, 15, \cdots, 17, 21, \cdots, 23, 29$）。而其余的 24 个随机变量为正态分布，因此产生归一化正态分布随机数矩阵 $T_{i,j}, (i = 1, 2, \cdots n; j = 1, \cdots, 9, 14, 18, \cdots, 20, 24, \cdots, 28, 30, \cdots, 35)$ 所有误差项定义和计算使用值见表 5-16。

表 5-15 参数误差的随机数计算表

序号 i,j	变量名称	均匀分布 随机数矩阵 $S_{i,j}$ 符号	归一化正态分布 随机数矩阵 $T_{i,j}$	各参数的随机误差
1	中心地平坐标系原点 的高程误差 Δh_C		$T_{i,1}$	$\Delta h_C = \mathrm{Sign}(\,^{\circ}\,)T_{i,1} \cdot \sigma_{h_C}$
2	大地纬度误差 $\Delta \lambda_C$		$T_{i,2}$	$\Delta h_\lambda = \mathrm{Sign}(\,\cdot\,)T_{i,2} \cdot \sigma_{\lambda_C}$
3	相对航迹坐标系的 大地经度误差 $\Delta \alpha_{CS}$		$T_{i,3}$	$\Delta \alpha_{CS} = \mathrm{Sign}(\,\cdot\,)T_{i,3} \cdot \sigma_{acs}$
4	航迹坐标系的 高程误差 Δh_S		$T_{i,4}$	$\Delta h_S = \mathrm{Sign}(\,\cdot\,)T_{i,4} \cdot \sigma_{h_s}$
5	大地纬度误差 $\Delta \lambda_S$		$T_{i,5}$	$\Delta \lambda_S = \mathrm{Sign}(\,\cdot\,)T_{i,5} \cdot \sigma_{\lambda_S}$
6	航迹坐标系的 航向角偏差 $\Delta \Psi_{SC}$		$T_{i,6}$	$\Delta \psi_{SC} = \mathrm{Sign}(\,\cdot\,)T_{i,6} \cdot \sigma_{\Psi_{SC}}$
7	飞机的俯仰角 $\Delta \theta_{AS}$		$T_{i,7}$	$\Delta \theta_{AS} = \mathrm{Sign}(\,\cdot\,)T_{i,7} \cdot \sigma_{\theta_{AS}}$
8	飞机的横滚角 $\Delta \varphi_{AS}$		$T_{i,8}$	$\Delta \varphi_{AS} = \mathrm{Sign}(\,\cdot\,)T_{i,8} \cdot \sigma_{\Psi_{AS}}$
9	飞机的偏航角 $\Delta \Psi_{AS}$		$T_{i,9}$	$\Delta \varphi_{AS} = \mathrm{Sign}(\,\cdot\,)T_{i,9} \cdot \sigma_{\Psi_{AS}}$
10	减振器角振动误差 $\Delta \theta_{BA}$ （俯仰方向）	$S_{i,10}$		$\Delta \theta_{BA} = 2(S_{i,10} - 0.5)\theta_{BA\max}$
11	减振器角振动误差 $\Delta \varphi_{BA}$ （横滚方向）	$S_{i,11}$		$\Delta \varphi_{BA} = 2(S_{i,11} - 0.5)\varphi_{BA\max}$
12	减振器角振动误差 $\Delta \Psi_{BA}$ （偏航方向）	$S_{i,12}$		$\Delta \psi_{BA} = 2(S_{i,12} - 0.5)\Psi_{BA\max}$
13	基座调平偏差方位角 A_v	$S_{i,13}$		$\alpha_V = 2(S_{i,13} - 0.5)A_{V\max}$
14	基座调节误差 $(V, \Delta V)$		$T_{i,14}$	$\Delta V = \mathrm{Sign}(\,\cdot\,)T_{i,14}\Delta V_{\max}$
15	竖轴晃动误差 $\Delta \theta v$	$S_{i,15}$		$\Delta \theta_v = 2(S_{i,15} - 0.5)\theta_{V\max}$
16	竖轴晃动误差 $\Delta \varphi_V$	$S_{i,16}$		$\Delta \varphi_V = 2(S_{i,16} - 0.5)\varphi_{V\max}$
17	竖轴光电编码器测量误差 $\Delta \alpha_1$	$S_{i,17}$		$\Delta \alpha_1 = 2(S_{i,17} - 0.5)\alpha_{1\max}$
18	竖轴光电编码器零位误差 $\Delta \alpha_2$		$T_{i,18}$	$\Delta \alpha_2 = \mathrm{Sign}(\,\cdot\,)T_{i,18} \cdot \sigma_{\alpha2}$
19	竖轴光电编码器联轴节误差 $\Delta \alpha_3$		$T_{i,19}$	$\Delta \alpha_3 = \mathrm{Sign}(\,\cdot\,)T_{i,19} \cdot \sigma_{\alpha3}$
20	横轴差 i（横轴与 竖轴不正交误差）		$T_{i,20}$	$i = \mathrm{Sign}(\,\cdot\,)T_{i,20} \cdot \sigma_i$
21	轴晃动误差 $\Delta \varphi_i$	$S_{i,21}$		$\Delta \varphi_i = 2(S_{i,21} - 0.5)\varphi_{i\max}$
22	横轴晃动误差 $\Delta \Psi_i$	$S_{i,22}$		$\Delta \Psi_i = 2(S_{i,20} - 0.5)\Psi_{i\max}$

序号 i,j	变量名称	均匀分布 随机数矩阵 $S_{i,j}$ 符号	归一化正态分布 随机数矩阵 $T_{i,j}$	各参数的随机误差
23	横轴光电编码器测量误差 $\Delta\lambda_1$	$S_{i,23}$		$\Delta\lambda_1 = 2(S_{i,23}-0.5)\lambda_{1\max}$
24	横轴光电编码器零位误差 $\Delta\lambda_2$		$T_{i,24}$	$\Delta\lambda_2 = \mathrm{Sign}(\cdot)T_{i,24}\cdot\sigma_{\lambda2}$
25	横轴光电编码器联轴节误差 $\Delta\lambda_3$		$T_{i,25}$	$\Delta\lambda_3 = \mathrm{Sign}(\cdot)T_{i,25}\cdot\sigma_{\lambda3}$
26	望远镜主点前、 后移的平移偏差 Δd_1		$T_{i,26}$	$\Delta d_1 = \mathrm{Sign}(\cdot)T_{i,26}\cdot\sigma_{d1}$
27	望远镜视差误差 Δd_2		$T_{i,27}$	$\Delta d_2 = \mathrm{Sign}(\cdot)T_{i,27}\cdot\sigma_{d2}$
28	望远镜视轴上、下安置误差 Δd_3		$T_{i,28}$	$\Delta d_3 = \mathrm{Sign}(\cdot)T_{i,28}\cdot\sigma_{d3}$
29	望远镜视轴照准差 C （视轴与横轴的不正交）	$S_{i,29}$		$C = 2(S_{i,29}-0.5)C_{\max}$
30	照准差的误差 ΔC （视轴方位角的晃动）		$T_{i,30}$	$\Delta C = \mathrm{Sign}(\cdot)T_{i,30}\cdot\sigma_c$
31	视轴高低角晃动误差 $\Delta\theta_e$		$T_{i,31}$	$\Delta\theta_e = \mathrm{Sign}(\cdot)T_{i,31}\cdot\sigma_{\theta e}$
32	望远镜焦距偏差 Δf		$T_{i,32}$	$\Delta f = \mathrm{Sign}(\cdot)T_{i,32}\cdot\sigma_f$
33	像面像点位置测量误差 Δx		$T_{i,33}$	$\Delta x = \mathrm{Sign}(\cdot)T_{i,33}\cdot\sigma_x$
34	像面像点位置测量误差 Δy		$T_{i,34}$	$\Delta y = \mathrm{Sign}(\cdot)T_{i,34}\cdot\sigma_y$
35	激光测距误差 ΔR		$T_{i,35}$	$\Delta R = \mathrm{Sign}(\cdot)T_{i,35}\cdot\sigma_R$

表 5-16 所有误差项定义和计算使用值

序号	误差变量名称	误差分布	误差量
1	中心地平坐标系原点的高程误差	正态分布	$\sigma_{h_C}=0.01\mathrm{m}$（GPS 差分静态定位精度）
2	大地纬度误差	正态分布	$\sigma_{\lambda_C}=[0.8\exp(-7)]°$ （GPS 差分静态定位精度）
3	相对航迹坐标系的大地经度误差	正态分布	$\sigma_{\alpha_{CS}}=[0.2\exp(-3)]°$ （GPS 导航定位精度）
4	航迹坐标系的高程误差	正态分布	$\sigma_{h_S}=10\mathrm{m}$
5	大地纬度误差	正态分布	$\sigma_{\lambda_S}=[0.2\exp(-3)]°$ （GPS 导航定位精度）
6	航迹坐标系的航向角偏差	正态分布	$\sigma_{\Psi_{SC}}=0.1°$
7	飞机的俯仰角	正态分布	$\sigma_{\theta_{AS}}=0.02°$
8	飞机的横滚角	正态分布	$\sigma_{\phi_{AS}}=0.02°$

序号	误差变量名称	误差分布	误差量
9	飞机的偏航角	正态分布	$\sigma_{x_{AS}} = 0.1°$
10	减振器角振动误差(俯仰方向)	均匀分布	$\theta_{BAmax} = 0.1°$（采用无角位移减振器）
11	减振器角振动误差(横滚方向)	均匀分布	$\theta_{BAmax} = 0.1°$（采用无角位移减振器）
12	减振器角振动误差(偏航方向)	均匀分布	$\chi_{BAmax} = 0.05°$（采用无角位移减振器）
13	基座调平偏差方位角	均匀分布	$\alpha_{V_{max}} = 0.002°$
14	基座调平误差	正态分布	$\sigma_V = 0.001°$
15	竖轴晃动误差(b_2 轴)	均匀分布	$\Delta\theta_{V_{max}} = 0.0015°$
16	竖轴晃动误差(b_1 轴)	均匀分布	$\Delta\varphi_{V_{max}} = 0.0015°$
17	竖轴光电编码器测量误差	均匀分布	$\Delta\alpha_{1max} = 0.0015°$
18	竖轴光电编码器零位误差	正态分布	$\sigma_{\sigma2} = 0.0008°$
19	竖轴光电编码器联轴节误差	正态分布	$\sigma_{\sigma_3} = 0.0008°$
20	横轴差(横轴与竖轴不正交误差)	正态分布	$\sigma_i = 0.0013°$
21	横轴晃动误差(v_1 轴)	均匀分布	$\Delta\varphi_{imax} = 0.0013°$
22	横轴晃动误差(v_2 轴)	均匀分布	$\Delta\Psi_{imax} = 0.0013°$
23	横轴光电编码器测量误差	均匀分布	$\Delta\lambda l_{max} = 0.0015°$
24	横轴光电编码器零位误差	正态分布	$\sigma_{\lambda2} = 0.0008°$
25	横轴光电编码器联轴节误差	正态分布	$\sigma_{\lambda3} = 0.0008°$
26	望远镜主点前、后移的平移偏差	正态分布	$\sigma_{d1} = 0.0001m$
27	望远镜视差误差	正态分布	$\sigma_{d2} = 0.001m$
28	望远镜视轴上、下安置误差	正态分布	$\sigma_{d3} = 0.001m$
29	望远镜视轴照准差(视轴与横轴的不正交)	均匀分布	$C_{max} = 0.00056°$
30	照准差的误差(视轴方位角的晃动)	正态分布	$\sigma_c = 0.00017°$
31	视轴高低角晃动误差	正态分布	$\sigma_{\theta e} = 0.00017°$
32	望远镜焦距偏差	正态分布	$\sigma_f = 0.0005m$
33	像面像点位置测量误差	正态分布	$\sigma_x = 0.000006m$
34	像面像点位置测量误差	正态分布	$\sigma_y = 0.000006m$
35	激光测距误差	正态分布	$\sigma_R = 1m$

测量误差分析计算程序的建立

建立机载光电跟踪测量方程的前提条件是：①影响测量误差的因素；②建立统一位置传递方程；③各项误差的分布；④坐标系的转换。围绕上述几个方面的因素，利用 Matlab 程序进行编程，即可建立机载光电跟踪测量方程。

3. 应用测量方程进行计算

用测量方程计算结果如下：

$$M_1 = \left[\,[1,0,0,0],[0,1,0,0],[0,0,1,(h_C + \Delta h_C)],[0,0,0,1]\,\right]$$

$M_2 = [[\cos(\lambda_C + \Delta\lambda_C), 0, \sin(\lambda_C + \Delta\lambda_C), 0], [0,1,0,0], [-\sin(\lambda_C + \Delta\lambda_C), 0, \cos(\lambda_C + \Delta\lambda_C), 0], [0,0,0,1]]$

$M_3 = [[1,0,0,0], [0, \cos(\alpha_{CS} + \Delta\alpha_{CS}), -\sin(\alpha_{CS} + \Delta\alpha_{CS}), 0], [0, \sin(\alpha_{CS} + \Delta\alpha_{CS}), \cos(\alpha_{CS} + \Delta\alpha_{CS}), 0], [0,0,0,1]]$

$M_4 = [[\cos(\lambda_S + \Delta\lambda_S), 0, -\sin(\lambda_S + \Delta\lambda_S), 0], [0,1,0,0], [\sin(\lambda_S + \Delta\lambda_S), 0, \cos(\lambda_S + \Delta\lambda_S), 0], [0,0,0,1]]$

$M_5 = [[1,0,0,0], [0,1,0,0], [0,0,1, -(h_S + \Delta h_S)], [0,0,0,1]]$

$M_6 = [[\cos(\Psi_{SC} + \Delta\Psi_{SC}), \sin(\Psi_{SC} + \Delta\Psi_{SC}), 0, 0], [-\sin(\Psi_{SC} + \Delta\Psi_{SC}), \cos(\Psi_{SC} + \Delta\Psi_{SC}), 0, 0], [0,0,1,0], [0,0,0,1]]$

$M_7 = [[\cos(\theta_{AS} + \Delta\theta_{AS}), 0, -\sin(\theta_{AS} + \Delta\theta_{AS}), 0], [0,1,0,0], [\sin(\theta_{AS} + \Delta\theta_{AS}), 0, \cos(\theta_{AS} + \Delta\theta_{AS}), 0], [0,0,0,1]]$

$M_8 = [[1,0,0,0], [0, \cos(\varphi_{AS} + \Delta\varphi_{AS}), \sin(\varphi_{AS} + \Delta\varphi_{AS}), 0], [0, -\sin(\varphi_{AS} + \Delta\varphi_{AS}), \cos(\varphi_{AS} + \Delta\varphi_{AS}), 0], [0,0,0,1]]$

$M_9 = [[\cos(\Psi_{AS} + \Delta\Psi_{AS}), \sin(\Psi_{AS} + \Delta\Psi_{AS}), 0, 0], [-\sin(\Psi_{AS} + \Delta\Psi_{AS}), \cos(\Psi_{AS} + \Delta\Psi_{AS}), 0, 0], [0,0,1,0], [0,0,0,1]]$

$M_{10} = [[\cos\Delta\theta_{BA}, 0, -\sin\Delta\theta_{BA}, 0], [0,1,0,0], [\sin\Delta\theta_{BA}, 0, \cos\Delta\theta_{BA}, 0], [0,0,0,1]]$

$M_{11} = [[1,0,0,0], [0, \cos\Delta\varphi_{BA}, \sin\Delta\varphi_{BA}, 0], [0, -\sin\Delta\varphi_{BA}, \cos\Delta\varphi_{BA}, 0], [0,0,0,1]]$

$M_{12} = [[\cos\Delta\Psi_{BA}, \sin\Delta\Psi_{BA}, 0, 0], [-\sin\Delta\Psi_{BA}, \cos\Delta\Psi_{BA}, 0, 0], [0,0,1,0], [0,0,0,1]]$

$M_{13} = [[\cos(\alpha_V), \sin(\alpha_V), 0, 0], [-\sin(\alpha_V), \cos(\alpha_V), 0, 0], [0,0,1,0], [0,0,0,1]]$

$M_{14} = [[\cos(V + \Delta V), 0, -\sin(V + \Delta V), 0], [0,1,0,0], [\sin(V + \Delta V), 0, \cos(V + \Delta V), 0], [0,0,0,1]]$

$M_{15} = [[\cos(\alpha_V), -\sin(\alpha_V), 0, 0], [\sin(\alpha_V), \cos(\alpha_V), 0, 0], [0,0,1,0], [0,0,0,1]]$

$M_{16} = [[\cos(\Delta\theta_V), 0, -\sin\Delta\theta_V, 0], [0,1,0,0], [\sin\Delta\theta_V, 0, \cos\Delta\theta_V, 0], [0,0,0,1]]$

$M_{17} = [[1,0,0,0], [0, \cos\Delta\varphi_V, \sin\Delta\varphi_V, 0], [0, -\sin\Delta\varphi_V, \cos(\Delta\varphi_V), 0], [0,0,0,1]]$

$M_{18} = [[1,0,0,0], [0, \cos(i + \Delta i), \sin(i + \Delta i), 0], [0, -\sin(i + \Delta i), \cos(i + \Delta i), 0], [0,0,0,1]]$

$M_{19} = [[1,0,0,0], [0, \cos\Delta\varphi_i, \sin\Delta\varphi_i, 0], [0, -\sin\Delta\varphi_i, \cos\Delta\varphi_i, 0], [0,0,0,1]]$

$M_{20} = [[\cos\Delta\Psi_i, \sin\Delta\Psi_i, 0, 0], [-\sin\Delta\Psi_i, \cos\Delta\Psi_i, 0, 0], [0,0,1,0], [0,0,$

$$0,1]]$$

$$\boldsymbol{M}_{23} \cdot M_{22} \cdot M_{21} = [[1,0,0,-(d_1+\Delta d_1)],[0,1,0,-(d_2+\Delta d_2)],[0,0,1,\\ -(d_3+\Delta d_3)],[0,0,0,1]]$$

$$\boldsymbol{M}_{24} = [[\cos(C+\Delta C),\sin(C+\Delta C),0,0],[-\sin(C+\Delta C),\cos(C+\Delta C),0,\\ 0],[0,0,1,0],[0,0,0,1]]$$

$$\boldsymbol{M}_{25} = [[\cos\theta_e,0,-\sin\theta_e,0],[0,1,0,0],[\sin\theta_e,0,\cos\theta_e,0],[0,0,0,1]]$$

$$\boldsymbol{M}_{26} = [[\cos\alpha,\sin\alpha,0,0],[-\sin\alpha,\cos\alpha,0,0],[0,0,1,0],[0,0,0,1]]$$

$$\boldsymbol{M}_{27} = [[\cos\lambda,0,-\sin\lambda,0],[0,1,0,0],[\sin\lambda,0,\cos\lambda,0],[0,0,1,0]]$$

$$\boldsymbol{M}_{28} = [[\cos(\arctan((y+\Delta y)/f)),0,-\sin(\arctan((y+\Delta y)/f)),0],\\ [0,1,0,0],[\sin(\arctan((y+\Delta y)/f)),0,\cos(\arctan((y+\Delta y)/f)),\\ 0],[0,0,0,1]]$$

$$\boldsymbol{M}_{29} = [[\cos((x+\Delta x)/f),\sin((x+\Delta x)/f),0,0],[-\sin(x+\Delta x)/f),\cos((x\\ +\Delta x)/f),0,0],[0,0,1,0],[0,0,0,1]]$$

$$\boldsymbol{M}_{30} = [[1,0,0,-(R+\Delta R)],[0,1,0,0],[0,0,1,0],[0,0,0,1]]$$

（1）根据任务书或合同对设备的技术要求，设计一组在测量方程式（5-133）中各参数的典型名义值包括：$h_C,\lambda_C,\alpha_{CS},\lambda_{C\lambda},\Psi_{SC},i,C,d_1,d_2,d_3,x,y,\theta_{AS},\varphi_{AS},$ $\Psi_{AS},\theta_{BA},\varphi_{BA},\Psi_{BA},\alpha_V,V,\theta_V,\varphi_V,\Psi_V,\theta_i,\varphi_i,\Psi_i$；给出一个目标点在中心坐标系中的初始位置值$[C_{K_{10}},C_{K_{20}},C_{K_{30}},l]^{\mathrm{T}}$。将测量方程式（5-133）中的各误差项全部设为零，解测量方程式（5-133）得光电跟踪测量设备应测得的三个测量值α_{E}、λ_{E}和R的名义值（初始值）α_{E0}、λ_{E0}和R_0。

（2）将步骤（1）中的各参数的名义值和初始值，以及表5-15中35个参数误差的随机数代入测量方程式（5-133），用蒙特卡罗法计算出三个数列，即$\alpha_{\mathrm{E1}},\alpha_{\mathrm{E2}},$ $\cdots\alpha_{\mathrm{E}n}$；$\lambda_{\mathrm{E1}},\lambda_{\mathrm{E2}},\cdots\lambda_{\mathrm{E}n}$和$R_1,R_2,\cdots R_n$。

（3）依据步骤（2）中计算出的三个数列，计算出三个数列的一阶矩：$m_{\alpha\mathrm{E}}$、$m_{\lambda\mathrm{E}}$和m_R；以及二阶中心矩：$\sigma_{\alpha\mathrm{E}}$、$\sigma_{\lambda\mathrm{E}}$和$\sigma_R$。

（4）将$\alpha_{\mathrm{E}}=\alpha_{\mathrm{E0}}+m_{\alpha\mathrm{E}}+\Delta_{\alpha\mathrm{E}},\lambda_{\mathrm{E}}=\lambda_{\mathrm{E0}}+m_{\lambda\mathrm{E}}+\Delta_{\lambda\mathrm{E}}$和$R=R_0+m_R+\Delta_R$。注意：将$\Delta_{\alpha\mathrm{E}}$、$\Delta_{\lambda\mathrm{E}}$和$\Delta_R$代入时，应根据$\sigma_{\alpha\mathrm{E}}$、$\sigma_{\lambda\mathrm{E}}$和$\sigma_R$作三个随机参数，即$\Delta_{\alpha\mathrm{E}}=\mathrm{Sign}(\cdot)$ $\boldsymbol{T}_{i36}\sigma_{\alpha\mathrm{E}},\Delta_{\lambda\mathrm{E}}=\mathrm{Sign}(\cdot)\boldsymbol{T}_{i37}\sigma_{\lambda\mathrm{E}}$和$\Delta_R=\mathrm{Sign}(\cdot)\boldsymbol{T}_{i38}\sigma_R$，以及$\boldsymbol{M}_1\sim\boldsymbol{M}_{30}$中的所有参数的名义值和表5-16中35个参数误差的随机数代入测量方程式（5-133），再一次应用蒙特卡罗法求出$[C_{K_1},C_{K_2},C_{K_3},1]^{\mathrm{T}}$。

而$[\Delta_{C_{K_1}},\Delta_{C_{K_2}},\Delta_{C_{K_3}},1]^{\mathrm{T}}=[(C_{K_1}-C_{K_{10}}),(C_{K_2}-C_{K_{20}}),(C_{K_3}-C_{K_{30}}),1]^{\mathrm{T}}$，即机载光电跟踪测量设备（系统）的目标定位误差。

C_{K_1}、C_{K_2}和C_{K_3}的计算结果如下：

$$C_{K_1}=\cos(\lambda_C+\Delta\lambda_C)(\cos(\lambda_S+\Delta\lambda_S)(\cos(\psi_{SC}+\Delta\psi_{SC}))(\cos(\Delta\psi_i)(\cos(\alpha+\\ \Delta\alpha)(\cos(\lambda+\Delta\lambda)(R+\Delta R)+\sin(\lambda+\Delta\lambda)(\Delta\theta_e+(y+\Delta y)/(f+$$

$$\Delta f))(R + \Delta R)) - \sin(\alpha + \Delta \alpha)(-(C + \Delta C) - (x + \Delta x)/(f + \Delta f))(R + \Delta R) - (d_1 + \Delta d_1)) + \sin(\Delta \psi_i)(-\sin(\alpha + \Delta \alpha)(-\cos(\lambda + \Delta \lambda)(R + \Delta R) + \sin(\lambda + \Delta \lambda)(\Delta \theta_e + (y + \Delta y)/(f + \Delta f))(R + \Delta R)) - \cos(\alpha + \Delta \alpha)(-(C + \Delta C) - (x + \Delta x)/(f + \Delta f))(R + \Delta R) - (d_2 + \Delta d_2)) + ((\psi_{AS} + \Delta \psi_{AS}) + \Delta \psi_{BA})(\cos(i + \Delta i + \Delta \varphi_i)(-\sin \Delta \psi_i(\cos(\alpha + \Delta \alpha)(-\cos(\lambda + \Delta \lambda)(R + \Delta R) + \sin(\lambda + \Delta \lambda)(\Delta \theta_e + (y + \Delta y)/(f + \Delta f))(R + \Delta R)) - \sin(\alpha + \Delta \alpha)(-(C + \Delta C) - (x + \Delta x)/(f + \Delta f))(R + \Delta R) - (d_1 + \Delta d_1)) + \cos \Delta \psi_i(-\sin(\alpha + \Delta \alpha)(-\cos(\lambda + \Delta \lambda)(R + \Delta R) + \sin(\lambda + \Delta \lambda)(\Delta \theta_e + (y + \Delta y)/(f + \Delta f))(R + \Delta R)) - \cos(\alpha + \Delta \alpha)(-(C + \Delta C) - (x + \Delta x)/(f + \Delta f))(R + \Delta R) - (d_2 + \Delta d_2))) + \sin(i + \Delta i + \Delta \varphi_i)(-\sin(\lambda + \Delta \lambda)(R + \Delta R) - \cos(\lambda + \Delta \lambda)(\Delta \theta_e + (y + \Delta y)/(f + \Delta f))(R + \Delta R) - (d_3 + \Delta d_3))) + (-(\theta_{AS} + \Delta \theta_{AS}) - \Delta \theta_{BA} - \Delta \theta_V - \cos(\alpha_V(V + \Delta V))(-\sin(i + \Delta i + \Delta \varphi_i)(-\sin \Delta \psi_i(\cos(\alpha + \Delta \alpha)(-\cos(\lambda + \Delta \lambda)(R + \Delta R) + \sin(\lambda + \Delta \lambda)(\Delta \theta_e + (y + \Delta y)/(f + \Delta f))(R + \Delta R)) - \sin(\alpha + \Delta \alpha)(-(C + \Delta C) - (x + \Delta x)/(f + \Delta f))(R + \Delta R) - (d_1 + \Delta d_1)) + \cos \Delta \psi_i(-\sin(\alpha + \Delta \alpha)(-\cos(\lambda + \Delta \lambda)(R + \Delta R) + \sin(\lambda + \Delta \lambda)(\Delta \theta_e + (y + \Delta y)/(f + \Delta f))(R + \Delta R)) - \cos(\alpha + \Delta \alpha)(-(C + \Delta C) - (x + \Delta x)/(f + \Delta f))(R + \Delta R) - (d_2 + \Delta d_2))) + \cos(i + \Delta i + \Delta \varphi_i)(-\sin(\lambda + \Delta \lambda)(R + \Delta R) - \cos(\lambda + \Delta \lambda)(\Delta \theta_e + (y + \Delta y)/(f + \Delta f))(R + \Delta R) - (d_3 + \Delta d_3)))) + \sin(\psi_{SC} + \Delta \psi_{SC})((-(\psi_{AS} + \Delta \psi_{AS}) - \Delta \psi_{BA})(\cos(\Delta \psi_i)(\cos(\alpha + \Delta \alpha)(-\cos(\lambda + \Delta \lambda)(R + \Delta R) + \sin(\lambda + \Delta \lambda)(\Delta \theta_e + (y + \Delta y)/(f + \Delta f))(R + \Delta R)) - \sin(\alpha + \Delta \alpha)(-(C + \Delta C) - (x + \Delta x)/(f + \Delta f))(R + \Delta R) - (d_1 + \Delta d_1)) + \sin \Delta \psi_i(-\sin(\alpha + \Delta \alpha)(-\cos(\lambda + \Delta \lambda)(R + \Delta R) + \sin(\lambda + \Delta \lambda)(\Delta \theta_e + (y + \Delta y)/(f + \Delta f))(R + \Delta R)) - \cos(\alpha + \Delta \alpha)(-(C + \Delta C) - (x + \Delta x)/(f + \Delta f))(R + \Delta R) - (d_2 + \Delta d_2))) + \cos(i + \Delta i + \Delta \varphi_i)(-\sin \Delta \psi_i(\cos(\alpha + \Delta \alpha)(-\cos(\lambda + \Delta \lambda)(R + \Delta R) + \sin(\lambda + \Delta \lambda)(\Delta \theta_e + (y + \Delta y)/(f + \Delta f))(R + \Delta R)) - \sin(\alpha + \Delta \alpha)(-(C + \Delta C) - (x + \Delta x)/(f + \Delta f))(R + \Delta R) - (d_1 + \Delta d_1)) + \cos \Delta \psi_i(-\sin(\alpha + \Delta \alpha)(-\cos(\lambda + \Delta \lambda)(R + \Delta R) + \sin(\lambda + \Delta \lambda)(\Delta \theta_e + (y + \Delta y)/(f + \Delta f))(R + \Delta R)) - \cos(\alpha + \Delta \alpha)(-(C + \Delta C) - (x + \Delta x)/(f + \Delta f))(R + \Delta R) - (d_2 + \Delta d_2))) + \sin(i + \Delta i + \Delta \varphi_i)(-\sin(\lambda + \Delta \lambda)(R + \Delta R) - \cos(\lambda + \Delta \lambda)(\Delta \theta_e + (y + \Delta y)/(f + \Delta f))(R + \Delta R) - (d_3 + \Delta d_3)) + (\varphi_{AS} + \Delta \varphi_{AS} + \Delta \varphi_{BA} - \sin(\alpha_V(V + \Delta V) + \Delta \varphi_V)(-\sin(i + \Delta i + \Delta \varphi_i)(-\sin \Delta \psi_i(\cos(\alpha + \Delta \alpha)(-\cos(\lambda + \Delta \lambda)(R + \Delta R) + \sin(\lambda + \Delta \lambda)(\Delta \theta_e + (y + \Delta y)/(f + \Delta f))(R + \Delta R)) - \sin(\alpha + \Delta \alpha)(-(C + \Delta C) - (x + \Delta x)/(f + \Delta f))(R + \Delta R) - (d_1 + \Delta d_1)) +$$

$\cos\Delta\psi_i(-\sin(\alpha+\Delta\alpha)(-\cos(\lambda+\Delta\lambda)(R+\Delta R)+\sin(\lambda+\Delta\lambda)(\Delta\theta_e+$
$(y+\Delta y)/(f+\Delta f))(R+\Delta R))-\cos(\alpha+\Delta\alpha)(-(C+\Delta C)-(x+$
$\Delta x)/(f+\Delta f))(R+\Delta R)-(d_2+\Delta d_2)))+\cos(i+\Delta i+\Delta\varphi_i)(-\sin(\lambda+$
$\Delta\lambda)(R+\Delta R)-\cos(\lambda+\Delta\lambda)(\Delta\theta_e+(y+\Delta y)/(f+\Delta f))(R+\Delta R)-$
$(d_3+\Delta d_3)))))-\sin(\lambda_S+\Delta\lambda_S)(((\theta_{AS}+\Delta\theta_{AS})+\Delta\theta_{BA}+\Delta\theta_v+$
$\cos(\alpha_V(V+\Delta V))(\cos\Delta\psi_i(\cos(\alpha+\Delta\alpha)(-\cos(\lambda+\Delta\lambda)(R+\Delta R)+$
$\sin(\lambda+\Delta\lambda)(\Delta\theta_e+(y+\Delta y)/(f+\Delta f))(R+\Delta R))-\sin(\alpha+\Delta\alpha)$
$(-(C+\Delta C)-(x+\Delta x)/(f+\Delta f))(R+\Delta R)-(d_1+\Delta d_1))+$
$\sin\Delta\psi_i(-\sin(\alpha+\Delta\alpha)(-\cos(\lambda+\Delta\lambda)(R+\Delta R)+\sin(\lambda+$
$\Delta\lambda)(\Delta\theta_e+(y+\Delta y)/(f+\Delta f))(R+\Delta R))-\cos(\alpha+\Delta\alpha)(-(C+$
$\Delta C)-(x+\Delta x)/(f+\Delta f))(R+\Delta R)-(d_2+\Delta d_2)))+(-\varphi_{AS}+$
$\Delta\varphi_{AS}-\Delta\varphi_{BA}+\sin(\alpha_V(V+\Delta V)-\Delta\varphi_V)(\cos(i+\Delta i+\Delta\varphi_i)$
$(-\sin\Delta\psi_i(\cos(\alpha+\Delta\alpha)(-\cos(\lambda+\Delta\lambda)(R+\Delta R)+\sin(\lambda+\Delta\lambda)(\Delta\theta_e+$
$(y+\Delta y)/(f+\Delta f))(R+\Delta R))-\sin(\alpha+\Delta\alpha)(-(C+\Delta C)-(x+$
$\Delta x)/(f+\Delta f))(R+\Delta R)-(d_1+\Delta d_1))+\cos\Delta\psi_i(-\sin(\alpha+\Delta\alpha)$
$(-\cos(\lambda+\Delta\lambda)(R+\Delta R)+\sin(\lambda+\Delta\lambda)(\Delta\theta_e+(y+\Delta y)/(f+$
$\Delta f))(R+\Delta R))-\cos(\alpha+\Delta\alpha)(-(C+\Delta C)-(x+\Delta x)/(f+\Delta f))$
$(R+\Delta R)-(d_2+\Delta d_2)))+\sin(i+\Delta i+\Delta\varphi_i)(-\sin(\lambda+\Delta\lambda)(R+$
$\Delta R)-\cos(\lambda+\Delta\lambda)(\Delta\theta_e+(y+\Delta y)/(f+\Delta f))(R+\Delta R)-(d_3+$
$\Delta d_3)))-\sin(i+\Delta i+\Delta\varphi_i)(-\sin\Delta\psi_i(\cos(\alpha+\Delta\alpha)(-\cos(\lambda+$
$\Delta\lambda)(R+\Delta R)+\sin(\lambda+\Delta\lambda)(\Delta\theta_e+(y+\Delta y)/(f+\Delta f))(R+\Delta R))$
$-\sin(\alpha+\Delta\alpha)(-(C+\Delta C)-(x+\Delta x)/(f+\Delta f))(R+\Delta R)-(d_1+$
$\Delta d_1))+\cos\Delta\psi_i(-\sin(\alpha+\Delta\alpha)(-\cos(\lambda+\Delta\lambda)(R+\Delta R)+\sin(\lambda+$
$\Delta\lambda)(\Delta\theta_e+(y+\Delta y)/(f+\Delta f))(R+\Delta R))-\cos(\alpha+\Delta\alpha)(-(C+$
$\Delta C)-(x+\Delta x)/(f+\Delta f))(R+\Delta R)-(d_2+\Delta d_2)))+\cos(i+\Delta i+$
$\Delta\varphi_i)(-\sin(\lambda+\Delta\lambda)(R+\Delta R)-\cos(\lambda+\Delta\lambda)(\Delta\theta_e+(y+\Delta y)/(f+$
$\Delta f))(R+\Delta R)-(d_3+\Delta d_3))-(h_S+\Delta h_S)))+\sin(\lambda_C+\Delta\lambda_C)$
$(-\sin(\alpha_{CS}+\Delta\alpha_{CS})(-\sin(\psi_{SC}+\Delta\psi_{SC})(\cos\Delta\psi_i(\cos(\alpha+\Delta\alpha)$
$(-\cos(\lambda+\Delta\lambda)(R+\Delta R)+\sin(\lambda+\Delta\lambda)(\Delta\theta_e+(y+\Delta y)/(f+$
$\Delta f))(R+\Delta R))-\sin(\alpha+\Delta\alpha)(-(C+\Delta C)-(x+\Delta x)/(f+\Delta f))$
$(R+\Delta R)-(d_1+\Delta d_1))+\sin\Delta\psi_i(-\sin(\alpha+\Delta\alpha)(-\cos(\lambda+$
$\Delta\lambda)(R+\Delta R)+\sin(\lambda+\Delta\lambda)(\Delta\theta_e+(y+\Delta y)/(f+\Delta f))(R+\Delta R))$
$-\cos(\alpha+\Delta\alpha)(-(C+\Delta C)-(x+\Delta x)/(f+\Delta f))(R+\Delta R)-(d_2+$
$\Delta d_2))+((\psi_{AS}+\Delta\psi_{AS})+\Delta\psi_{BA})(\cos(i+\Delta i+\Delta\varphi_i)(-\sin\Delta\psi_i$
$(\cos(\alpha+\Delta\alpha)(-\cos(\lambda+\Delta\lambda)(R+\Delta R)+\sin(\lambda+\Delta\lambda)(\Delta\theta_e+(y+$
$\Delta y)/(f+\Delta f))(R+\Delta R))-\sin(\alpha+\Delta\alpha)(-(C+\Delta C)-(x+\Delta x)/$
$(f+\Delta f))(R+\Delta R)-(d_1+\Delta d_1))+\cos(\Delta\psi_i)(-\sin(\alpha+\Delta\alpha)$

$$(- \cos(\lambda + \Delta \lambda)(R + \Delta R) + \sin(\lambda + \Delta \lambda)(\Delta \theta_e + (y + \Delta y)/(f +$$
$$\Delta f))(R + \Delta R)) - \cos(\alpha + \Delta \alpha)(- (C + \Delta C) - (x + \Delta x)/(f + \Delta f))$$
$$(R + \Delta R) - (d_2 + \Delta d_2))) + \sin(i + \Delta i + \Delta \varphi_i)(- \sin(\lambda + \Delta \lambda)(R +$$
$$\Delta R) - \cos(\lambda + \Delta \lambda)(\Delta \theta_e + (y + \Delta y)/(f + \Delta f))(R + \Delta R) - (d_3 +$$
$$\Delta d_3))) + (- (\theta_{AS} + \Delta \theta_{AS}) - \Delta \theta_{BA} - \Delta \theta_V - \cos(\alpha_V(V + \Delta V))(- \sin(i +$$
$$\Delta i + \Delta \varphi_i)(- \sin \Delta \psi_i(\cos(\alpha + \Delta \alpha)(- \cos(\lambda + \Delta \lambda)(R + \Delta R) + \sin(\lambda$$
$$+ \Delta \lambda)(\Delta \theta_e + (y + \Delta y)/(f + \Delta f))(R + \Delta R)) - \sin(\alpha + \Delta \alpha)$$
$$(- (C + \Delta C) - (x + \Delta x)/(f + \Delta f))(R + \Delta R) - (d_1 + \Delta d_1)) +$$
$$\cos \Delta \psi_i(- \sin(\alpha + \Delta \alpha)(- \cos(\lambda + \Delta \lambda)(R + \Delta R) + \sin(\lambda + \Delta \lambda)$$
$$(\Delta \theta_e + (y + \Delta y)/(f + \Delta f))(R + \Delta R)) - \cos(\alpha + \Delta \alpha)(- (C + \Delta C) -$$
$$(x + \Delta x)/(f + \Delta f))(R + \Delta R) - (d_2 + \Delta d_2))) + \cos(i + \Delta i + \Delta \varphi_i)$$
$$(- \sin(\lambda + \Delta \lambda)(R + \Delta R) - \cos(\lambda + \Delta \lambda)(\Delta \theta_e + (y + \Delta y)/(f + \Delta f))$$
$$(R + \Delta R) - (d_3 + \Delta d_3)))) + \cos(\psi_{SC} + \Delta \psi_{SC})((- (\psi_{AS} + \Delta \psi_{AS}) -$$
$$\Delta \psi_{BA})(\cos \Delta \psi_i(\cos(\alpha + \Delta \alpha)(- \cos(\lambda + \Delta \lambda)(R + \Delta R) + \sin(\lambda +$$
$$\Delta \lambda)(\Delta \theta_e + (y + \Delta y)/(f + \Delta f))(R + \Delta R)) - \sin(\alpha + \Delta \alpha)(- (C +$$
$$\Delta C) - (x + \Delta x)/(f + \Delta f))(R + \Delta R) - (d_1 + \Delta d_1)) + \sin \Delta \psi_i$$
$$(- \sin(\alpha + \Delta \alpha)(- \cos(\lambda + \Delta \lambda)(R + \Delta R) + \sin(\lambda + \Delta \lambda)(\Delta \theta_e + (y +$$
$$\Delta y)/(f + \Delta f))(R + \Delta R)) - \cos(\alpha + \Delta \alpha)(- (C + \Delta C) - (x + \Delta x)/$$
$$(f + \Delta f))(R + \Delta R) - (d_2 + \Delta d_2))) + \cos(i + \Delta i + \Delta \varphi_i)$$
$$(- \sin \Delta \psi_i(\cos(\alpha + \Delta \alpha)(- \cos(\lambda + \Delta \lambda)(R + \Delta R) + \sin(\lambda + \Delta \lambda)$$
$$(\Delta \theta_e + (y + \Delta y)/(f + \Delta f))(R + \Delta R)) - \sin(\alpha + \Delta \alpha)(- (C + \Delta C) -$$
$$(x + \Delta x)/(f + \Delta f))(R + \Delta R) - (d_1 + \Delta d_1)) + \cos \Delta \psi_i(- \sin(\alpha +$$
$$\Delta \alpha)(- \cos(\lambda + \Delta \lambda)(R + \Delta R) + \sin(\lambda + \Delta \lambda)(\Delta \theta_e + (y + \Delta y)/(f +$$
$$\Delta f))(R + \Delta R)) - \cos(\alpha + \Delta \alpha)(- (C + \Delta C) - (x + \Delta x)/(f + \Delta f))$$
$$(R + \Delta R) - (d_2 + \Delta d_2))) + \sin(i + \Delta i + \Delta \varphi_i)(- \sin(\lambda + \Delta \lambda)(R +$$
$$\Delta R) - \cos(\lambda + \Delta \lambda)(\Delta \theta_e + (y + \Delta y)/(f + \Delta f))(R + \Delta R) - (d_3 +$$
$$\Delta d_3)) + (\varphi_{AS} + \Delta \varphi_{AS} + \Delta \varphi_{BA} - \sin(\alpha_V(V + \Delta V) + \Delta \varphi_V)(- \sin(i +$$
$$\Delta i + \Delta \varphi_i)(- \sin \Delta \psi_i(\cos(\alpha + \Delta \alpha)(- \cos(\lambda + \Delta \lambda)(R + \Delta R) + \sin(\lambda$$
$$+ \Delta \lambda)(\Delta \theta_e + (y + \Delta y)/(f + \Delta f))(R + \Delta R)) - \sin(\alpha + \Delta \alpha)$$
$$(- (C + \Delta C) - (x + \Delta x)/(f + \Delta f))(R + \Delta R) - (d_1 + \Delta d_1)) +$$
$$\cos \Delta \psi_i(- \sin(\alpha + \Delta \alpha)(- \cos(\lambda + \Delta \lambda)(R + \Delta R) + \sin(\lambda + \Delta \lambda)$$
$$(\Delta \theta_e + (y + \Delta y)/(f + \Delta f))(R + \Delta R)) - \cos(\alpha + \Delta \alpha)(- (C + \Delta C) -$$
$$(x + \Delta x)/(f + \Delta f))(R + \Delta R) - (d_2 + \Delta d_2))) + \cos(i + \Delta i + \Delta \varphi_i)$$
$$(- \sin(\lambda + \Delta \lambda)(R + \Delta R) - \cos(\lambda + \Delta \lambda)(\Delta \theta_e + (y + \Delta y)/(f +$$
$$\Delta f))(R + \Delta R) - (d_3 + \Delta d_3))))) + \cos(\alpha_{CS} + \Delta \alpha_{CS})(\sin(\lambda_S +$$
$$\Delta \lambda_S)(\cos(\psi_{SC} + \Delta \psi_{SC})(\cos \Delta \psi_i(\cos(\alpha + \Delta \alpha)(- \cos(\lambda + \Delta \lambda)$$
$$(R + \Delta R) + \sin(\lambda + \Delta \lambda)(\Delta \theta_e + (y + \Delta y)/(f + \Delta f))(R + \Delta R)) -$$

$$\sin(\alpha + \Delta\alpha)(-(C + \Delta C) - (x + \Delta x)/(f + \Delta f))(R + \Delta R) - (d_1 + \Delta d_1)) + \sin\Delta\psi_i(-\sin(\alpha + \Delta\alpha)(-\cos(\lambda + \Delta\lambda)(R + \Delta R) + \sin(\lambda + \Delta\lambda)(\Delta\theta_e + (y + \Delta y)/(f + \Delta f))(R + \Delta R)) - \cos(\alpha + \Delta\alpha)(-(C + \Delta C) - (x + \Delta x)/(f + \Delta f))(R + \Delta R) - (d_2 + \Delta d_2)) + ((\psi_{AS} + \Delta\psi_{AS}) + \Delta\psi_{BA})(\cos(i + \Delta i + \Delta\varphi_i)(-\sin\Delta\psi_i(\cos(\alpha + \Delta\alpha)(-\cos(\lambda + \Delta\lambda)(R + \Delta R) + \sin(\lambda + \Delta\lambda)(\Delta\theta_e + (y + \Delta y)/(f + \Delta f))(R + \Delta R)) - \sin(\alpha + \Delta\alpha)(-(C + \Delta C) - (x + \Delta x)/(f + \Delta f))(R + \Delta R) - (d_1 + \Delta d_1)) + \cos\Delta\psi_i(-\sin(\alpha + \Delta\alpha)(-\cos(\lambda + \Delta\lambda)(R + \Delta R) + \sin(\lambda + \Delta\lambda)(\Delta\theta_e + (y + \Delta y)/(f + \Delta f))(R + \Delta R)) - \cos(\alpha + \Delta\alpha)(-(C + \Delta C) - (x + \Delta x)/(f + \Delta f))(R + \Delta R) - (d_2 + \Delta d_2))) + \sin(i + \Delta i + \Delta\varphi_i)(-\sin(\lambda + \Delta\lambda)(R + \Delta R) - \cos(\lambda + \Delta\lambda)(\Delta\theta_e + (y + \Delta y)/(f + \Delta f))(R + \Delta R) - (d_3 + \Delta d_3))) + (-(\theta_{AS} + \Delta\theta_{AS}) - \Delta\theta_{BA} - \Delta\theta_V - \cos(\alpha_V(V + \Delta V))(-\sin(i + \Delta i + \Delta\varphi_i)(-\sin\Delta\psi_i(\cos(\alpha + \Delta\alpha)(-\cos(\lambda + \Delta\lambda)(R + \Delta R) + \sin(\lambda + \Delta\lambda)(\Delta\theta_e + (y + \Delta y)/(f + \Delta f))(R + \Delta R)) - \sin(\alpha + \Delta\alpha)(-(C + \Delta C) - (x + \Delta x)/(f + \Delta f))(R + \Delta R) - (d_1 + \Delta d_1)) + \cos\Delta\psi_i(-\sin(\alpha + \Delta\alpha)(-\cos(\lambda + \Delta\lambda)(R + \Delta R) + \sin(\lambda + \Delta\lambda)(\Delta\theta_e + (y + \Delta y)/(f + \Delta f))(R + \Delta R)) - \cos(\alpha + \Delta\alpha)(-(C + \Delta C) - (x + \Delta x)/(f + \Delta f))(R + \Delta R) - (d_2 + \Delta d_2))) + \cos(i + \Delta i + \Delta\varphi_i)(-\sin(\lambda + \Delta\lambda)(R + \Delta R) - \cos(\lambda + \Delta\lambda)(\Delta\theta_e + (y + \Delta y)/(f + \Delta f))(R + \Delta R) - (d_3 + \Delta d_3)))) + \sin(\psi_{SC} + \Delta\psi_{SC})(((-(\psi_{AS} + \Delta\psi_{AS}) - \Delta\psi_{BA})(\cos\Delta\psi_i(\cos(\alpha + \Delta\alpha)(-\cos(\lambda + \Delta\lambda)(R + \Delta R) + \sin(\lambda + \Delta\lambda)(\Delta\theta_e + (y + \Delta y)/(f + \Delta f))(R + \Delta R)) - \sin(\alpha + \Delta\alpha)(-(C + \Delta C) - (x + \Delta x)/(f + \Delta f))(R + \Delta R) - (d_1 + \Delta d_1)) + \sin\Delta\psi_i(-\sin(\alpha + \Delta\alpha)(-\cos(\lambda + \Delta\lambda)(R + \Delta R) + \sin(\lambda + \Delta\lambda)(\Delta\theta_e + (y + \Delta y)/(f + \Delta f))(R + \Delta R)) - \cos(\alpha + \Delta\alpha)(-(C + \Delta C) - (x + \Delta x)/(f + \Delta f))(R + \Delta R) - (d_2 + \Delta d_2))) + \cos(i + \Delta i + \Delta\varphi_i) - \sin\Delta\psi_i(\cos(\alpha + \Delta\alpha)(-\cos(\lambda + \Delta\lambda)(R + \Delta R) + \sin(\lambda + \Delta\lambda)(\Delta\theta_e + (y + \Delta y)/(f + \Delta f))(R + \Delta R)) - \sin(\alpha + \Delta\alpha)(-(C + \Delta C) - (x + \Delta x)/(f + \Delta f))(R + \Delta R) - (d_1 + \Delta d_1)) + \cos\Delta\psi_i(-\sin(\alpha + \Delta\alpha)(-\cos(\lambda + \Delta\lambda)(R + \Delta R) + \sin(\lambda + \Delta\lambda)(\Delta\theta_e + (y + \Delta y)/(f + \Delta f))(R + \Delta R)) - \cos(\alpha + \Delta\alpha)(-(C + \Delta C) - (x + \Delta x)/(f + \Delta f))(R + \Delta R) - (d_2 + \Delta d_2))) + \sin(i + \Delta i + \Delta\varphi_i)(-\sin(\lambda + \Delta\lambda)(R + \Delta R) - \cos(\lambda + \Delta\lambda)(\Delta\theta_e + (y + \Delta y)/(f + \Delta f))(R + \Delta R) - (d_3 + \Delta d_3)) + (\varphi_{AS} + \Delta\varphi_{AS} + \Delta\varphi_{BA} - \sin(\alpha_V(V + \Delta V) + \Delta\varphi_V)(-\sin(i + \Delta i + \Delta\varphi_i)(-\sin\Delta\psi_i(\cos(\alpha + \Delta\alpha)(-\cos(\lambda + \Delta\lambda)(R + \Delta R) + \sin(\lambda + \Delta\lambda)(\Delta\theta_e + (y + \Delta y)/(f + \Delta f))(R + \Delta R)) - \sin(\alpha + \Delta\alpha)(-(C + \Delta C) - (x + \Delta x)/(f + \Delta f))(R + \Delta R) - (d_1 +$$

$\Delta d_1))+\cos\Delta\psi_i(-\sin(\alpha+\Delta\alpha)(-\cos(\lambda+\Delta\lambda)(R+\Delta R)+$
$\sin(\lambda+\Delta\lambda)(\Delta\theta_e+(y+\Delta y)/(f+\Delta f))(R+\Delta R))-\cos(\alpha+\Delta\alpha)$
$(-(C+\Delta C)-(x+\Delta x)/(f+\Delta f))(R+\Delta R)-(d_2+\Delta d_2)))+$
$\cos(i+\Delta i+\Delta\varphi_i)(-\sin(\lambda+\Delta\lambda)(R+\Delta R)-\cos(\lambda+\Delta\lambda)(\Delta\theta_e+$
$(y+\Delta y)/(f+\Delta f))(R+\Delta R)-(d_3+\Delta d_3)))))+\cos(\lambda_S+$
$\Delta\lambda_S)(((\theta_{AS}+\Delta\theta_{AS})+\Delta\theta_{BA}+\Delta\theta_v+\cos(\alpha_V(V+\Delta V))(\cos\Delta\psi_i$
$(\cos(\alpha+\Delta\alpha)(-\cos(\lambda+\Delta\lambda)(R+\Delta R)+\sin(\lambda+\Delta\lambda)(\Delta\theta_e+(y+$
$\Delta y)/(f+\Delta f))(R+\Delta R))-\sin(\alpha+\Delta\alpha)(-(C+\Delta C)-(x+\Delta x)/$
$(f+\Delta f))(R+\Delta R)-(d_1+\Delta d_1))+\sin\Delta\psi_i(-\sin(\alpha+\Delta\alpha)$
$(-\cos(\lambda+\Delta\lambda)(R+\Delta R)+\sin(\lambda+\Delta\lambda)(\Delta\theta_e+(y+\Delta y)/(f+$
$\Delta f))(R+\Delta R))-\cos(\alpha+\Delta\alpha)(-(C+\Delta C)-(x+\Delta x)/(f+\Delta f))$
$(R+\Delta R)-(d_2+\Delta d_2)))+(-\varphi_{AS}+\Delta\varphi_{AS}-\Delta\varphi_{BA}+\sin(\alpha_V(V+$
$\Delta V)-\Delta\varphi_V)(\cos(i+\Delta i+\Delta\varphi_i)(-\sin\Delta\psi_i(\cos(\alpha+\Delta\alpha)(-\cos(\lambda+$
$\Delta\lambda)(R+\Delta R)+\sin(\lambda+\Delta\lambda)(\Delta\theta_e+(y+\Delta y)/(f+\Delta f))(R+\Delta R))$
$-\sin(\alpha+\Delta\alpha)(-(C+\Delta C)-(x+\Delta x)/(f+\Delta f))(R+\Delta R)-(d_1+$
$\Delta d_1))+\cos\Delta\psi_i(-\sin(\alpha+\Delta\alpha)(-\cos(\lambda+\Delta\lambda)(R+\Delta R)+\sin(\lambda+$
$\Delta\lambda)(\Delta\theta_e+(y+\Delta y)/(f+\Delta f))(R+\Delta R))-\cos(\alpha+\Delta\alpha)(-(C+$
$\Delta C)-(x+\Delta x)/(f+\Delta f))(R+\Delta R)-(d_2+\Delta d_2)))+\sin(i+\Delta i+$
$\Delta\varphi_i)(-\sin(\lambda+\Delta\lambda)(R+\Delta R)-\cos(\lambda+\Delta\lambda)(\Delta\theta_e+(y+\Delta y)/(f+$
$\Delta f))(R+\Delta R)-(d_3+\Delta d_3)))-\sin(i+\Delta i+\Delta\varphi_i)(-\sin\Delta\psi_i$
$(\cos(\alpha+\Delta\alpha)(-\cos(\lambda+\Delta\lambda)(R+\Delta R)+\sin(\lambda+\Delta\lambda)(\Delta\theta_e+(y+$
$\Delta y)/(f+\Delta f))(R+\Delta R))-\sin(\alpha+\Delta\alpha)(-(C+\Delta C)-(x+\Delta x)/$
$(f+\Delta f))(R+\Delta R)-(d_1+\Delta d_1))+\cos\Delta\psi_i(-\sin(\alpha+\Delta\alpha)(-\cos(\lambda+$
$\Delta\lambda)(R+\Delta R)+\sin(\lambda+\Delta\lambda)(\Delta\theta_e+(y+\Delta y)/(f+\Delta f))(R+\Delta R))-$
$\cos(\alpha+\Delta\alpha)(-(C+\Delta C)-(x+\Delta x)/(f+\Delta f))(R+\Delta R)-(d_2+$
$\Delta d_2)))+\cos(i+\Delta i+\Delta\varphi_i)(-\sin(\lambda+\Delta\lambda)(R+\Delta R)-\cos(\lambda+$
$\Delta\lambda)(\Delta\theta_e+(y+\Delta y)/(f+\Delta f))(R+\Delta R)-(d_3+\Delta d_3))-(h_S+$
$\Delta h_S))))$

$C_{K_2}=\cos(\alpha_{CS}+\Delta\alpha_{CS})(-\sin(\psi_{SC}+\Delta\psi_{SC})(\cos\Delta\psi_i(\cos(\alpha+\Delta\alpha)(-\cos(\lambda+$
$\Delta\lambda)(R+\Delta R)+\sin(\lambda+\Delta\lambda)(\Delta\theta_e+(y+\Delta y)/(f+\Delta f))(R+\Delta R))-\sin(\alpha+$
$\Delta\alpha)(-(C+\Delta C)-(x+\Delta x)/(f+\Delta f))(R+\Delta R)-(d_1+\Delta d_1))+$
$\sin\Delta\psi_i(-\sin(\alpha+\Delta\alpha)(-\cos(\lambda+\Delta\lambda)(R+\Delta R)+\sin(\lambda+\Delta\lambda)(\Delta\theta_e+(y$
$+\Delta y)/(f+\Delta f))(R+\Delta R))-\cos(\alpha+\Delta\alpha)(-(C+\Delta C)-(x+\Delta x)/$
$(f+\Delta f))(R+\Delta R)-(d_2+\Delta d_2))+((\psi_{AS}+\Delta\psi_{AS})+\Delta\psi_{BA})(\cos(i+$
$\Delta i+\Delta\varphi_i)(-\sin\Delta\psi_i(\cos(\alpha+\Delta\alpha)(-\cos(\lambda+\Delta\lambda)(R+\Delta R)+\sin(\lambda+$
$\Delta\lambda)(\Delta\theta_e+(y+\Delta y)/(f+\Delta f))(R+\Delta R))-\sin(\alpha+\Delta\alpha)(-(C+\Delta C)-$
$(x+\Delta x)/(f+\Delta f))(R+\Delta R)-(d_1+\Delta d_1))+\cos\Delta\psi_i(-\sin(\alpha+\Delta\alpha)$

$(- \cos(\lambda + \Delta\lambda)(R + \Delta R) + \sin(\lambda + \Delta\lambda)(\Delta\theta_e + (y + \Delta y)/(f + \Delta f))(R + \Delta R)) - \cos(\alpha + \Delta\alpha)(- (C + \Delta C) - (x + \Delta x)/(f + \Delta f))(R + \Delta R) - (d_2 + \Delta d_2))) + \sin(i + \Delta i + \Delta\varphi_i)(- \sin(\lambda + \Delta\lambda)(R + \Delta R) - \cos(\lambda + \Delta\lambda)(\Delta\theta_e + (y + \Delta y)/(f + \Delta f))(R + \Delta R) - (d_3 + \Delta d_3))) + (- (\theta_{AS} + \Delta\theta_{AS}) - \Delta\theta_{BA} - \Delta\theta_v - \cos(\alpha_V(V + \Delta V))(- \sin(i + \Delta i + \Delta\varphi_i)(- \sin\Delta\psi_i (\cos(\alpha + \Delta\alpha)(- \cos(\lambda + \Delta\lambda)(R + \Delta R) + \sin(\lambda + \Delta\lambda)(\Delta\theta_e + (y + \Delta y)/(f + \Delta f))(R + \Delta R)) - \sin(\alpha + \Delta\alpha)(- (C + \Delta C) - (x + \Delta x)/(f + \Delta f))(R + \Delta R) - (d_1 + \Delta d_1)) + \cos\Delta\psi_i(- \sin(\alpha + \Delta\alpha)(- \cos(\lambda + \Delta\lambda)(R + \Delta R) + \sin(\lambda + \Delta\lambda)(\Delta\theta_e + (y + \Delta y)/(f + \Delta f))(R + \Delta R)) - \cos(\alpha + \Delta\alpha)(- (C + \Delta C) - (x + \Delta x)/(f + \Delta f))(R + \Delta R) - (d_2 + \Delta d_2))) + \cos(i + \Delta i + \Delta\varphi_i)(- \sin(\lambda + \Delta\lambda)(R + \Delta R) - \cos(\lambda + \Delta\lambda)(\Delta\theta_e + (y + \Delta y)/(f + \Delta f))(R + \Delta R) - (d_3 + \Delta d_3)))) + \cos(\psi_{SC} + \Delta\psi_{SC})((- (\psi_{AS} + \Delta\psi_{AS}) - \Delta\psi_{BA})(\cos\Delta\psi_i(\cos(\alpha + \Delta\alpha)(- \cos(\lambda + \Delta\lambda)(R + \Delta R) + \sin(\lambda + \Delta\lambda)(\Delta\theta_e + (y + \Delta y)/(f + \Delta f))(R + \Delta R)) - \sin(\alpha + \Delta\alpha)(- (C + \Delta C) - (x + \Delta x)/(f + \Delta f))(R + \Delta R) - (d_1 + \Delta d_1)) + \sin\Delta\psi_i(- \sin(\alpha + \Delta\alpha)(- \cos(\lambda + \Delta\lambda)(R + \Delta R) + \sin(\lambda + \Delta\lambda)(\Delta\theta_e + (y + \Delta y)/(f + \Delta f))(R + \Delta R)) - \cos(\alpha + \Delta\alpha)(- (C + \Delta C) - (x + \Delta x)/(f + \Delta f))(R + \Delta R) - (d_2 + \Delta d_2))) + \cos(i + \Delta i + \Delta\varphi_i)(- \sin\Delta\psi_i(\cos(\alpha + \Delta\alpha)(- \cos(\lambda + \Delta\lambda)(R + \Delta R) + \sin(\lambda + \Delta\lambda)(\Delta\theta_e + (y + \Delta y)/(f + \Delta f))(R + \Delta R)) - \sin(\alpha + \Delta\alpha)(- (C + \Delta C) - (x + \Delta x)/(f + \Delta f))(R + \Delta R) - (d_1 + \Delta d_1)) + \cos\Delta\psi_i(- \sin(\alpha + \Delta\alpha)(- \cos(\lambda + \Delta\lambda)(R + \Delta R) + \sin(\lambda + \Delta\lambda)(\Delta\theta_e + (y + \Delta y)/(f + \Delta f))(R + \Delta R)) - \cos(\alpha + \Delta\alpha)(- (C + \Delta C) - (x + \Delta x)/(f + \Delta f))(R + \Delta R) - (d_2 + \Delta d_2))) + \sin(i + \Delta i + \Delta\varphi_i)(- \sin(\lambda + \Delta\lambda)(R + \Delta R) - \cos(\lambda + \Delta\lambda)(\Delta\theta_e + (y + \Delta y)/(f + \Delta f))(R + \Delta R) - (d_3 + \Delta d_3)) + (\varphi_{AS} + \Delta\varphi_{AS} + \Delta\varphi_{BA} - \sin(\alpha_V(V + \Delta V) + \Delta\varphi_V)(- \sin(i + \Delta i + \Delta\varphi_i)(- \sin\Delta\psi_i(\cos(\alpha + \Delta\alpha)(- \cos(\lambda + \Delta\lambda)(R + \Delta R) + \sin(\lambda + \Delta\lambda)(\Delta\theta_e + (y + \Delta y)/(f + \Delta f))(R + \Delta R)) - \sin(\alpha + \Delta\alpha)(- (C + \Delta C) - (x + \Delta x)/(f + \Delta f))(R + \Delta R) - (d_1 + \Delta d_1)) + \cos\Delta\psi_i(- \sin(\alpha + \Delta\alpha)(- \cos(\lambda + \Delta\lambda)(R + \Delta R) + \sin(\lambda + \Delta\lambda)(\Delta\theta_e + (y + \Delta y)/(f + \Delta f))(R + \Delta R)) - \cos(\alpha + \Delta\alpha)(- (C + \Delta C) - (x + \Delta x)/(f + \Delta f))(R + \Delta R) - (d_2 + \Delta d_2))) + \cos(i + \Delta i + \Delta\varphi_i)(- \sin(\lambda + \Delta\lambda)(R + \Delta R) - \cos(\lambda + \Delta\lambda)(\Delta\theta_e + (y + \Delta y)/(f + \Delta f))(R + \Delta R) - (d_3 + \Delta d_3))))) + \sin(\alpha_{CS} + \Delta\alpha_{CS})(\sin(\lambda_S + \Delta\lambda_S)(\cos(\psi_{SC} + \Delta\psi_{SC})(\cos\Delta\psi_i(\cos(\alpha + \Delta\alpha)(- \cos(\lambda + \Delta\lambda)(R + \Delta R) + \sin(\lambda + \Delta\lambda)(\Delta\theta_e + (y + \Delta y)/(f + \Delta f))(R + \Delta R)) - \sin(\alpha + \Delta\alpha)(- (C + \Delta C) - (x + \Delta x)/(f + \Delta f))(R + \Delta R) - (d_1 + \Delta d_1)) + \sin\Delta\psi_i(- \sin(\alpha + \Delta\alpha)(- \cos(\lambda + \Delta\lambda)(R + \Delta R) + \sin(\lambda + \Delta\lambda)(\Delta\theta_e + (y + \Delta y)/(f + \Delta f))(R + \Delta R)) - \cos(\alpha + $

$\Delta \alpha)(-(C+\Delta C)-(x+\Delta x)/(f+\Delta f))(R+\Delta R)-(d_2+\Delta d_2))+((\psi_{AS}$
$+\Delta \psi_{AS})+\Delta \psi_{BA})(\cos(i+\Delta i+\Delta \varphi_i)(-\sin \Delta \psi_i(\cos(\alpha+\Delta \alpha)(-\cos(\lambda+$
$\Delta \lambda)(R+\Delta R)+\sin(\lambda+\Delta \lambda)(\Delta \theta_e+(y+\Delta y)/(f+\Delta f))(R+\Delta R))-$
$\sin(\alpha+\Delta \alpha)(-(C+\Delta C)-(x+\Delta x)/(f+\Delta f))(R+\Delta R)-(d_1+\Delta d_1))+$
$\cos \Delta \psi_i(-\sin(\alpha+\Delta \alpha)(-\cos(\lambda+\Delta \lambda)(R+\Delta R)+\sin(\lambda+\Delta \lambda)(\Delta \theta_e+$
$(y+\Delta y)/(f+\Delta f))(R+\Delta R))-\cos(\alpha+\Delta \alpha)(-(C+\Delta C)-(x+\Delta x)/$
$(f+\Delta f))(R+\Delta R)-(d_2+\Delta d_2)))+\sin(i+\Delta i+\Delta \varphi_i)(-\sin(\lambda+\Delta \lambda)$
$(R+\Delta R)-\cos(\lambda+\Delta \lambda)(\Delta \theta_e+(y+\Delta y)/(f+\Delta f))(R+\Delta R)-(d_3+$
$\Delta d_3)))+(-(\theta_{AS}+\Delta \theta_{AS})-\Delta \theta_{BA}-\Delta \theta_V-\cos(\alpha_V(V+\Delta V))(-\sin(i+$
$\Delta i+\Delta \varphi_i)(-\sin \Delta \psi_i(\cos(\alpha+\Delta \alpha)(-\cos(\lambda+\Delta \lambda)(R+\Delta R)+\sin(\lambda+$
$\Delta \lambda)(\Delta \theta_e+(y+\Delta y)/(f+\Delta f))(R+\Delta R))-\sin(\alpha+\Delta \alpha)(-(C+\Delta C)-$
$(x+\Delta x)/(f+\Delta f))(R+\Delta R)-(d_1+\Delta d_1))+\cos \Delta \psi_i(-\sin(\alpha+$
$\Delta \alpha)(-\cos(\lambda+\Delta \lambda)(R+\Delta R)+\sin(\lambda+\Delta \lambda)(\Delta \theta_e+(y+\Delta y)/(f+$
$\Delta f))(R+\Delta R))-\cos(\alpha+\Delta \alpha)(-(C+\Delta C)-(x+\Delta x)/(f+\Delta f))(R+$
$\Delta R)-(d_2+\Delta d_2)))+\cos(i+\Delta i+\Delta \varphi_i)(-\sin(\lambda+\Delta \lambda)(R+\Delta R)-$
$\cos(\lambda+\Delta \lambda)(\Delta \theta_e+(y+\Delta y)/(f+\Delta f))(R+\Delta R)-(d_3+\Delta d_3))))+$
$\sin(\psi_{SC}+\Delta \psi_{SC})((-(\psi_{AS}+\Delta \psi_{AS})-\Delta \psi_{BA})(\cos \Delta \psi_i(\cos(\alpha+\Delta \alpha)$
$(-\cos(\lambda+\Delta \lambda)(R+\Delta R)+\sin(\lambda+\Delta \lambda)(\Delta \theta_e+(y+\Delta y)/(f+\Delta f))$
$(R+\Delta R))-\sin(\alpha+\Delta \alpha)(-(C+\Delta C)-(x+\Delta x)/(f+\Delta f))(R+\Delta R)-$
$(d_1+\Delta d_1))+\sin \Delta \psi_i(-\sin(\alpha+\Delta \alpha)(-\cos(\lambda+\Delta \lambda)(R+\Delta R)+\sin(\lambda+$
$\Delta \lambda)(\Delta \theta_e+(y+\Delta y)/(f+\Delta f))(R+\Delta R))-\cos(\alpha+\Delta \alpha)(-(C+\Delta C)-$
$(x+\Delta x)/(f+\Delta f))(R+\Delta R)-(d_2+\Delta d_2)))+\cos(i+\Delta i+\Delta \varphi_i)(-\sin \Delta \psi_i$
$(\cos(\alpha+\Delta \alpha)(-\cos(\lambda+\Delta \lambda)(R+\Delta R)+\sin(\lambda+\Delta \lambda)(\Delta \theta_e+(y+$
$\Delta y)/(f+\Delta f))(R+\Delta R))-\sin(\alpha+\Delta \alpha)(-(C+\Delta C)-(x+\Delta x)/$
$(f+\Delta f))(R+\Delta R)-(d_1+\Delta d_1))+\cos \Delta \psi_i(-\sin(\alpha+\Delta \alpha)(-\cos(\lambda+\Delta \lambda)$
$(R+\Delta R)+\sin(\lambda+\Delta \lambda)(\Delta \theta_e+(y+\Delta y)/(f+\Delta f))(R+\Delta R))-\cos(\alpha+$
$\Delta \alpha)(-(C+\Delta C)-(x+\Delta x)/(f+\Delta f))(R+\Delta R)-(d_2+\Delta d_2)))+$
$\sin(i+\Delta i+\Delta \varphi_i)(-\sin(\lambda+\Delta \lambda)(R+\Delta R)-\cos(\lambda+\Delta \lambda)(\Delta \theta_e+(y+$
$\Delta y)/(f+\Delta f))(R+\Delta R)-(d_3+\Delta d_3))+(\varphi_{AS}+\Delta \varphi_{AS}+\Delta \varphi_{BA}-\sin(\alpha_V(V$
$+\Delta V)+\Delta \varphi_V)(-\sin(i+\Delta i+\Delta \varphi_i)(-\sin \Delta \psi_i(\cos(\alpha+\Delta \alpha)(-\cos(\lambda+$
$\Delta \lambda)(R+\Delta R)+\sin(\lambda+\Delta \lambda)(\Delta \theta_e+(y+\Delta y)/(f+\Delta f))(R+\Delta R))-\sin(\alpha$
$+\Delta \alpha)(-(C+\Delta C)-(x+\Delta x)/(f+\Delta f))(R+\Delta R)-(d_1+\Delta d_1))+$
$\cos \Delta \psi_i(-\sin(\alpha+\Delta \alpha)(-\cos(\lambda+\Delta \lambda)(R+\Delta R)+\sin(\lambda+\Delta \lambda)(\Delta \theta_e+$
$(y+\Delta y)/(f+\Delta f))(R+\Delta R))-\cos(\alpha+\Delta \alpha)(-(C+\Delta C)-(x+$
$\Delta x)/(f+\Delta f))(R+\Delta R)-(d_2+\Delta d_2)))+\cos(i+\Delta i+\Delta \varphi_i)(-\sin(\lambda+$
$\Delta \lambda)(R+\Delta R)-\cos(\lambda+\Delta \lambda)(\Delta \theta_e+(y+\Delta y)/(f+\Delta f))(R+\Delta R)-$
$(d_3+\Delta d_3)))))+\cos(\lambda_S+\Delta \lambda_S)(((\theta_{AS}+\Delta \theta_{AS})+\Delta \theta_{BA}+\Delta \theta_v+$

$\cos(\alpha_V(V+\Delta V))(\cos\Delta\psi_i(\cos(\alpha+\Delta\alpha)(-\cos(\lambda+\Delta\lambda)(R+\Delta R)+\sin(\lambda+\Delta\lambda)(\Delta\theta_e+(y+\Delta y)/(f+\Delta f))(R+\Delta R))-\sin(\alpha+\Delta\alpha)(-(C+\Delta C)-(x+\Delta x)/(f+\Delta f))(R+\Delta R)-(d_1+\Delta d_1))+\sin\Delta\psi_i(-\sin(\alpha+\Delta\alpha)(-\cos(\lambda+\Delta\lambda)(R+\Delta R)+\sin(\lambda+\Delta\lambda)(\Delta\theta_e+(y+\Delta y)/(f+\Delta f))(R+\Delta R))-\cos(\alpha+\Delta\alpha)(-(C+\Delta C)-(x+\Delta x)/(f+\Delta f))(R+\Delta R)-(d_2+\Delta d_2)))+(-\varphi_{AS}+\Delta\varphi_{AS}-\Delta\varphi_{BA}+\sin(\alpha_V(V+\Delta V)-\Delta\varphi_V)(\cos(i+\Delta i+\Delta\varphi_i)(-\sin\Delta\psi_i(\cos(\alpha+\Delta\alpha)(-\cos(\lambda+\Delta\lambda)(R+\Delta R)+\sin(\lambda+\Delta\lambda)(\Delta\theta_e+(y+\Delta y)/(f+\Delta f))(R+\Delta R))-\sin(\alpha+\Delta\alpha)(-(C+\Delta C)-(x+\Delta x)/(f+\Delta f))(R+\Delta R)-(d_1+\Delta d_1))+\cos\Delta\psi_i(-\sin(\alpha+\Delta\alpha)(-\cos(\lambda+\Delta\lambda)(R+\Delta R)+\sin(\lambda+\Delta\lambda)(\Delta\theta_e+(y+\Delta y)/(f+\Delta f))(R+\Delta R))-\cos(\alpha+\Delta\alpha)(-(C+\Delta C)-(x+\Delta x)/(f+\Delta f))(R+\Delta R)-(d_2+\Delta d_2)))+\sin(i+\Delta i+\Delta\varphi_i)(-\sin(\lambda+\Delta\lambda)(R+\Delta R)-\cos(\lambda+\Delta\lambda)(\Delta\theta_e+(y+\Delta y)/(f+\Delta f))(R+\Delta R)-(d_3+\Delta d_3)))-\sin(i+\Delta i+\Delta\varphi_i)(-\sin\Delta\psi_i(\cos(\alpha+\Delta\alpha)(-\cos(\lambda+\Delta\lambda)(R+\Delta R)+\sin(\lambda+\Delta\lambda)(\Delta\theta_e+(y+\Delta y)/(f+\Delta f))(R+\Delta R))-\sin(\alpha+\Delta\alpha)(-(C+\Delta C)-(x+\Delta x)/(f+\Delta f))(R+\Delta R)-(d_1+\Delta d_1))+\cos\Delta\psi_i(-\sin(\alpha+\Delta\alpha)(-\cos(\lambda+\Delta\lambda)(R+\Delta R)+\sin(\lambda+\Delta\lambda)(\Delta\theta_e+(y+\Delta y)/(f+\Delta f))(R+\Delta R))-\cos(\alpha+\Delta\alpha)(-(C+\Delta C)-(x+\Delta x)/(f+\Delta f))(R+\Delta R)-(d_2+\Delta d_2)))+\cos(i+\Delta i+\Delta\varphi_i)(-\sin(\lambda+\Delta\lambda)(R+\Delta R)-\cos(\lambda+\Delta\lambda)(\Delta\theta_e+(y+\Delta y)/(f+\Delta f))(R+\Delta R)-(d_3+\Delta d_3))-(h_S+\Delta h_S)))$

$C_{K_3}=-\sin(\lambda_C+\Delta\lambda_C)(\cos(\lambda_S+\Delta\lambda_S)(\cos(\psi_{SC}+\Delta\psi_{SC})(\cos\Delta\psi_i(\cos(\alpha+\Delta\alpha)(-\cos(\lambda+\Delta\lambda)(R+\Delta R)+\sin(\lambda+\Delta\lambda)(\Delta\theta_e+(y+\Delta y)/(f+\Delta f))(R+\Delta R))-\sin(\alpha+\Delta\alpha)(-(C+\Delta C)-(x+\Delta x)/(f+\Delta f))(R+\Delta R)-(d_1+\Delta d_1))+\sin\Delta\psi_i(-\sin(\alpha+\Delta\alpha)(-\cos(\lambda+\Delta\lambda)(R+\Delta R)+\sin(\lambda+\Delta\lambda)(\Delta\theta_e+(y+\Delta y)/(f+\Delta f))(R+\Delta R))-\cos(\alpha+\Delta\alpha)(-(C+\Delta C)-(x+\Delta x)/(f+\Delta f))(R+\Delta R)-(d_2+\Delta d_2))+((\psi_{AS}+\Delta\psi_{AS})+\Delta\psi_{BA})(\cos(i+\Delta i+\Delta\varphi_i)(-\sin\Delta\psi_i(\cos(\alpha+\Delta\alpha)(-\cos(\lambda+\Delta\lambda)(R+\Delta R)+\sin(\lambda+\Delta\lambda)(\Delta\theta_e+(y+\Delta y)/(f+\Delta f))(R+\Delta R))-\sin(\alpha+\Delta\alpha)(-(C+\Delta C)-(x+\Delta x)/(f+\Delta f))(R+\Delta R)-(d_1+\Delta d_1))+\cos\Delta\psi_i(-\sin(\alpha+\Delta\alpha)(-\cos(\lambda+\Delta\lambda)(R+\Delta R)+\sin(\lambda+\Delta\lambda)(\Delta\theta_e+(y+\Delta y)/(f+\Delta f))(R+\Delta R))-\cos(\alpha+\Delta\alpha)(-(C+\Delta C)-(x+\Delta x)/(f+\Delta f))(R+\Delta R)-(d_2+\Delta d_2)))+\sin(i+\Delta i+\Delta\varphi_i)(-\sin(\lambda+\Delta\lambda)(R+\Delta R)-\cos(\lambda+\Delta\lambda)(\Delta\theta_e+(y+\Delta y)/(f+\Delta f))(R+\Delta R)-(d_3+\Delta d_3)))+(-(\theta_{AS}+\Delta\theta_{AS})-\Delta\theta_{BA}-\Delta\theta_v-\cos(\alpha_V(V+\Delta V))(-\sin(i+\Delta i+\Delta\varphi_i)(-\sin\Delta\psi_i(\cos(\alpha+\Delta\alpha)(-\cos(\lambda+\Delta\lambda)(R+\Delta R)+\sin(\lambda+\Delta\lambda)(\Delta\theta_e+(y+\Delta y)/(f+\Delta f))(R+\Delta R))-\sin(\alpha+\Delta\alpha)(-(C+\Delta C)-$

$(x+\Delta x)/(f+\Delta f))(R+\Delta R)-(d_1+\Delta d_1))+\cos\Delta\psi_i(-\sin(\alpha+\Delta\alpha)(-\cos(\lambda+\Delta\lambda)(R+\Delta R)+\sin(\lambda+\Delta\lambda)(\Delta\theta_e+(y+\Delta y)/(f+\Delta f))(R+\Delta R))-\cos(\alpha+\Delta\alpha)(-(C+\Delta C)-(x+\Delta x)/(f+\Delta f))(R+\Delta R)-(d_2+\Delta d_2)))+\cos(i+\Delta i+\Delta\varphi_i)(-\sin(\lambda+\Delta\lambda)(R+\Delta R)-\cos(\lambda+\Delta\lambda)(\Delta\theta_e+(y+\Delta y)/(f+\Delta f))(R+\Delta R)-(d_3+\Delta d_3))))+\sin(\psi_{SC}+\Delta\psi_{SC})((-(\psi_{AS}+\Delta\psi_{AS})-\Delta\psi_{BA})(\cos\Delta\psi_i(\cos(\alpha+\Delta\alpha)(-\cos(\lambda+\Delta\lambda)(R+\Delta R)+\sin(\lambda+\Delta\lambda)(\Delta\theta_e+(y+\Delta y)/(f+\Delta f))(R+\Delta R))-\sin(\alpha+\Delta\alpha)(-(C+\Delta C)-(x+\Delta x)/(f+\Delta f))(R+\Delta R)-(d_1+\Delta d_1))+\sin\Delta\psi_i(-\sin(\alpha+\Delta\alpha)(-\cos(\lambda+\Delta\lambda)(R+\Delta R)+\sin(\lambda+\Delta\lambda)(\Delta\theta_e+(y+\Delta y)/(f+\Delta f))(R+\Delta R))-\cos(\alpha+\Delta\alpha)(-(C+\Delta C)-(x+\Delta x)/(f+\Delta f))(R+\Delta R)-(d_2+\Delta d_2)))+\cos(i+\Delta i+\Delta\varphi_i)(-\sin\Delta\psi_i(\cos(\alpha+\Delta\alpha)(-\cos(\lambda+\Delta\lambda)(R+\Delta R)+\sin(\lambda+\Delta\lambda)(\Delta\theta_e+(y+\Delta y)/(f+\Delta f))(R+\Delta R))-\sin(\alpha+\Delta\alpha)(-(C+\Delta C)-(x+\Delta x)/(f+\Delta f))(R+\Delta R)-(d_1+\Delta d_1))+\cos\Delta\psi_i(-\sin(\alpha+\Delta\alpha)(-\cos(\lambda+\Delta\lambda)(R+\Delta R)+\sin(\lambda+\Delta\lambda)(\Delta\theta_e+(y+\Delta y)/(f+\Delta f))(R+\Delta R))-\cos(\alpha+\Delta\alpha)(-(C+\Delta C)-(x+\Delta x)/(f+\Delta f))(R+\Delta R)-(d_2+\Delta d_2)))+\sin(i+\Delta i+\Delta\varphi_i)(-\sin(\lambda+\Delta\lambda)(R+\Delta R)-\cos(\lambda+\Delta\lambda)(\Delta\theta_e+(y+\Delta y)/(f+\Delta f))(R+\Delta R)-(d_3+\Delta d_3))+(\varphi_{AS}+\Delta\varphi_{AS}+\Delta\varphi_{BA}-\sin(\alpha_V(V+\Delta V)+\Delta\varphi_V)(-\sin(i+\Delta i+\Delta\varphi_i)(-\sin\Delta\psi_i(\cos(\alpha+\Delta\alpha)(-\cos(\lambda+\Delta\lambda)(R+\Delta R)+\sin(\lambda+\Delta\lambda)(\Delta\theta_e+(y+\Delta y)/(f+\Delta f))(R+\Delta R))-\sin(\alpha+\Delta\alpha)(-(C+\Delta C)-(x+\Delta x)/(f+\Delta f))(R+\Delta R)-(d_1+\Delta d_1))+\cos\Delta\psi_i(-\sin(\alpha+\Delta\alpha)(-\cos(\lambda+\Delta\lambda)(R+\Delta R)+\sin(\lambda+\Delta\lambda)(\Delta\theta_e+(y+\Delta y)/(f+\Delta f))(R+\Delta R))-\cos(\alpha+\Delta\alpha)(-(C+\Delta C)-(x+\Delta x)/(f+\Delta f))(R+\Delta R)-(d_2+\Delta d_2)))+\cos(i+\Delta i+\Delta\varphi_i)(-\sin(\lambda+\Delta\lambda)(R+\Delta R)-\cos(\lambda+\Delta\lambda)(\Delta\theta_e+(y+\Delta y)/(f+\Delta f))(R+\Delta R)-(d_3+\Delta d_3)))))-\sin(\lambda_S+\Delta\lambda_S)(((\theta_{AS}+\Delta\theta_{AS})+\Delta\theta_{BA}+\Delta\theta_v+\cos(\alpha_V(V+\Delta V))(\cos\Delta\psi_i(\cos(\alpha+\Delta\alpha)(-\cos(\lambda+\Delta\lambda)(R+\Delta R)+\sin(\lambda+\Delta\lambda)(\Delta\theta_e+(y+\Delta y)/(f+\Delta f))(R+\Delta R))-\sin(\alpha+\Delta\alpha)(-(C+\Delta C)-(x+\Delta x)/(f+\Delta f))(R+\Delta R)-(d_1+\Delta d_1))+\sin\Delta\psi_i(-\sin(\alpha+\Delta\alpha)(-\cos(\lambda+\Delta\lambda)(R+\Delta R)+\sin(\lambda+\Delta\lambda)(\Delta\theta_e+(y+\Delta y)/(f+\Delta f))(R+\Delta R))-\cos(\alpha+\Delta\alpha)(-(C+\Delta C)-(x+\Delta x)/(f+\Delta f))(R+\Delta R)-(d_2+\Delta d_2)))+(-\varphi_{AS}+\Delta\varphi_{AS}-\Delta\varphi_{BA}+\sin(\alpha_V(V+\Delta V)-\Delta\varphi_V)(\cos(i+\Delta i+\Delta\varphi_i)(-\sin\Delta\psi_i(\cos(\alpha+\Delta\alpha)(-\cos(\lambda+\Delta\lambda)(R+\Delta R)+\sin(\lambda+\Delta\lambda)(\Delta\theta_e+(y+\Delta y)/(f+\Delta f))(R+\Delta R))-\sin(\alpha+\Delta\alpha)(-(C+\Delta C)-(x+\Delta x)/(f+\Delta f))(R+\Delta R)-(d_1+\Delta d_1))+\cos\Delta\psi_i(-\sin(\alpha+\Delta\alpha)(-\cos(\lambda+\Delta\lambda)(R+\Delta R)+\sin(\lambda+\Delta\lambda)(\Delta\theta_e+(y+\Delta y)/(f+\Delta f))(R+\Delta R))-\cos(\alpha+\Delta\alpha)(-(C+\Delta C)-(x+\Delta x)/(f+\Delta f))(R+\Delta R)-(d_2+\Delta d_2)))+\sin(i+\Delta i+\Delta\varphi_i)(-\sin(\lambda+\Delta\lambda)$

$(R + \Delta R) - \cos(\lambda + \Delta \lambda)(\Delta \theta_e + (y + \Delta y)/(f + \Delta f))(R + \Delta R) - (d_3 + \Delta d_3))) - \sin(i + \Delta i + \Delta \varphi_i)(-\sin \Delta \psi_i(\cos(\alpha + \Delta \alpha)(-\cos\lambda + \Delta \lambda(R + \Delta R) + \sin(\lambda + \Delta \lambda)(\Delta \theta_e + (y + \Delta y)/(f + \Delta f))(R + \Delta R)) - \sin(\alpha + \Delta \alpha)(-(C + \Delta C) - (x + \Delta x)/(f + \Delta f))(R + \Delta R) - (d_1 + \Delta d_1)) + \cos \Delta \psi_i(-\sin(\alpha + \Delta \alpha)(-\cos(\lambda + \Delta \lambda)(R + \Delta R) + \sin(\lambda + \Delta \lambda)(\Delta \theta_e + (y + \Delta y)/(f + \Delta f))(R + \Delta R)) - \cos(\alpha + \Delta \alpha)(-(C + \Delta C) - (x + \Delta x)/(f + \Delta f))(R + \Delta R) - (d_2 + \Delta d_2))) + \cos(i + \Delta i + \Delta \varphi_i)(-\sin(\lambda + \Delta \lambda)(R + \Delta R) - \cos(\lambda + \Delta \lambda)(\Delta \theta_e + (y + \Delta y)/(f + \Delta f))(R + \Delta R) - (d_3 + \Delta d_3)) - (h_S + \Delta h_S))) + \cos(\lambda_C + \Delta \lambda_C)(-\sin(\alpha_{CS} + \Delta \alpha_{CS})(-\sin(\psi_{SC} + \Delta \psi_{SC})(\cos \Delta \psi_i(\cos(\alpha + \Delta \alpha)(-\cos(\lambda + \Delta \lambda)(R + \Delta R) + \sin(\lambda + \Delta \lambda)(\Delta \theta_e + (y + \Delta y)/(f + \Delta f))(R + \Delta R)) - \sin(\alpha + \Delta \alpha)(-(C + \Delta C) - (x + \Delta x)/(f + \Delta f))(R + \Delta R) - (d_1 + \Delta d_1)) + \sin \Delta \psi_i(-\sin(\alpha + \Delta \alpha)(-\cos(\lambda + \Delta \lambda)(R + \Delta R) + \sin(\lambda + \Delta \lambda)(\Delta \theta_e + (y + \Delta y)/(f + \Delta f))(R + \Delta R)) - \cos(\alpha + \Delta \alpha)(-(C + \Delta C) - (x + \Delta x)/(f + \Delta f))(R + \Delta R) - (d_2 + \Delta d_2)) + ((\psi_{AS} + \Delta \psi_{AS}) + \Delta \psi_{BA})(\cos(i + \Delta i + \Delta \varphi_i)(-\sin \Delta \psi_i(\cos(\alpha + \Delta \alpha)(-\cos(\lambda + \Delta \lambda)(R + \Delta R) + \sin(\lambda + \Delta \lambda)(\Delta \theta_e + (y + \Delta y)/(f + \Delta f))(R + \Delta R)) - \sin(\alpha + \Delta \alpha)(-(C + \Delta C) - (x + \Delta x)/(f + \Delta f))(R + \Delta R) - (d_1 + \Delta d_1)) + \cos \Delta \psi_i(-\sin(\alpha + \Delta \alpha)(-\cos(\lambda + \Delta \lambda)(R + \Delta R) + \sin(\lambda + \Delta \lambda)(\Delta \theta_e + (y + \Delta y)/(f + \Delta f))(R + \Delta R)) - \cos(\alpha + \Delta \alpha)(-(C + \Delta C) - (x + \Delta x)/(f + \Delta f))(R + \Delta R) - (d_2 + \Delta d_2))) + \sin(i + \Delta i + \Delta \varphi_i)(-\sin(\lambda + \Delta \lambda)(R + \Delta R) - \cos(\lambda + \Delta \lambda)(\Delta \theta_e + (y + \Delta y)/(f + \Delta f))(R + \Delta R) - (d_3 + \Delta d_3))) + (-(\theta_{AS} + \Delta \theta_{AS}) - \Delta \theta_{BA} - \Delta \theta_V - \cos(\alpha_V(V + \Delta V))(-\sin(i + \Delta i + \Delta \varphi_i)(-\sin \Delta \psi_i(\cos(\alpha + \Delta \alpha)(-\cos(\lambda + \Delta \lambda)(R + \Delta R) + \sin(\lambda + \Delta \lambda)(\Delta \theta_e + (y + \Delta y)/(f + \Delta f))(R + \Delta R)) - \sin(\alpha + \Delta \alpha)(-(C + \Delta C) - (x + \Delta x)/(f + \Delta f))(R + \Delta R) - (d_1 + \Delta d_1)) + \cos \Delta \psi_i(-\sin(\alpha + \Delta \alpha)(-\cos(\lambda + \Delta \lambda)(R + \Delta R) + \sin(\lambda + \Delta \lambda)(\Delta \theta_e + (y + \Delta y)/(f + \Delta f))(R + \Delta R)) - \cos(\alpha + \Delta \alpha)(-(C + \Delta C) - (x + \Delta x)/(f + \Delta f))(R + \Delta R) - (d_2 + \Delta d_2))) + \cos(i + \Delta i + \Delta \varphi_i)(-\sin(\lambda + \Delta \lambda)(R + \Delta R) - \cos(\lambda + \Delta \lambda)(\Delta \theta_e + (y + \Delta y)/(f + \Delta f))(R + \Delta R) - (d_3 + \Delta d_3)))) + \cos(\psi_{SC} + \Delta \psi_{SC})((-(\psi_{AS} + \Delta \psi_{AS}) - \Delta \psi_{BA})(\cos \Delta \psi_i(\cos(\alpha + \Delta \alpha)(-\cos(\lambda + \Delta \lambda)(R + \Delta R) + \sin(\lambda + \Delta \lambda)(\Delta \theta_e + (y + \Delta y)/(f + \Delta f))(R + \Delta R)) - \sin(\alpha + \Delta \alpha)(-(C + \Delta C) - (x + \Delta x)/(f + \Delta f))(R + \Delta R) - (d_1 + \Delta d_1)) + \sin \Delta \psi_i(-\sin(\alpha + \Delta \alpha)(-\cos(\lambda + \Delta \lambda)(R + \Delta R) + \sin(\lambda + \Delta \lambda)(\Delta \theta_e + (y + \Delta y)/(f + \Delta f))(R + \Delta R)) - \cos(\alpha + \Delta \alpha)(-(C + \Delta C) - (x + \Delta x)/(f + \Delta f))(R + \Delta R) - (d_2 + \Delta d_2))) + \cos(i + \Delta i + \Delta \varphi_i)(-\sin \Delta \psi_i(\cos(\alpha + \Delta \alpha)(-\cos(\lambda + \Delta \lambda)(R + \Delta R) + \sin(\lambda + \Delta \lambda)(\Delta \theta_e + (y + \Delta y)/(f + \Delta f))(R + \Delta R)) - \sin(\alpha + \Delta \alpha)(-(C + \Delta C) - (x + \Delta x)/(f + \Delta f))(R + \Delta R) - (d_1 + \Delta d_1)) + \cos \Delta \psi_i(-\sin(\alpha + $

$\Delta\alpha)(-\cos(\lambda+\Delta\lambda)(R+\Delta R)+\sin(\lambda+\Delta\lambda)(\Delta\theta_e+(y+\Delta y)/(f+$
$\Delta f))(R+\Delta R))-\cos(\alpha+\Delta\alpha)(-(C+\Delta C)-(x+\Delta x)/(f+\Delta f))(R+$
$\Delta R)-(d_2+\Delta d_2)))+\sin(i+\Delta i+\Delta\varphi_i)(-\sin(\lambda+\Delta\lambda)(R+\Delta R)-$
$\cos(\lambda+\Delta\lambda)(\Delta\theta_e+(y+\Delta y)/(f+\Delta f))(R+\Delta R)-(d_3+\Delta d_3))+(\varphi_{AS}+$
$\Delta\varphi_{AS}+\Delta\varphi_{BA}-\sin(\alpha_V(V+\Delta V)+\Delta\varphi_V)(-\sin(i+\Delta i+\Delta\varphi_i)(-\sin\Delta\psi_i$
$(\cos(\alpha+\Delta\alpha)(-\cos(\lambda+\Delta\lambda)(R+\Delta R)+\sin(\lambda+\Delta\lambda)(\Delta\theta_e+(y+$
$\Delta y)/(f+\Delta f))(R+\Delta R))-\sin(\alpha+\Delta\alpha)(-(C+\Delta C)-(x+\Delta x)/$
$(f+\Delta f))(R+\Delta R)-(d_1+\Delta d_1))+\cos\Delta\psi_i(-\sin(\alpha+\Delta\alpha)(-\cos(\lambda+\Delta\lambda)$
$(R+\Delta R)+\sin(\lambda+\Delta\lambda)(\Delta\theta_e+(y+\Delta y)/(f+\Delta f))(R+\Delta R))-\cos(\alpha+$
$\Delta\alpha)(-(C+\Delta C)-(x+\Delta x)/(f+\Delta f))(R+\Delta R)-(d_2+\Delta d_2)))+$
$\cos(i+\Delta i+\Delta\varphi_i)(-\sin(\lambda+\Delta\lambda)(R+\Delta R)-\cos(\lambda+\Delta\lambda)(\Delta\theta_e+(y+$
$\Delta y)/(f+\Delta f))(R+\Delta R)-(d_3+\Delta d_3)))))+\cos(\alpha_{CS}+\Delta\alpha_{CS})(\sin(\lambda_S+$
$\Delta\lambda_S)(\cos(\psi_{SC}+\Delta\psi_{SC})(\cos\Delta\psi_i(\cos(\alpha+\Delta\alpha)(-\cos(\lambda+\Delta\lambda)(R+$
$\Delta R)+\sin(\lambda+\Delta\lambda)(\Delta\theta_e+(y+\Delta y)/(f+\Delta f))(R+\Delta R))-\sin(\alpha+$
$\Delta\alpha)(-(C+\Delta C)-(x+\Delta x)/(f+\Delta f))(R+\Delta R)-(d_1+\Delta d_1))+$
$\sin\Delta\psi_i(-\sin(\alpha+\Delta\alpha)(-\cos(\lambda+\Delta\lambda)(R+\Delta R)+\sin(\lambda+\Delta\lambda)(\Delta\theta_e+(y$
$+\Delta y)/(f+\Delta f))(R+\Delta R))-\cos(\alpha+\Delta\alpha)(-(C+\Delta C)-(x+\Delta x)/$
$(f+\Delta f))(R+\Delta R)-(d_2+\Delta d_2))+((\psi_{AS}+\Delta\psi_{AS})+\Delta\psi_{BA})(\cos(i+$
$\Delta i+\Delta\varphi_i)(-\sin\Delta\psi_i(\cos(\alpha+\Delta\alpha)(-\cos(\lambda+\Delta\lambda)(R+\Delta R)+\sin(\lambda+\Delta\lambda)$
$(\Delta\theta_e+(y+\Delta y)/(f+\Delta f))(R+\Delta R))-\sin(\alpha+\Delta\alpha)(-(C+\Delta C)-$
$(x+\Delta x)/(f+\Delta f))(R+\Delta R)-(d_1+\Delta d_1))+\cos\Delta\psi_i(-\sin(\alpha+$
$\Delta\alpha)(-\cos(\lambda+\Delta\lambda)(R+\Delta R)+\sin(\lambda+\Delta\lambda)(\Delta\theta_e+(y+\Delta y)/(f+$
$\Delta f))(R+\Delta R))-\cos(\alpha+\Delta\alpha)(-(C+\Delta C)-(x+\Delta x)/(f+\Delta f))(R+$
$\Delta R)-(d_2+\Delta d_2)))+\sin(i+\Delta i+\Delta\varphi_i)(-\sin(\lambda+\Delta\lambda)(R+\Delta R)-$
$\cos(\lambda+\Delta\lambda)(\Delta\theta_e+(y+\Delta y)/(f+\Delta f))(R+\Delta R)-(d_3+\Delta d_3)))+$
$(-(\theta_{AS}+\Delta\theta_{AS})-\Delta\theta_{BA}-\Delta\theta_V-\cos(\alpha_V(V+\Delta V))(-\sin(i+\Delta i+\Delta\varphi_i)$
$(-\sin\Delta\psi_i(\cos(\alpha+\Delta\alpha)(-\cos(\lambda+\Delta\lambda)(R+\Delta R)+\sin(\lambda+\Delta\lambda)$
$(\Delta\theta_e+(y+\Delta y)/(f+\Delta f))(R+\Delta R))-\sin(\alpha+\Delta\alpha)(-(C+\Delta C)-$
$(x+\Delta x)/(f+\Delta f))(R+\Delta R)-(d_1+\Delta d_1))+\cos\Delta\psi_i(-\sin(\alpha+$
$\Delta\alpha)(-\cos(\lambda+\Delta\lambda)(R+\Delta R)+\sin(\lambda+\Delta\lambda)(\Delta\theta_e+(y+\Delta y)/(f+$
$\Delta f))(R+\Delta R))-\cos(\alpha+\Delta\alpha)(-(C+\Delta C)-(x+\Delta x)/(f+\Delta f))(R+$
$\Delta R)-(d_2+\Delta d_2)))+\cos(i+\Delta i+\Delta\varphi_i)(-\sin(\lambda+\Delta\lambda)(R+\Delta R)-$
$\cos(\lambda+\Delta\lambda)(\Delta\theta_e+(y+\Delta y)/(f+\Delta f))(R+\Delta R)-(d_3+\Delta d_3))))+$
$\sin(\psi_{SC}+\Delta\psi_{SC})((-(\psi_{AS}+\Delta\psi_{AS})-\Delta\psi_{BA})(\cos\Delta\psi_i(\cos(\alpha+\Delta\alpha)$
$(-\cos(\lambda+\Delta\lambda)(R+\Delta R)+\sin(\lambda+\Delta\lambda)(\Delta\theta_e+(y+\Delta y)/(f+\Delta f))$
$(R+\Delta R))-\sin(\alpha+\Delta\alpha)(-(C+\Delta C)-(x+\Delta x)/(f+\Delta f))(R+\Delta R)-$
$(d_1+\Delta d_1))+\sin\Delta\psi_i(-\sin(\alpha+\Delta\alpha)(-\cos(\lambda+\Delta\lambda)(R+\Delta R)+$
$\sin(\lambda+\Delta\lambda)(\Delta\theta_e+(y+\Delta y)/(f+\Delta f))(R+\Delta R))-\cos(\alpha+\Delta\alpha)$

$(-(C+\Delta C)-(x+\Delta x)/(f+\Delta f))(R+\Delta R)-(d_2+\Delta d_2)))+\cos(i+\Delta i+\Delta\varphi_i)(-\sin\Delta\psi_i(\cos(\alpha+\Delta\alpha)(-\cos(\lambda+\Delta\lambda)(R+\Delta R)+\sin(\lambda+\Delta\lambda)(\Delta\theta_e+(y+\Delta y)/(f+\Delta f))(R+\Delta R))-\sin(\alpha+\Delta\alpha)(-(C+\Delta C)-(x+\Delta x)/(f+\Delta f))(R+\Delta R)-(d_1+\Delta d_1))+\cos\Delta\psi_i(-\sin(\alpha+\Delta\alpha)(-\cos(\lambda+\Delta\lambda)(R+\Delta R)+\sin(\lambda+\Delta\lambda)(\Delta\theta_e+(y+\Delta y)/(f+\Delta f))(R+\Delta R))-\cos(\alpha+\Delta\alpha)(-(C+\Delta C)-(x+\Delta x)/(f+\Delta f))(R+\Delta R)-(d_2+\Delta d_2)))+\sin(i+\Delta i+\Delta\varphi_i)(-\sin(\lambda+\Delta\lambda)(R+\Delta R)-\cos(\lambda+\Delta\lambda)(\Delta\theta_e+(y+\Delta y)/(f+\Delta f))(R+\Delta R)-(d_3+\Delta d_3))+(\varphi_{AS}+\Delta\varphi_{AS}+\Delta\varphi_{BA}-\sin(\alpha_V(V+\Delta V)+\Delta\varphi_V)(-\sin(i+\Delta i+\Delta\varphi_i)(-\sin\Delta\psi_i(\cos(\alpha+\Delta\alpha)(-\cos(\lambda+\Delta\lambda)(R+\Delta R)+\sin(\lambda+\Delta\lambda)(\Delta\theta_e+(y+\Delta y)/(f+\Delta f))(R+\Delta R))-\sin(\alpha+\Delta\alpha)(-(C+\Delta C)-(x+\Delta x)/(f+\Delta f))(R+\Delta R)-(d_1+\Delta d_1))+\cos\Delta\psi_i(-\sin(\alpha+\Delta\alpha)(-\cos(\lambda+\Delta\lambda)(R+\Delta R)+\sin(\lambda+\Delta\lambda)(\Delta\theta_e+(y+\Delta y)/(f+\Delta f))(R+\Delta R))-\cos(\alpha+\Delta\alpha)(-(C+\Delta C)-(x+\Delta x)/(f+\Delta f))(R+\Delta R)-(d_2+\Delta d_2)))+\cos(i+\Delta i+\Delta\varphi_i)(-\sin(\lambda+\Delta\lambda)(R+\Delta R)-\cos(\lambda+\Delta\lambda)(\Delta\theta_e+(y+\Delta y)/(f+\Delta f))(R+\Delta R)-(d_3+\Delta d_3)))))+\cos(\lambda_S+\Delta\lambda_S)(((\theta_{AS}+\Delta\theta_{AS})+\Delta\theta_{BA}+\Delta\theta_V+\cos(\alpha_V(V+\Delta V))(\cos\Delta\psi_i(\cos(\alpha+\Delta\alpha)(-\cos(\lambda+\Delta\lambda)(R+\Delta R)+\sin(\lambda+\Delta\lambda)(\Delta\theta_e+(y+\Delta y)/(f+\Delta f))(R+\Delta R))-\sin(\alpha+\Delta\alpha)(-(C+\Delta C)-(x+\Delta x)/(f+\Delta f))(R+\Delta R)-(d_1+\Delta d_1))+\sin\Delta\psi_i(-\sin(\alpha+\Delta\alpha)(-\cos(\lambda+\Delta\lambda)(R+\Delta R)+\sin(\lambda+\Delta\lambda)(\Delta\theta_e+(y+\Delta y)/(f+\Delta f))(R+\Delta R))-\cos(\alpha+\Delta\alpha)(-(C+\Delta C)-(x+\Delta x)/(f+\Delta f))(R+\Delta R)-(d_2+\Delta d_2)))+(-\varphi_{AS}+\Delta\varphi_{AS}-\Delta\varphi_{BA}+\sin(\alpha_V(V+\Delta V)-\Delta\varphi_V)(\cos(i+\Delta i+\Delta\varphi_i)(-\sin\Delta\psi_i(\cos(\alpha+\Delta\alpha)(-\cos(\lambda+\Delta\lambda)(R+\Delta R)+\sin(\lambda+\Delta\lambda)(\Delta\theta_e+(y+\Delta y)/(f+\Delta f))(R+\Delta R))-\sin(\alpha+\Delta\alpha)(-(C+\Delta C)-(x+\Delta x)/(f+\Delta f))(R+\Delta R)-(d_1+\Delta d_1))+\cos\Delta\psi_i(-\sin(\alpha+\Delta\alpha)(-\cos(\lambda+\Delta\lambda)(R+\Delta R)+\sin(\lambda+\Delta\lambda)(\Delta\theta_e+(y+\Delta y)/(f+\Delta f))(R+\Delta R))-\cos(\alpha+\Delta\alpha)(-(C+\Delta C)-(x+\Delta x)/(f+\Delta f))(R+\Delta R)-(d_2+\Delta d_2)))+\sin(i+\Delta i+\Delta\varphi_i)(-\sin(\lambda+\Delta\lambda)(R+\Delta R)-\cos(\lambda+\Delta\lambda)(\Delta\theta_e+(y+\Delta y)/(f+\Delta f))(R+\Delta R)-(d_3+\Delta d_3)))-\sin(i+\Delta i+\Delta\varphi_i)(-\sin\Delta\psi_i(\cos(\alpha+\Delta\alpha)(-\cos(\lambda+\Delta\lambda)(R+\Delta R)+\sin(\lambda+\Delta\lambda)(\Delta\theta_e+(y+\Delta y)/(f+\Delta f))(R+\Delta R))-\sin(\alpha+\Delta\alpha)(-(C+\Delta C)-(x+\Delta x)/(f+\Delta f))(R+\Delta R)-(d_1+\Delta d_1))+\cos\Delta\psi_i(-\sin(\alpha+\Delta\alpha)(-\cos(\lambda+\Delta\lambda)(R+\Delta R)+\sin(\lambda+\Delta\lambda)(\Delta\theta_e+(y+\Delta y)/(f+\Delta f))(R+\Delta R))-\cos(\alpha+\Delta\alpha)(-(C+\Delta C)-(x+\Delta x)/(f+\Delta f))(R+\Delta R)-(d_2+\Delta d_2)))+\cos(i+\Delta i+\Delta\varphi_i)(-\sin(\lambda+\Delta\lambda)(R+\Delta R)-\cos(\lambda+\Delta\lambda)(\Delta\theta_e+(y+\Delta y)/(f+\Delta f))(R+\Delta R)-(d_3+\Delta d_3))-(h_S+\Delta h_S))))+(h_C+\Delta h_C)$

5.6.4　机载光电跟踪测量设备的测量误差的仿真计算

机载光电跟踪测量系统的测量方程是计算其误差的前提条件,同时也是利用计算机进行仿真的基础。方程建立在坐标转换的基础上,每个坐标的转换都是建立在矩阵相乘上。我们知道,几十个矩阵相乘其运算和结果都很烦琐,并且易出错。利用 Matlab 程序进行上述计算和仿真实现起来比较容易。因此,本章着重讨论如何利用 Matlab 程序进行仿真计算。

1. 仿真计算的原理

电子计算机的出现和发展是现代科学技术的巨大成就之一。它对科学技术的几乎一切领域,特别是对数值计算、数据处理、统计分析、人工智能以及自动控制等方面产生了极其深远的影响。熟练掌握利用计算机进行科学研究和工程应用的技术,已经成为广大科研设计人员必须具备的基本能力之一。

目前的 Matlab 已经成为国际上最为流行的软件之一,它除了传统的交互式编程之外,还提供了丰富可靠的矩阵运算、图形绘制、数据处理和图像处理和方便的 Windows 编程等便利工具,出现了各种以 Matlab 为基础的实用工具箱,广泛地应用于自动控制、图像信号处理、生物医学工程、语音处理、雷达工程、信号分析、振动理论、时序分析与建模、化学统计学和优化设计等领域,并表现出一般高级语言难以比拟的优势。较为常见的 Matlab 工具箱主要包括:

(1) 控制系统工具箱(control systems toolbox);

(2) 系统辨识工具箱(system identification toolbox);

(3) 鲁棒控制工具箱(robust control toolbox);

(4) 多变量频率设计工具箱(multivariable frequency design toolbox);

(5) 谱分析与综合工具箱(analysis and synthesis toolbox);

(6) 神经网络工具箱(neural network toolbox);

(7) 最优化工具箱(optimization toolbox);

(8) 信号处理工具箱(signal processing toolbox);

(9) 模糊推理系统工具箱(fuzzy inference system toolbox);

(10) 小波分析工具箱(wavelet toolbox)。

由于 Matlab 能很好地处理矩阵的运算,故完全可以用来做相应的仿真计算。因此,利用 Matlab 中一连串的矩阵相乘进行空间坐标的转换,计算步骤如下(图 5-32):

(1) 利用 Matlab 的符号运算功能,首先推导出函数的符号表达式;

(2) 利用计算式进行编程得到 C 语言函数计算的程序;

(3) 利用 C 语言的快速计算能力,根据各个输入参数的误差模型进行随机抽样进行大量样本计算;

（4）根据计算结果进行统计计算总误差的特征参数,变更参数重复(3)的计算,直到得出误差的特点。

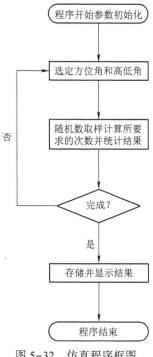

图 5-32　仿真程序框图

2. 仿真计算程序的编写

1）引言

Borland C++Builder 是一种新颖的可视化编程语言。在工程应用中,一般用 C++Builder 语言编写应用程序,实现交互界面、数据采集和端口操作等。但是,C++Builder 在数值处理分析和算法工具等方面,其效率远远低于 Matlab 语言。在准确方便地绘制数据图形方面,Matlab 语言更具有无可比拟的优势。此外,Matlab 还提供功能强大的工具箱。但 Matlab 的缺点是不能实现端口操作和实时控制。因此,若能将两者结合运用,实现优势互补,将获得极大的效益。

2）C++Builder 调用 Matlab 的实现方案

（1）实现思路。在高版本的 Maltab 中(如 Matlab V4.2)提供了动态数据交换机制(dynamic data exchange,DDE)接口,用户可以通过 Windows 的 DDE 通信基制实现外部调用。这种实现方式比较简单,但将增大主程序代码,影响运行速度。

在 Windows 系统中,动态链接库(DLL)是一种很特别的可执行文件,可以被多个 Windows 应用程序同时访问,具有固定的共享数据段。该数据段的数据在 DLL

被 Windows 下载前会一直保留在内存中,因此可以通过 DLL 实现用户程序与 Matlab 之间的数据传输和函数调用。

具体地说,就是利用 Matlab 的 32 位 DLL,生成相应的可以被 C++Builder 调用的 DLL,用来提供二者之间的基本支撑环境。只需在用户程序中加载该 DLL,即可实现数据段的共享。然后在用户程序中操作 DLL 数据段的数据,并通过某种方式在用户程序中使 Matlab 执行该 DLL,就可实现用户程序对 Matlab 的调用。其形式可以是混合编程或函数调用,非常方便而高效。

(2) 实现方式。Matlab 提供了可外部连接的 DLL 文件,通过将其转换为相应的 Lib 文件,并加以必要的设置,就可以在 C++Builder 中直接进行 Matlab 函数调用,实现 C++ Builder 语言与 Matlab 语言的混合编程。

运行环境要求:

由于 Matlab 提供的是 32 位的 DLL,其运行环境要求是 Matlab V4.2 或更高版本。C++Builder 可以进行 32 位编程,这里采用的是 Matlab V5.0 版本。

C++Builder 下 LIB 文件的生成。

Matlab 提供的 Def 文件允许用户通过 Implib 命令生成相应的 Lib 文件。其命令格式为

Implib ???.Lib ???.def

在< matlab >\extern\include 目录下,提供了如下三个.Def 文件:

_libeng.def,_libmat.def,_libmx.def

通过上述命令可以生成相应的三个 lib 文件。这些 lib 文件中包含了可外部调用的 Matlab 函数的必要信息。

3) C++Builder 调用 Matlab 实现计算和绘图

为清楚起见,通过一个简单的 CBuilder 例程进行说明。该实例通过调用 Matlab 实现矩阵运算并绘制图形,来演示 C++Builder 对 Matlab 的调用。在 C++ Builder 编辑环境中,建立一个新的窗体 MyForm,并放置一个按钮 Demo。将工程文件命名为 Try.prj,其主函数为 try.cpp。在主函数中,将使用一个实现 Matlab 调用的子函数 DemoMatlab,作为按钮 Demo 的响应事件。

为了调用 Matlab 中的函数,必须进行必要的设置,将包含这些函数的文件加入工程文件 Try.prj。以下是操作过程:

(1) 在头文件中加入 Engine.h。其包含了启动 Matlab 调用和关闭的函数声明。

(2) 打开 Project | Option … 对话框,单击 Directories/Conditionals,在 Include Path 中,加入目录路径< matlab >\extern\include,该路径包含了 engine.h 和 matlab.h 等有用的头文件。在 Library Path 中,加入< matlab >\bin 和< matlab >\

extern\include。这两个目录路径包含了可外部调用的 DLL 和 Lib 文件。

（3）单击选中 Project|Add to Project…对话框,加入如下库文件：

_libeng. lib,_libmat. lib 和_libmx. lib。

在进行了这些必要的设置之后,我们就可以选用适当的函数来实现目标。子函数 DemoMatlab 的程序代码如下：

```
void DemoMatlab
{
Engine * eng; //定义 Matlab 引擎
char buffer[200]; //定义数据缓冲区
int array[6]={1,2,3,4,5,6};
mxArray * S = NULL, * T = NULL;
engOpen(NULL); //打开 MATLAB 引擎 ---①
S= mxCreateDoubleMatrix(1,6,mxREAL);
//产生矩阵变量
mxSetName(S,"S");
memcpy((char * ) mxGetPr(S);
(char * ) array,6 * sizeof(int));
engPutArray(eng,S); //将变量 X 置入 Matlab 的工作空间
engEvalString(eng,"T = S/S.^2;");
//计算
engEvalString(eng,"plot(S,T);");
//绘制图形
..........
engOutputBuffer(eng,buffer,200);
//获取 Matlab 输出
T = engGetArray(eng,"T");
//获得计算结果----②
engClose(eng);
//关闭 Matlab 引擎,结束调用
mxDestroyArray(S);
//释放变量
mxDestroyArray(T);
}
```

若还需要执行其他功能和任务,那么按照上面介绍的方法,进行变量声明后,在①、②处加写需要的语句即可。

当然,使用这种方法调用 Matlab 不能脱离 Matlab 环境的支撑。但是,当我们不需要看到 Matlab 的命令窗口时,可将其赋予 Swhide 属性而加以隐藏。

按照上述方法来实现 C++Builder 下应用程序对 Matlab 的调用,可以充分利用 Matlab 强大的科学计算功能和丰富的工具箱,而且具有混合编程、方便高效的优点。这是 C++语言和其他高级语言所无法比拟的。按照本书的方法,还可以编写程序来最充分地利用 Matlab 的其他资源,开发满足自己需要的程序,更有效地完成工作。

3. 仿真计算结果的统计分析

仿真计算程序设置界面如图 5-33 所示。

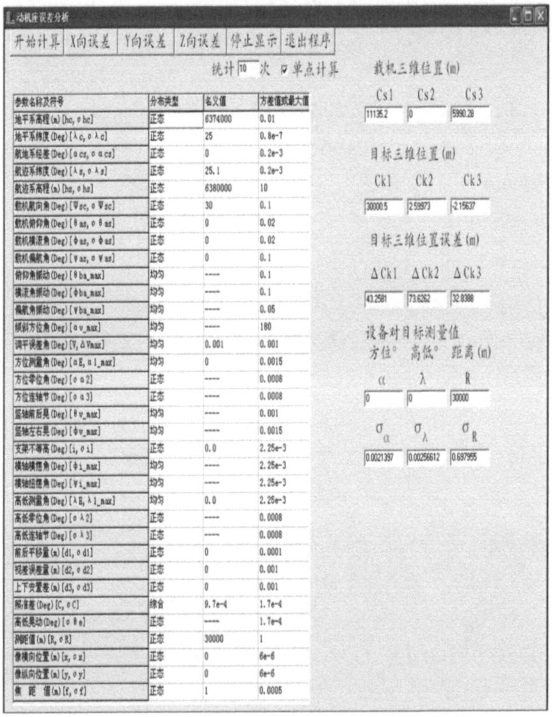

图 5-33　仿真计算程序设置界面

4. 小结

通过本章的仿真计算,给出了目标的三维误差与机载光电跟踪测量设备高低角和方位角的综合关系,机载光电跟踪测量设备对空间某一点目标的定位误差以及目标定位误差的分布如图 5-34 和图 5-35 所示。通过对各环节误差参数不同值输入分析计算和比较。可以看出影响目标定位精度的主要误差源是载机的定位误差和姿态角误差,因此,为了提高测量精度,应着重采取措施以提高载机的定位精度和航向精度。

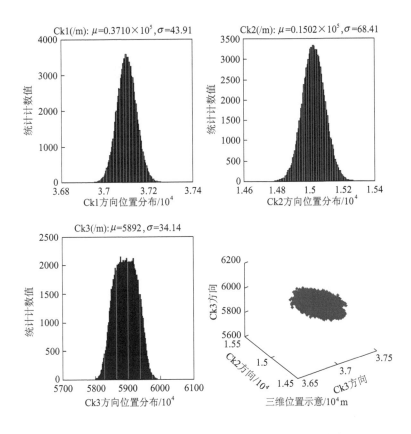

图 5-34　包含地面及载机的误差目标定位误差的示意

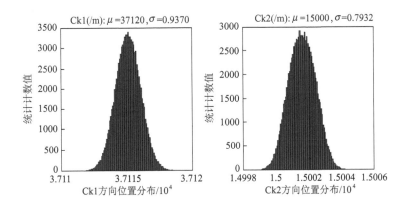

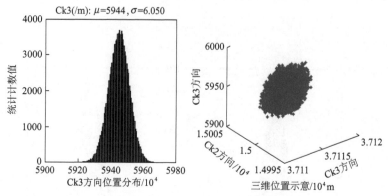

图 5-35　不包含地面及载机的误差目标定位误差的示意图

习　题

1. 光电跟踪测量设备有哪两种基本配置,比较两种基本配置的优、缺点。

2. 试列出光电跟踪测量设备中的摄影和电视传感器中的调光方法,并说明为什么不使用普通照相机中改变光圈的方法来调光。

3. 用光电跟踪仪跟踪和测量目标的空间位置时,光电跟踪仪基座坐标系到目标坐标系的变换过程如图 5-36 所示。

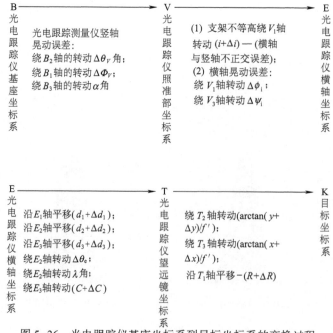

图 5-36　光电跟踪仪基座坐标系到目标坐标系的变换过程

194

设目标在光电跟踪仪基座坐标系中的位置为 $\boldsymbol{B}_K = \left[B_{K_1}, B_{K_2}, B_{K_3}, 1 \right]^{\mathrm{T}}$，而目标在目标坐标系中的位置为 $\boldsymbol{K}_k = \left[K_{k_1}, K_{k_2}, K_{k_3}, 1 \right]^{\mathrm{T}}$。

试列出测量方程。

提示：$\boldsymbol{K}_k = \left[K_{k_1}, K_{k_2}, K_{k_3}, 1 \right]^{\mathrm{T}} = \left[0, 0, 0, 1 \right]^{\mathrm{T}}$。

参 考 文 献

[1] 金光．机载光电跟踪测量的目标定位误差分析和研究[D]．长春:中国科学院长春光学精密机械与物理研究所,2001.

[2] 欧阳喜．车载自动跟瞄装置中光电跟踪系统的分析与设计[D]．西安:西安电子科技大学,2005.

[3] 宋波．机载光电对抗稳定平台[D]．长春:长春理工大学,2006.

[4] 王旻,宋立维,乔彦峰,等．外视场拼接测量技术及其实现[J]．光学精密工程,2010,018(009):2069-2076.

[5] 张尧禹．车载平台变形测量和误差校正技术的研究[D]．长春:中国科学院研究生院(长春光学精密机械与物理研究所),2003.

[6] W. J. Smith,众智．红外光学系统[J]．激光与红外,1972(05):36-54.

[7] 王旻,宋立维,乔彦峰,等．外视场拼接测量系统的视场拼接和交汇测量算法及其实现[J]．中国光学,2010(03):229-238.

[8] 王晓东．地基光测设备误差修正[D]．天津:天津大学,2007.

[9] 赵金宇．光电望远镜误差分析及补偿技术[D]．长春:中国科学院研究生院(长春光学精密机械与物理研究所),2005.

[10] 王家骐,金光,颜昌翔．机载光电跟踪测量设备的目标定位误差分析[J]．光学精密工程,2005,13(002):105-116.

[11] 王家骐,任建岳,尤英奇,等．低飞小目标电视跟踪作用距离的分析[J]．光学学报,1994(05):523-527.

[12] 秦心华．车载 GPS 设备图像技术研究[D]．上海:上海交通大学,2006.

[13] 石磊．GPS 车辆监控系统研究及电子地图的制作应用[D]．武汉华中科技大学,2017.

[14] 张影．三线阵 CCD 立体测绘相机总体技术研究[D]．长春:长春理工大学,2009.

[15] 王亚敏,杨秀彬,金光,等．微光凝视成像曝光自适应研究[J]．光子学报,2016,45(012):69-75.

[16] Wang J,Yu P,Yan C,et al. Space optical remote sensor image motion velocity vector computational modeling,error budget and synthesis[J]. Chinese Optics Letters,2005,24(7):414-417.

[17] 王澍,林辉,张海涛．应用 C++Builder6.0 的串口数据实时曲线绘制方法研究[J]．电光与控制,2008,15(7):93-96.

[18] 李岷．CCD 光电自准直测量技术的研究[D]．吉林:吉林大学,2007.

[19] 曲兴华．在线制造质量测控技术的研究[D]．天津:天津大学,2003.

[20] 李晓滨．光纤通信系统仿真研究[D]．天津:天津大学,2004.

第6章
弹道导弹瞄准仪器总体设计

6.1 概述

6.1.1 导弹瞄准过程的坐标系统

图 6-1 所示为一个右手发射坐标系 $OX_CY_CZ_C$。在瞄准过程中,导弹的弹体及其控制系统传感器的定向均是相对于此坐标系进行的。在此坐标系中,发射台上的导弹质心与发射坐标系的坐标原点相重合,OX_C 轴与 OZ_C 轴位于水平面内,OY_C 轴垂直于 OX_C 轴和 OZ_C 轴,指向天顶。其中,射击方向由 OX_C 轴表示,发射方位角 A_H 确定其方向。

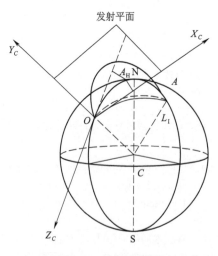

图 6-1 发射坐标系

坐标系中 Y_COX_C 称为射击平面或发射平面,导弹的发射点与运动的弹道轨迹均在这个垂直平面内。受地球自转与一些其他因素影响,实际导弹的弹道轨迹应为一条具有双曲率的曲线,与射击平面并不完全相同,根据所处的半球位置不同轨迹的偏向也不同,在南半球时会偏向左边,而在北半球时则偏向右边。

如图 6-2 所示为弹体坐标系 $OX_1Y_1Z_1$,坐标系原点与导弹质心重合,整个坐标系与导弹弹体固连在一起,导弹纵轴和 OX_1 轴一致,并根据操纵部件的位置决定其余轴线的方向。其中,舵机 Ⅰ~Ⅲ与导弹纵轴构成的平面称为对称基面。

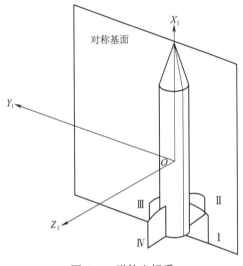

图 6-2　弹体坐标系

惯性传感器的敏感轴方向与自动控制系统的陀螺共同决定了整体的惯性坐标系。

目前,有两种类型的自动控制系统。

在第一种类型的系统中,选择自由陀螺作为传感器,分别产生不同的控制指令控制导弹在惯性坐标系中的位置,以此来实现导弹姿态角的稳定(图 6-3)。具体操作为:使用水平陀螺控制弹体的俯仰轴 OZ,弹体的偏航轴 OX 和滚动轴 OY 则使用垂直陀螺(滚动稳定器)来控制。

在图 6-3 中,导弹的稳定基面用 YOX 平面表示,并在其中进行导弹俯仰角的程序转弯操作。以稳定基面为参考,水平陀螺转子的转轴在导弹的稳定基面内,垂直陀螺转子的转轴则垂直于导弹的稳定基面。

在第二种类型的系统中,选择使用俯仰、偏航和滚动三个陀螺来实现系统稳定平台的稳定,以保证安装有系统主要传感器的稳定平台能够在整个导弹的控制飞行期间相对于某固定坐标系保持恒定的方位。图 6-4 中展示了惯性坐标系下,陀螺稳定平台上惯性传感器(加速度表)及陀螺的相对方位。其中,稳定平台的内环面与导弹的稳定基面相重合,平台的支承轴构成了惯性坐标系的各个坐标轴线。

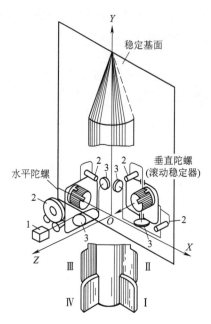

图 6-3　第一种自动控制系统的惯性坐标系
1—程序组合;2—角度传感器;
3—力矩转换器。

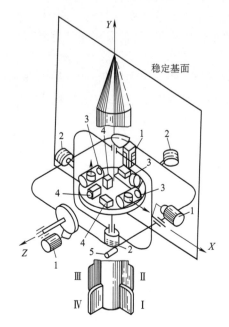

图 6-4　第二种自动控制系统的惯性坐标系
1—稳定马达;2—角度传感器;
3—陀螺;4—加速表;5—控制棱镜。

在导弹发射前,通常利用三通道的调平系统辅助以方位矫正系统实现陀螺平台稳定部分相对固定基座的定向。其中,加速度表和 OY 轴上的滚动角传感器分别为调平系统和方位校正系统的敏感元件。

截至导弹的发射瞬时,调平与方位校正系统需要保证平台正确锁定并能在所要求的水平及方位上保持。在导弹发射前,需要接通陀螺平台的调平与方位校正系统,若三通道状态稳定,系统便开始工作。

6.1.2　瞄准的实质

导弹发射时,需要在导弹瞄准的过程中使用专门的方法进行定向,包括弹体坐标系各轴相对于发射坐标系的定向与惯性坐标系各轴相对于发射坐标系的定向。

在导弹发射前,需要将三个坐标系的各轴分别调整至最终位置,即导弹的稳定基面、对称基面和射击平面三面重合,导弹纵轴与惯性坐标系 OY 轴相互垂直。

上述各坐标轴的定位分四步来进行:

(1) 调整导弹的垂直度;

（2）方位瞄准（校正）；

（3）调整陀螺平台；

（4）调整陀螺平台水平度（调平）。

调整导弹的垂直度是指将发射台上的导弹纵轴调至垂直方向上的全部工作。此项工作是将导弹竖在发射台上后立即就执行的。

方位瞄准是指使导弹稳定基面与射击平面相重合的工作，它可以通过两种方法来实现：其一，使用发射台的转动机构，使导弹与弹上陀螺装置一同绕垂直轴转动，达到稳定基面与射击平面重合的状态；其二，分两步进行，首先转动导弹，使对称基面与射击平面实现粗略重合，接着转动陀螺平台，相对于弹体在方位上实现精确的方位瞄准。

调整陀螺平台目的在于使稳定基面与对称基面重合，随后接通陀螺平台的方位校正系统。将陀螺平台装在弹体上之后，相对于导弹弹体转动平台的基座，实现陀螺平台的调整。

调整陀螺平台水平度是指使惯性坐标系的 OY 轴与发射坐标系的垂直轴相重合。当陀螺平台的平面偏离水平面时，平台上的加速器表会对应产生出一个传输至驱动装置的偏差信号，控制平台回归水平位置，整个工作过程为自动完成。

6.1.3　瞄准用的初始数据

为了直接在发射场上确定射击方位（定向），在导弹瞄准以前要完成两项准备工作：发射用的大地测量准备；射击用初始数据准备。

在准备发射需要的大地测量过程中，需要对发射场上的定向方向与自身发射点的坐标进行确认。准备射击所需的初始数据时，需要计算有关目标的位置数据与自身发射点的坐标，但在导弹的方位瞄准过程中，则需直接使用大地测量方位。

定向的工作包括确定作为定向线的某直线的大地方位角，这可用下面三种方法来确定：大地测量标点网；天文观测；陀螺装置。

使用三角测量或者角度标图方法可以完成用大地测量标点网确定方向的工作。定向用的初始标点网的定向误差需要远小于发射定向用的允许误差。

当发射场区没有精度满足需求的大地测量标点网时，就需要使用天文定向。天文定向具有高精度的特点，但受限于气象条件，只能在气象条件有利的情况下使用。

若在发射场上没法预先进行大地测量准备时，则可以应用陀螺装置进行正常的定向工作。常用于定位的陀螺装置有两种：一种是使用与发射台有一定距离的外部陀螺装置进行定位；另一种则是使用导弹上已完成定位方向的自动控制系统中的陀螺装置进行。

由此,在导弹瞄准时,若使用上述三种方式完成了定位方向后,便能够利用外部信息进行瞄准,它是一种使用最广且精度较好的瞄准方法。此外,还可以利用弹上陀螺装置所产生的信息进行大地测量方位的定向确认。

导弹瞄准过程中,需要事先固定定向所需的大地测量方位,应用设置在地上的定位点或者应用准直仪均可以将发射场上的外部信息应用于所需定向的确认。

应用设置在地上的定位点的方法是应用通过地面上任意两点的直线作为定向线。这时,定向误差 ΔA 取决于在其中一点上设置经纬仪的精度和定向基线的长度,即

$$\Delta A = \frac{\Delta l}{L} \tag{6-1}$$

式中:Δl 为设置经纬仪的圆误差;L 为定向基线的长度;定向误差值单位为 rad。

在应用准直仪的方法中,需要用到准直仪来定向方位,准直仪是一种把光源的光线转换成一束平行光束的专用光学仪器(图6-5),它由物镜和位于物镜焦平面上的某种发光标志所组成。这种发光标志可以是发光面上的十字细线,或是不透明光阑上的发光狭缝。这里,定向方位即是瞄准轴线通过准直仪物镜中心和栅板上十字线交点的一条直线。为了使自准直经纬仪与准直仪的方向一致,需要把自准直经纬仪放在由准直仪所发出的平行光束中。当自准直经纬仪和准直仪两者的十字线相重合时,它们的瞄准线就平行了。

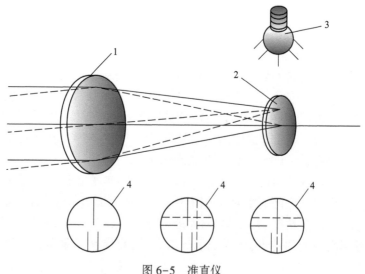

图 6-5　准直仪
1—物镜;2—栅板;3—灯;4—视场的状态。

在准备射击用初始数据的过程中,需要分别确定用于校正控制系统的数据和用于导弹瞄准的射击方位角。

6.1.4 瞄准中使用的控制元件

在导弹的瞄准过程中,不仅需要确定射击平面的方位,还需要确定稳定基面的方位。通常情况下,可以借助反射镜和反射棱镜两种元件来确定稳定基面。

在加工制造时,需在稳定平台上(图6-4)安装这些元件,并十分精确地相对于导弹稳定基面定向。某些类型的弹道式导弹则还要在发射台的转动部分上安装控制元件。

波罗棱镜(二次反射直角棱镜)是一种比较普通的控制元件,如图6-6所示。它的工作特性是光线在某一个 P 面内射在棱镜的斜面上,从与 P 面相平行的 Q 面内反射出来,而且,光线在棱镜斜面上的 a 点和 d 点被折射,在涂银侧面上的 b 点和 c 点被反射。基于这种特性,棱镜就不一定精确地调至与 YOX 平面相垂直。因为,即使入射的光线不处在 XOZ 平面内,其反射光线必将在平行于入射面的平面内反射出来。

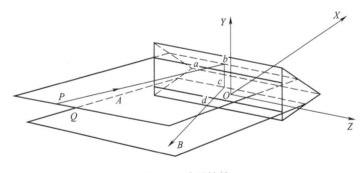

图6-6　波罗棱镜

若用自准直经纬仪测得的自准直经纬仪瞄准轴线和棱镜直角边的垂线之间的偏差角不等于零,则入射光束和反射光束间的交角等于偏差的2倍。所以,若偏差角等于零,则入射光束和反射光束相互平行。

各控制元件的方位是利用自准直原理来确定的。自准直是给这样的光线运动所起的名称,即光线以平行光束形式从仪器中发出,经反射镜表面反射后,以相反方向通过仪器的各个元件。图6-7说明了自准直仪的原理。假如反射镜的表面垂直于自准直仪的光轴,则栅板上的直线与自准直图像相互重合。

利用自准直原理还可以解决相反的问题,即根据给定的方位调整陀螺平台的控制反射镜或棱镜。为此,要相对于垂直轴转动控制反射镜或棱镜(平台台体),并在自准直仪中进行观察,以使栅板上的直线和自准直图像重合。

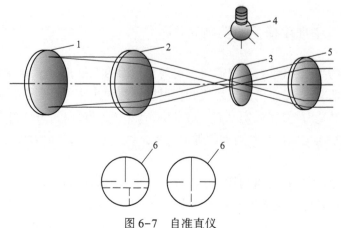

图 6-7　自准直仪

1—反射镜;2—物镜;3—栅板;4—灯;5—目镜;6—视场的状态。

6.1.5　瞄准误差对导弹弹着点偏差的影响

当方位瞄准有误差时,定义瞄准的角度误差为射击平面偏离计算平面的角度。由此,导弹的弹道轨迹也将相对计算弹道产生偏离,弹道式导弹头锥的弹着点也将不与目标重合。

现应用图 6-8 来建立瞄准误差与导弹弹着点对目标的偏差之间的关系。在图 6-8 上画出了导弹的计算弹道和实际弹道在地球表面上的投影。

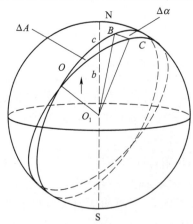

图 6-8　导弹弹着点的偏差

根据余弦定理可知,在斜球面三角形 OBC 中,各要素之间的相互关系可用下面关系式表示,即

$$\cos\Delta\alpha = \cos b \cdot \cos c + \sin b \cdot \sin c \cdot \cos\Delta A \qquad (6\text{-}2)$$

式中:b、c 为导弹的球面射程;$\Delta\alpha$ 为导弹弹着点相对目标的球面偏差;ΔA 为方位瞄准误差。

设 $b = c$,可得

$$\cos\Delta\alpha = \cos b + \sin(2b) \cdot \cos\Delta A$$

上式经一定变换后,可得

$$\sin\frac{\Delta\alpha}{2} = \sin b \cdot \cos\Delta A \qquad (6-3)$$

由所得的表达式可知,若瞄准误差为常数,则在球面射程为 $b = \dfrac{\pi}{2}$ 和 $b = \dfrac{3\pi}{2}$,即直线射程为 10000km 和 30000 km 时,导弹弹着点对目标的偏差为最大。计算表明,在这种射程下,若瞄准的角度误差为 1′,则弹着点的相应偏差为 1.85km。

然而,假如导弹的球面射程 $b = \pi$ 和 $b = 2\pi$,则当方位瞄准误差为任意值时,导弹弹着点对目标将没有偏差。

下面来讨论垂直放置误差对导弹方位瞄准精度的影响。图 6-9 所示为自准直瞄准原理。自准直仪设置在 A 点上,它发出一束平行光至装在导弹弹体上的棱镜。

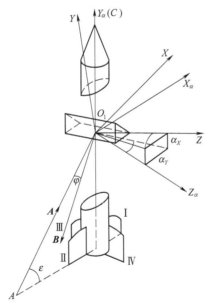

图 6-9　自准直瞄准原理

假设波罗棱镜的直角棱边平行于 O_1Z 轴,则棱镜的反射光束 O_1B 与入射光束 AO_1 是重合的。棱镜在 YO_1X 平面内倾斜,不会引起反射光线方向的改变。然而,棱镜绕着 O_1Y 和 O_1X 轴转动,会导致反射光对入射光发生偏转。

根据光线从反射镜表面反射的已知规律,可得

$$\Delta\alpha_Y = -\Delta\alpha_X \cdot \tan\varepsilon \tag{6-4}$$

式中：α_X、α_Y 为棱镜在垂直和水平面内对 OZ 轴的偏转角；ε 为棱镜的位置角（自准直仪光轴仰角）。

$\Delta\alpha_Y$ 与 ε、$\Delta\alpha_X$ 之间的相互关系见表 6-1。为了减少垂直放置误差对方位瞄准精度的影响，必须减小位置角 ε。所以，若从地面发射架上发射导弹，则在瞄准时，要将自准直仪放置在离发射架很远（可远到 300m）的地方。

从井下或潜艇发射架上发射导弹时，将自准直仪放置在与陀螺平台相同的高度上。因此，自准直仪瞄准轴线的位置角接近于零。在这种情况下，导弹垂直放置误差即使很大，对方位瞄准精度几乎没有影响。

表 6-1　$\Delta\alpha_Y$ 与 ε、$\Delta\alpha_X$ 之间的关系

$\Delta\alpha_X$	ε			
	1′	20′	1°	5°
1′	0.02″	0.35″	1.0″	5.2″
5′	0.09″	1.75″	5.2″	26.1″
10′	0.17″	3.43″	10.4″	52.2″

6.1.6　瞄准系统的任务

借助发射台上的转动机构与垂直调整机构、陀螺稳定平台的转动机构以及瞄准系统可以完成弹道式导弹的瞄准。导弹的垂直放置由发射台上的垂直调整机构来实现，方位瞄准则由发射台上的转动机构来完成。

在瞄准准备及瞄准期间，在发射阵地需要进行大量且繁多的工作。这些工作有：确定和调整方位、测量角度以及将瞄准设备、陀螺平台和导弹弹体转动一个特定的角度等。

垂直放置导弹的工作比较简单，即测定导弹纵轴对于垂直位置的偏离角，并将导弹调至垂直位置。

在方位瞄准期间，则要解决比较复杂的主要问题如下：

（1）测定定向方位角；

（2）在场地上固定此定向方向；

（3）确定导弹的稳定基面；

（4）将定向方位由一种仪器传输到另一种仪器；

（5）测量水平角；

（6）将仪器转动一个特定的角度；

（7）转动导弹和陀螺平台，使稳定基面与射击平面重合。

前面三个问题要提前完成,而后面几个问题直接在导弹发射准备过程中完成。为了减少导弹瞄准时间并提高瞄准精度,通常使用自动瞄准系统。

6.1.7　瞄准设备的分类

依据瞄准系统中设备的用途,瞄准设备分为以下几类:

(1) 测量定向方位角的设备;

(2) 固定定向方位的设备;

(3) 垂直放置导弹的设备;

(4) 方位瞄准设备。

根据瞄准设备工作的物理原理,瞄准设备分为以下几类:

(1) 光学-机械;

(2) 光电;

(3) 电子;

(4) 机电;

(5) 陀螺。

自准直经纬仪是一种带有目视角度读数的光学-机械设备。在测定定向方位角以及垂直放置导弹时,广泛使用这类设备。

在光电设备中,与被测偏差角有关的信息由光信号转换为电信号。光电设备的特点是测量角度的精度很高。

电子设备在瞄准系统中用于信号的处理、放大和变换。

机电设备在瞄准系统中也得到广泛应用。它们用于测量角度、角度远距离传输以及偏差角的调整。

陀螺仪表用来测定定向方位角,回转罗盘就是这样一种仪表。

6.2　应用导弹外部信息的导弹瞄准系统

6.2.1　导弹的垂直定位

导弹的垂直定位是依靠发射台千斤顶来完成的。为了控制导弹纵轴与垂线的相对位置,使用了两台经纬仪。它们被置于离发射台一定的距离上。两个对着导弹的经纬仪的瞄准平面相互正交。在导弹垂直定位以前,依靠水准仪将两台经纬仪精确地调至水平。

在导弹弹体上设有参考点,这些参考点的连线与导弹纵轴平行。在夜间对导弹进行垂直定位时,参考点能够发光。

两个经纬仪依次瞄准,先瞄准下面的参考点,然后再瞄准上面的参考点。如上面参考点偏离了经纬仪十字刻线的垂线,而与下面参考点重合,则通过千斤顶将导弹弹体朝相应的一边倾斜。然后,用另一经纬仪完成相同的工作。如果两个经纬仪视野中的参考点分别重合于它们的十字刻线的垂线,则导弹就处于垂直状态了。

导弹的垂直定位误差有两个基本部分:

(1)经纬仪水平定位的不确定度所造成的误差;

(2)经纬仪瞄准参考点的误差。

在导弹弹体上设置参考点的误差全部进入垂直定位误差中。经纬仪水平定位的不确定度所造成的误差为

$$\Delta\beta_1 = \sin B \cdot \Delta\beta \tag{6-5}$$

式中:B 为对参考点的瞄准方向与经纬仪度盘倾斜方向的交角;$\Delta\beta$ 为水平定位误差。

参考点的瞄准误差对导弹垂直定位精度的影响由下式确定,即

$$\Delta\beta_2 = \frac{\Delta\alpha}{\sin\varepsilon} \tag{6-6}$$

式中:ε 为上面参考点的瞄准角;$\Delta\alpha$ 为经纬仪的瞄准误差。

由式(6-6)可以看出,经纬仪不应距离发射台很远,因为这样会降低垂直定位精度。

导弹垂直定位的精度要求是由垂直定位误差对方位瞄准精度的影响来决定的,并且也取决于导弹在发射台上受到风摆时确保稳定状态的需要。导弹的垂直定位误差通常控制在几个角分之内。

6.2.2　导弹从地面发射装置上发射时的瞄准系统

导弹从地面发射装置上发射时,瞄准系统采用单通道和双通道两种形式。

"土星"导弹的瞄准系统是一种单通道的瞄准系统。图6-10所示为"土星"导弹瞄准系统的布设。它包含下列元件:自准直测角仪、装有驱动装置的跟踪反射镜、确定大地测量方位的棱镜、变换放大组合、弹上控制棱镜、陀螺稳定平台驱动装置、电视传输设备以及瞄准系统控制组合。

自准直测角仪同跟踪反射镜一起安装在离发射架300m处的固定基座上。瞄准轴方位的大地测量在瞄准之前就测绘好了。为了对测角仪作定期的方位检查,使用一个专用的方位检查棱镜。

自准直测角仪物镜射出的光线借助于跟踪反射镜(由两个平面反射镜组成的五棱镜)折转90°,并与水平面呈25°射向弹上平台控制棱镜。根据对从棱镜上反

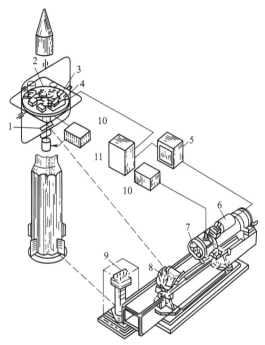

图 6-10　"土星"导弹瞄准系统的布设

1—平台棱镜；2—进动角度传感器；3—陀螺；4—力矩转换器；
5—电视接收机；6—电视发射机；7—物镜；8—跟踪反射镜组；9—方位检查棱镜；
10—放大器；11—控制组合。

射、带有平台棱镜方位信息的光束进行分解的结果产生一控制信号,传输至转动陀螺平台方位的驱动装置上。在调整这个控制信号时,弹上平台控制棱镜的两反射镜的棱边将处在垂直于自准直测角仪的瞄准轴的方位上。

弹上平台控制棱镜相对于导弹稳定基面没有固定位置。它用一个悬架固定在陀螺平台的稳定基座上,悬架可在 360°范围内相对于陀螺平台转动。当改变棱镜相对于导弹稳定基面的位置时,发射方位能够根据固定的自准直测角仪瞄准轴的方位而发生改变。

为了导弹在有风摆的情况下,弹上平台控制棱镜始终处于自准直测角仪准直光束之中,应保证瞄准系统的工作需要有一个专门的控制装置来控制。当瞄准系统初始跟踪弹上棱镜时,在测角仪内产生一个自动跟踪信号,并传输至控制装置。从这个控制装置向跟踪反射镜组发出指令。为了在通过转动陀螺平台的伺服系统来调整偏差信号的情况下能控制瞄准系统的工作,还装有一台电视设备。其发射机装在测角仪上,检测测角仪产生的一部分光偏差信号。操作手通过电视接收机显示屏观察光偏差信号。

图 6-11 所示为双通道瞄准系统,它包括两个自准直测角仪和两个伺服系统。其中一个用于转动导弹,另一个用于控制陀螺稳定平台。

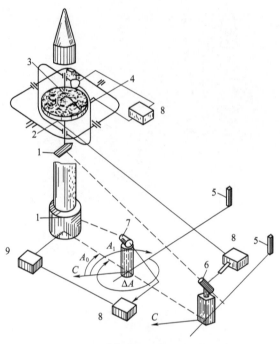

图 6-11 双通道瞄准系统

1—控制棱镜;2—力矩转换器;3—陀螺;4—进动角度传感器;

5—定向点; 6—远距测角仪;7—近距测角仪;

8—放大器;9—驱动装置。

第一个伺服系统的自准直测角仪离发射台较近。依靠固定在发射回转部分上的控制棱镜,可以应用这种测角仪进行瞄准。近距测角仪产生的偏差信号将会输入转动发射台(同导弹一起)的驱动装置。

因此,粗略的导弹瞄准是近距测角仪的任务,以此来确保远距测角仪的工作,同时也确保导弹对别的目标的重瞄。为此,在发射台上设有两个控制棱镜:一个对应于主目标的发射方位;另一个对应于附加目标的发射定位。

伺服系统中用于精确瞄准导弹的远距自准直测角仪放在离发射台 $130 \sim 150 \mathrm{m}$ 的距离上。由它射出的光束指向与陀螺平台连接的弹上平台控制棱镜。测角仪产生的偏差信号经放大后将输入转动陀螺平台的驱动装置,使陀螺平台在方位上产生转动,直至导弹稳定基面与发射平面重合为止。

在导弹瞄准以前,需要将近距和远距测角仪安装在使它们的瞄准轴与发射平面相重合的方位上。为了对它们定位,使用了发射方位角 A_0 和定向的大地测量方位角 A_1。瞄准角(发射平面的方位和定向点方位间的交角)由下式确定,即

$$\Delta A = A_0 - A_1 \tag{6-7}$$

如果由式(6-7)求得的瞄准角是负值,就把此负值加上 2π。

上述瞄准系统的特点是测角仪的方位依赖于导弹发射方位角。测角仪的精确方位选择为它的瞄准轴方位与发射平面重合的场合下还能与平台控制棱镜的方位重合的方位上。这意味着发射平面应通过发射台和测角仪的精确方位。如果发射方位发生了改变,那么测角仪的方位也将应沿圆弧移动。

"土星"导弹的瞄准系统没有这种缺陷。因为在改变这种导弹的发射方向时,只需相对于陀螺平台转动平台控制棱镜。

6.2.3 导弹从机动发射装置上发射时的瞄准系统

有一种应用于从铁路发射装置上发射"民兵"导弹的自动瞄准系统。它包括下述部件:

（1）陀螺罗盘;
（2）陀螺罗盘的稳定平台;
（3）偏振同步机构;
（4）自准直测角仪;
（5）测角仪的稳定平台;
（6）控制装置。

图6-12所示为从铁路上发射"民兵"导弹时的瞄准系统的布设。

陀螺罗盘装在专门的保护罩内,保护罩装在发射台的稳定平台上。在同一罩内,还有一个陀螺盘操纵器,以便在瞄准以前确定子午线的方向。

整个瞄准系统的工作是依靠安装在控制面板上的仪器来控制的。在面板上装有指示器,用来显示瞄准系统各部件执行任务的精准程度。此外,还有一些刻度盘上的角度读数是靠陀螺盘指示的。

使用偏振同步机构将发射方位从陀螺罗盘传输至装在导弹仪器舱附近容器内的自准直测角仪上。同步机构的发送器则装在陀螺罗盘的转动机构上。在确定子午线方向及导弹的发射方位角后,操纵器将定位同步机构发送器。经过偏振和调制的光束是导弹发射方位角的信息传递者。同步机构接收器安装在同步机构发送器水平面上方14m处,并刚性地连接于自准直测角仪上。当同步机构接收器与同步机构发送器的方位重合后,自准直测角仪的瞄准轴就处在发射平面内了。

自准直测角仪与同步机构接收器一起安装在稳定平台上,而稳定平台固定在万向架上。平台可在万向架上转动,方位角的转动范围为±5°,调水平角的转动范围为±3°。

自准直测角仪的平台上罩一罩子,在罩上有三个防护玻璃窗口;第一个窗口朝下,用于传输从偏振同步机构发送器来的光束;第二个窗口是水平的,自准直测角仪应用此窗口瞄准弹上陀螺稳定平台上的平台控制棱镜;第三个窗口朝下,与水平面呈45°,在检验瞄准系统工作精度时,通过这个窗口用自动准直经纬仪对固定

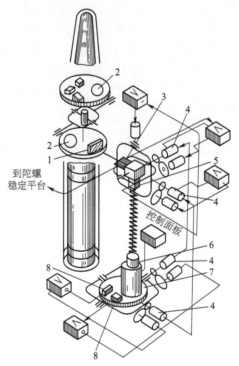

到陀螺
稳定平台

控制面板

图 6-12　从铁路上发射"民兵"导弹时的瞄准系统的布设
1—平台控制棱镜；2—球形陀螺；3—自准直测角仪；4—自动同步机；
5—同步机构接收器；6—同步机构发送器；7—陀螺罗盘；8—垂直传感器。

在自准直测角仪上的棱镜进行瞄准。

瞄准系统包括以下几个自主的并且彼此互相联系的伺服系统：

（1）跟随陀螺房的进动运动而转动陀螺罗盘悬挂的伺服系统；

（2）陀螺罗盘平台水平定位的伺服系统；

（3）偏振同步机构的伺服系统；

（4）依靠与陀螺罗盘平台连接的感应同步机构对自准直测角仪的稳定平台进行水平定位的伺服系统；

（5）按照测角仪产生的控制指令对自准直测角仪平台进行水平定位的伺服系统；

（6）转动弹上陀螺稳定平台方位的伺服系统。

瞄准系统中使用的陀螺罗盘为陀螺房扭杆悬挂式陀螺罗盘。陀螺房安放在装有液体的容器内，容器中液体的存在可减小扭杆的扭力，并对各种发射装置工作时出现的振动产生一定程度的阻尼。

为了排除扭矩对陀螺罗盘精度的影响，伴随装有一个旋转悬挂装置的伺服机构，以便跟随陀螺房的进动。陀螺罗盘轴的进动周期为 8min。

在确定子午线方向以前,将陀螺罗盘轴以大约 5° 的准确度预先相对子午线的方向近似地定位。为了进行这样的定位,利用了铁路线的方位,而铁路线的方位角可在地图上确定。

为了对陀螺罗盘进行水平定位以及消除发射台机械振动时对陀螺罗盘工作的影响,将它安装在稳定的基座上。其稳定系统的传感器是两个加速度表,它们的轴置于相互正交的平面内。偏差信号传输到驱动装置上,以便以相应的平台轴为基准来进行水平定位。

在偏振同步机构中使用电调制光信号,信号的调制是靠装在发送器上的调制器。接收器上的光信号分解是依靠将光通分为两部分的渥氏棱镜完成的。它们的一部分被光电接收器接收。如果转换器光信号的偏振轴与渥氏棱镜的交角呈 45°,则在光电接收器上入射的两光信号彼此相等,从而同步机构放大器输出端的偏差信号为零。若破坏了上述条件,就会出现偏差信号,对自准直测角仪稳定平台的方位驱动装置施加影响。当同步机构接收器达到与发送器相同的方位时,自准直测角仪的瞄准轴与发射平面的方位一致。

为了对自准直测角仪平台进行粗略的初步水平定位,需装有感应同步机构。它的发送器装在陀螺罗盘的稳定基座上,而接收器装在自准直测角仪平台上。如果平台不水平,则同步机构的发送器和接收器方位之间的交角会出现一个角度偏差。此时,将从接收器出来的偏差信号输入到平台的水平定位驱动装置。

为了对自准直测角仪的稳定平台进行精确的水平定位,需装有一个伺服机构。它的测量装置是一个测角仪。自准直测角仪根据偏振后的光信号工作,它形成瞄准线与平台控制反射镜垂线间在两个平面(垂直平面和水平平面)内的偏差信号。

平台控制棱镜装在陀螺平台的稳定部位。它有一个内万向架,以保证它在 ±70° 范围的方位内转动,在陀螺平台上装有两个气浮球形陀螺。

自准直测角仪在垂直平面内产生的偏差信号,输给自准直测角仪平台的水平定位驱动装置。这种伺服系统的工作能确保自准直测角仪稳定平台的方位与弹上陀螺稳定平台的方位在水平面方向上重合。由于水平定位误差会影响偏振同步机构的精度,因此必须对测角仪平台进行精确的水平定位。测角仪平台偏离开弹上陀螺平台位置的误差不得超过 10″。

依靠一个伺服系统来转动弹上陀螺平台的方位直到稳定基面与发射平面相重合为止。此伺服机构的测量元件也是自准直测角仪。这里所用的偏差信号是由自准直测角仪产生的。

由自准直测角仪产生的偏差信号经放大后传至用来转动弹上平台方位的驱动装置。自准直测角仪测量弹上平台控制棱镜的最大角度测量范围为 ±60″。

6.2.4 导弹从井内发射装置上发射时的瞄准系统

"民兵"导弹从井内发射时的瞄准系统与导弹控制系统以及地面发射检查设备有着有机的联系。

"民兵"导弹的特点是,当它放在井内时,陀螺稳定平台即处于工作状态。这就缩短了发射准备的时间(约30s)。球形陀螺的结构保证了陀螺平台连续工作时的高度可靠性,球形陀螺在旋转时转子与定子间没有机械接触,所以它们的磨损是极微小的。在弹上装有一个数字计算机(TSVM),它除了解决导弹的飞行控制问题外,还完成大量的包括导弹瞄准在内的导弹发射准备工作。

图6-13所示为从井下发射"民兵"导弹时的瞄准布设。

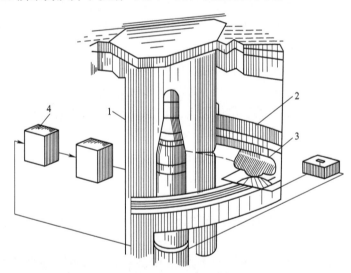

图6-13 从井下发射"民兵"导弹时的瞄准布设
1—平台控制棱镜;2—环形轨道;3—自准直测角仪;4—变换器。

瞄准系统的测量部件是一个自准直测角仪,它装在井内与导弹上部仪器一样高的专用环形轨道上。自准直测角仪在环形轨道上的位置取决于发射方位角。导弹的瞄准分两个阶段:首先应用发射台上的环形轨道装置,将自准直测角仪转动到近似的发射方位;然后通过转动弹上陀螺稳定平台方位来实现瞄准。

自准直测角仪瞄准轴的方位是通过传输大地测量点或天文观测点的方位来确定的。在将地测点同自准直测角仪建立联系时,可以事先应用大地测量经纬仪经由井盖上的开口进行传递,也可以事先通过特别设置的光通道直接观测北极星获得。但无论是哪种方法,都必须在井下瞄准室内架设定向方位标,一般是与平台控制棱镜一样的一个或几个二次反射直角棱镜。

当测角仪被接通时,就产生一调制光信号,通过竖井壁及导弹窗口到达固定在弹上陀螺平台上的平台控制棱镜。从平台控制棱镜反射的光线被自准直测角仪分解,由此产生平台偏差信号。只有当工作的陀螺稳定平台的方位角有偏差时,偏差信号才不等于零。

偏差信号经放大后传输至信号变换器。在变换器中将它变换成数字形式传输至弹上数字计算机,计算机不断地校正陀螺稳定平台在方位角上的方位。这样,自动准直测角仪产生的校正信号保证了平台控制棱镜的垂线与自准直测角仪的瞄准轴重合。

可以对弹上计算机输入新的飞行任务并根据控制室的指令来实现导弹对其他目标的重瞄。其具体的实施方法是把陀螺平台从初始方位转动一个特定角度。平台的转动由装在陀螺平台稳定轴上的独立的角度传感器来控制。由传感器产生的信号传输到数字计算机。

导弹对许多目标中的任一目标进行重瞄的可能性,受数字计算机存储器中所包含的目标信息值及陀螺平台方位的最大允许转角的限制。"民兵"导弹陀螺平台的转角如前面已经讲过的,规定为±70°。如果陀螺稳定平台瞄向一个新目标所需的偏移超过了上述值,导弹就不可能进行遥控重瞄。在这种情况下要进行重瞄,必须在井内按专门指令对导弹做一附加转动。

6.2.5 导弹从潜艇上发射时的瞄准系统

潜艇导航系统中的陀螺仪供给与当地垂线位置及子午线方向(对导弹瞄准是必须的)有关陀螺仪可以在陀螺罗盘及三维陀螺稳定器状态下进行工作。由此可知导航系统的稳定基面不仅可维持一个水平位置,而且也能相对子午线方向进行规定精度的定向。

在导弹从潜艇上发射前进行瞄准时,从导航系统的陀螺装置将三个坐标轴的方向传输至导弹的陀螺稳定平台是非常复杂的,但陀螺平台从一个已知的方位转动到发射平面则相对简单。

在"北极星"导弹上,弹上陀螺平台需要依靠感应同步机构来完成对它的三个坐标轴的定向,它的发送器装在艇导航装置稳定平台的轴上,而接收器装在弹上陀螺平台的稳定轴上。所有同步机构的接收器与发送器相匹配后,弹上陀螺平台将处于水平位置,方位将与导航装置的平台的方位保持一致。

由于潜艇艇体的变形,用这种原理来传输弹上陀螺平台方位将会有降低瞄准精度的缺陷。潜艇艇体的变形导致弹上陀螺平台轴与导航装置稳定平台的相应轴之间产生角度偏差。这是因为感应同步装置的发送器和接收器的转子和定子之间是以相同的角度转动的。潜艇艇体的角度变形将会引入导弹的瞄准误差。

为了消除潜艇艇体的角度变形对瞄准精度的影响,除了配置感应同步机构外,还需要装置光电同步机构。图 6-14 所示为从潜艇上发射导弹时瞄准设备的布设。

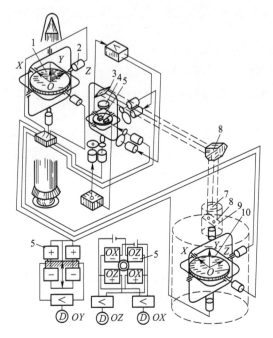

图 6-14　从潜艇上发射导弹时瞄准设备的布设
1—弹上陀螺平台；2—自动同步机；3—反射镜；4—接收平行光管物镜；5—光电接收器；
6—五棱镜；7—发射平行光管物镜；8—光阑；9—光源；10—导航装置的陀螺平台。

这种瞄准系统由下列部件组成：
（1）感应同步机构；
（2）放大器；
（3）光电同步机构发送器；
（4）棱镜和反射镜；
（5）光电同步机构接收器。

我们已经阐述过感应同步机构在导弹瞄准中的作用，下面将讨论光电同步机构的工作原理。它的发送器刚性地连接在导航系统稳定平台的台体上。光电同步机构发送器包括光源、光阑及发射平行光管物镜。在光阑上有两个开口：一个是小直径的圆孔；另一个是狭缝。光线通过这两个开口后，在发射平行光管物镜上形成两个相邻的平行光束。

在导航装置上刚性地固定有一个五棱镜，它将发射平行光管物镜射出的光线精确地折转 $\pi/2$。鉴于导航装置和五棱镜安装在一个垂面上，光线通过五棱镜后的光路并不会受到潜艇艇体变形的影响。

光电同步机构的接收器与导弹弹体是刚性固联的,它装在万向架上,在万向架的每个轴上装有伺服系统的电动机和感应同步机构的接收器。

光电同步机构的接收器包含下列元件:

(1) 反射镜;

(2) 接收平行光管物镜;

(3) 两个十字形光电接收器;

(4) 三个放大器。

反射镜将来自光电同步机构发送器的准直光线射向接收平行光管物镜,物镜将光线聚焦在十字形光电接收器上。在其中一个接收器上形成圆形图像,而在另一个接收器上形成一狭缝图像。

当光电同步机构的接收器与俯仰或横滚角度传感器有偏差时,圆孔图像偏离中心,并且落在4个光电接收器中的某一个上(或同时落在两个上)。光电接收器成对地接在平衡电路上的两个光电流放大器的输出端上。所以放大器的输出端就会出现偏差信号,其极性与俯仰或横滚通道上的角偏差符号相一致。信号输送给装在接收器万向架各轴上的电动机,使接收器转到与发送器重合为止。

当接收器与发送器之间有方位角偏差时,在第二个十字形接收器(同步机构发送器的狭缝图像呈现在它上面)上出现偏差信号。如果在第二个十字形接收器表面上狭缝图像前后平移或左右平移,即由俯仰及横滚角同步机构的接收器和发送器之间的角度偏差产生狭缝图像的移动,则由4个光电接收器所组成的电桥不会失去平衡。当接收器和角发送器之间出现方位角度偏差时,狭缝图像就绕垂直轴转动,并使电桥输出端上出现信号。此信号经放大后,将传至转动同步机构接收器方位的电动机上。

在光电同步机构接收器的万向架轴转动的同时,装在其上的感应同步机构的附加(修正的)接收器也将随之一同转动。由此产生的偏差信号传至放大器,与装在潜艇导航系统上的感应同步机构发送器所产生的主要偏差信号一起在放大器中叠加。总信号输送至装在弹上陀螺平台轴上的感应同步机构接收器上。通过弹上陀螺平台的稳定电动机来调节由这些接收器所产生的偏差之后,弹上陀螺平台各轴将平行于导航系统的陀螺平台的相应各轴。由潜艇艇体变形所引起的这些轴的附加相对角度转动也就考虑进去了。

6.3 应用弹上设备的导弹瞄准系统

6.3.1 应用弹上设备进行瞄准的原理

为了应用弹上设备对弹上陀螺平台定向,必须有两个初始基准。这是因为平台的定向既必须依据水平面基准,也必须依据方位角基准。

可用做初始基准的有:①重力加速度的方向;②地球旋转轴的方向;③天体方向。

用作瞄准的一对初始基准之间的交角应是很大的,最好是正交。若交角减小,就会增加瞄准误差。所以,在高纬度上不能采用重力加速度及地球旋转轴的方向来实施导弹瞄准。

陀螺平台的定向系统按照确定初始方向的设备类型,可分为惯性定向系统和天体定向系统。为了确定重力加速度及地球旋转轴的方向,在惯性系统中使用了加速度表及陀螺。在天体定向系统中,使用了固定天体方向的星敏感器或星图仪。

应用惯性仪表对陀螺平台的定位,可以在发射导弹前进行,也可在飞行中进行。应用星敏感器定向是在飞行中进行的。此时导弹处于高空,大气干扰对星敏感器的工作没有多大影响。

6.3.2 陀螺平台的水平定位

陀螺平台的水平定位(调平)是应用使陀螺平台与水平轴相对应的伺服系统自动进行的。下面来研究水平定位系统的作用原理(图 6-4)。水平定位系统包含两个自主式伺服系统。传感器是加速度表,它安装在陀螺平台的稳定基座上,并根据陀螺平台位置相对于重力加速度的方向来产生电信号。有时在导弹控制系统中使用的加速度表的精度对于有一定精度要求的陀螺平台的水平定位是不够的。基于这些情况,在陀螺稳定平台上装有垂直传感器。它们是液体水准式的并且具有高的灵敏度和精度。

水平定位系统两个通道的作用原理是相同的。平台两轴中的任一轴与水平面的偏差一出现,相应的传感器就立刻产生一偏差信号,经放大后传至陀螺的舌簧传感器,陀螺与平台就一起开始运动,以消除平台与水平面间的偏差。

6.3.3 应用陀螺罗盘法的方位瞄准

导弹的方位瞄准可以依靠在陀螺平台上的弹上陀螺罗盘来完成。然而,在陀螺稳定平台上安装附加元件是非常不合理的。比较合理的是使导弹控制系统中的弹上陀螺处于陀螺罗盘的工作状态。

确定子午线方向可使用普通的三自由度陀螺稳定平台。如果不接上水平及方位修正系统,那么由于地球的旋转,可观察到陀螺平台相对于固联于地球的发射坐标系有明显的漂移。

地球的旋转在三个坐标轴上的分量为

$$\begin{pmatrix} \omega_x \\ \omega_y \\ \omega_z \end{pmatrix} = \begin{pmatrix} \Omega_e \cos\lambda \cos A \\ \Omega_e \sin\lambda \\ \Omega_e \cos\lambda \sin A \end{pmatrix} \qquad (6\text{-}8)$$

式中:A 为导弹稳定基面的方位角;Ω_e 为地球自旋角速度;λ 为所处地理位置的纬度。

陀螺漂移的视角速度可以测量出来,并传输至确定导弹稳定基面的计算机内。

然而,这种确定子午方向方法的精度很低。其原因在于摩擦力矩会影响陀螺平台各轴的漂移。此外,研制平台漂移角速度的高精度传感器是很困难的。

在导弹飞行期间,也可利用惯性传感器对陀螺平台进行方位定向。为此,必须预先对导弹速度在水平面上的分量的计算值和所测值进行比较。这时确定方位修正的计算式如下:

$$\Delta A = \frac{1+k}{R} \cdot \frac{(V_{XC} - V_{XM})\omega_X + (V_{ZC} - V_{ZM})\omega_Z}{\omega_X^2 + \omega_Z^2} \qquad (6\text{-}9)$$

式中:k 为系数,对于给定的陀螺平台是常数;R 为地心距;V_{XM}、V_{ZM} 为测量所得的导弹速度;V_{XC}、V_{ZC} 为计算所得的导弹速度。

随着导弹纬度的增加,地球旋转角速度的水平分量 ω_X 和 ω_Z 要减小。所以,用上述方法确定子午线方向的误差就增加了。

利用上述方式对陀螺稳定平台的定向方法归结如下:在发射导弹前,将陀螺平台水平放置,并相对于发射平面以几度的精度粗略地定向;然后,借助弹上计算机确定陀螺平台定向的方位角修正值;此后,转动陀螺平台方位直至导弹稳定基面与发射平面重合。

6.3.4 陀螺平台的天体定向法

天体定向法中,在陀螺稳定平台上装有一个或两个星敏感器。星敏感器确定一个或两个恒星的方向。如果只需确定平台的方位角,那么确定一个恒星的方向就足够了。为了确保陀螺平台相对于三个坐标轴定向,必须有两个星敏感器或用一个星敏感器依次瞄准两个恒星。

图 6-15 为装有星敏感器的天体瞄准系统。它有两个确保瞄准轴相对于陀螺平台稳定基座转动的装置。在每个星敏感器的转轴上装有感应角度传感器。借助这些传感器可确定它的瞄准轴相对于陀螺平台的方向。

星敏感器包括一个物镜、一个大面阵 CCD 图像传感器、CCD 驱动器、视频处理器以及图像处理器。由图像处理器获得恒星相对星敏感器光轴的角偏差信号输入数字计算机输入端,应用计算机确定恒星的方位和瞄准(视线)角。

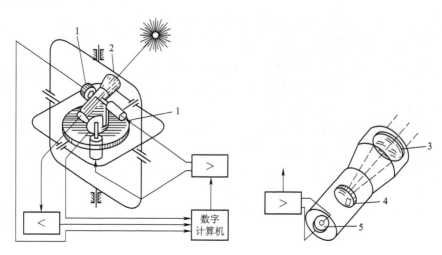

图 6-15　天体瞄准系统

1—角度传感器;2—星敏感器;3—星敏感器物镜;4—大面阵 CCD 图像传感器;5—CCD 电子学线路。

　　为了确保对恒星的搜索,在导弹弹体上应有罩有防护玻璃的舱口。对恒星分布密度的研究表明,相隔 45°的两个方向上的两个舱口可保证在地球上任一点、一天中的任一时间能搜索到任意两个恒星。

　　为了缩小搜索恒星的天体区域,陀螺平台在导弹发射前应相对于水平面和方位角进行粗略地定向。这种定向可利用导弹控制系统中的惯性元件来进行。

　　弹上计算机储存一个只包含那些大亮度恒星的天体程序。星敏感器的灵敏度也只保证搜索大亮度的恒星。这就使得用星敏感器搜索恒星容易了,并排除了捕捉到不在天体程序内的恒星的可能性。此外,为了避免星敏感器的虚假响应,并提高确定恒星角坐标的精度,使用星图测量方法进行测量,测量结果取平均值。

　　对每个在程序内找到的恒星提前计算出惯性坐标系各轴位置的方位角和瞄准角(视线角)。

　　天体定向系统只在很高的高度上才接通,此时大气干扰将不影响星敏感器的功能。接通天体定向系统是根据弹上计算机发出的指令进行的。为了对平台定向,必须知道三个角度值:任一恒星的方位角和瞄准角,以及另一恒星的瞄准角(或方位角)。根据这三个角度来确定陀螺平台的三个轴与计算所得的相应轴之间的偏差。这样所得出的陀螺平台轴的定向误差较小。所以可以用很简单的数学式来计算传至平台稳定电动机的修正指令。

　　陀螺稳定平台的位置经修正后,天体定向系统即断开。导弹飞行控制系统按照惯性坐标系各轴的新位置来修正弹道。

　　陀螺平台的天体定向系统的优点是精度高。它可以修正导弹在飞行中由于陀螺漂移而造成的误差,提高导弹的落点精度。特别适用于不可能预先用高精度的大地测量定向方位而确定射向的机动发射导弹的情况。

218

6.4　潜艇发射弹道导弹瞄准仪误差分析

本节内容是在 20 世纪 70 年代中期,就当时的技术背景(如白炽灯光源、硅光电二极管线列),应用矢量代数进行的潜艇发射弹道导弹瞄准系统误差分析。尽管随着技术的发展,已采用了更为先进的技术手段,数学表达方法也已有改进,但对读者熟悉和掌握弹道导弹瞄准仪的总体设计,特别是误差分析的思路和方法仍有很好的参考价值,故在本书中不作修改地提供给读者。

6.4.1　光电瞄准仪系统介绍

1. 瞄准原理

使用全惯性制导系统的艇载弹道导弹,必须在发射前给予惯性制导系统台体一精确的方位。在陆上发射时,可以通过各种测量方法(如天文测量、测地学、陀螺经纬仪定向等)得到的正北方向(零方位)N,使用一套光电装置,使装置在惯性平台台体上的三棱镜(以下称平台棱镜)法线方向(台体方位由平台棱镜法线表征,因此以后均提平台法线方向,其意义等同台体方向)与零方位 N 构成一满足精度要求的射向角 α,而使导弹准确地处于发射方向上,完成方位瞄准。陆上瞄准简图如图 6-16 所示。

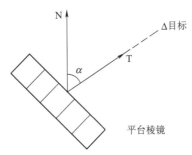

图 6-16　陆上瞄准简图

N—正北方向(零方位);T—平台棱镜法线方向;α—射向角。

虽然艇载弹道导弹的方位瞄准与陆上发射时的方位瞄准相同,最终归结为使平台棱镜法线方向与正北方向之间构成一满足精度要求的射向角,但艇体的运动导致艇上所有的设备都随着艇运动而运动,无法得到准确的零方位。为获取准确的零方位,要求艇有一个高精度惯性导航系统,将测量得到的正北方向作为参照方位。而发射前的瞄准过程分为两个阶段来完成。

第一阶段(艇瞄),由艇的惯性导航系统进行自动操舵,或由艇长借助惯性导航系统直接进行操艇,使艇稳定在战斗航向上,如图 6-17(a)所示。

第二阶段(光电瞄准),当艇瞄完成之后,启动弹上的惯性平台,最后由光电瞄准仪,根据艇惯性导航系统零方位自动进行瞄准,使方位偏差角 $\Delta\alpha$ 满足误差要求,从而完成方位瞄准任务,如图 6-17(b)所示。

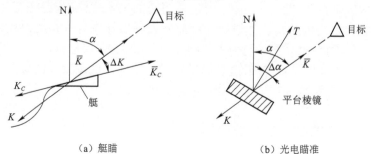

（a）艇瞄　　　　　　　　　　　　（b）光电瞄准

图 6-17　艇上瞄准简图

K—战斗航向;K_C—实际航向;$\overline{K}$—射向;ΔK—瞄准角(艇尾线 $\overline{K}_C$ 与射向角之间夹角);

$\Delta\alpha$—平台方位误差角。

2. 光电瞄准仪的组成和布置

1）组成

光电瞄准仪由 4 个主要部分组成,其名称如下:
(1) 发射光管及准直光管组(包括基准棱镜和潜望镜);
(2) 发射光管电源及操纵控制台;
(3) 光电接收器;
(4) 运算器。

2）各部分的功能

(1) 发射光管及准直光管组:负责艇轴线方位的传递和监视,每一发射光管与若干个光电接收器配套使用;

(2) 发射光管电源及操纵控制台:为发射光管提供光源和调制电机电源,以及实现对自准光管和发射光管的控制;

(3) 光电接收器:测量弹上惯性平台棱镜法线与艇轴线(实际航向)之间夹角信息,称光测角 α_G,并转换成二进制数字信号,提供至运算器;

(4) 运算器:对来自瞄准测试仪的瞄准角 ΔK 和光电接收器提供的光测角 α_G 进行运算,$\Delta\alpha=\Delta K+\alpha_G$,获得平台方位误差角信息 $\Delta\alpha$,并实现数-模转换,最终将此信息提供给 Y 轴伺服回路以实现平台台体的方位校正。

3）系统的平面布置

光电瞄准系统在艇上的布置如图 6-18 所示。

220

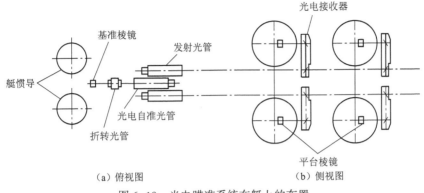

（a）俯视图　　　　　　　　　　（b）侧视图

图 6-18　光电瞄准系统在艇上的布置

4）系统的方框图和工作原理

图 6-19 所示为光电瞄准系统的方框图。其工作原理如下：由艇惯导（或以某种测量手段）定出正北方向 N，再由艇惯导系统从已知 N 给出艇在航行中艇尾线 $\overline{K_C}$ 与正北方向 N 之间的角信息 $\widehat{NK_C}$ 并提供给发控计算机。定义瞄准角 ΔK 为发控计算机根据给定射向角 $\widehat{NK_C}(\alpha)$ 计算得出的艇尾线与射向之间的角信息，并经发射控制台和瞄准测试仪传输到运算器。另外，发射光管（发射光管与自准光管固定在同一刚体座上，光轴相互平行）接收到经由基准棱镜（基准棱镜与艇惯导之间有艇尾线的同一方位基准）、折转光管和自准光管传递而来的艇尾线方向 $\overline{K_C}$，并发出一束频率为 900Hz 且光轴为艇尾线 $\overline{K_C}$ 方向的调幅光，通过光电接收器的分束系统把上述光束分别传输给每发弹的平台棱镜，由平台棱镜反射后的光信息已

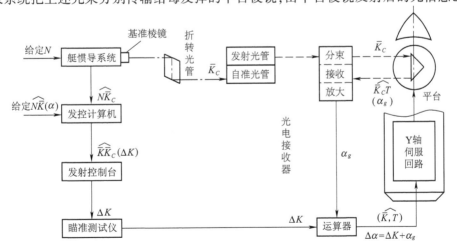

图 6-19　光电瞄准系统的方框图

包含有平台棱镜法线与艇尾线的角信息,称光测角 α_g。此光测角经过光电接收器接收和放大,最后传输给运算器。根据运算器比较的瞄准角 ΔK 和光测角 α_g 结果,定义平台方位误差角 $\Delta\alpha$ 为运算器计算出平台棱镜法线和射向线之间的角信息,经数-模变换,转换为模拟量,最后送入惯性平台 Y 轴伺服回路,用于校正平台台体方位,实现平台方位误差角在允许的误差范围内。

6.4.2　误差因素分析

1. 原理误差

1）艇纵摇和横摇造成的航偏角测量误差

平台棱镜安置在惯性平台上,如果平台是完全理想的,当艇体做三轴摆动时,平台棱镜坐标系应该始终与大地坐标系重合。但是由于光电瞄准仪刚性地安装于艇体上,当艇体做三轴摆动时,将随艇体而运动,由此造成光电瞄准仪测量系统相对被测量物平台棱镜之间坐标位置的相对运动。如图 6-20 所示,$OXYZ$ 为大地坐标系(为计算方便,规定 OX 轴为射向,OZ 轴背离地心的地球垂线方向,OY 轴垂直 XOZ 平面,服从右手定理),$OX'Y'Z'$ 为艇体坐标系(OX' 为艇尾线)。如果瞄准仪在艇体坐标内同时测量平台棱镜三个转动自由度,并进行坐标变换,是可以免除由原理上造成的测量误差的,但这样会造成光电瞄准仪的复杂化。从给定的精度指标和具体的误差分析知,可以只进行平台棱镜的方位测量,来简化整个瞄准仪。

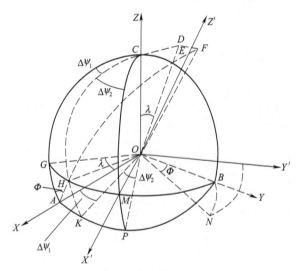

图 6-20　当艇体有横摇、纵摇和航偏时大地坐标 $OXYZ$ 和艇体坐标 $OX'Y'Z'$ 之间的关系

由式(6-35)、式(6-59)、式(6-60)可知,当艇体横摇角为 φ、纵摇角为 λ、偏

航角为 $\Delta \Psi_2$ 时(假定平台棱镜无方位误差角),瞄准仪的测量极限误差为

$$\begin{cases} \Delta_1 = \Delta K - \Delta K' \\ \Delta K' = \dfrac{1}{2}\arctan\left[\dfrac{\cos\varphi\sin(\Delta K + \Delta \Psi_2)\ \sqrt{1 - \sin^2\lambda\cos^2\varphi}\ + \dfrac{1}{2}\sin\lambda\sin2\varphi}{\cos(2\Delta K) + 2\sin^2\lambda\cos^2\varphi\sin^2\Delta K} \right] \end{cases}$$

$$(6-10)$$

式中:ΔK 为艇惯导系统测得的航偏角(即艇实际的航偏角);$\Delta K'$ 为光电瞄准仪测得的艇航偏角(″);$\Delta \Psi_1$ 为由艇的横摇 φ 和纵摇 λ 产生的艇航偏角;$\Delta \Psi_2$ 为

$$\Delta \Psi_1 = \arctan(\sin\varphi \cdot \tan\lambda)$$

$$\Delta \Psi_2 = \Delta K - \Delta \Psi_1$$

2)艇横摇形成光轴相对扭转(光像倾斜)而造成的测量误差

平台棱镜置于惯性平台上,如果平台是完全理想的,则当艇横摇时,平台棱镜坐标系应该始终与大地坐标系重合。但是瞄准系统刚性地安装在艇上,其光轴相对于大地坐标,也就是相对于平台棱镜将随着艇的横摇而做相对扭转。如果对光电瞄准仪发射光管分划板采用圆形图像,则光轴的相对扭转不可能产生任何影响。但我们采用的是长方形图像,艇横摇前如图 6-21(a)所示,艇横摇后如图 6-21(b)所示。而接收器探测器采用梳状线性排列阵。因此当光轴相对扭转时会造成线性排列阵单元上光像光照面积的变化,进而造成测量误差。

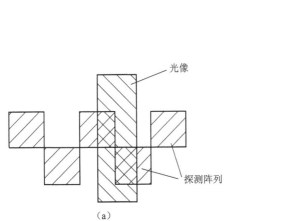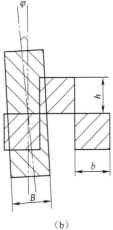

图 6-21　艇横摇造成探测器线性排列阵与光像相互位置的变化
(a)艇横摇前;(b)艇横摇后。

在光电瞄准系统中,能造成瞄准仪光轴与平台棱镜相对扭转,除了艇的横摇外还有以下因素:发射光管像面安装的倾斜;光电接收器探测器阵列与目视分划板的相对倾斜;光电接收器在艇上安装的倾斜;以及平台棱镜与台体的安装偏斜。但上

述4项偏斜角度值均为分级,与最大横摇角3.5°相比较,可以忽略不计,因此在分析光轴相对扭转而造成的测量误差中不予考虑。

由6.4.4节对艇横摇形成扭转光轴对造成的测量误差分析知,当艇横摇角为φ时,探测器上光像与探测器之间的倾斜角为

$$\varphi' = 2\varphi$$

由式(6-69)可知,产生的测量误差为

$$\Delta_2 = \frac{h}{4f'_4}\rho''\tan2\varphi \, ('') \tag{6-11a}$$

式中:h为探测器阵列单元的高度;f'_4为光电接收器接收望远镜的焦距;ρ''为常数(1弧度的角秒值,$\rho'' = 206265$)。

由式(6-11a)可知,为了减小此项误差,应该尽量减小探测器阵列单元的高度,增大接收器望远镜的焦距。误差与光像宽度B和单元的宽度b无关。

当光像中心与探测器中心线高低位置有偏心e时,产生的极限测量误差应为

$$\Delta_2 = \frac{\rho''}{4f'_4}(h + 2e)\tan2\varphi \, ('') \tag{6-11b}$$

此偏心e是由于艇在中纵剖面内的变形而产生,e的计算见6.4.4节艇在中纵剖面内的变形造成光像对探测器中心的偏心。

2. 单元误差

单元误差指光电瞄准仪各部分的制造、装调和性能变化而产生的各项误差。其中包括发射光管、自准光管组和光电接收器。

1) 光电自准光管误差

光电自准光管设计指标,其自准灵敏度不大于2″,考虑其漂移及本身稳定性,其允许的极限值为5″,即

$$\Delta_3 = 5'' \tag{6-12}$$

2) 折转光管方位传递误差

装调要求两反射面的法线在平行法线并与两法线构成的平面垂直的平面内的极限偏差不大于5″。两反射面由不平行而产生的方位传递误差,应是此偏差角的2倍,即

$$\Delta_4 = 10'' \tag{6-13}$$

3) 发射光管照准误差

发射光管本身结构的不稳定性(如外界温度变化、材料的蠕变等)会引起发射光管光轴变化,要求此极限误差不大于5″,即

$$\Delta_5 = 5'' \tag{6-14}$$

4）发射光管光源电压波动造成的误差

光学系统一经固定,探测器上光像的照度将正比于发射光管光源的发光强度,而灯的发光强度与灯电压的四次方成正比。

由式(6-76)可知,当灯电压相对波动量为 $\Delta V/V$ 时,其产生的极限误差为

$$\Delta_6 = \frac{\rho''}{4f'_4}(B - b/2)\left[\left(1 + \frac{\Delta V}{V}\right)^4 - 1\right](\text{''}) \tag{6-15}$$

式中:ρ'' 为常数,$\rho'' = 206265$;f'_4 为光电接收器接收望远镜的焦距;B 为探测器上光像宽度;b 为探测器阵列单元宽度。

5）窗口玻璃平行差造成的方位传递误差

对于每一个接收器来说,从基准棱镜引来的艇轴方向,传递到平台棱镜的过程中,都要经过以下窗口玻璃:三舱到四舱的隔窗玻璃;发射筒外筒窗口玻璃;发射筒内筒窗口玻璃;弹体窗口玻璃;惯导平台保护玻璃。经过每一块窗口玻璃时,由玻璃平行度公差 θ 造成的方位传递误差为

$$\delta = (n_i - 1)\theta_i$$

式中:n_i 为第 i 块窗口玻璃折射率;θ_i 为第 i 块窗口玻璃的平行度公差。

对于每个窗口玻璃来说,安装完成后,其方位传递误差为一系统误差,但是对每一组玻璃来说,可以视每个窗口玻璃方位传递误差为一随机误差。如果各窗口玻璃的材料相同,平行差 θ 相同,则对于 m 块窗口玻璃来说,其产生的方位传递极限误差为

$$\Delta_7 = \sqrt{m(n - 1)^2\theta^2}\ (\text{''}) \tag{6-16}$$

6）分光镜平行差造成的方位传递误差

每一个接收器内有两块分光镜,其中一块分光镜产生方位传递误差。由发射光管发出的光束经一块分光镜透射后产生的误差为

$$\delta = \left(\frac{n^2 - \sin^2\beta}{\cos^2\beta} - 1\right)\theta(\text{''})$$

式中:β 为光束与分光镜法线的夹角。

第一个接收器不经过分光镜的透射,而对于最后一个接收器,经过 m 块分光镜的透射,分析误差时,以最后一个接收器计算,则经过 m 个分光镜后的方位传递极限误差为

$$\Delta_8 = \sqrt{m\left(\sqrt{\frac{n^2 - \sin^2\beta}{\cos^2\beta}} - 1\right)^2\theta^2}\ (\text{''}) \tag{6-17}$$

7) 光电接收器方位传递误差

影响光电接收器方位传递误差的有两分光镜的不垂直度,以及二倍伽利略望远镜和接收望远镜的相互位置。在装调这些光学元件时,总的要求是对方位传递极限误差不大于10″。因此有

$$\Delta_9 = 10(″) \tag{6-18}$$

8) 接收望远镜焦距误差产生的测量误差

接收望远镜焦距误差为 $\Delta f'_4$,则由于焦距误差引起半视场 ω 范围内光像在探测器上最远点的距离误差为

$$\Delta l = \Delta f'_4 \cdot \tan\omega$$

由此产生的极限测量误差为

$$\Delta_{10} = \frac{\Delta l}{2f'_4}\rho(″)$$

即

$$\Delta_{10} = \frac{\rho″}{2}\frac{\Delta f'_4}{f'_4}\tan\omega(″) \tag{6-19}$$

式中:ω 为接收望远镜半视场角, $\omega = 1.6°$;

系数 1/2 为自准测量。

9) 探测器几何尺寸误差造成的测量误差

设探测器几何尺寸总长度的允许误差为 Δl,半视场内的几何尺寸误差为 $\Delta l/2$;由此产生的极限测量误差为

$$\Delta_{11} = \frac{\rho″}{4}\frac{\Delta l}{f'_4}(″) \tag{6-20}$$

10) 探测器分辨力凑整误差

探测器阵列单元宽度为 b,则每个单元所对应的角度值为 $\frac{b}{f'_4}\rho″$。经过细分,以及考虑自准测量其凑整误差为

$$\Delta_{12} = \frac{\rho″}{8}\frac{b}{f'_4}(″) \tag{6-21}$$

11) 探测器噪声产生的测量误差

设探测器最大噪声电平为 $V_{N\max}$,而在临界点处的临界电平为 V_0,则由于噪声而产生的测量误差应为

$$\Delta = \frac{1}{2} \frac{V_{N\max}}{V_0} B_n \frac{\rho''}{f'_4} (\text{"})$$

式中:B_n 为临界处的探测器单元上的光照宽度。

由 6.4.4 节中式(6-73)可知

$$B_n = \frac{1}{2} \left(B - \frac{b}{2} \right)$$

所以探测器噪声电平产生的极限误差为

$$\Delta_{13} = \frac{\rho''}{4} \left(B - \frac{b}{2} \right) \frac{V_{N\max}}{V_0 f'_4} (\text{"}) \qquad (6-22)$$

12) 光电接收器探测器中心和目视分划板中心偏差造成的极限测量误差

此项误差要求不大于 5″,即

$$\Delta_{14} = 5 (\text{"}) \qquad (6-23)$$

13) 放大器允许误差

对光电接收器选频放大器,从精度上分配,允许放大器部分有 15″的极限误差(折合到电信号的误差,其信号大小的不稳定度≤8.3%),即

$$\Delta_{15} = 15 (\text{"}) \qquad (6-24)$$

14) 放大器动态误差

由于艇的航偏运动,在光电瞄准仪工作的过程中,光电接收器探测器上光像始终做扫描运动。对于探测器阵列的每个单元来说,输出电信号将是调制三角形脉冲波(图6-34(b))。对此脉冲波可进行频谱分析计算出带宽 Δf 和最大带宽 $\Delta f_{\max}$(参看式(6-89)和式(6-90))。

信号经选频放大器后,偏离 900Hz 中心频率的频率分量都会受到不同程度幅值的衰减,为了计算的方便,以 $900 \pm \frac{1}{2} \Delta f_{\max} (\text{Hz})$ 来计算。根据 $900 \pm \frac{1}{2} \Delta f_{\max}$,从图 6-36 查得信号幅值的相对下降值 η。最后由式(6-91)可得动态极限误差为

$$\Delta_{16} = \frac{1}{4} \eta \rho'' \frac{2B - b}{f'_4} (\text{"}) \qquad (6-25)$$

式中:B 为探测器上光像的宽度;b 为探测器单元的宽度。

15) 采样误差

由于采样不同步导致采样误差的存在,对于整个系统来说,包括两个部分:一部分由艇惯导和光电瞄准仪两个采样之间不同步造成;另一部分由光电瞄准仪本身造成。对于第一个因素,不包括在本误差分析之内。仅分析光电瞄准仪本身的

采样误差。

光电瞄准仪的调制频率为 $f_0 = 900\text{Hz}$，而运算器采用 114Hz 采样频率。从频率为 f_0 的调制波上进行 114Hz 的采样，会造成时间延时，最大延时量为

$$\Delta t = 1/f_0$$

由最大延时量 Δt 可计算出，由 Δt 产生的光像在探测器单元上走过的距离 $\Delta l = V_{\max} \cdot \Delta t = V_{\max}/f_0$，由此产生的极限误差为

$$\Delta = \frac{V_{\max}}{2f'_4 f_0} \rho('')$$

将式(6-81)代入上式,有

$$\Delta_{17} = 2\pi \frac{\Delta K_{\max}}{T_K f_0}('') \tag{6-26}$$

式中: $\Delta K_{\max}$ 为艇偏航运动中达到的最大偏航角; T_K 为艇偏航摆动周期; f_0 为光电瞄准仪光调制频率 $(f_0 = 900\text{Hz})$。

3. 安装误差

1) 基准棱镜装调误差造成的方位传递误差

基准棱镜的法线方向,在光电瞄准仪中指示出艇尾线方向 $\overline{K}_c$,它应该与艇惯导的艇尾线方向一致。在装调时,使基准棱镜法线与表征艇惯导艇尾线棱镜法线相平行,允许的极限安装误差≤5″,即

$$\Delta_{18} = 5('') \tag{6-27}$$

2) 折转光管位置安装误差造成的方位传递误差

如果折转光管两反射面完全平行,则折转光管在光路中位置的偏差将不产生方位传递误差。但由于折转光管两反射面在装调过程中,为了保证方位方向上不平行误差不大于 5″,并使装调要求不苛刻,在俯仰方向上允许有 $\Delta\beta$ 角误差。因此在艇上安装折转光管时,对折转光管相对艇坐标有一定的安装要求,当折转光管相对于艇坐标在俯仰方向和绕艇轴倾斜 β 角时,产生的方位传递极限误差由下式确定(参考 6.4.4 节),即

$$\Delta_{19} = \arctan\left[\tan(2\Delta\beta)\sin\beta\right]('') \tag{6-28}$$

3) 自准光管和发射光管方位装调误差

自准光管和发射光管同时装调在一个底座上,装调要求光轴相互平行, 其不平行度不大于 10″,则

$$\Delta_{20} = 10'' \tag{6-29}$$

4. 艇体变形产生的方位误差

在基准棱镜表征的艇纵轴方向,由于艇体本身的变形造成方位传递误差,通过

光电自准光管、发射光管传递到每一个接收器。从基准棱镜到光电自准光管相隔的距离较短,艇体的塑性变形(永久变形)可以在使用之前通过调整来纠正,消除这一部分的影响。从发射光管到每一个接收器,尤其是从发射光管到最后一个接收器,其间的距离很长,艇体变形量比较大,如果不采取措施,艇体变形将直接破坏瞄准精度,因此在接收器内装置一个二倍伽利略望远镜,使接收器在方位方向内的转动(可以是艇体变形造成,也可以是由于装调误差或其他因素造成)不产生方位传递误差,这同时也降低了接收器在艇上的装调要求(其原理参看6.4.4节)。

1) 二倍伽利略望远镜倍率误差在艇体变形时产生的方位传递误差

设二倍伽利略望远镜的倍率误差为 $\Delta\gamma$,而艇体变形后,接收器处在方位上的转角为 α,则由式(6-104)可知,由此产生的方位传递极限误差为

$$\Delta_{21} = \alpha\Delta\gamma \qquad (6\text{-}30)$$

2) 艇体在中纵剖面内的变形造成的测量误差

设艇体在中纵剖面内有变形,则将造成接收器相对发射光管和平台棱镜高低方向有转动,而使从平台棱镜反射出的光线与接收望远镜光轴在高低方向上产生倾角,从而造成光像中心与接收器探测器中心线在高低方向上的偏心 e。如果艇无横摇,此偏心是不会造成测量误差的,但艇体横摇角度比较大,因此产生了测量误差。偏心 e 的计算见 6.4.4 节,而误差归结到艇横摇形成光轴相对扭转而造成的测量误差 Δ_2 之中,在此不再列出。

6.4.3 误差计算

1. 误差分布规律

在本误差分析内,使用了 4 种误差分布规律。对于纵摇和横摇造成的航偏角测量误差 Δ_1 和艇横摇形成光轴相对扭转而造成的测量误差 Δ_2 这两项误差,由于其误差正比于艇纵摇和横摇角的大小,纵摇和横摇角越大,误差越大。同时艇在摇摆中,如果视其是正弦运动,则当摇摆角大时,摆动角速度越小,经历时间越长,产生大误差的概率越大。这一类误差分布属反余弦分布,如图 6-22(a)所示,其均方差 σ 与极限误差 Δ 之间的关系为

$$\sigma = \Delta/c \qquad (6\text{-}31)$$

式中: c 为置信因子, $c = \sqrt{2}$ 。

对于放大器动态误差 Δ_{16} 和采样误差 Δ_{17} 这两项,由于误差大小不正比航偏摆动速度,因此当摆动速度小时,误差增大。例如视航偏运动为一正弦运动,则在运动速度越大的点经历时间越短,产生大误差的概率越小。作误差分析时,近似地选取辛普生分布作为它们的误差分布,如图 6-22(b)所示。其均方差 σ 与极限误差

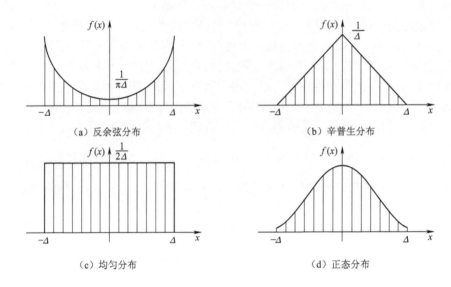

（a）反余弦分布　　　　　　　　　　（b）辛普生分布

（c）均匀分布　　　　　　　　　　　（d）正态分布

图 6-22　4 种误差分布曲线

Δ 之间的关系如式(6-31)，但此时 $c=\sqrt{6}$ 。

对于探测器元件分辨力凑整误差 Δ_{12} 和探测器几何尺寸误差造成的测量误差 Δ_{11}，可以视为均匀分布，如图 6-22(c)所示。而对于潜望镜方位传递误差 Δ_4、光电接收器方位传递误差 Δ_9、接收望远镜焦距误差产生的测量误差 Δ_{10}、光电接收器探测器中心和目视分划板中心偏差造成的测量误差 Δ_{14}、放大器允许误差 Δ_{15}、基准棱镜装调误差造成的方位传递误差 Δ_{18}、折转光管位置安装误差造成的方位传递误差 Δ_{19}、自准光管和发射光管方位装调误差 Δ_{20}，因它们取决于装调和制造，因此按均匀分布更为合适，而其均方差 σ 与极限误差 Δ 之间的关系式如式(6-31)，但此时 $c=\sqrt{3}$ 。

对于其余各项误差来说，都视为正态分布，如图 6-22(d)所示，其均方差 σ 与极限误差 Δ 之间的关系式如式(6-31)，但此时 $c=3$ 。

2. 各项极限误差计算

（1）艇纵摇和横摇造成的航偏角测量误差为

$$\Delta_1 = \Delta K - \Delta K'$$

$$\Delta K' = \frac{1}{2}\arctan\left[\frac{\cos\phi\sin(\Delta K + \Delta\Psi_2)\sqrt{1 - \sin^2\lambda\cos^2\phi + \frac{1}{2}\sin\lambda\sin2\phi}}{\cos2\Delta K + 2\sin^2\lambda\cos^2\phi\sin^2\Delta K}\right]$$

式中：ΔK 为艇航偏角；ϕ 为艇横摇角；λ 为艇纵摇角；$\Delta\Psi_1$ 为由艇的横摇和纵摇引产生的艇偏航角，$\Delta\Psi_1 = \arctan(\sin\varphi \cdot \tan\lambda)$；$\Delta\Psi_2$ 为艇运动的偏航角，$\Delta\Psi_2 = \Delta K - \Delta\Psi_1$；$\Delta K'$为光电瞄准仪测得的偏航角。

取 $\Delta K = 0.7°, \varphi = 3.5°, \lambda = 2°$，由表 6-1 计算得 $\Delta_1 = 6.2''$。

表 6-1　Δ_1 计算表

参　数	数　值
ΔK	$42'$
φ	$3°30'$
λ	$2°$
2φ	$7°$
2α	$1°24'$
$\sin\varphi$	0.06104854
$\tan\lambda$	0.03492077
$\sin\varphi \cdot \tan\lambda$	0.00213186
$\Delta\Psi_1 = \arctan(\sin\varphi \cdot \tan\lambda)$	$7'19.7''$
$\Delta\Psi_2 = \Delta K - \Delta\Psi_1$	$34'40.3''$
$\Delta K + \Delta\Psi_2$	$1°16'40.3''$
$\cos\varphi$	0.02230104
$\sin\lambda$	0.99813480
$\sin^2\lambda\cos\varphi$	0.03489950
$\sin^2\lambda\cos^2\varphi$	0.03483441
$\sqrt{1-\sin^2\lambda\cos^2\varphi}$	0.00121344
$\cos\varphi\sin(\Delta K + \Delta\Psi_2)\sqrt{1-\sin^2\lambda\cos^2\varphi}$	0.99939310
$\sin(2\varphi)$	0.02224593
$\sin\lambda\sin(2\varphi)$	0.12186934
$1/2\sin\lambda\sin(2\varphi)$	0.00425318
$|b'| = \cos\varphi\sin(\Delta K + \Delta\Psi_2)\sqrt{1-\sin^2\lambda\cos^2\varphi} + 1/2\sin\lambda\sin(2\varphi)$	0.0021659
$\sin(2\varphi)$	0.02437252
$\cos(2\Delta K)$	0.99970149
$\sin\Delta K$	0.01221700
$\sin^2\Delta K$	0.00014926
$\sin^2\lambda\cos^2\varphi\sin^2\Delta K$	0.00000018
$2\sin^2\lambda\cos^2\varphi\sin^2\Delta K$	0.00000036
$|a'| = \cos 2\Delta K + 2\sin^2\lambda\cos^2\varphi\sin^2\Delta K$	0.99970185
$|b'|/|a'|$	0.02437979
$\Delta K' = \arctan|b'|/|a'|$	$1°23'47.7''$
$\Delta K'$	$41'53.8''$
$\Delta_1 = \Delta K - \Delta K'$	$6.2''$

（2）艇横摇形成光轴相对扭转而造成的测量误差为

$$\Delta_2 = \frac{\rho''}{4f'_4}(h + 2e)\tan(2\varphi)\,('')$$

式中：$e = f'_4\tan(2\alpha)$，$e = 1.67\text{mm}$；h 为探测器单元高度，$h = 2\text{mm}$；φ 为艇最大横摇角，$\varphi = 3.5°$；α 为艇体最大变形角，$\alpha = 5'$；f'_4 为接收望远镜焦距，$f'_4 = 573.23\text{mm}$；ρ'' 为常数，$\rho'' = 206265$。

$$\Delta_2 = \frac{206265(2 + 1.67)}{4 \times 573.23} \times 0.123 = 40.6\,('')$$

（3）光电自准光管误差为

$$\Delta_3 = 5\,('')$$

（4）折转光管方位传递误差为

$$\Delta_4 = 10\,('')$$

（5）发射光管照准误差为

$$\Delta_5 = 5\,('')$$

（6）发射光管光源电压波动造成的误差为

$$\Delta_6 = \frac{\rho''}{4f'_4}\left(B - \frac{b}{2}\right)\left[\left(1 + \frac{\Delta V}{V}\right)^4 - 1\right]\,('')$$

式中：B 为探测器上光照光像宽度，$B = 1.2\text{mm}$；b 为探测器单元宽度，$b = 1\text{mm}$；$\dfrac{\Delta V}{V}$ 为发射光管光源电压的波动相对幅度，$\dfrac{\Delta V}{V} = 2\%$。

即

$$\Delta_6 = \frac{206265}{4 \times 573.23}\left(1.2 - \frac{1}{2}\right)\left[(1 + 0.02)^4 - 1\right] = 5\,('')$$

（7）窗口玻璃平行差造成的方位传递误差为

$$\Delta_7 = \sqrt{m(n - 1)^2\theta^2}$$

式中：m 为窗口玻璃数，$m = 5$；n 为 K9 玻璃折射率，$n = 1.5163$；θ 为窗口玻璃平行差，$\theta = 5''$。

即

$$\Delta_7 = \sqrt{5(1.5163 - 1)^2 \times 5^2} = 6.3\,('')$$

（8）分光镜平行差造成的方位传递误差为

$$\Delta_8 = \sqrt{m\left(\sqrt{\frac{n^2 - \sin^2\beta}{\cos^2\beta}} - 1\right)^2\theta^2}$$

式中：m 为分光镜数；β 为分光镜与入射光线的夹角，$\beta = 45°$；θ 为分光镜的平行差，$\theta = 5''$；n 为 K9 玻璃折射率，$n = 1.5163$。

即

$$\Delta_8 = \sqrt{5 \left(\sqrt{\frac{1.5163^2 - 0.5}{0.5}} - 1 \right)^2 5^2} = 9.5('')$$

（9）光电接收器方位传递误差为

$$\Delta_9 = 10('')$$

（10）接收望远镜焦距误差产生的测量误差为

$$\Delta_{10} = \frac{\rho'' \Delta f_4'}{2f_4'} \tan\omega('')$$

式中：$\Delta f_4'$ 为接收望远镜焦距误差，$\Delta f_4' = 2mm$；ω 为接收望远镜半视场角 $\omega = 1.6°$。

即

$$\Delta_{10} = \frac{206265 \times 2}{2 \times 593.23} \times \tan 1.6° = 10('')$$

（11）探测器几何尺寸误差造成的测量误差为

$$\Delta_{11} = \frac{\rho''}{4} \frac{\Delta l}{f_4'}('')$$

式中：Δl 为探测器尺寸制造误差，$\Delta l = 0.1mm$。

即

$$\Delta_{11} = \frac{206265 \times 0.1}{4 \times 573.23} = 9('')$$

（12）探测器分辨力凑整误差为

$$\Delta_{12} = \frac{\rho''}{8} \frac{b}{f_4'}('')$$

式中：b 为探测器单元宽度，$b = 1mm$。

即

$$\Delta_{12} = \frac{206265}{8 \times 573.23} = 45('')$$

（13）探测器噪声产生的测量误差为

$$\Delta_{13} = \frac{\rho''}{4} \left(B - \frac{b}{2} \right) \frac{V_{N_{max}}}{V_0 f_4'}('')$$

式中：$V_{N_{max}}$ 为探测器最大噪声电平，$V_{N_{max}} = 40\mu V$；V_0 为临界点处元件输出电平，$V_0 = 2mV$。

即

$$\Delta_{13} = \frac{206265}{4 \times 573.23} (1.2 - 0.5) \frac{40 \times 10^{-6}}{2 \times 10^{-3}} = 1.3('')$$

（14）光电接收器探测器中心和目视分划板中心偏差造成的测量误差为

$$\Delta_{14} = 5(")$$

（15）放大器允许误差为

$$\Delta_{15} = 15(")$$

（16）放大器动态误差为

$$\Delta_{16} = \frac{1}{4}\eta\frac{\rho''}{f'_4}(2B - b)$$

式中：η 为在频率偏差为 $\frac{1}{2}\Delta f_{max}$ 时，信号幅值的相对下降值。

而

$$\Delta f_{max} = \frac{16\pi f'_4}{\rho''}\Delta K_{max}\frac{1}{T_k(B+b)}$$

式中：ΔK_{max} 为最大航偏角，$\Delta K_{max} = 2520(")$ ；T_k 为艇航偏摆动最小周期，$T_k = 5(")$。

即

$$\Delta f_{max} = \frac{16\pi \times 573.23}{206265} \times 2520\frac{1}{5(1.2+1)} = 32\text{Hz}$$

由 $\frac{f_{max}}{2} = 16\text{Hz}$，从图 6-36 查得 η 值，为

$$\eta = 1.5\%$$

$$\Delta_{16} = \frac{1}{4} \times 0.015 \times \frac{206265}{573.23}(2.4 - 1) = 1.9(")$$

（17）采样误差为

$$\Delta_{17} = 2\pi\frac{\Delta K_{max}}{T_K f_0}$$

式中：f_0 为发射光管光调制频率，$f_0 = 900\text{Hz}$。

即

$$\Delta_{17} = 2\pi\frac{2520}{5 \times 900} = 3.5(")$$

（18）基准棱镜装调误差造成的方位传递误差为

$$\Delta_{18} = 5(")$$

（19）折转光管基准棱镜装调误差造成的方位传递误差为

$$\Delta_{19} = \arctan[\tan(2\Delta\beta) \cdot \sin\beta]$$

式中：$\Delta\beta$ 为折转光管两反射面高低方向允许的不平行度，$\Delta\beta = 1'$；β 为折转光管在艇上装调允许的倾斜度，$\beta = 2°$。

即

$$\Delta_{19} = \arctan[\tan2' \cdot \sin2°] = 5(")$$

（20）自准光管和发射光管方位装调误差为

$$\Delta_{20} = 10('')$$

（21）二倍伽利略望远镜的倍率误差在艇体变形时产生的方位传递误差为

$$\Delta_{21} = \alpha \cdot \Delta\gamma$$

式中：$\Delta\gamma$ 为二倍伽利略望远镜角放大倍率误差，$\Delta\gamma = 1.5\%$；α 为艇体在水平面内的变形角，$\alpha = 5'$。

即

$$\Delta_{21} = 1.5\% \times 300 = 4.5('')$$

3. 总误差计算

各项误差的极限误差、均方根差和方差见表 6-3。光电瞄准仪的总极限误差为

$$\Delta = \Delta_{传} + \Delta_{测}$$

式中：$\Delta_{传}$ 为方位传递误差，对于其中每一项来说，制造和装调是随机性的，而一经制造和装调完成后应是系统误差，但这些方位传递误差的组合应是一随机过程。从目前的具体情况来看，项目多（10 项）并且误差的数值相差不大，组合后误差分布应为正态分布，即

$$\Delta_{传} = c_{传} \cdot \sigma_{传}$$

取 $c_{传} = 3$。而传递误差的均方根差为

$$\sigma_{传} = \sqrt{\sum \sigma_i^2} = \sqrt{128.90} = 11.3('')$$

式中：$i = 3,4,5,7,8,9,18,19,20,21$。

$$\Delta_{传} = 3 \times 11.3 = 33.9('')$$

$\Delta_{测}$ 为测量误差，对于每一项测量误差来说，它是随机性的，这些测量误差的总合也应是随机性的。其中探测器分辨力凑整误差为均匀分布，即

$$f_1(x) = \begin{cases} \dfrac{1}{2a}, & -a \leqslant x \leqslant a \\ 0, & a \leqslant |x| \end{cases}, a = 45 \qquad (6\text{-}32a)$$

艇横摇形成光轴相对扭转而造成的测量误差为反余弦分布，即

$$f_2(y) = \begin{cases} \dfrac{1}{\pi\sqrt{b^2 - y^2}}, & -b \leqslant y \leqslant b \\ 0, & b \leqslant |y| \end{cases}, b = 41 \qquad (6\text{-}32b)$$

表 6-2 中 $b = 40.6$，为近似计算方便取 $b = 41$。其余各项误差，由于数值小，量级相当，项目多，合成后应为正态分布，即

$$f_3(z) = \frac{1}{\sigma_z \sqrt{2\pi}} e^{-Z^2/2\sigma_z^2} \qquad (6\text{-}32c)$$

式中：σ_z 为合成后正态分布的均方根差。

235

$$\sigma_z = \sqrt{\sum \sigma_i^2} = 13, i = 1,6,10,11,13,14,15,16,17$$

由 6.4.4 节中，三个随机变量(X,Y,Z)和的分布密度，可知其和的分布度应为

$$g(t) = \int_{-a}^{a} \int_{-b}^{b} f_1(x) f_2(y) f_3(t-x-y) \mathrm{d}x \mathrm{d}y \qquad (6-33)$$

计算时用以下公式作近似计算，即

$$g(t) = \frac{1}{2\pi a \sqrt{2\pi} \sigma_z} \sum_{-a}^{a} \sum_{-b}^{b} \frac{1}{\sqrt{b^2 - y^2}} e^{-(t-x-y)^2/2\sigma_z^2} \qquad (6-34)$$

计算结果见 6.4.4 中表 6-3；其分布曲线如图 6-41 所示。测量误差极值 $\Delta_{测}$ 按 $P(n \supset \Delta_{测}) < 0.003$ 取，即

$$P = 2 \sum_{n}^{\infty} g(t) < 0.003$$

当 $n = 97$ 时，$P = 0.002966$，因此，$\Delta_{测} = 96$。

光电瞄准仪的总极限误差为

$$\Delta = \Delta_{传} + \Delta_{测} = 33.9 + 96 = 129.9('')$$

表 6-2　各项误差的极限误差、均方根差及方差

序号	误差项目	极限误差 Δi	误差性质	误差分布	置信因子 C_i	均方根差 $\sigma_i = \Delta_i / C_i$	方差 σ_i^2
1	艇纵摇和横摇造成的航偏角测量误差	6.2	测量误差	反余弦	$\sqrt{2}$	4.38	19.22
2	艇横摇形成光轴相对扭转而造成的测量误差	40.6	测量误差	反余弦	$\sqrt{2}$	28.70	824.18
3	光电自准光管误差	5	方位传递误差	正态	3	1.66	2.78
4	折转光管方位传递误差	10	方位传递误差	均匀	$\sqrt{3}$	5.77	33.33
5	发射光管照准误差	5	方位传递误差	正态	3	1.66	2.78
6	发射光管光源电压波动造成的误差	5	测量误差	正态	3	1.66	2.78
7	窗口玻璃平行差造成的方位传递误差	6.3	方位传递误差	正态	3	2.10	4.41
8	分光镜平行差造成的方位传递误差	9.5	方位传递误差	正态	3	3.16	10.03
9	光电接收器方位传递误差	10	方位传递误差	均匀	$\sqrt{3}$	5.77	33.33
10	接收望远镜焦距误差产生的测量误差	10	测量误差	均匀	$\sqrt{3}$	5.77	33.33
11	探测器几何尺寸误差造成的测量误差	9	测量误差	均匀	$\sqrt{3}$	5.19	27.00
12	探测器分辨率凑整误差	45	测量误差	均匀	$\sqrt{3}$	25.96	675.00
13	探测器噪声产生的测量误差	1.3	测量误差	正态	3	0.43	0.19
14	光电接收器探测器中心和目视分划板中心偏差产生的测量误差	5	测量误差	均匀	$\sqrt{3}$	2.88	8.33
15	放大器允许误差	15	测量误差	均匀	$\sqrt{3}$	8.65	75.00

序号	误差项目	极限误差 Δi	误差性质	误差分布	置信因子 C_i	均方根差 $\sigma_i = \Delta_i / C_i$	方差 σ_i^2
16	放大器动态误差	1.9	测量误差	辛普生	$\sqrt{6}$	0.77	0.28
17	采样误差	3.5	测量误差	辛普生	$\sqrt{6}$	1.43	2.04
18	基准棱镜装调误差造成的方位传递误差	5	方位传递误差	均匀	$\sqrt{3}$	2.88	8.33
19	折转光管位置安装误差造成的方位传递误差	5	方位传递误差	均匀	$\sqrt{3}$	2.88	8.33
20	自准光管和发射光管方位装调误差	10	方位传递误差	均匀	$\sqrt{3}$	5.77	33.33
21	二倍伽利略望远镜的倍率误差在艇体变形时产生的方位传递误差	4.5	方位传递误差	正态	3	1.50	2.25

6.4.4 相关部件的误差分析

1. 艇纵摇和横摇造成的航偏角测量误差分析

1）无偏航角时的测量误差

设 $OXYZ$ 为大地坐标系，$OX'Y'Z'$ 为艇体坐标系。如果艇体稳定在大地坐标系内，则两坐标系重合。设艇首先有纵摇(绕 Y 轴转动)λ 角，而后有横摇(绕 X 轴转动)ϕ 角，艇体坐标如图 6-23 所示。X' 轴与大球交 H 点，过 H 和 Z 轴作平面，此平面与大球交大弧 CH，大弧 CH 交大弧 AB 于 K 点。此时艇导航系统指示的航偏角为 $\Delta\Psi_1(\angle AOK)$。

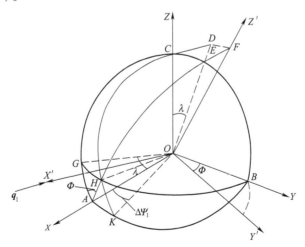

图 6-23 艇体坐标 $OX'Y'Z'$ 和大地坐标 $OXYZ$ 关系

237

在球面 $\triangle ACH$ 中,有

$$AC = 90°, \angle CAH = \phi, AH = AG = \lambda$$

$$\cot AH \cdot \sin AC = \cot \angle ACH \cdot \sin \angle CAH + \cos AC \cos \angle CAH$$

$$\cot\lambda = \cot\Delta\Psi_1 \cdot \sin\phi$$

则

$$\tan\Delta\Psi_1 = \sin\phi \cdot \tan\lambda \tag{6-35}$$

因光电接收器与艇体成一刚体,接收器光轴与艇纵轴(X 轴)重合,而方向相反,因此 $q_1 = -x'$(q_1 为接收器射向平台棱镜的光束)。由图 6-23 可求出 X' 相对于大地坐标系 $OXYZ$ 的位置,从而求出 q_1 的矢量表示式。在球面 $\triangle ACH$ 中,有

$$\cos HC = \cos AH \cdot \cos AC + \sin AH \cdot \sin AC \cdot \cos \angle CAH$$

$$\cos HC = \sin\lambda \cdot \cos\phi$$

$$\cos^2 HB + \cos^2 AH + \cos^2 HC = 1$$

$$\cos HB = \sqrt{1 - \cos^2 AH - \cos^2 HC} = \sqrt{\sin^2\lambda \sin^2\phi} \tag{6-36}$$

$$\cos HB = \sin\lambda \sin\phi \tag{6-37}$$

则

$$q_1 = -\cos\lambda i - \sin\lambda \sin\phi j - \sin\lambda \cos\phi k \tag{6-38}$$

当艇体纵摇又横摇时,平台棱镜与大地坐标的关系不变,则一经校正后,其所处的位置如图 6-24 所示。棱镜两直角面的法线为

$$\begin{cases} N_1 = \dfrac{\sqrt{2}}{2}i + \dfrac{\sqrt{2}}{2}k \\[2mm] N_2 = \dfrac{\sqrt{2}}{2}i + \dfrac{\sqrt{2}}{2}k \end{cases} \tag{6-39}$$

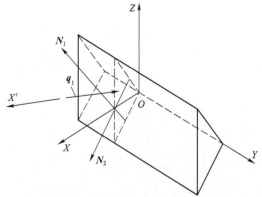

图 6-24　平台棱镜与大地坐标系 $OXYZ$

两直角面交线的矢量为

$$P = \frac{N_1 N_2}{\sin\beta}$$

式中:β 为 N_1 和 N_2 两矢量之间的夹角,$\beta = \pi/2$。

因此

$$P = N_1 \times N_2 = \begin{vmatrix} i & j & k \\ \sqrt{2}/2 & 0 & \sqrt{2}/2 \\ \sqrt{2}/2 & 0 & -\sqrt{2}/2 \end{vmatrix} = j$$

即

$$P = j \tag{6-40}$$

而

$$P \cdot q_1 = \sin\lambda \sin\phi \tag{6-41}$$

所以经两直角面反射后的光线的矢量为

$$q_3 = -q_1 + 2P \times (P \cdot q_1)$$

则

$$q_3 = -\cos\lambda i - \sin\lambda \sin\phi j + \sin\lambda \cos\phi k \tag{6-42}$$

光电接收器测量出的航偏角 $\Delta\Psi_1$ 应是 q_3 和 q_1 两矢量之间夹角在艇体坐标系 $OX'Y'Z'$ 之 $X'OY'$ 平面上的投影。以下求 q_3 在 $OX'Y'Z'$ 坐标系内的矢量表示式。

先求 $OX'Y'Z'$ 坐标系三轴相对于 $OXYZ$ 坐标系的方向余弦,即

$$\begin{cases} X' \text{ 轴对 } X、Y、Z \text{ 三轴的方向余弦为} \begin{cases} \alpha_1 = \cos\lambda \\ \beta_1 = \sin\lambda \sin\phi \\ \gamma_1 = \sin\lambda \cos\phi \end{cases} \\ Y' \text{ 轴对 } X、Y、Z \text{ 三轴的方向余弦为} \begin{cases} \alpha_2 = 0 \\ \beta_2 = \cos\phi \\ \gamma_2 = -\sin\phi \end{cases} \\ Z' \text{ 轴对 } X、Y、Z \text{ 三轴的方向余弦为} \begin{cases} \alpha_3 = -\sin\lambda \\ \beta_3 = \cos\lambda \sin\phi \\ \gamma_3 = \cos\lambda \cos\phi \end{cases} \end{cases} \tag{6-43}$$

而后求 q_3 在 $OX'Y'Z'$ 坐标系中的矢量表示式,即

$$q_3 = a'i' + b'j' + c'k'$$

$$q_3 = ai + bj + ck \tag{6-44}$$

式中:$i'、j'、k'$ 为 $OX'Y'Z'$ 坐标系内三轴的单位矢量;$i、j、k$ 为 $OXYZ$ 坐标系内三轴的单位矢量。

由式(6-42)可得

$$\begin{cases} a = \cos\lambda \\ b = -\sin\lambda \sin\phi \\ c = \sin\lambda \cos\phi \end{cases} \tag{6-45}$$

239

由坐标变换公式知,有

$$\begin{cases} a' = \alpha_1 a + \beta_1 b + \gamma_1 c = \cos^2\lambda + \sin^2\lambda\cos(2\phi) \\ b' = \alpha_2 a + \beta_2 b + \gamma_3 c = -\sin\lambda\sin(2\phi) \\ c' = \alpha_3 a + \beta_3 b + \gamma_3 c = -\sin\lambda\cos\lambda(1 - \cos(2\phi)) \end{cases} \quad (6\text{-}46)$$

因此,有

$$q_3 = (\cos^2\lambda + \sin^2\lambda\cos(2\phi))i' - \sin\lambda\sin(2\phi)j' - \sin\lambda\cos\lambda(1 - \cos(2\phi))k'$$

$$(6\text{-}47)$$

因为 q_1 与 $(-x')$ 重合,所以 q_3 与 q_1 的夹角在 $X'OY'$ 平面上的投影就是 q_3 在 $X'OY'$ 平面上的投影与 X' 之间的夹角。设 q_3 在 $X'OY'$ 平面上的投影与 X' 轴之间的夹角为 $2\Delta\Psi_1'$,则

$$\tan(2\Delta\Psi_1') = |\ b'/a'\ | = \frac{\sin\lambda\sin(2\phi)}{\cos^2\lambda + \sin^2\lambda\cos(2\phi)} \quad (6\text{-}48)$$

此 $\Delta\Psi_1'$ 即为接收器测得的航偏角,因此由此产生的测量误差为

$$\Delta\alpha = \Delta\Psi_1 - \Delta\Psi_1' = \arctan(\sin\phi\tan\lambda) - \frac{1}{2}\arctan\left(\frac{\sin\lambda\sin(2\phi)}{\cos^2\lambda + \sin^2\lambda\cos(2\phi)}\right)$$

$$(6\text{-}49)$$

2) 航偏角为 $\Delta\Psi_2$ 时的测量误差

有航偏角 $\Delta\Psi_2$ 时艇体坐标和大地坐标关系如图 6-25 所示,H 点继续运动到 M 点。此时艇惯导系统指示的真实的总航偏角为 ΔK,即

$$\Delta K = \angle ACM = AP = AK + KP = \Delta\Psi_1 + \Delta\Psi_2$$
$$\Delta K = \Delta\Psi_1 + \Delta\Psi_2 \quad (6\text{-}50)$$

首先求接收器光轴(与艇纵轴 X 同轴,方向相反)。由图 6-25 可知,其光轴在 $OXYZ$ 坐标系内的矢量表示式为

$$q = -\cos AM i - \cos BM j - \cos CM k$$

则

$$\cos CM = \cos CH,$$

由式(6-36)知,有

$$\cos CH = \sin\lambda\cos\phi$$

得

$$\cos CM = \sin\lambda\cos\phi \quad (6\text{-}51)$$

在球面 $\triangle ACM$ 中,有

$$\cos AM = \cos CM\cos AC + \sin CM\sin AC \cdot \cos\angle ACM = \sqrt{1-\cos^2 CM} \cdot \cos\Delta K$$

即

$$\cos AM = \cos\Delta K \cdot \sqrt{1 - \sin^2\lambda\cos^2\phi} \quad (6\text{-}52)$$

240

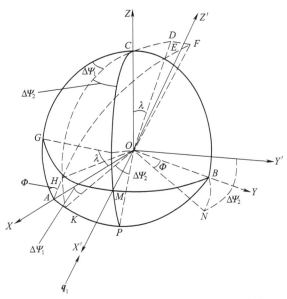

图 6-25　有航偏角时艇体坐标和大地坐标关系

又因

$$\cos^2 AM = \cos^2 BM + \cos^2 CM = 1$$

$$\cos BM = \sqrt{1 - \cos^2 AM - \cos^2 CM}$$

$$\cos BM = \sin \Delta K \cdot \sqrt{1 - \sin^2 \lambda \cos^2 \phi}$$

因此有

$$q'_1 = (\cos \Delta K \sqrt{1 - \sin^2 \lambda \cos^2 \phi})\,i - (\sin \Delta K \cdot \sqrt{1 - \sin^2 \lambda \cos^2 \phi})\,j - (\sin \lambda \cos \phi)\,k$$

$$(6\text{-}53)$$

而艇体坐标系 $OX'Y'Z'$ 三轴相对大地坐标系 $OXYZ$ 三轴的方向余弦分别为

$$
\begin{cases}
X'' \text{轴对 } X \text{、} Y \text{、} Z \text{ 轴的方向余弦为}
\begin{cases}
\alpha_1 = \cos \Delta K \cdot \sqrt{1 - \sin^2 \lambda \cos^2 \phi} \\
\beta_1 = \sin \Delta K \cdot \sqrt{1 - \sin^2 \lambda \cos^2 \phi} \\
\gamma_1 = \sin \lambda \cos \phi
\end{cases} \\[2em]
Y'' \text{轴对 } X \text{、} Y \text{、} Z \text{ 轴的方向余弦为}
\begin{cases}
\alpha_2 = -\cos \phi \sin \Delta X_2 \\
\beta_2 = \cos \phi \cos \Delta \Psi_2 \\
\gamma_2 = -\sin \phi
\end{cases} \\[2em]
Z'' \text{轴对 } X \text{、} Y \text{、} Z \text{ 轴的方向余弦为}
\begin{cases}
\alpha_3 = -\sqrt{\sin^2 \Delta K + \sin^2 \lambda \cos^2 \phi \cos^2 \Delta K - \cos^2 \phi \sin^2 \Delta \Psi_2} \\
\beta_3 = \sqrt{\cos^2 \Delta K + \sin^2 \lambda \cos^2 \phi \sin^2 \Delta K - \cos^2 \phi \cos^2 \Delta \Psi_2} \\
\gamma_3 = \cos \lambda \cos \phi
\end{cases}
\end{cases}
$$

$$(6\text{-}54)$$

由式(6-40)及式(6-53)可知,有

$$\boldsymbol{P} = \boldsymbol{j}, \boldsymbol{P} \cdot \boldsymbol{q}_1 = -\sin\Delta K \cdot \sqrt{1 - \sin^2\lambda\cos^2\phi}, \boldsymbol{q}_3 = -\boldsymbol{q}_1 + 2\boldsymbol{P}(\boldsymbol{P} \cdot \boldsymbol{q}_1)$$

即

$$\boldsymbol{q}_3' = (\cos\Delta K\sqrt{1 - \sin^2\lambda\cos^2\varphi})\boldsymbol{i} - (\sin\Delta K \cdot \sqrt{1 - \sin^2\lambda\cos^2\varphi})\boldsymbol{j} + (\sin\lambda\cos\varphi)\boldsymbol{k} \tag{6-55}$$

设

$$\boldsymbol{q}_3 = a\boldsymbol{i} + b\boldsymbol{j} + c\boldsymbol{k} = d\boldsymbol{i}' + b'\boldsymbol{j}' + c'\boldsymbol{k}' \tag{6-56}$$

则

$$\begin{cases} a = \cos\Delta K \cdot \sqrt{1 - \sin^2\lambda\cos^2\phi} \\ b = -\sin\Delta K \cdot \sqrt{1 - \sin^2\lambda\cos^2\phi} \\ c = \sin\lambda\cos\phi \end{cases} \tag{6-57}$$

由坐标变换关系可求出,即

$$a' = \alpha_1 a + \beta_1 b + \gamma_1 c = \cos(2\Delta K) + 2\sin^2\lambda\cos^2\varphi\sin^2\Delta K$$

$$b' = \alpha_2 a + \beta_2 b + \gamma_2 c = -\cos\varphi\sin(\Delta K' + \Delta\Psi_2)\sqrt{1 - \sin^2\lambda\cos^2\phi - \frac{1}{2}\sin\lambda\sin(2\phi)}$$

$$c' = \alpha_3 a + \beta_3 b + \gamma_3 c$$

$$= -\cos\Delta K \cdot \sqrt{(1 - \sin^2\lambda\cos^2\phi)(\sin^2\Delta K + \sin^2\lambda\cos^2\phi\cos^2\Delta K) - \cos^2\phi\sin^2\Delta\Psi_2} -$$

$$\sin\Delta K \cdot \sqrt{(1 - \sin^2\lambda\cos^2\phi)(\cos^2\Delta K + \sin^2\lambda\cos^2\phi\sin^2\Delta K) - \cos^2\phi\cos^2\Delta\Psi_2} +$$

$$\sin\lambda\cos\lambda\cos^2\phi \tag{6-58}$$

设接收器测得的总航偏角为 $\Delta K'$,即

$$\tan(2\Delta K') = |\frac{b'}{a'}| = \frac{\cos\phi \cdot \sin(\Delta K + \Delta\Psi_2)\sqrt{1 - \sin^2\lambda\cos^2\phi + 1/2\sin\lambda\sin(2\phi)}}{\cos(2\Delta K) + 2\sin^2\lambda\cos^2\phi\sin^2\Delta K} \tag{6-59}$$

由式(6-50)知,即

$$\Delta\Psi_2 = \Delta K - \Delta\Psi_1$$

而 $\Delta\Psi_1 = \arctan(\sin\varphi \cdot \tan\lambda)$,因此当艇体经俯仰角 λ、横摇 ϕ 角,并偏航 $\Delta\Psi_2$ 后,接收器测得的偏航角误差为

$$\Delta = \Delta K - \Delta K'$$

即

$$\Delta = \Delta K - \frac{1}{2}\arctan\left\{\frac{\cos\phi\sin(\Delta K + \Delta\Psi_2)\sqrt{1 - \sin^2\lambda\cos^2\phi + \frac{1}{2}\sin\lambda\sin(2\phi)}}{\cos(2\Delta K) + 2\sin^2\lambda\cos^2\phi\sin^2\Delta K}\right\} \tag{6-60}$$

2. 艇横摇形成光轴相对扭转（光像倾斜）而造成的测量误差

1）当艇横摇 ϕ 角时，确定光像相对探测器阵列的转角 ϕ'

设艇体坐标系为 $OX'Y'Z'$，而大地坐标系为 $OXYZ$，当艇相对大地坐标系有横摇 ϕ 角后，两坐标系的关系如图 6-26 所示。对于发射光管分划板图像的轴上点，它与艇轴 OX' 重合，也与大地坐标系 OX 轴重合，经平台棱镜反射后，其仍沿 OX' 轴返回，在接收望远镜的像面仍处于轴上位置，与艇横摇无关。以下我们再看与光轴成 $\Delta\lambda$ 的轴外光线 q_1，在艇横摇 ϕ 角的情况下，运动到如图 6-26 所示的位置。

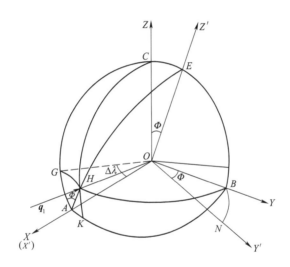

图 6-26　艇横摇 Φ 角之后艇体坐标系 $OX'Y'Z'$ 与大地坐标系 $OXYZ$ 之间的关系

如图 6-23 所示，与图 6-23 中的 q_1 情况相似，只要把艇纵摇角 λ 变换成与光轴的夹角 $\Delta\lambda$，即可以把式（6-38）直接变换成本情况下 q_1 的表示式，由式（6-38）可得

$$q_1 = -\cos\Delta\lambda\, i - \sin\Delta\lambda\sin\phi j - \sin\Delta\lambda\cos\phi k \qquad (6-61)$$

如图 6-24 所示，光线经平台棱镜反射后的矢量式可以直接从式（6-42）得到，即

$$q_3 = \cos\Delta\lambda\, i - \sin\Delta\lambda\sin\phi j + \sin\Delta\lambda\cos\phi k \qquad (6-62)$$

下面进行坐标变换，把 q_3 在 $OXYZ$ 坐标系中的表示式变换成 $OX'Y'Z'$ 坐标系中的表示式，即

$$\begin{cases} X'\ \text{轴对}\ X、Y、Z\ \text{三轴的方向余弦为} \begin{cases} \alpha_1 = 1 \\ \beta_1 = 0 \\ \gamma_1 = 0 \end{cases} \\ Y'\ \text{轴对}\ X、Y、Z\ \text{三轴的方向余弦为} \begin{cases} \alpha_2 = 0 \\ \beta_2 = \cos\phi \\ \gamma_2 = -\sin\phi \end{cases} \\ Z'\ \text{轴对}\ X、Y、Z\ \text{三轴的方向余弦为} \begin{cases} \alpha_3 = 0 \\ \beta_3 = \sin\phi \\ \gamma_3 = \cos\phi \end{cases} \end{cases} \quad (6\text{-}63)$$

设
$$\boldsymbol{q}_3 = a\boldsymbol{i} + b\boldsymbol{j} + c\boldsymbol{k} = a'\boldsymbol{i}' + b'\boldsymbol{j}' + c'\boldsymbol{k}'$$

由式(6-45)可得
$$\begin{cases} a = \cos\Delta\lambda \\ b = -\sin\Delta\lambda\sin\phi \\ c = \sin\Delta\lambda\cos\phi \end{cases}$$

而
$$\begin{cases} a' = \alpha_1 a + \beta_1 b + \gamma_1 c \\ b' = \alpha_2 a + \beta_2 b + \gamma_2 c \\ c' = \alpha_3 a + \beta_3 b + \gamma_3 c \end{cases}$$

因此有
$$\begin{cases} a' = \cos\Delta\lambda \\ b' = -\sin\Delta\lambda\sin(2\phi) \\ c' = \sin\Delta\lambda\cos(2\phi) \end{cases} \quad (6\text{-}64)$$

最后得 $\boldsymbol{q}_3$ 在 $OX'Y'Z'$ 坐标系内的表示式为
$$\boldsymbol{q}_3 = \cos\Delta\lambda\,\boldsymbol{i}' - \sin\Delta\lambda\sin(2\phi)\,\boldsymbol{j}' + \sin\Delta\lambda\cos(2\phi)\,\boldsymbol{k}' \quad (6\text{-}65)$$

比较式(6-61)、式(6-62)和式(6-65)可知,在艇横摇 ϕ 角,轴外光经平台棱镜反射后,高低角方向无变化,仍与光轴成 $\Delta\lambda$ 角,而在扭转方向上呈 2ϕ。设 ϕ' 为接收望远镜探测器阵列上光像相对探测器的扭转角,则有
$$\phi' = 2\phi \quad (6\text{-}66)$$

2) 光像相对探测器阵列的倾斜造成的测量误差

如图 6-27 所示为艇横摇后探测器阵列与光像之间的关系,当艇横摇之前,光像处于第 n 单元的临界位置,在此位置上,n 单元上的光照面积为 $ABCD$。当艇横摇之后,光像与探测器相对扭转 $\phi' = 2\phi$ 角,此时第 n 单元的上光照面积的变化量 ΔS 为面积 ADE,即

$$\Delta S = \frac{1}{2}ED \times AD = \frac{1}{2}h^2 \cdot \tan(2\phi) \qquad (6-67)$$

由于光照面积变化,它相当于光像在水平方向的移动量为

$$\Delta l = \frac{\Delta S}{h} = \frac{1}{2}h \cdot \tan(2\phi) \qquad (6-68)$$

因此有测量误差,即

$$\Delta = \frac{\Delta l}{2f'_4}\rho''$$

其中,系数为1/2是由于测量为自准测量的原故。把式(6-68)代入上式,有

$$\Delta = \frac{\rho'' h}{4f'_4}\tan(2\phi) \qquad (6-69)$$

式中:ρ''为常数(1rad的角秒值,$\rho'' = 206265$);h为探测器阵列单元的高度;f'_4为光电接收器接收望远镜的焦距。

3)当有偏心 e 时的测量误差

当有偏心 e 时探测器阵列与光像之间的关系如图6-28所示。

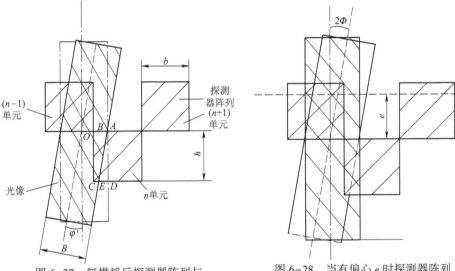

图6-27 艇横摇后探测器阵列与光像之间的关系

图6-28 当有偏心 e 时探测器阵列与光像之间的关系

$$\begin{cases} \Delta S = \dfrac{h}{2}(h + 2e)\tan(2\phi) \\[2mm] \Delta l = \dfrac{1}{2}(h + 2e)\tan(2\phi) \\[2mm] \Delta = \dfrac{\rho''}{4f'_4}(h + 2e)\tan(2\phi) \end{cases} \qquad (6-70)$$

3. 发射光管灯电压波动造成的误差分析

1) 临界点处探测器单元上光照宽度 B_n 的确定

设光像的宽度为 B,探测器阵列各单元的宽度为 b,处于临界点处(此单元上,从不出电信号到出电信号的转换点)的光照宽度为 B_n。

临界点探测器阵列与光像之间的关系,如图 6-29 所示。

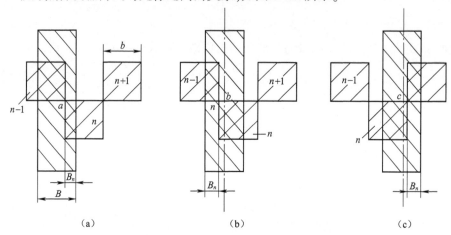

(a)   (b)   (c)

图 6-29 临界点处探测器阵列与光像之间的关系

从图 6-29 可知,光像从 a 点到 b 点的范围内为第 $(n-1)$ 单元和第 n 单元同时出信号的区间,此区间的距离为 l_{ab},即

$$l_{ab} = B - 2B_n \tag{6-71}$$

光像从 b 点到 c 点的范围内为第 n 单元单独出信号的区间,此区间的距离为 l_{bc},即

$$l_{bc} = b + 2B_n - B \tag{6-72}$$

以后将是重复此过程。为了达到均匀细分的目的,应该有 $l_{ab}=l_{bc}$,因此可得

$$B_n = \frac{B}{2} - \frac{b}{4} \tag{6-73}$$

2) 灯电压波动造成的误差

设灯电压为 V,电压波动变化量为 ΔV,则其相对波动量为 $\frac{\Delta V}{V}$。灯的发光强度与灯电压四次方成正比,因此照射在探测器单元上照度的相对变化量为

$$\frac{\Delta E}{E} = \left(1 + \frac{\Delta V}{V}\right)^4 - 1 \tag{6-74}$$

246

照度变化为 $\dfrac{\Delta E}{E}$,它相当于临界点处光像移动的距离为 Δl,即

$$\Delta l = B_n \frac{\Delta E}{E} = B_n \left[\left(1 + \frac{\Delta E}{E} \right)^4 - 1 \right]$$

得

$$\Delta l = B_n \left[\left(1 + \frac{\Delta V}{V} \right)^4 - 1 \right] \tag{6-75}$$

由此产生的误差为

$$\Delta = \frac{1}{2}, \Delta l \frac{\rho''}{f_4'} = \frac{\rho''}{2} \cdot \frac{B_n}{f_4'} \left[\left(1 + \frac{\Delta V}{V} \right)^4 - 1 \right]$$

将式(6-73)代入,得

$$\Delta = \frac{\rho''}{4f_4'} \left(B - \frac{b}{2} \right) \left[\left(1 + \frac{\Delta V}{V} \right)^4 - 1 \right] \tag{6-76}$$

4. 放大器动态误差分析

1) 光电接收器光像在探测器上的扫描速度

光像在接收元件上的位置,将取决于平台棱镜法线 T 和接收望远镜光轴之间的夹角。此夹角的大小为平台棱镜方位误差角 $\Delta\alpha$ 和艇航偏角 ΔK 之和。光电接收器光像在探测器上的扫描速度分析如图6-30所示。

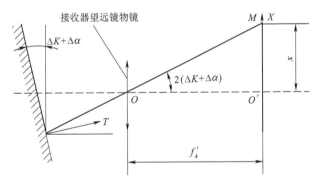

图 6-30 光电接收器光像在探测器上的扫描速度分析

由图6-30中 $\triangle OO'\mathrm{M}$ 已知光像在探测器上所处的位置 M 点离中心 O' 点的距离为

$$x = 2(\Delta K + \Delta\alpha) \frac{f_4'}{\rho''} \tag{6-77}$$

艇的偏航可近似地看作一幅值为 $\Delta K(t)$(幅值随时间作随机变动)的正弦运动,分析时幅值最大值为 $\Delta K_{\max}$,即

$$\Delta K = \Delta K_{\max} \sin(\omega_K t) \tag{6-78}$$

式中:ω_K 为艇航偏运动的角频率。

而平台棱镜的方位误差角 $\Delta\alpha$ 在某段时间内可视作一常数值,尤其在瞄准好的状态下有 $\Delta\alpha \to 0$。

因此有

$$x = 2\left[\Delta K_{\max}\sin(\omega_K t) + \Delta\alpha\right] \cdot \frac{f'_4}{\rho''} \tag{6-79}$$

光像在探测器上位移速度为

$$V = \frac{\mathrm{d}x}{\mathrm{d}t} = 2\omega_K \Delta K_{\max}\frac{f'_4}{\rho''}\cos(\omega_K t) \tag{6-80}$$

当 $\omega_K t = t\pi (k=0,\pm1,\pm2,\cdots)$ 时 V 取最大值,即

$$V_{\max} = \frac{\mathrm{d}x}{\mathrm{d}t} = 2\omega_K \Delta K_{\max}\frac{f'_4}{\rho''} \tag{6-81}$$

2) 探测器单元上的输出信号

光像位置与探测器单元如图 6-31 所示。

光像在探测器上扫描,探测器单元上接收光信号后,将产生一电信号,每个单元上产生电信号如图 6-32 所示。其脉冲宽度为

$$\tau = \frac{B+b}{V} \tag{6-82}$$

式中:V 为光像扫描速度,由式(6-80)确定。

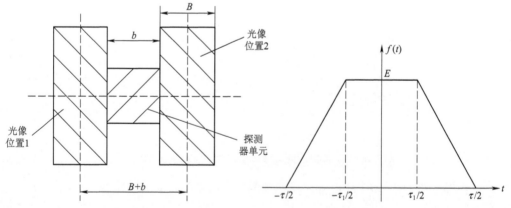

图 6-31　光像位置与探测器单元　　　　图 6-32　每个单元上产生电信号

设其脉冲幅度的最大值为 E,由于 $B>b$,因此在最大值 E 处保留一时间,其保留时间 $\tau_1 = \dfrac{B-b}{V}$。由于 $B \cong b$,为了简化计算,视 $\tau_1 = 0$。其脉冲为

$$f(t) = \begin{cases} 0, & t < -\tau/2 \\ E(1 + 2t/\tau), & -\tau/2 \leqslant t < 0 \\ E(1 - 2t/\tau), & 0 < t < \tau/2 \\ 0, & \tau/2 \leqslant t \end{cases} \quad (6\text{-}83)$$

无调制时探测器单元上输出的电信号如图 6-33 所示。但由于光受 900Hz 余弦调制,因此探测器阵列单元上输出信号将如图 6-34(b)所示,即

$$f(t) = \begin{cases} 0, & t < -\tau/2 \\ E(1 + 2t/\tau)\cos(\omega_0 t), & -\tau/2 \leqslant t < 0 \\ E(1 - 2t/\tau)\cos(\omega_0 t), & 0 < t < \tau/2 \\ 0, & \tau/2 \leqslant t \end{cases} \quad (6\text{-}84)$$

式中:ω_0 为光调制的角频率。

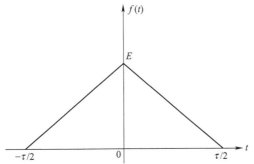

图 6-33　无调制时探测器单元上输出的电信号

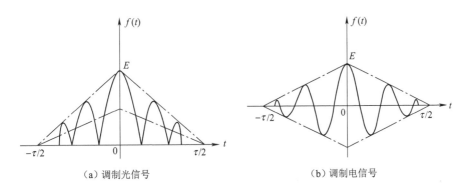

（a）调制光信号　　　　　　　　　（b）调制电信号

图 6-34　有调制时探测器单元上输出的电信号

3) 脉冲频谱分析

（1）无调制时。

对式(6-83)进行傅里叶积分得到

$$F(f) = \int_{-\infty}^{+\infty} f(t)\,\mathrm{e}^{-\mathrm{j}\omega t}\mathrm{d}t = \int_{-\tau/2}^{0} E\left(1 + \frac{2t}{\tau}\right)\mathrm{e}^{-\mathrm{j}\omega t}\mathrm{d}t + \int_{0}^{\tau/2} E\left(1 - \frac{2t}{\tau}\right)\mathrm{e}^{-\mathrm{j}\omega t}\mathrm{d}t$$

$$= \frac{8E}{\tau\omega^2}\sin^2\frac{\omega\tau}{4}$$

即

$$F(f) = \frac{E\tau}{2}\left(\frac{\sin(\omega\tau/4)}{\omega\tau/4}\right)^2 \tag{6-85}$$

$F(f)$ 在以下各点取得零值,即

$$\frac{\omega\tau}{4} = \frac{\pi f\tau}{2} = k\pi, \quad k = 1,2,3,\cdots$$

即

$$f = \frac{2}{\tau}k \tag{6-86}$$

其幅频谱图如图 6-35(a)所示。

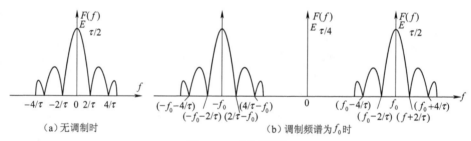

（a）无调制时　　　　　　　　　　　（b）调制频谱为 f_0 时

图 6-35　幅频谱图

（2）调制频率为 $\omega_0 = 2\pi f$ 时的情况。

对式（6-84）进行傅里叶积分,得

$$F(f) = \int_{-\infty}^{+\infty} f(t)\,\mathrm{e}^{-\mathrm{j}\omega t}\mathrm{d}t = \int_{-\tau/2}^{0} \frac{E}{2}\left(1 + \frac{2t}{\tau}\right)\cos(\omega_0 t)\mathrm{d}t + \int_{0}^{\tau/2} \frac{E}{2}\left(1 - \frac{2t}{\tau}\right)\cos(\omega_0 t)\mathrm{d}t$$

$$F(f) = \frac{E\tau}{4}\left[\left(\frac{\sin(\omega - \omega_0)\tau/4}{(\omega - \omega_0)\tau/4}\right)^2 + \left(\frac{\sin(\omega + \omega_0)\tau/4}{(\omega + \omega_0)\tau/4}\right)^2\right] \tag{6-87}$$

当 $\omega \to \omega_0$ 时,第一项可以忽略不计,则 $F(f)$ 在以下各点上取得零值,即

$$\frac{(\omega + \omega_0)\tau}{4} = \frac{\pi(f + f_0)\tau}{2} = k\pi$$

$$f = \frac{2k}{\tau} + f_0, k = \pm 1, \pm 2, \pm 3,\cdots \tag{6-88a}$$

当 $\omega \to -\omega_0$ 时,式（6-87）的第二项可忽略不计,$F(f)$ 在以下各点取得零值,即

$$\frac{(\omega - \omega_0)\tau}{4} = \frac{\pi(f + f_0)\tau}{2} = k\pi$$

$$f = \frac{2k}{\tau} + f_0, k = \pm 1, \pm 2, \pm 3, \cdots \qquad (6-88b)$$

其幅频谱图如图 6-35(b)所示。

由以上分析可知,在调制情况与非调制情况下,探测器输出信号有相同的频带宽度。其频带宽度为

$$\Delta f = \frac{4}{\tau}$$

将式(6-82)代入上式,有

$$\Delta f = \frac{4V}{B+b} \qquad (6-89)$$

当光像在探测器上的扫描速度达到最大值时,频带宽度有最大值,即

$$\Delta f_{\max} = \frac{4V_{\max}}{B+b}$$

将式(6-81)代入上式,有

$$\Delta f_{\max} = 8\omega_K \Delta K_{\max} \frac{f'_4}{\rho''(B+b)} \qquad (6-90a)$$

或写成

$$\Delta f_{\max} = \frac{16\pi}{\rho''} \Delta K_{\max} \frac{f'_4}{T_K(B+b)} \qquad (6-90b)$$

式中:$\Delta K_{\max}$ 为最大偏航角("); ρ'' 为常数, $\rho'' = 206265(1/(''))$; f'_4 为接收望远镜焦距(mm); T_K 为艇航偏摆动周期(s); B 为探测器上光像宽度(mm); b 为探测器单元宽度(mm)。

4) 选频放大器的频率特性

选频放大器的频率特性的要求为:
① 中心频率为 900Hz,其偏差不大于±5Hz;
② 频带宽度为±50Hz,其偏差不大于±5Hz。
选频放大器的选频特性曲线如图 6-36 所示。

5) 放大器动态误差

由式(6-90b)计算出 $\Delta f_{\max}$。根据 $900 \pm \frac{1}{2}\Delta f_{\max}$,从图 6-36 选频特性曲线上查得信号幅值的相对下降值 η。放大器的动态极限误差为

$$\Delta = \eta \frac{B_n}{f'_4} \rho''$$

由式(6-73)可得

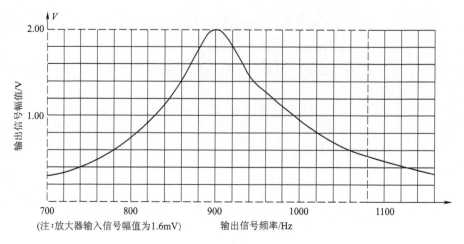

图 6-36 选频放大器的选频特性曲线

$$\Delta = \frac{1}{4}\eta\rho''\frac{2B-b}{f'_4} \tag{6-91}$$

5. 折转光管装调误差造成的方位传递误差

折转光管装调误差造成的方位传递关系如图 6-37 所示。图中 $OXYZ$ 为艇体坐标, N_1 为折转光管两反射镜反射面的法线。当折转光管在艇上安装无装调误差时, N_1 应该在 XOZ 平面内,与 OX 轴呈 45°。当折转光管在艇上安装时绕 OY 轴(俯仰方向)和绕艇纵轴 OX(横摇方向)同时有倾角 β 时(为计算方便,设此两倾角相同,均为 β 角), N_1 到 OM 位置与图 6-23 相比较,将 $\lambda = 45° + \beta$, $\phi = \beta$ 代入,可知 N_1 的矢量表示式应与 q_1,(即式(6-38))形式相同,而方向相反,即

$$N_1 = \cos(45° + \beta)i + \sin(45° + \beta)\sin\beta j + \sin(45° + \beta)\cos\beta k \tag{6-92}$$

光电自准光管的光轴与艇的纵轴关系如图 6-38 所示,装调时折转光管两反射镜的反射面之间在俯仰方向有相对误差角 $\Delta\beta$。在艇上安装后,第二反射面的法线 N_2 应有如下表达式(将 $\lambda = 45° + \beta + \Delta\beta$, $\phi = \beta$ 代入式(6-38)),即

$$N_2 = -\cos(45° + \beta + \Delta\beta)i - \sin(45° + \beta + \Delta\beta)\sin\beta j - \sin(45° + \beta + \Delta\beta)\cos\beta k \tag{6-93}$$

光电自准光管的光轴与艇的纵轴重合,即如图 6-37 中 q_1 位置,明显地, q_1 的矢量表示式为

$$q_1 = -i \tag{6-94}$$

设入射光线为 q_1,经第一反射镜反射后的光线为 q_2, q_2 经第二反射镜反射后的光线为 q_3,以下求光线 q_1 经两反射镜反射后,光线 q_3 的矢量表示式:

由

$$q_1 \cdot N_1 = -\cos(45° + \beta)$$

252

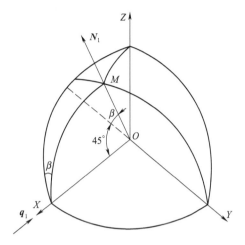

图 6-37 折转光管装调误差
造成的方位传递关系

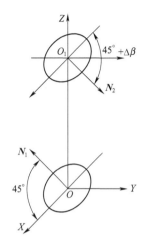

图 6-38 光电自准光管的
光轴与艇的纵轴关系

$$2N_1 \times (\boldsymbol{q}_1 \cdot \boldsymbol{N}_1) = -2\cos^2(45° + \beta)\boldsymbol{i} - 2\sin(45 + \beta)\cos(45° + \beta)\sin\beta\boldsymbol{j}$$
$$- 2\sin(45 + \beta)\cos(45° + \beta)\cos)\beta\boldsymbol{k}$$
$$= [1 - \sin(2\beta)]\boldsymbol{i} - \cos(2\beta)\sin\beta\boldsymbol{j} - \cos(2\beta)\cos\beta\boldsymbol{k}$$
$$\boldsymbol{q}_2 = \boldsymbol{q}_1 - 2N_1 \times (\boldsymbol{q}_1 \cdot \boldsymbol{N}_1)$$

得

$$\boldsymbol{q}_2 = -\sin(2\beta)\boldsymbol{i} + \cos(2\beta)\sin\beta\boldsymbol{j} + \cos(2\beta)\cos\beta\boldsymbol{k} \tag{6-95}$$

由

$$\boldsymbol{q}_2 \cdot \boldsymbol{N}_2 = -\sin(45° + \Delta\beta - \beta)$$
$$2N_2(\boldsymbol{q}_2 \cdot \boldsymbol{N}_2) = (\cos2\Delta\beta - \sin2\beta)\boldsymbol{i} + (\sin2\Delta\beta + \cos2\beta)\sin\beta\boldsymbol{j} +$$
$$(\sin2\Delta\beta + \cos2\beta)\cos\beta\boldsymbol{k}$$
$$\boldsymbol{q}_3 = \boldsymbol{q}_2 - 2N_2 \times (\boldsymbol{q}_2 \cdot \boldsymbol{N}_2)$$

得

$$\boldsymbol{q}_3 = -\cos2\Delta\beta\boldsymbol{i} - \sin2\Delta\beta\sin\beta\boldsymbol{j} - \sin2\Delta\beta\cos\beta\boldsymbol{k} \tag{6-96}$$

设 $\boldsymbol{q}_3 = a\boldsymbol{i} + b\boldsymbol{j} + c\boldsymbol{k}$,经两反射镜面反射后,$\boldsymbol{q}_3$ 和 $\boldsymbol{q}_1$ 在方位上的偏差角即为方位传递误差 Δ,有

$$\tan\Delta = \left|\frac{b}{a}\right| = \frac{\sin(2\Delta\beta)\sin\beta}{\cos(2\Delta\beta)} = \tan(2\Delta\beta)\sin\beta$$

即

$$\Delta = \arctan[\tan(2\Delta\beta)\sin\beta] \tag{6-97}$$

此结果与折转光管在艇上安装无俯仰方向倾斜角 β 时导出的结果相同(参看 4.4 节),说明俯仰方向上的装调倾斜不影响方位上的传递误差。

6. 二倍伽利略望远镜的作用,及其倍率误差造成的方位传递误差

艇体无变形时传递链路如图 6-39(a) 所示,$OXYZ$ 为艇惯导处的艇体坐标系,而 $OX'Y'Z'$ 为光电接收器处坐标系。当艇体无变形时,两坐标系重合一体。q_1 为入射光线(发射光管的出射光线)的单位矢量;N_1、N_3 为两分光镜法线单位矢量;N_4、N_5 为平台棱镜两反射面法线的单位矢量;N_2 为二倍伽利略望远镜光轴的单位矢量;N_6 为光电接收器接收望远镜光轴的单位矢量。

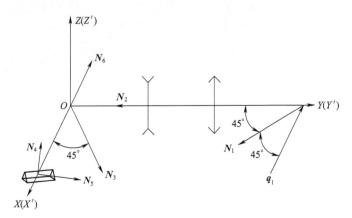

(a) 艇体无变形时

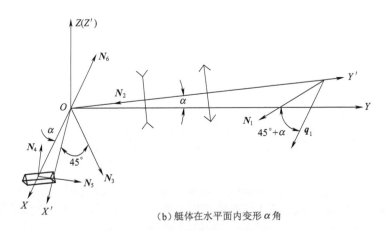

(b) 艇体在水平面内变形 α 角

图 6-39 艇体有无变形时传递链路

当艇体变形时,设在甲板平面内(XOY 平面)光电接收器处的变形角为 α,由于平台棱镜装置在惯性系统的平台台体上,艇体变形时棱镜的位置不会发生变化,此时相当于光电接收器整体地相对于发射光管和平台棱镜转动 α 角,如图 6-39(b) 所示。此时各单位矢量的表示式如下,即

$$\begin{cases} \boldsymbol{q}_1 = -\boldsymbol{i} \\ \boldsymbol{N}_1 = \sin(45° + \alpha)\boldsymbol{i} - \cos(45 + \alpha)\boldsymbol{j} \\ \boldsymbol{N}_2 = \sin\alpha\boldsymbol{i} - \cos\alpha\boldsymbol{j} \\ \boldsymbol{N}_3 = \cos(45 + \alpha)\boldsymbol{i} + \sin(45 + \alpha)\boldsymbol{j} \\ \boldsymbol{N}_4 = -\sqrt{2}/2\boldsymbol{i} + \sqrt{2}/2\boldsymbol{k} \\ \boldsymbol{N}_5 = -\sqrt{2}/2\boldsymbol{i} - \sqrt{2}/2\boldsymbol{k} \\ \boldsymbol{N}_6 = -\cos\alpha\boldsymbol{i} + \sin\alpha\boldsymbol{j} \end{cases} \tag{6-98}$$

光线 $\boldsymbol{q}_1$ 经第一分光镜反射后为

$$\boldsymbol{q}_2 = \boldsymbol{q}_1 - 2\boldsymbol{N}_1 \times (\boldsymbol{q}_1 \cdot \boldsymbol{N}_1)$$
$$\boldsymbol{q}_2 = \sin(2\alpha)\boldsymbol{i} - \cos(2\alpha)\boldsymbol{j} \tag{6-99}$$

设 $\boldsymbol{q}_2$ 与伽利略望远镜光轴 $\boldsymbol{N}_2$ 之间的夹角为 φ，则

$$\cos\varphi = \boldsymbol{q}_2 \cdot \boldsymbol{N}_2 = \sin(2\alpha) \cdot \sin\alpha + \cos(2\alpha) \cdot \cos\alpha = \cos\alpha$$

即

$$\varphi = \alpha$$

设伽利略望远镜的角放大率为 γ，则 $\boldsymbol{q}_2$ 经伽利略望远镜后出射光线 $\boldsymbol{q}_3$ 与光轴 $\boldsymbol{N}_2$ 的夹角应为 $\gamma\alpha$。

设

$$\boldsymbol{q}_3 = \sin\beta\boldsymbol{i} - \cos\beta\boldsymbol{j}$$

因

$$\cos\gamma\alpha = \boldsymbol{q}_3 \cdot \boldsymbol{N}_2 = \sin\beta\sin\alpha + \cos\beta\cos\alpha = \cos(\beta - \alpha)$$
$$\beta - \alpha = \gamma\alpha$$
$$\beta = \gamma\alpha + \alpha = (\gamma + 1)\alpha$$

则

$$\boldsymbol{q}_3 = \sin(\gamma + 1)\alpha\boldsymbol{i} - \cos(\gamma + 1)\alpha\boldsymbol{j} \tag{6-100}$$

$\boldsymbol{q}_3$ 经第二分光镜反射后有

$$\boldsymbol{q}_4 = \boldsymbol{q}_3 - 2\boldsymbol{N}_2(\boldsymbol{q}_3 \cdot \boldsymbol{N}_3) = \cos(\gamma - 1)\alpha\boldsymbol{i} + \sin(\gamma - 1)\alpha\boldsymbol{j} \tag{6-101}$$

由于 $\boldsymbol{N}_4 \perp \boldsymbol{N}_5$，因此 $\boldsymbol{q}_4$ 经平台棱镜反射后的光线单位矢量为

$$\boldsymbol{q}_5 = -\boldsymbol{q}_4 + 2\boldsymbol{P} \times (\boldsymbol{q}_4 \cdot \boldsymbol{P})$$
$$\boldsymbol{P} = \boldsymbol{N}_4 \times \boldsymbol{N}_5 = -\boldsymbol{j}$$
$$\boldsymbol{q}_5 = -\cos(\gamma - 1)\alpha\boldsymbol{i} + \sin(\gamma - 1)\alpha\boldsymbol{j} \tag{6-102}$$

当伽利略望远镜的倍率无误差且为 2 倍（$\gamma = 2$）时，式（6-102）可写成如下形式，即

$$\boldsymbol{q}_5 = -\cos\alpha\boldsymbol{i} + \sin\alpha\boldsymbol{j}$$

与式（6-98）中的第 7 式相同，即出射光线与接收望远镜光轴方向重合。由此可得出结论，测量结果与艇在甲板平面内的转角变形无关，即无方位传递误差。

以上消除变形影响是建立在二倍伽利略望远镜倍率无误差基础上的。当倍率

255

有误差 $\Delta\gamma$（其倍率为 2+$\Delta\gamma$）时，式(6-102)应为

$$q_5 = -\cos(1+\Delta\gamma)\alpha i + \sin(1+\Delta\gamma)\alpha j \qquad (6-103)$$

此时出射光线 q_5 与接收望远镜光轴之间夹角即为方位传递误差。

由

$$
\begin{aligned}
\cos\Delta &= q_5 \cdot N_5 = \cos(\Delta\gamma+1)\alpha\cos\alpha + \sin(1+\Delta\gamma)\alpha\sin\alpha \\
&= \cos[(1+\Delta\gamma)\alpha - \alpha] \\
&= \cos\alpha\Delta\gamma
\end{aligned}
$$

可得

$$\Delta = \alpha\Delta\gamma \qquad (6-104)$$

7. 艇在中纵剖面内的变形造成光像对探测器中心的偏心

艇在中纵剖面内的变形造成光像对探测器中心的偏心如图 6-40 所示。图中 $OXYZ$ 为在艇惯导处的艇体坐标系，$OX'Y'Z'$ 为艇体在中纵剖面内高低方向有变形角 α 后接收器坐标系。N_1、N_2 分别为接收器两分光镜法线单位矢量；N_4、N_5 分别为平台棱镜两反射面法线的单位矢量；N_2 为二倍伽利略望远镜光轴的单位矢量；N_6 为接收望远镜光轴的单位矢量。艇体在中纵剖面内有 α 角变形后，各单位矢量的表示式如下，即

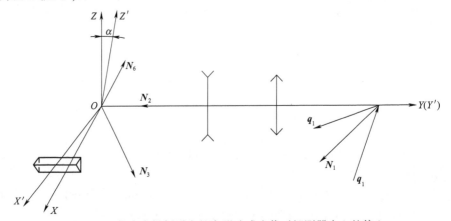

图 6-40　艇在中纵剖面内的变形造成光像对探测器中心的偏心

$$
\begin{cases}
N_1 = \sqrt{2}/2(\cos\alpha i - j + \sin\alpha k) \\
N_2 = -j \\
N_3 = \sqrt{2}/2(\cos\alpha i + j + \sin\alpha k) \\
N_4 = -\sqrt{2}/2 i + \sqrt{2}/2 k \\
N_5 = -\sqrt{2}/2 i - \sqrt{2}/2 k \\
N_6 = -\cos\alpha i - \sin\alpha k \\
q_1 = -i
\end{cases}
\qquad (6-105)
$$

q_1 经第一分光镜反射后的出射光线 q_2 为

$$q_2 = q_1 - 2N_1 \times (q_1 \cdot N)$$
$$= -\sin^2\alpha i - \cos\alpha j + \sin\alpha\cos\alpha k \qquad (6\text{-}106)$$

q_2 经二倍伽利略望远镜反射后的出射光线 q_3 为

$$q_3 = ai + bj + ck$$

因 q_3 和 N_2 之间的夹角为 q_2 与 N_2 之间的夹角的 2 倍, 即

$$q_3 \cdot N_2 = -b$$
$$q_2 \cdot N_2 = \cos\alpha$$

因此 $\qquad\qquad\qquad b = -\cos(2\alpha) \qquad\qquad\qquad (6\text{-}107)$

又 $\qquad\qquad\qquad a^2 + b^2 + c^2 = 1 \qquad\qquad\qquad (6\text{-}108)$

由三矢量共面条件可知, 有

$$(q_2 \times N_2) \cdot q_3 = a\sin\alpha\cos\alpha + c\sin^2\alpha = 0 \qquad (6\text{-}109)$$

解式(6-107)、式(6-108)、式(6-109), 可得

$$q_3 = -\sin(2\alpha)\sin\alpha i - \cos(2\alpha)j + \sin(2\alpha)\cos\alpha k \qquad (6\text{-}110)$$

q_3 经第二分光镜反射后有

$$q_4 = q_3 - 2N_3 \times (q_3 \cdot N_3) = \cos(3\alpha)i + \sin(3\alpha)k \qquad (6\text{-}111)$$

q_4 经平台棱镜的两反射面反射后有

$$q_5 = -q_4 + 2P \times (q_4 \cdot P)$$

又

$$P = N_4 \times N_5 = -j$$

则

$$q_5 = -q_4 = -\cos(3\alpha)i - \sin(3\alpha)k \qquad (6\text{-}112)$$

设 q_5 与接收望远镜光轴 N_6 之间的夹角为 β, 则

$$\cos\beta = q_5 \cdot N_6$$
$$= \cos(3\alpha)\cos\alpha + \sin(3\alpha)\sin\alpha$$
$$= \cos(3\alpha - \alpha)$$
$$= \cos(2\alpha)$$

即

$$\beta = 2\alpha \qquad\qquad\qquad (6\text{-}113)$$

最后得光像中心在探测器上高低方向的偏离距离为

$$e = f_4'\tan(2\alpha)\,\text{mm} \qquad\qquad\qquad (6\text{-}114)$$

8. 几种误差分布的均方差

1) 反余弦分布

反余弦分布的分布曲线如图 6-22(a)所示, 其分布密度的表示式为

$$f(x) = \frac{1}{\pi} \cdot \frac{1}{\sqrt{\Delta^2 - x^2}}, \quad -\Delta \leqslant x \leqslant \Delta$$

其二阶中心矩为

$$D = \int_{-\infty}^{\infty} x^2 f(x) \, dx = \frac{2}{\pi} \int_0^{\Delta} \frac{x^2 \, dx}{\sqrt{\Delta^2 - x^2}}$$

$$= \frac{2}{\pi} \left[-\frac{x}{2} \sqrt{\Delta^2 - x^2} + \frac{\Delta^2}{2} \arcsin \frac{x}{\Delta} \right] \bigg|_0^{\Delta} = \frac{\Delta^2}{2}$$

均方差为

$$\sigma = \sqrt{D} = \frac{\Delta}{\sqrt{2}} \tag{6-115}$$

2) 辛普生分布

辛普生分布曲线如图 6-22(b) 所示,其分布密度的表示式为

$$f(x) = \begin{cases} 0 & , x < -\Delta \text{ 或 } x > \Delta \\ -c(\Delta - x) & , -\Delta \leqslant x < 0 \\ c(\Delta - x) & , 0 < x < \Delta \end{cases}$$

因

$$\int_{-\infty}^{+\infty} f(x) \, dx = 2\int_0^{\Delta} f(x) \, dx = 2c \int_0^{\Delta} (\Delta - x) \, dx = c\Delta^2$$

$$c\Delta^2 = 1$$

$$c = 1/\Delta^2$$

其二阶中心矩阵为

$$D = \int_{-\infty}^{+\infty} x^2 f(x) \, dx = 2\int_0^{\Delta} x^2 f(x) \, dx = 2\int_0^{\Delta} \frac{1}{\Delta^2} (\Delta - x) x^2 \, dx = \frac{1}{6} \Delta^2$$

均方差为

$$\sigma = \frac{1}{\sqrt{6}} \Delta \tag{6-116}$$

3) 均匀分布

均匀分布曲线如图 6-22(c) 所示,其分布密度表示式为

$$f(x) = \begin{cases} c & , -\Delta \leqslant x \leqslant \Delta \\ 0 & , x < -\Delta \text{ 或 } x > \Delta \end{cases}$$

因

$$\int_{-\infty}^{+\infty} f(x) \, dx = \int_{-\Delta}^{\Delta} c \, dx = 2c\Delta = 1$$

258

$$c = \frac{1}{2\Delta}$$

其二阶中心矩为

$$D = \int_{-\infty}^{+\infty} x^2 f(x)\,\mathrm{d}x = 2\int_0^\Delta \frac{1}{2\Delta} x^2\,\mathrm{d}x = \frac{1}{3}\Delta^2$$

均方差为

$$\sigma = \sqrt{D} = \frac{1}{\sqrt{3}}\Delta \tag{6-117}$$

9. 三个随机变量和的分布密度

已知三个互相独立的随机变量 (X, Y, Z)，它们的分布密度分别为

$$\begin{cases} f_1(x) = \begin{cases} \dfrac{1}{2a}, & -a \leqslant x \leqslant a \\[2mm] 0, & a < |x| \end{cases} & a = 45'' \\[8mm] f_2(y) = \begin{cases} \dfrac{1}{\pi\sqrt{b^2 - y^2}}, & -b \leqslant y \leqslant b \\[2mm] 0, & b < |y| \end{cases} & b = 41'' \\[8mm] f_3(z) = \dfrac{1}{\sigma_z\sqrt{2\pi}}\mathrm{e}^{-z^2/2\sigma_z^2} & \sigma_z = 13'' \end{cases} \tag{6-118}$$

求 $T = X + Y + Z$ 三个随机变量和的分布密度。

根据概率论可知，两个互相独立的随机变量和的分布密度为两个随机变量分布密度的卷积，设 $S = X + Z$，则 X、Z 两个随机变量和的分布密度为

$$g(s) = f_1(x) \times f_3(z)$$

$$g(s) = \int_{-a}^{a} f_1(x) f_3(s - x)\,\mathrm{d}x \tag{6-119}$$

而 (X, Y, Z) 三个随机变量的分布密度为

$$g(t) = f_2(y) * g(s) = \int_{-b}^{b} f_2(y)(t - s)\,\mathrm{d}y$$

$$= \int_{-b}^{b} f_2(y)\left[\int_{-a}^{a} f_1(x) f_3(t - x - y)\,\mathrm{d}x\right]\mathrm{d}y$$

由于 $f_1 \sqrt{f_2} \sqrt{f_3}$ 彼此独立，因此可以写成

$$g(t) = \int_{-a}^{a}\int_{-b}^{b} f_1(x) f_2(y) f_3(t - x - y)\,\mathrm{d}x\mathrm{d}y \tag{6-120}$$

对以上积分用离散数值积分作近似计算，即

$$g(t) = \sum_{-a}^{a} \sum_{-b}^{b} \frac{1}{2a} \cdot \frac{1}{\pi\sqrt{b^2 - y^2}} \cdot \frac{1}{\sigma_z\sqrt{2\pi}}\mathrm{e}^{-(t-x-y)^2/2\sigma_z^2}$$

$$= \frac{1}{2\pi a\sqrt{2\pi}\,\sigma_z} \sum_{-a}^{a} \sum_{-b}^{b} \frac{1}{\pi\sqrt{b^2 - y^2}} \cdot \mathrm{e}^{-(t-x-y)^2/\sigma_z^2} \tag{6-121}$$

其中 $a=45''$，$b=41''$，$\sigma_z=13''$。而 x 的积分区间取 -45 到 45；y 的积分区间取 -40.5 到 40.5；积分步长取 1。$g(t)$ 的分布密度见表 6-4；而 $f_1(x)$，$f_2(y)$，$f_3(z)$，$g(t)$ 各分布律的图形，$G(T)$ 的分布密度如图 6-41 所示。

表 6-4　$g(t)$ 的分布密度　　　　单位：10^{-6}

t	$g(t)$	t	$g(t)$	t	$g(t)$	t	$g(t)$
0	9158	33	6460	66	3255	99	262
1	9154	34	6362	67	3144	100	228
2	9141	35	6265	68	3013	101	198
3	9110	36	6169	69	2921	102	171
4	9089	37	6073	70	2808	103	147
5	9051	38	5979	71	2694	104	125
6	9005	39	5884	72	2579	105	107
7	8951	40	5791	73	2465	106	90
8	8891	41	5698	74	2350	107	76
9	8824	42	5605	75	2235	108	64
10	8750	43	5512	76	2121	109	53
11	8672	44	5420	77	2008	110	44
12	8588	45	5327	78	1896	111	37
13	8500	46	5235	79	1785	112	30
14	8408	47	5142	80	1676	113	25
15	8312	48	5050	81	1569	114	20
16	8214	49	4957	82	1465	115	16
17	8114	50	4863	83	1363	116	13
18	8011	51	4770	84	1264	117	11
19	7907	52	4675	85	1168	118	8
20	7803	53	4580	86	1076	119	7
21	7697	54	4485	87	988	120	5
22	7591	55	4388	88	904	121	4
23	7485	56	4291	89	824	122	3
24	7380	57	4192	90	748	123	3
25	7274	58	4093	91	681	124	2
26	7170	59	3992	92	610	125	1
27	7066	60	3891	93	547	126	1
28	6962	61	3788	94	489	127	1
29	6860	62	3684	95	435	128	1
30	6758	63	3578	96	386	129	0
31	6658	64	3472	97	341		
32	6558	65	3364	98	299		

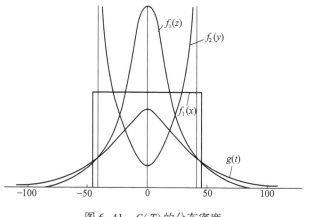

图 6-41 $G(T)$ 的分布密度

习　题

1. 陆基弹道导弹光电瞄准仪如图 6-42 所示,瞄准轴 A_1 与弹上平台棱镜(二次反射直角棱镜,两反射面法线为 N_1 和 N_2)的仰角为 λ 时,试计算由于平台棱镜存在安装误差 $\Delta\beta$(平台棱镜交棱与水平面的夹角)时,产生的自准测量误差。

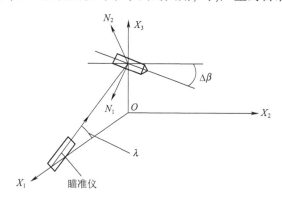

图 6-42　陆基弹道导弹光电瞄准仪

提示:① A_1 已在 X_1OX_3 平面内;② 只需求 A_1 光线从平台棱镜经二次反射后的光线 A_3 与 A_1 在水平面上投影夹角;③ 注意自准测量。

2. 在二维坐标中(艇体甲板平面中),校正仪的结构如图 6-43(a)所示。

证明:当望远镜为负二倍时,对平台棱镜(N_4)的偏角 $\alpha(t)$ 测量时,艇体变形对测量结果无影响。

提示:① 为计算方便可以让基准光管和平台棱镜顺时针方向转过一个艇体变

形角 $\Delta\alpha$,推导起来难度小;②负二倍的光路转折,如图 6-43(b)所示。

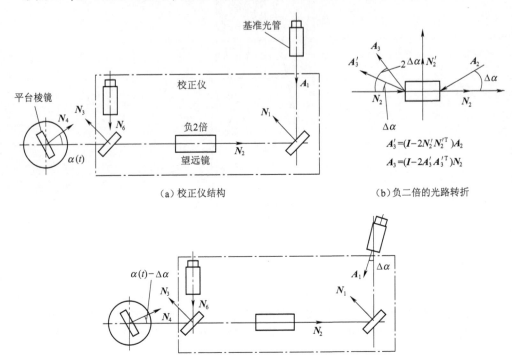

(a)校正仪结构

(b)负二倍的光路转折

$$A_3' = (I - 2N_2'N_2'^{\mathrm{T}})A_2$$

$$A_3 = (I - 2A_3'A_3'^{\mathrm{T}})N_2$$

(c)艇体变形校正仪结构

图 6-43　艇体变形校正仪结构

用作图方式(画光线方式),解释艇体变形对测量无影响。

提示:用图 6-43(c)所示位置画。

参 考 文 献

[1] 王悦勇.基于外测岸标的潜地导弹瞄准精度鉴定方法研究[D].长春:中国科学院研究生院(长春光学精密机械与物理研究所),2003.

[2] 李岷.CCD 光电自准直测量技术的研究[D].长春:吉林大学,2007.

[3] 王悦勇,郭喜庆,武克用.国外弹道式导弹方位瞄准技术及其发展[J].光学精密工程,2002,10(001):31-35.

[4] 蔡盛.舰载导弹共架垂直发射方位瞄准系统研究[D].长春:中国科学院研究生院(长春光学精密机械与物理研究所),2010.

[5] 王悦勇,潘哲,郭喜庆,武克用.基于外测岸标的海上导弹瞄准精度鉴定方法[J].舰船科学技术,2002,000(0S1):22-25.

第7章
航天空间相机总体设计

　　空间光学相机设计已取得了跨越式的发展。国家对空间光学相机高空间分辨力、高光谱分辨力、高时间分辨力和宽地面覆盖等方面的迫切需求极大地推动了空间光学成像技术的进步和发展。同时,空间光学成像的理论与技术的不断创新又为空间光学相机发展提供了强有力的支撑。空间光学相机正向着大口径、长焦距、大视场、高测量精度和多维、多模式等方向发展。

　　空间光学相机由传统的折射式、折反射式、同轴反射式和离轴三反式向新型的离轴多反、偏轴多反等方向发展,相机光学系统面形由传统的球面、非球面向自由曲面方向发展。光学相机设计正在不断突破以往的极限,比如视场由通常的几度到几十度,甚至上百度。"管窥"已成为历史,宽覆盖、超宽覆盖等广域观测正得以实现。可以说我国在空间光学相机设计领域正迈向世界先进水平,尤其在大视场空间光学相机方面有着我们自主的特色。

　　在相机具体设计技术方面,可多手段、多设计平台开展工作。在软件平台建设上,可同步进行光学设计和杂光分析,光学设计软件可达每秒顺序追迹数万条光线,可做到全视场内逐像元、像质评价,杂光分析可最多非顺序追迹数亿条光线的水平。对结构和加工方面,实现数据从设计、加工、检测、装调全过程的无损传递;在硬件平台上有了长足的进步,配套多套工作站、超大光管、热控真空罐,形成光、机、力、热等多学科一体化联合仿真和测试试验集成设计环境,可满足空间对地观测和空间天文大科学工程的条件需求。

　　在我国航天事业高速发展的大背景下,空间光学相机设计已进入了新时代,空间光学相机设计正在追求全求解域,优化得到全局极小值,打破约束,破茧成蝶,自主创新,拿出满足国家需求的先进的高质量光学相机系统。

7.1 摄影和相机的基础知识

7.1.1 摄影和相机的基本概念

相机的结构随着被摄对象的性质(离开相机的距离、亮度、静止或运动、形体的大小等)、摄影过程的条件(白天或黑夜,相机安装的基础是运动或静止等)和用途及完成的任务(军用或民用、艺术摄影或科学研究,供侦察判读或测量制图)等的不同,在结构上有着很大的差异,但基本原理大同小异。

7.1.2 相机的基本组成

传统的胶片画幅式相机的基本组成如图7-1所示,主要由镜头、光阑、快门、镜筒、胶片、卷片机构、暗箱和压片板等部分组成。

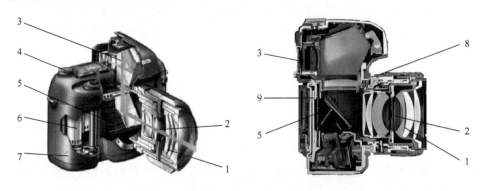

图 7-1 传统的胶片画幅式相机的基本组成
1—镜头;2—光阑;3—快门;4—卷片机构;5—调焦机构;6—胶片;7—暗箱;8—镜筒;9—压片板。

7.1.3 相机各基本组成部分的功能

镜头是相机的核心,通过它把被摄物体(景物)的光线投影在感光胶片上形成物体的光学影像。

光阑(俗称光圈)的作用是改变物镜的有效通光孔径,调整接收被摄物体光能的多少或确定一定的景深。

暗箱的功能是存放感光材料,做到严格光密闭。

卷片机构(或称输片机构)的功能是实现胶片的供收。通常的相机,其卷片机构直接放置在暗箱内。

压片板的作用是将感光胶片待曝光部分展平在成像片台上,使待曝光部分胶片感光层正确地处于像面上,保证成像清晰。

镜筒的作用是把物镜和暗箱连接起来,并使它们保持一定的距离,一般相机把物镜和暗箱刚性地连成一体。

快门的作用是控制被摄物体光线在快门确定的一段曝光时间内作用到感光胶片上。根据相机所采用的镜头(光学系统)的种类、相机的具体结构以及快门在相机内的位置可分为镜间快门和焦面快门。镜间快门位于物镜的孔径光阑上,往往处在物镜镜片之间或紧靠物镜;焦面快门则设于焦面附近紧靠胶片的前面。

除了以上几个基本部分外,不同用途的相机根据不同的需要还具备其他组成部分。例如,为了确定一张照片所收容的范围设有取景器,为了摄得不同距离的景物清晰影像设有调焦(测距、对焦)装置。此外,还有延时快门启动的自拍机构与闪光灯配合使用的联动机构以及指示拍摄条件、画幅序号、日期等的注释装置等。

性能更加完善的相机还具备自动测光系统,它能立即测出被摄物体的亮度特性,并按装定的光圈(或快门速度)定出合适的快门速度(或光圈大小)。

7.1.4 摄影光学

1. 摄影比例尺

相机镜头焦距的长短,直接影响到底片上所得影像的比例尺$\frac{1}{m}$。

相机光学系统成像原理如图7-2所示,由几何光学可得,比例尺(即为垂轴放大率)$\frac{1}{m}$由下式确定:

$$\frac{1}{m} = \frac{y'}{y} = \frac{f' + x'}{f + x} = \frac{l'}{l} \tag{7-1}$$

式中:l为物距;l'为像距。

对于摄影物镜来说一般物距远远大于焦距,即$l \gg f'$,而像面十分靠近物镜像方焦平面,即$l' \approx f'$,

则

$$\frac{1}{m} \approx \frac{f'}{l} \tag{7-2}$$

对于航空/空间摄影来说,摄影高度$H \gg f'$,因此比例尺的公式一般写成

$$\frac{1}{m} \approx \frac{f'}{H} \tag{7-3}$$

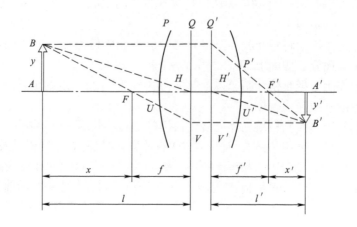

图 7- 2　相机光学系统成像原理

　　显然,焦距越长,影像比例尺亦越大。相机物方焦距有定焦和变焦之分。变焦镜头的最长和最短焦距之比,即为变焦镜头的倍率。

　　依据相机物镜焦距的长短不同,一般将摄影相机镜头分成短焦、中焦及长焦三种,短焦镜头焦距为几十毫米,长焦镜头焦距为几米。

2. 相对孔径 D/f'

　　摄影物镜入射光瞳的直径 D 与焦距 f' 之比,称为物镜的相对孔径。习惯上把相对孔径的倒数称为光圈数(F 数),可表示为 $F=f'/D$。

　　物镜相对孔径决定了相机镜头的衍射分辨力、像面照度及景深等光学参数。相对孔径越大,像面照度越大,理论分辨力越高,景深越小。

3. 像面照度

　　像面照度 E 可由下式确定:

$$E = \frac{\pi B_0 \tau}{4}(D/f')^2 \tag{7-4}$$

式中:B_0 为被摄物体的亮度;τ 为物镜透过率。

4. 曝光量

　　曝光时胶片上所接收到光能量的多少,称为曝光量。它等于像面照度 E 和曝光时间 t 的乘积,即

$$H = Et = \frac{\pi B_0 \tau}{4}(D/f')^2 t \tag{7-5}$$

5. 光圈

　　拍摄中,当被摄物体的亮度 B_0 已知时,可以通过调节光圈大小来改变像平面照度或控制曝光时间满足胶片所需曝光量。为此,相机镜头上大多都装有专门调

节光圈的机构。各挡光圈 F 数是严格按照 $\sqrt{2}$ 等比级数排列的。方便起见,在镜头上都以其近似的整数作为名义值进行标注如表 7- 1 所列。

表 7- 1 相机不同相对孔径和 F 数对应标注

相机孔径(D/f')	1/1	1/1.4	1/2	1/2.8	1/4	1/5.6	1/8	1/11	1/16	1/22
光圈 F 数	1	1.4	2	2.8	4	5.6	8	11	16	22
光圈数实际数值	1	$\sqrt{2}$	2	$2\sqrt{2}$	4	$4\sqrt{2}$	8	$8\sqrt{2}$	16	$16\sqrt{2}$

相邻两挡 F 数的比值为 $\sqrt{2}$ 倍,这样 F 数变化一挡,相当于胶片上照度变化 1 倍。

6. 快门

相机快门控制曝光时间,使底片获得合适曝光量,快门速度以有效曝光时间表示,各挡快门速度均按等比排列,一般是将快于 1s 的数列修正后,取其倒数标记在照相机的速度盘上,即 1、2、4、8、15、30、60、125、250、500、1000、1500、2000。

7. 视场角

物镜的视场角 2ω 决定了成像的空间范围,视场角越大,能够摄取的视角范围越大。这个参数是由物镜焦距和视场光阑决定的。胶片框就是物镜的视场光阑,根据被摄景物的范围规划,同一视场角下,可以将视场光阑设计成不同形状,以及选择合适的胶片规格。

一般胶片宽度有 60mm、35mm、16mm;

航空/航天摄影胶片宽度有 2.76in(70mm)、5in(127mm)、9in(228.6mm)等。

胶片框尺寸确定时,物镜的视场角取决于物镜焦距的大小,设胶片框的斜对角线为 $2y'$,则

$$2\omega = \arctan\left(\frac{2y'}{f'}\right) \tag{7-6}$$

$$y' = f'\tan(2\omega) \tag{7-7}$$

焦距越短,视场角 2ω 越大或物方视角范围越大。

8. 分辨力

在摄影系统中以系统对黑白相间的线条密度的分辨极限称分辨力,它可以用来评价相机的成像质量。如果单位长度里能够分辨的线条对数越多,表明摄影系统分辨力越高,即成像质量越高。

通常把摄影物镜和胶片的分辨力合成为摄影系统的分辨力 N。使用的经验公式为

$$\frac{1}{N} = \frac{1}{N_L} + \frac{1}{N_P} \tag{7-8}$$

式中:N_L 为物镜分辨力;N_P 为胶片分辨力。

1) 理论分辨力

摄影物镜的理论分辨力这个概念是在没有像差的假设下,根据光学的瑞利判据和光学衍射理论来定义的,理论分辨力数值仅与物镜的相对孔径有关。若以黑白相间的两黑(或两白)两线条(或两点)间的距离 σ 来表示,则

$$\sigma = \frac{1.22\lambda}{D/f'}\text{mm} \tag{7-9}$$

或以单位长度(mm)里的线条对数 lp 来表示,则

$$N_{\text{L}} = \frac{1}{\sigma}(\text{lp/mm}) \tag{7-10}$$

当波长 $\lambda = 0.55\mu\text{m}$ 时,有

$$N_{\text{L}} = 1475\frac{D}{f'}(\text{lp/mm}) \tag{7-11}$$

由此可见,相对孔径越大,物镜的理论分辨力越高。

2) 目视分辨力(实际镜头分辨力)

理论分辨力没有考虑镜头实际设计和制造过程中的误差,譬如光学材料性能参数误差、光学和机械零部件制造误差及装调误差等。目视分辨力是指实际制造成的镜头分辨力,测量方法是在焦平面上安装了鉴别力板的平行光管前面放上被测量镜头,通过放大倍数很高的显微镜观测在镜头像面上所成的鉴别力板像,直到极限地看清晰鉴别力板中某组图案为止。通过换算即是该镜头目视分辨力。一般平行光管的焦距应是被测镜头焦距的 4~5 倍。

鉴别力板的图案形式可分 A 型和 B 型。

A 型由线宽递减的 25 个线条组合单元、菱形图案以及两对短线标记组成,如图 7-3(a)所示。B 型由明暗相间的楔形线组成的圆状辐射形图案,如图 7-3(b)所示。

3) 胶片分辨力

胶片由底片和其上涂敷的感光乳剂层组成,胶片分辨力也称胶片的解像力,它是评价胶片上的感光乳剂能够记录景物细节的能力。它的大小以每毫米中可以分辨多少条线来表示。它的测量方法是将鉴别力板直接复制到胶片上,然后在大倍率的显微镜下观测至极限鉴别力板的某组图案即为胶片的分辨力。目前,航空摄影胶片分辨力为 500~1000lp/mm。

4) 实验室相机静态摄影分辨力

实验室相机静态摄影分辨力是指相机与被摄景物相对静止,景物一般为高对

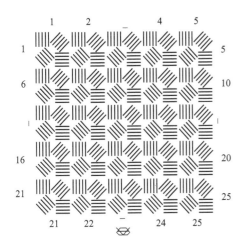

（a）黑白条纹　　　　　　　　　　　　　　　（b）扇形

图 7-3　鉴别力板图形

比的鉴别力板,摄影参数及条件都在最佳情况下获得的最理想的摄影潜影胶片,通过测量显影胶片的鉴别力表示相机静态摄影分辨力。

5）相机动态摄影分辨力

相机动态摄影分辨力可分成实验室动态摄影分辨力及外场动态摄影分辨力,实验室内动态摄影分辨力是对应于相机静态摄影分辨力而言的。动态摄影分辨力区别于静态摄影分辨力是景物相对于相机处于连续运动状态,因此相机必须采用像移补偿机构来补偿影像在曝光瞬间内的像移。在这个意义上讲,外场动态摄影分辨力也是相同的,不过外场的环境条件、景物条件、大气条件以及相机安装基座振动等都比较复杂,所以比室内动态摄影分辨力要低一些。

6）地面像元分辨力

对于应用 CCD 线阵推扫原理的相机,其摄影分辨力受到 CCD 器件单个像元(成像元素)尺寸的限制,因此通常以 CCD 单个像元来定义分辨力,即

$$N_{CCD} = \frac{1}{2a} (\text{lp/mm}) \tag{7-12}$$

式中:a 为 CCD 像元尺寸(mm)。

而地面像元分辨力为

$$GSD = \frac{a}{f'} H \ (\text{lp/mm}) \tag{7-13}$$

7.2 空间摄影概述

7.2.1 空间摄影的含义

用胶片作为图像记录介质的称为摄影,而采用光电图像器件记录的称为摄像,为了方便,以下统称为摄影。航天(空间)摄影,指用安装在空间航天器(航天摄影平台)上的相机来完成摄影的全过程,航天器主要有航天飞机、飞船、空间实验室及人造卫星等。

7.2.2 空间摄影的特点

空间摄影有以下特点:

(1)空间摄影具有摄影范围大,快速、连续、不受领空限制、覆盖宽和不受干扰等特点。

(2)要求比例尺大,分辨力高,对光学系统和相机稳定性(力学和热稳定性)提出特别高的要求。

(3)为了同时获得大比例尺、高分辨力和足够的像面照度,不但要求相机焦距长,而且要求有足够大的相对孔径,即有效口径相当大。

(4)空间相机摄影是处在航天器的轨道运动、地球自旋、航天器姿态运动及各种扰动作用下的非刚性底座上完成摄取运动景物的复杂过程,需要具有高精度的像移补偿。

(5)摄影目标的照度及衬度变化范围极大,因此对整个摄影装置可调节的动态范围和控制精度提出很高要求。

7.2.3 空间摄影的分类

目前,采用的空间摄影有分幅摄影、缝隙摄影(或称推扫摄影)和全景摄影三种类型。

1. 分幅摄影

分幅摄影就是我们日常使用相机的摄影方式。相机镜头将选下景物的像呈在一幅胶片的全部面积上。如用的是一个镜间快门,则当快门打开时整个幅面同时被曝光。如用的是一个焦面快门,则一个带缝的帘幕扫过幅面,在帘幕缝后的胶片顺序地被曝光。完成一幅相片曝光后,卷片机构将已曝光的胶片换成未曝光的胶片,等待下一次曝光。"神舟"6号详查相机的画幅胶片摄影就是属于这一类型摄影方式。

2. 缝隙摄影(或称线阵 CCD 推扫摄像)

当采用分幅式摄影方式时,相邻两个幅面曝光的时间间隔与平台飞行的高度和速度有关。也就是说在两次曝光之间的时间内,相机必须完成为拍摄一幅照片所需的全部动作(如供片和收片、胶片展平、像移补偿、快门上紧和曝光等)。在低空高速的情况下这个时间间隔非常短,给分幅摄影结构设计带来困难,所以产生了缝隙摄影方式。

缝隙摄影原理是对运动的胶片连续曝光,胶片以像移速度在相机焦面上运动着,并位于固定式缝隙的后面,缝隙起摄影快门的作用,与飞行方向垂直。由于摄影是连续进行的(快门始终打开着),因此它不存在工作循环时间缩短的限制。

缝隙宽度可以调节,用来改变曝光时间,以适应不同照度的被摄目标。

采用线阵 CCD 进行推扫摄像时,其摄像原理与缝隙摄影相同,线阵 CCD 的像元尺寸相当于缝隙宽度,采用改变 TDI CCD(时间延积分 CCD)的积分级数来改变曝光时间。

3. 全景摄影

全景摄影又称周视摄影。它的原理就是在摄影的瞬间,由绕着摇摆轴(通过摄影系统后节点)旋转的窄条投影光束成像。由此可见,全景摄影也可以说是一种缝隙摄影,所不同的是它的狭缝方向与飞行方向相同,并且此狭缝与飞行方向垂直的从一侧到另一侧拍摄地物的运动,从而获得很宽的拍摄范围。但其曝光时间随着摄影的覆盖宽度的增宽而缩短,使摄影分辨力受到极大的限制,因此在航天摄影时很少采用。

全景摄影光轴扫描可以用镜头旋转直接扫描方法,也可用物镜前方专用的回转棱镜或反射镜,使投影光束的转动与固定或缝隙后面的胶片移动同步。

7.2.4 空间光学遥感器的分类

1. 按光学遥感器用途分类

侦察卫星:航天普查;航天详查;航天高光谱;航天超光谱;航空垂直相机、侧视相机;伪装识别。

测绘卫星:一般测绘相机;立体测绘(前视、正视、后视相机)。

环境及灾害监视卫星:大气、气象;海洋;大地(陆地);生物。

资源卫星:生物资源;草场;耕地;作物估产;水资源;矿产资源。

2. 按光学遥感器性质分类

图7-4为光学遥感器性质分类图。

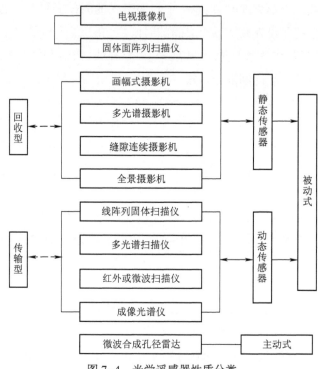

图7-4 光学遥感器性质分类

7.2.5 航天相机的主要性能和技术参数

1. 航天相机的主要技术参数

焦距;

视场角和瞬时视场;

景深;

曝光时间(积分时间)范围;

物距(到被摄景物的距离);

特征分辨力(奈奎斯特频率);

像移补偿方式和精度;

摄影胶片性能;

相对孔径(光圈);

视场光阑尺寸;

光学系统;

测光方式和测光精度;

光谱波长范围(滤光片)和波段数;

规一化空间频率;

调焦方式和精度;

胶片展平方式和精度;

光电成像器件类型和性能；	像元尺寸；
焦面拼接方式和精度；	焦面搭接尺寸；
成像方式；	信噪比；
焦平面制冷方式和温度、致冷功率；	图像信息速率；
图像信息容量；	图像压缩性能；
图像存储器种类和容量；	图像信息加密方式和密钥性能；
热控温度水平；	热控温度梯度；
质量；	尺寸；
体积；	功耗。

2. 侦察对地面摄影分辨力的要求

表7-2为不同目标和使用目的对摄影分辨力的要求。

表7-2 不同目标和使用目的对摄影分辨力的要求

目标种类	发现 (刚能识别)	大致识别 (观测到整体)	确切识别 (详细调整)	描述 (更详细观测)	技术分析 (判明细微处)
桥梁	6.00	4.60	1.50	0.90	0.30
雷达基地	3.00	0.90	0.30	0.15	0.04
机场设施	6.00	4.60	3.00	0.30	0.08
飞机	4.60	1.50	0.90	0.15	0.01
导弹基地	3.00	1.50	0.60	0.30	0.08
车辆	1.50	0.60	0.30	0.03	0.01
道路	9.00	6.00	1.80	0.60	0.15
水面潜艇	30.50	6.00	1.50	0.90	0.03

注:(1)仅从目标的识别和确认至细微处的测量,就有各种分辨力等级;

(2)各分辨力等级对解译技术要求略有不同。

3. 不同应用目的对光谱波段的要求

例7-1 海洋遥感。

0.42~0.52μm:悬浮泥沙、潮间带、污染、植被、冰、滩涂;

0.52~0.60μm:污染、植被、水色、冰、水下地形;

0.61~0.69μm:土壤、大气校正、水汽总量;

0.76~0.89μm:土壤、大气校正、水汽总量。

例7-2 红外多光谱扫描仪。

0.75~1.1μm:识别水陆边界、河口泥沙、海水、积雪、尘暴等;

1.55~1.75μm:区分云和雪、测土壤湿度等;

3.5~3.9μm:森林、草原火灾监测等;

10.5~12.9μm:地质找矿、地震前兆预报。

(分辨力:300m;地面观测带宽:1000km。)

4. 环境及灾害监测对光学遥感器分辨力要求

表 7-3 为环境及灾害监测对光学遥感分辨力要求。

表 7- 3　环境及灾害监测对光学遥感器分辨力的要求

灾害类型	灾害种类	空间分辨力要求	灾害类型	灾害种类	空间分辨力要求
大气灾害	洪涝 干旱 台风 暴雨 龙卷风 冰雹 低温冷冻 干热风 森林火灾 放射性污染	10~100m 约1000m 约1000m 约1000m 约100m 几百米 约1000m 1000m 50~1000m 100m	陆地灾害	地震 滑坡 泥石流 风沙 水土流失 河湖变迁 沙漠化 湖泊污染 化学污染	约1000m 约20m 20~1000m 约20m 约100m 约100m
海洋灾害	风暴潮 巨浪 海洋污染 海冰 海啸 赤潮 海洋油污染	10~1000m 约25m 约1000m 30~1000m 约50m 约500m 约几十米	生物灾害	病虫害 恶性杂草	约1000m

7.2.6　航天光学遥感器坐标系和轨道

1. 航天摄影常用的坐标系（图 4-12）

1）地心惯性坐标系 $I(I_1, I_2, I_3)$

原点在地心处，I_2 指向北极，I_3 轴为航天器的轨道平面和赤道面的交点，I_1 轴垂直 I_2 和 I_3 两轴形成的平面，该坐标系保持惯性空间。

2）地球坐标系 $E(E_1, E_2, E_3)$

该坐标系固联于地球，原点与 I 系原点重合，E_2 指向北极，与 I_2 轴重合，地球坐标系在 I 系内绕 E_2（即 I_2），逆时针方向以角速度 ω 自转。

3）航天器轨道坐标系 $B(B_1, B_2, B_3)$

原点在轨道上，B_1 轴指向轨道前向，B_3 轴指向天顶（并过 I 系的原点），B_1 和 B_3 在轨道面内，B_2 与轨道面垂直。B 系在 I 系内，沿轨道以角速度 Ω 做轨道运动。

4) 地理坐标系 $G(G_1,G_2,G_3)$

从 B 坐标系沿 B_3 轴(G_3 轴)平移"$-(H-h)$"(航天器到星下点的真高度),即得到 G 坐标系。G_1、G_2 即景物偏离星下点的前向和横向距离。

5) 航空航天器坐标系 $S(S_1,S_2,S_3)$

该坐标系原点与 B 系原点重合,航天器无姿态运动时,S 系和 B 系重合,航天器三轴姿态 φ、θ、Ψ,即指 S 系在 B 系内的三轴姿态。

6) 相机坐标系 $C(C_1,C_2,C_3)$

相机物镜的节点为该坐标系的原点,当传感器在航天器内无安装误差或很小时,相机坐标系与航天器坐标系重合,而比例尺缩小 $f/(H-h)$。

7) 像面坐标系 $P(P_1,P_2,P_3)$

该坐标系的原点在像面的中心,C 系沿 C_3 轴平移 f(相机物镜的焦距)即得到 P 系,P_1 和 P_2 组成像物。

2. 人造地球卫星的轨道

当作二体问题解时,在地心惯性坐标系中,卫星的运动方程为

$$\mathbf{r} = -\frac{GM}{r^2} \cdot \frac{\mathbf{r}}{r} = -\mu \frac{\mathbf{r}}{r^3} \tag{7-14}$$

式中:$\mathbf{r}$ 为卫星的地心向径;G 为万有引力常数,$G=6.67259\times10^{-11}\,\mathrm{m^3/kg \cdot s^2}$;$\mu$ 为地球的引力常数,$\mu=3.986005\times10^5\,\mathrm{kg^3/s^2}$。

这一运动方程可以给出严密解,即 6 个独立的积分:

$$\begin{cases} \mathbf{r} = \mathbf{r}(t,C_1,C_2,C_3,C_4,C_5,C_6) \\ \dot{\mathbf{r}} = \dot{\mathbf{r}}(t,C_1,C_2,C_3,C_4,C_5,C_6) \end{cases} \tag{7-15}$$

其中 $C_1 \sim C_6$ 是 6 个独立的积分常数,这些基本量称为卫星轨道根数或轨道参数。

1) 轨道根数的两种表示方法

状态矢量 $[X,Y,Z,\dot{X},\dot{Y},\dot{Z},]^{\mathrm{T}}$ 为某一时刻,卫星在直角坐标系中的位置和速度。

对于椭圆轨道,往往用尤拉元素或称开普勒根数来表示:

$$[a,e,i,\Omega,\omega,\tau]^{\mathrm{T}}$$

式中:a 为轨道长半轴,由轨道高度确定,$\mu T^2=4\pi^2 a^3$,T 为轨道周期,μ 为地球引力常数,$\mu=3.986005\times10^{14}\,\mathrm{m^3/s^2}$;$e$ 为椭圆轨道偏心率,$e=\frac{\sqrt{a^2-b^2}}{a}$;$i$ 为轨道倾角,轨道面与赤道面的夹角(卫星轨道运动方向矢量与地球自转角速度方向矢量之间的夹角),$0 \leqslant i \leqslant \pi$;$\Omega$ 为升交点赤径(由春分点 γ 逆时针度量到升交点 N 的角距值),$0 \leqslant \Omega \leqslant \pi$;$\omega$ 为近地点幅角(近地点角距,近升距),近地点 P 到升交点 N 之间的角

距,由升交点顺卫星运行方向量度到近地点;τ 为卫星过近地点的时刻,$M = n(t-\tau)$;M 为某时刻 t 的平近点角;n 为卫星运动的平均角速度,$n = \dfrac{2\pi}{T}$。

其中:τ 和 M 是时间与卫星在轨道上位置的关系;a 和 e 确定轨道的大小和形状;i 和 Ω 确定轨道面在空间的位置;ω 确定卫星轨道在其轨道面内的旋转方位;τ 确定卫星过近地点时刻,τ 确定后,方可确定卫星于某时刻在轨道上的位置。

在二体问题中,τ 除外,其余 5 个元素保持常数,尤其是在研究摄动轨道时,计算摄动影响更为方便。

2) 轨道六根数的定义

图 7-5 为卫星轨道的元素图。

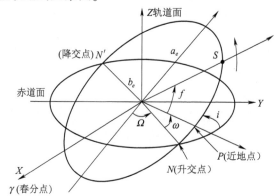

（a）卫星轨道六根数定义示意图

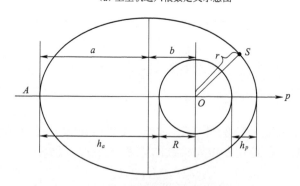

（b）卫星轨道参数示意图

图 7-5 卫星轨道的元素图

O——地球质心; R——地球半径,不同纬度上地球半径不同,$R_{赤道} = 6378.104\text{km}$;

P——近地点; N——升交点;

h_P——近地点高度; N'——降交点;

γ——春分点; h_a——远地点高度;

S——为卫星某一时刻在轨道上的位置; f——真近点角。

3）地球观察卫星轨道的类型

图 7-6 为地球观察卫星轨道的类型。

图 7-6　地球观察卫星轨道类型

轨道相关参数的选择依据：

轨道倾角选择——$i<\pi/2$ 为顺行轨道；$i>\pi/2$ 为逆行轨道；$i=\pi/2$ 为极地轨道；

轨道高度选择——寿命、比例尺；

轨道周期选择——地面覆盖；

近地点幅角选择——大比例尺、摄影点；

升交点赤经和发射时刻选择——太阳高角。

7.3　航天相机总体设计内容

7.3.1　总体设计各分系统的相互关系

相机总体设计内容，以及它们之间的相互关系如图 7- 7 所示。

7.3.2　用户技术指标分析

轨道高度：行星或者各种飞行器的轨道与其中心天体表面之间的距离。

空间分辨力：遥感图像上能够详细区分的最小单元的尺寸或大小，是用来表征影像分辨地面目标细节的指标，通常用像元大小、像解力或视场角来表示。空间分辨力是评价传感器性能和遥感信息的重要指标之一，也是识别地物形状大小的重要依据。

光谱分辨力：传感器所能记录的电磁波谱中，某一特定的波长范围值，波长范围值越宽，光谱分辨力越低。例如，多光谱扫描仪的波段数为 5（指有 5 个通道），

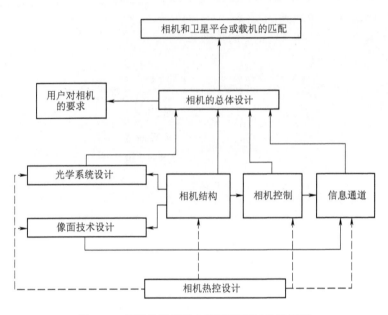

图 7-7　相机总体设计内容及其相互关系框图

波段宽度为 100~2000nm,而成像光谱仪的波段数可达到几十基至几百个波段,波段宽度则为 5~10 nm。

时间分辨力:对同一目标进行重复探测时,相邻两次探测的时间间隔,称为遥感图像的时间分辨力,它能提供地物动态变化的信息可用来对地物的变化进行监测,也可以为某些专题要素的精确分类提供附加信息。时间分辨力包括两种情况:一种是传感器本身设计的时间分辨力,受卫星运行规律影响,不能改变;另一种是根据应用要求,人为设计的时间分辨力,它等于或小于卫星传感器本身的时间分辨力。

波段:表示传感器光谱通道工作波长范围的基本单元。在遥感技术中,通常把电磁波谱划分为大大小小的段落,大的称为波段区(spectral region),如可见区、红外区等;中等的如近红外、远红外等;小的称为波段;最狭窄的为谱线。波段通常以具体波长范围的数值表示,如陆地卫星多波段扫描仪第四波段为 0. 5~0. 6 μm。

焦距:也称为焦长,是光学系统中衡量光的聚集或发散的度量方式,指从透镜中心到光聚集之焦点的距离。也是照相机中,从镜片光学中心到底片、CCD 或 CMOS 等成像平面的距离。具有短焦距的光学系统比长焦距的光学系统有更佳聚集光的能力。

重量:一种物体的基本属性,指在地心引力的作用下,物体所具有的向下的、指向地心力的大小。

画幅宽度:画幅是单反相机 CCD 感光器面积的大小,由大至小分大画幅、中画幅、全画幅、APS-C画幅、APS画幅等。画幅越大,照片输出尺寸就越大,成像表现自然就更高。

重复观测周期(即时间分辨率):航天遥感器对地面上一个固定的观测区域进行再次观测所需要的最短间隔时间。一般以同一区域被观测两次所间隔的天数、小时数或分钟数来度量。

太阳高度角:太阳光的入射方向和地平面之间的夹角,专业上讲太阳高度角是指某地太阳光线与通过该地与地心相连的地表切面的夹角。太阳高度角简称高度角。当太阳高度角为90°时,此时太阳辐射强度最大;当太阳斜射地面时,太阳辐射强度就小。

寿命:产品在按设计者或制造者规定的使用条件下,保持安全工作能力的期限称为使用寿命。

可靠性:元件、产品、系统在一定时间内一定条件下无故障地执行指定功能的能力或可能性,由设备的材质、制造质量、使用条件及维修保养状况等因素决定。可通过可靠度、失效率、平均无故障间隔等来评价产品的可靠性。

空间环境:大气层以外的宇宙空间,由广阔的空间和存在于其中的各种天体及弥漫物质组成,它对地球环境产生了深刻的影响。它是人类活动进入地球邻近的天体和大气层以外的空间的过程中提出的概念,是人类生存环境的最外层部分。太阳辐射能为地球的人类生存提供主要的能量。太阳的辐射能量变化和对地球的引力作用会影响地球的地理环境,与地球的降水量、潮汐现象、风暴和海啸等自然灾害有明显的相关性。

7.3.3 相机和卫星平台或载机的匹配分析

在相机的总体设计中,相机和卫星平台或载机的匹配性分析是非常必要的,尤其在相机与卫星平台或载机存在相对运动关系时。为实现相机与卫星平台或载机在运动状态下的最优匹配性分析,应对卫星平台或载机的相机特性参数进行分析,以平台动力学运动特性为依据,在特定的轨道高度和倾角(升降交点)下,搭建相机和卫星平台姿态对应关系,分析姿态控制精度;分析物像链路信息传输特性,消除相机任务冲突和地面站遥测/遥控数据接收冲突。匹配相关联的特性与参数如:允许体积;允许质量;允许功耗;力学环境(振动、冲击、过载);热环境;动力学特性;轨道高度、倾角(升降交点);姿态控制精度(角速率和指向);信息传输;遥测/遥控。

7.3.4 常用光学系统

光学系统的选型是通过探测目标的大小和作用距离来拟定相机的成像参数,

如系统焦距、系统相对孔径、成像波段和探测器等,根据系统的特点和参数要求确定光学系统结构选型。与此同时,光学系统在选择与设计过程中,还需要考虑温度稳定性、结构的紧凑性、系统的无热化设计、加工、检验和装配的可行性等问题,相关特性参数考虑如下:结构形式;焦距和孔径;分辨力;传递函数;抑制杂光能力;温度气压稳定性;防污染能力;加工、检验和装配可行性。

不同需求和用途的航天光学相机采用的光学系统多种多样,下面针对长春光机所学精密机械与物理研究所的部分航天相机使用的光学系统进行概述分析。

1. 折反系统

空间相机采用折反系统的主要优点如下。

(1) 系统焦距主要由反射面决定,不需要校正二级光谱。

(2) 选用低膨胀系数的碳化硅玻璃做反射镜,同时用低膨胀系数的金属做反射镜的支撑材料,可使光学系统对环境温度变化不敏感。

(3) 光学系统结构比折射系统简单,反射镜对像面位移无影响,而折射元件一般采用无光焦度系统,用以校正视场外像差,故折反系统对环境压力变化不敏感。

存在的主要缺点:中心遮拦不仅会损失光通量,而且降低中、低频的衍射 MTF 值;反射面加工精度比折射面要求高。

常用大视场折反系统是施密特形式,由于要求镜筒很长,在空间相机中通常采用准施密特形式。折反系统设计时,有时为缩短镜筒尺寸,还采用在球面与像面之间放置一组无光焦度校正透镜组,入射光和反射光两次通过该透镜组消除像差。折反系统在空间相机中应用还有较多类型,如卡塞格林系统加无光焦度透镜组扩大视场、施密特形式加卡塞格林系统等。折反系统一般适用于焦距几米,视场要求在 10°以内的空间相机系统。

2. 反射系统

反射系统中参与成像的光学表面全部为反射面,其主要优点:光谱范围宽。由于全部采用反射表面,对从紫外到热红外光谱区全部适用,不存在色差;镜面反射率往往比透镜的透射率高得多。其缺点在于通常需要采用非球面技术,光学加工检测难度大,装调相对困难。

常用反射系统有以下几种。

1) 双反射系统

双反射系统常用卡塞格林系统和格里哥里系统,主次镜为二次曲面,能较好地校正球差和彗差,视场较小(一般在 1′范围以内),主要应用于光机扫描仪和天文望远镜系统。

2) 三反射系统

三反射系统通过增加一个反射面来扩大两镜系统的视场。例如,在卡塞格林系统次镜后再加入一个反射镜,三个非球面可以校正系统球差、彗差、像散等像差,提高了系统的视场。这是目前长焦距、大视场要求的空间相机常选择的光学系统模式。

和两镜系统比较,三反射系统的主要优点在于:较容易控制光学系统的杂散辐射;增加了轴外视场光通量,使得像面照度均匀;扩大了系统观测视场。

7.3.5　像面技术设计

随着遥感卫星和遥感应用技术的发展,人们对航天遥感器的幅宽宽度提出越来越高的要求。通常采用多片拼接的方式实现焦面视场的有效增大。对于线阵CCD 的拼接,需要通过串接的拼接方式将多片 CCD 的光敏元的中心处于焦平面的同一个线列上。拼接可以采用以下 4 种方案实现。

第一种为直接拼接方法。直接拼接的原理是将所需数目的 CCD 在像元的首尾处用机械方式直接固联在一起。采用这种方式实现的焦面拼接,结构紧凑。其缺点也更明显:直接固联需要对 CCD 片进行特殊的加工,每个固联位置的像元将被损坏,不能完成成像,这样在后期使用时,得到的图片在接头处会出现视场漏缝,由于像元的缺失,无法通过其他方法弥补,成像质量下降;这种加工难度不大,通常由生产厂家直接完成,焦面的共线性、共面性等精度指标难以保证;虽然这种方案工艺简单,而且动态范围和分辨力都很高,但是这种拼接方案的芯片间距大,在地面上的盲区宽,这在许多遥感应用领域是不允许的。

第二种为机械交错拼接方法。交错拼接是将CCD 器件分成两行,交错排列在相机焦平面视场的中心线两侧,如图 7-8 所示,排列时满足这样的要求:①第一行CCD 成像后在图像运动方向上形成的间隙由第二列 CCD 进行填充;②两行相邻CCD 的首尾像元分别对齐或按照重叠要求精密搭接,两列 CCD 在图像的运动方向上错开一定位置,距离满足 CCD 封装尺寸的约束。交错拼接的优点显而易见,由于光路中没有采用棱镜进行分光,交错拼接的光路中没有色差,相比棱镜拼接其光能的利用率更高。其缺点也因不同的 CCD 布局而引来:由于两行 CCD 在像移方将有间距,造成推扫时两行 CCD 获取的采样信息不同步,这种不同步需电子学在图像后期处理时调整。

图 7-8　采用机械交错拼接的焦平面

另外两种方法采用光学拼接技术,它们能保证像元尺寸连续,其拼接方案的工艺难度大,但可靠性高,适合于空间遥感对传感器的要求。

第三种为全反全透式反射镜拼接,或者称为一字形反射镜拼接,反射镜拼接是通过反射镜将连续视场切割成交错的视场,同时将交错的视场分成两个方向,按照每个视场对应的 CCD 像元,把 CCD 精密的排列形成一个等效的长线阵 CCD 探测器,如图 7-9 所示。这种拼接方法最大的好处是 CCD 扫描时线阵方向的像元在同一个垂轨视场,CCD 扫描的时间是同步的。

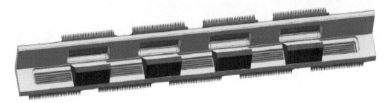

图 7-9 采用反射镜一字形拼接的焦平面

反射镜拼接具有光能利用效率高的优点,但是,这种拼接方式的缺点也很明显,即切割视场会造成图像上相邻 CCD 之间有缝隙和渐晕。渐晕产生的原因是离轴越远(越接近最大视场)的光线经过光学系统的有效孔径光阑越小,所以离轴越远的光线在离轴的像面上的光强度就越弱,而形成影像由中心轴向离轴晕开。在CCD 芯片的结合处存在严重渐晕现象,无法通过后期处理消除,因此除非相机的响应度成为不可克服的问题,一般不采用这种拼接方式。

第四种为半反半透式拼接,称棱镜拼接。棱镜拼接利用了拼接棱镜的分光效应,这种方案将像平面分割成两个像面,彼此在空间分离,这样巧妙地增大了 CCD 的安装空间,安装时使每相邻两片 CCD 的首尾像元在等效视场中精密重叠,在像方空间内形成宽覆盖视场的探测器阵列。棱镜拼接法中采用的拼接棱镜是由切割成 45°角的两块棱镜胶合而成的。在棱镜胶合面上镀有半反半透膜,两行 CCD 器件分别固定在拼接棱镜的两个光路出射面上,如图 7-10 所示。从入射光方向看去,拼接后的 CCD 组件精密组成了一个等效的长线阵 CCD 探测器。

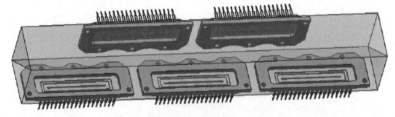

图 7-10 采用棱镜拼接的焦平面

棱镜拼接法在光的传递路径中加入了光学元件棱镜,这样不可避免地会降低TDI CCD 最终接收到的光能量,且棱镜的分光效应会产生一定的色差,若不进行校

282

正将对最终成像造成影响。因此,这种拼接形式在透射式光学系统中应用较多,其色差的校正可以通过拼接的棱镜与透镜组合来实现。

CCD 拼接的设计和精密装配对 CCD 遥感相机的许多性能指标起着非常重要的影响。在焦深方向的精度影响系统的调制传递函数,进而影响成像质量;在线阵方向的直线性不良会产生图像的几何畸变;拼接棱镜材料会影响透过率,进而引起响应不均匀性,并降低系统的探测灵敏度。这些因素对 CCD 的拼接提出了严格的要求。首先,需要保证光敏元的连续性、平面度与直线性;其次,保证反射光路与透射光路方向的透过率一致。另外,由于 CCD 器件生产的批次不同,同一型号的 CCD 间存在几何特性(平面度、直线性、光敏元长度等)和光电特性(光谱响应和量子效率)的离散性,在装配之前,需要严格的测量和挑选,这些给装配工艺带来一定的困难。

拼接需要保证连续性不仅针对像素的几何连续性,而且包括电学系统的连续性,具体表现在不同 CCD 器件具有响应的空间不均匀性。空间不均匀性包括高频空间频率响应不均匀性和低空间频率响应不均匀性。高空间频率响应不均匀就是同一片 CCD 上的各个像素的响应度不一致引起的,在要求严格的一些应用中必须对每个像元分别进行校正。低空间频率响应不均匀性是由于各片 CCD 之间的平均响应度不一致,它可以通过调节视频信号处理单元的增益和偏置进行校正。图 7- 11 显示了未经校正的 4 片拼接 CCD(未加光学镜头)在均匀光照下的响应曲线,从图可知,图像传感器 CCD1 和 CCD3 的平均响应略低于 CCD2 和 CCD4。为了提高图像的质量和系统的可靠性,每一路 CCD 都有单独的时序驱动单元和视频信号处理单元。

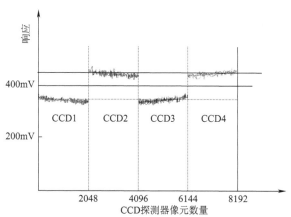

图 7- 11　未经校正的 4 片拼接 CCD 在均匀光照下的响应曲线

7.3.6　相机结构与传动设计

相机结构是相机的重要子系统,是保证相机成像质量的关键之一,其结构形式主要由光学系统、焦平面组件及与卫星结构的接口决定。由于相机在地面环境试验和空间使用中需要经历多种环境条件,如冲击、振动、微重力、热、真空、各种辐射及电磁等,特别是对于长焦距、高分辨力的侦察相机来说,不仅需要满足相机的实验室成像质量,而且要有很高的结构稳定性,以确保相机从装配、检验、各种地面环境试验、运载,到在轨工作的全寿命周期内,结构系统都为相机的各个成像光学元件保持其准确度和精密度提供有力保证。

1. 相机结构系统设计基本要求

(1)具有优良的结构强度和刚度。保证相机的结构能适应严酷的运载力学环境,构件不产生微屈服;保证在重力场和微重力场两种不同的力学环境变换下,相机结构的变形不会引起光学元件的面形精度和各元件之间相对位置变化超出光学设计规定的允许值。

(2)具有良好的尺寸稳定性。相机入轨工作状态下,由于其在轨位置及服务时间的不同,相机内部的温度分布发生变化,可能导致相机结构特别是光学元件的位置或面形变化,从而影响光学系统的成像质量。设计时要合理选择材料,并进行合理的热补偿结构设计和热设计。

(3)具有足够高的动态刚度和合理的模态分布。

(4)合理的约束。特别要注意大尺寸反射镜的支撑结构,6个自由度的约束要既坚实,又不过定位,同时相机与卫星平台的连接也要避免过约束。

(5)满足卫星总体对相机结构的要求。

2. 相机结构组成

相机结构主要由主镜组件、次镜组件、三镜组件、调焦镜组件、焦平面组件、桁架组件等构成。

为了保证相机成像质量的同时,降低相机的重量,在相机的设计中,以主支撑为主承力结构(采用碳纤维桁架结构),将主镜组件通过主镜基板直接与主支撑相连,次镜组件通过桁架组件与主支撑相连,三镜组件、折叠镜组件、调焦镜组件、遮光罩组件和焦平面组件均直接与主支撑相连,既保证了各光学部件的安装精度,也避免了各组件之间的相互干扰。同时,卫星也直接与主支撑相连。将星敏感器、光纤陀螺等卫星定姿元件直接安装在相机背板上,提高了定位精度,同时也减少了为安装星敏感器、光纤陀螺而增加的卫星平台结构环节。

3. 相机结构特点

(1)采用桁架式相机支撑结构。因其设计思想符合变构件受弯曲载荷为拉压载荷的优化结构设计原则,具有较好的比刚度,并满足相机结构高轻量化的要求。

(2)相机的主要结构件如桁架组件、遮光罩组件等选用碳纤维复合材料,实现了结构的高度轻量化设计。

(3)以主支撑板作为安装基准,各光学元件直接与其相连,卫星也与其直接相连。同时,也是卫星与相机的连接基准。

1) 空间相机结构分析

结构分析是高分辨力空间相机结构设计的一个重要环节。首先根据设计要求,凭借以往的设计经验,加上比较简单的初步分析计算来设计结构。设计方案确定以后,再对所设计的结构作详细的分析,检验设计是否满足设计要求,这主要是指强度、刚度方面的要求。在比较分析结果并对原设计进行检验之后,对结构设计进行必要的修改,再分析修改后的结构,并用分析结果重新检验,再次继续下去,直到得到一个满意的结果为止。

结构分析是验证设计的常用方法之一,在结构设计中起着至关重要的作用。结构分析的中心任务是对结构的力学特性进行定量评价。结构分析方法可分为数值解法和解析解法两类。数值解法是对表征力学特征的方程进行数值求解,目前最广泛使用的数值解法是有限元法。解析解法是根据材料力学、结构力学、弹性力学等理论导出表征力学特性的方程组,在一定的边界条件下进行解析求解。解析解法结果简单可靠,物理意义明确,但能够采用解析解法解决的工程实际问题却很少。数值解法是对表征力学特征的方程进行数值求解,目前最广泛使用的数值解法是有限元法。空间相机主体结构与相机光学件是有机结合的整体,二者密不可分。主体结构力学特性的优劣主要通过反射镜(尤其是主镜和次镜)的状态变化来反映,单独对其进行工程分析,不能全面和正确地了解其力学特性和温度特性。因此,需要把主体结构和主镜组件、次镜组件放在一个有限元模型中,重点进行结构的静力分析、结构动态响应分析、结构热光学分析,研究主体结构性能对光学系统的影响。

2) 高分辨力空间相机有限元模型的建立与原则

有限元结构分析模型是结构分析的基础,在结构分析中,建立一个行之有效的模型是至关重要的。从某种意义上讲,有限元模型包含了分析内容的所有力学特性。

一般情况下,建立一个结构的分析模型(简称建模)需要考虑的问题是:结构的理想化、有限元单元类型的选择和单元网格的划分、单元特性的准备、边界(和初始)条件的确定、载荷的确定等,同时要考虑分析的具体内容和精度要求。有限元法是一种求解大型复杂结构在外界载荷激励作用下响应的一种有效的方法,为了能有效地求解空间相机的结构响应,使有限元模型能比较真实地等效于实际结构,必须遵循如下建模原则。

(1) 质量等效:以 UG 软件为平台建立空间相机的结构几何模型,有限元模型的质量、质心位置、质量分布尽量与实际结构等效。

(2) 刚度等效:模型所选用的结构材料参数、结构形式等尽量与实际结构等效。

（3）阻尼等效：模型所选用的阻尼系数与实际结构的阻尼系数尽量接近。

（4）载荷等效：进行有限元分析时所用的边界条件、载荷等尽量与试验、未来实际工作状态所用的支撑方式、激励形式一致。

（5）几何等效：建立空间相机结构几何模型，有限元模型与实际结构等效。

4. 动力学分析

众所周知，空间相机所经受的静力学环境主要指重力环境。一方面，各光学反射镜光学加工时通常在光轴垂直水平面的情况下进行，而处于装配状态、工作状态和地面检测状态，光学元件间的相互位置变化将改变视轴位置；另一方面，自重使光学元件的面形精度发生变化，引起波前畸变。二者均影响光学系统的成像质量，而光学成像质量正是空间相机最重要的目标。空间相机主、次镜镜面面形误差变化限制范围在允许值范围内，即 PV = $\lambda/10$，RMS = $\lambda/50$（其中 λ = 632.8mm），才能达到成像质量要求。

1）结构动力学分析的简介

空间相机是一种高精度精密仪器，不仅其加工和装配的允许误差极小，而且对周围环境的扰动极为敏感，对工作环境要求也极为苛刻。尤其在运输、发射、进入工作状态等各个阶段，会经受噪声、振动、冲击、加速度和重力释放等各种形式的动力学环境。动力学环境与在轨道运行中的空间环境相比有着完全不同的特点，它主要发生在发射与主动阶段，其作用时间短，动力学载荷对空间光学组件的影响不容忽视。为了保证整机及其组件在可能遇到的动力学环境中能够正常工作，在精心设计、制造、装配的基础上，均须对其进行充分的动力学环境试验。其目的在于对组件和整机进行结构设计、材料和元器件选择、制造装配隐患、新结构新材料等方面进行考核和验证。

2）振源分析

（1）正弦周期振动。空间相机的正弦振动主要来自运载火箭发动机不稳定燃烧而产生的推力脉动变化，旋转设备的不平衡转动，相关结构和系统间的共振频率耦合等。这将引起结构的低频正弦振动，其频率范围一般在 5~100Hz。低频正弦振动可诱发光学系统整机或组件的共振，严重时会造成结构破坏或使光学元器件相对位置发生不可恢复的变化。

（2）随机振动。空间相机所搭载的航天器所经受的随机振动主要是噪声引起的振动，来自于两个方面：一是起飞喷气噪声；二是运载火箭跨声速飞行及高速飞行时引起的气动噪声。起飞喷气噪声由发动机排气涡流产生，其频率范围一般为20~2000Hz。气动噪声的频率高达 10kHz。随机振动可导致光学组件局部高频抖动,使在地面装配好的光学系统精度遭到破坏。

3）振动环境效应

振动环境对空间相机及其组件的微小破坏,会导致相机性能下降或者难以成像。因此,在设计初期,认真分析研究轻型空间相机动力学环境,充分合理地估计相机所受振动载荷的性质和量级是相机设计的重要前提,也是地面振动环境模拟及试验的重要依据。振动直接影响轻型空间相机机械结构的动态特性和光学成像系统的成像质量,相机在动力飞行过程中要经受上述各种动力学环境的影响,因此相机结构设计时要综合考虑各种环境进行强度和刚度分析计算。在结构设计中,主要考虑的力学环境是振动环境。

4）动力学响应的评价指标

空间相机在运载和发射阶段不工作,在这一阶段主要考察相机各光学反射镜之间相互位置是否保持正确的装调关系,也就是相机的主体结构和反射镜的支撑结构在这一阶段是否发生不可恢复的变形,包括结构发生破坏和产生残余变形,导致相机在轨阶段不能准确成像。

（1）低频正弦扫描振动响应的评价指标:评价相机承受低频正弦振动的能力,可以采用在某一固定频率下的响应幅值(加速度 g)相对于激励载荷幅值的放大倍率来判断轻型空间相机振动的安全性。一般要求加速度响应幅值的放大倍率小于10。

（2）随机振动响应的评价指标:评价相机在随机振动环境下是否发生破坏或残余变形,常采用的方法是:根据载荷功率谱密度(PSD)曲线计算载荷的总均方根值 G_{RMSin} ,再根据相机输出的功率谱密度曲线计算出响应的总均方根值 G_{RMSout} ,将两者进行比较,根据结构破坏的 3σ 准则,当 $G_{RMSout}/G_{RMSin} < 10$ 时,相机是安全可靠的。

5）高分辨力空间相机模态分析

模态分析就是采用试验和理论分析相结合的方法来识别系统的模态参数(模态质量、模态刚度、模态振型)。在结构动力学中,振动系统的特性可以用模态来描述,表征模态的各阶参数是振动系统的各阶固有频率、固有振型、模态刚度、模态质量、模态阻尼。建立用模态参数表示的振动系统的运动方程并确定其模态参数的过程就是模态分析。

模态分析是空间相机研制工作的重要组成部分,这项工作对相机是否满足设计要求,达到设计性能指标以及最终能否在轨正常工作都具有非常重要的意义。对相机进行模态分析,是相机光机结构优化设计的基础,可最大限度地减轻相机的重量,保证其刚度及镜面面形,并确保相机能够经受从地面装调试验到轨道空间等一系列力学环境的考验,特别是能够顺利通过严酷的发射力学环境。通过对相机进行模态分析,可验证其结构设计的合理性,并有效地改进设计,为相机后续的力

287

学环境试验及分析的一致性评估等工作提供数据基础。

6) 高分辨力空间相机的随机振动分析

在运载火箭升空的主动段,卫星会受到火箭发动机的脉动推力、喷气噪声以及紊流边界层噪声等随机振动激励。环境激励直接从相机法兰传递到 CCD 相机,逐级作用于各个部件和零件的结构上,影响相机的性能和可靠性。所以分析时直接把随机激励施加到相机法兰。确定作用在相机上的随机载荷、计算在随机载荷作用下相机的结构响应是相机结构强度设计的重要任务。在随机激励下,相机上各关键位置响应的均方根值可以用来衡量其随机振动的剧烈程度。因此,相机结构的随机响应分析对于缩短研制周期、降低研制成本以及保证结构、仪器和设备的可靠性有重要的意义。

7.3.7 相机控制系统设计

1. 航天相机控制器概述

每个航天器都会有一个控制中心,航天相机控制器就是航天相机的控制中心。它属于相机分系统的一部分,一方面和航天器平台进行通信,接收航天器的控制指令,获取航天器的一些工程参数和科学参数,并将相机的工程参数和获取的数据发送给航天器平台;另一方面,作为航天相机的管理单元,负责航天相机的日常维护,控制航天相机完成预定的工作。航天相机控制器的研制技术在很大程度上与其他航天控制器相同,都是以某种中央处理器为核心,构建合理可靠的外围,以满足航天环境和工作任务的需求。

由于航天活动的特殊性,航天相机控制器与地面电子设备的控制器具有明显的不同,主要体现在以下方面:

(1) 高可靠性。航天环境中的单粒子事件对航天相机控制器具有较大的威胁,因此航天相机控制器的设计要以提高可靠性为首要任务,使其在规定的工作时间内,能够可靠地完成指定的工作,即使相机局部受到干扰或产生局部故障,相机也能够降级执行,完成基本的任务。

(2) 难维修性。航天设备与地面设备的不同还在于它的维修性极差(维修需要花费巨大的成本),所以在设计航天相机控制器时需要采用一系列冗余技术,保证系统工作期间的可靠性。

(3) 强实时性。航天相机一般工作时间有限,要按照事先设定的任务表执行,因此航天相机需要实时完成控制指令的获取和执行,完成高密度的数据运算和传输。实时性的好坏将直接影响航天相机工作的性能,决定航天相机获取数据的价值。

(4) 低功耗。航天电子设备的电源来自蓄电池,而蓄电池依靠航天器的太阳能帆板充电。蓄电池的容量有限,并随着使用时间的增长而逐渐减小,而且对于不同的运行轨道,太阳能帆板的充电时间不同,一般在一圈运行轨道中只有一半的时间可以充电,这就为航天设备提出了低功耗的苛刻要求。

航天相机控制器的研制要以可靠性为前提,经过细致的分析和论证,并在已有型号任务研制的基础上进行,从硬件和软件两个方面进行可靠性研制,并尝试使用新技术,推动航天相机控制器研制技术不断向前发展。

2. 相机的工作环境

传统的卫星都是采用"平台+载荷"的研制方案,卫星中设计有仪器舱专门用来安放有效载荷。仪器舱为有效载荷提供所需的电源功率和有效的抗空间环境防护,采用"平台+载荷"研制方案的卫星多是大卫星,它们为有效载荷提供充足的电源功率,对有效载荷的重量和尺寸一般也没有苛刻的要求。

现阶段的卫星多属于小卫星,它的电源功耗有限,而且对有效载荷的重量和功耗都有较为苛刻的要求。为了充分减轻重量和尺寸,相机与卫星采用一体化设计,相机整体都直接暴露在空间环境中,没有卫星提供有效的抗空间环境防护。因此相对于传统航天相机,小卫星的相机设计在可靠性要求方面具有更高的要求。

相机控制器位于卫星舱外的载荷安装板上,它将遭受更加恶劣的空间环境。它的运行轨道穿越南大西洋辐射带,该辐射带和高纬地区宇宙线都可诱发单粒子事件的发生。

目前,国内常规的航天相机控制器的研制方案将难以满足小卫星相机控制器如此苛刻的工作环境要求,为此,相机控制器在设计时需要处处体现可靠性的要求。

3. 控制器的工作任务

控制器是相机电子学分系统中的一个独立控制单元,负责控制管理相机在轨的整个工作流程,控制器开机后,即对相机整个拍照任务进行控制,首先通过 CAN 总线接收指令帧,根据控制指令完成相机调焦及偏流角调整等相应工作,当接收到拍照指令后,控制 CCD 成像单元进行拍照。此外,控制器还对相机的运行状态进行监控,并向星务计算机返回相机的工程参数帧以及接收 GPS 发送的秒脉冲,完成与飞行器的时间同步与守时等任务。

4. 相机控制器设计原则

1) 硬件系统可靠性设计研究

相机控制器的设计中遵循原则是可靠性、继承性、模块化和可扩展性。

(1)可靠性设计原则。可靠性设计原则是航天相机控制器设计的首要原则,现阶段相机控制器控制的设计除遵循传统控制器的设计原则(如防止单点失效)外,着重于针对单粒子效应防护的设计。

空间相机运行的轨道受地球高层大气的影响十分严重。同时,该区域内地磁场的强度较大,对高能带电粒子有一定的偏转作用,成为空间相机控制器的天然屏障。但是,辐射带南大西洋异常区和高纬地区宇宙线对于控制器也可诱发单粒子事件。目前,抗单粒子效应成为相机控制器设计的首要任务。

设计时优先选择宇航级器件,并采用一定的容错设计,来提高对单粒子翻转的防护能力;针对单粒子栓锁,对 CMOS 器件电源端进行电阻限流,主要是为了防止因电流的增加对器件本身和二次电源以及共用电源的其他器件造成影响甚至损坏。

(2) 继承性设计原则。航天设备价格昂贵,设计周期长,它的设计需要继承已有的成熟技术,减少新技术,保证设计的可靠性。本相机控制器的设计参考了"神舟"五号、"神舟"六号等型号航天相机控制器的设计,并在此基础上针对本相机自身的特性而优化设计,具有较高的可靠性。

(3) 模块化设计原则。本相机控制器的设计遵循模块化的设计原则,在设计中根据不同的功能划分了不同的功能模块,模块的设计也遵循高内聚低耦合的设计原则进行设计。

(4) 可扩展性设计原则。航天相机控制器的研制是一个漫长的过程,一般都要经历原理样机、模样、初样和正样等研制阶段,不同的研制阶段对设备有不同的要求。例如,原理样机完成系统初步设计,主要满足系统功能要求;模样阶段主要满足性能要求;初样设备则要满足一系列试验的要求;正样则为最终的产品,一般正样产品与初样产品一致,或是初样产品中的不合理设计纠正后的产品。在研制过程中,设备中的某些部分需要根据不同的研制阶段要求分别进行不同的设计。设计的不断修改不仅会大大拖延研制进度,而且还可能会影响系统的整体性能。为了解决这个问题,空间相机控制器在研制时提出可扩展的设计原则,保障控制器在研制的各个阶段保持最大程度的一致性。

可扩展设计原则要求空间相机控制器使用的存储器需由多种类型组成,而且容量可灵活改变,功能可替换;使用 FPGA 实现逻辑转换并实现一定的功能,大大减小系统体积的同时,提高系统的可靠性,并为系统扩展提供技术支持;设计不同的调试手段,可根据不同的条件进行不同的调试。

2) 系统软件结构

根据控制器硬件设计及功能需求,将控制器程序代码分布在 PROM 和 E^2PROM 两个存储器中。PROM 本身可靠性极高,几乎不受单粒子影响,存储的是极其重要而且不会更改的软件,但由于 PROM 容量很小,不适合存放大容量程序;E^2PROM 具有掉电维持数据的能力,也可以作为程序存储器使用,而且它的容量相对较大适合存放大容量程序。基于以上分析将相机控制程序存放在 E^2PROM 中,而将系统软件的引导程序存放到 PROM 中,相机控制器软件结构如图 7-12 所示。

在实时性和可靠性都要求较高的航天计算机系列中,选择合适的操作系统是十分重要的。因此在相机控制器控制程序中采用操作系统,将相机控制程序(操作系统和应用程序)共同存储到 E^2PROM 中。

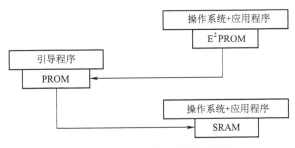

图 7-12　相机控制器软件结构图

控制器加电后首先运行 PROM 中的引导程序,由引导程序将相机控制程序取出并加载到 SRAM 中执行。当发现相机控制程序缺陷或故障时,具备在线修改应用程序的功能。

嵌入式高可靠航天相机控制器的研制是一项复杂的工程,它涉及硬件系统、软件系统等多个方面的可靠性设计,每一方面设计的好坏都关系整个控制器研制的成败。

7.3.8　相机热控设计

1. 空间相机热控设计的目的

热控分系统为空间相机工作,非工作状态提供合适的温度环境,这些温度环境主要包括温度水平、温度梯度及温度稳定性。高分辨力空间相机要求达到或接近衍射极限,对温度变化非常敏感。一方面,主支撑结构和光学元件的温度波动和温度梯度使望远镜光学系统的光学间隔发生变化,导致最佳像面发生变化;另一方面,光学元件内部的温度波动和温度梯度使光学元件的面形发生变化,这些都会降低成像质量。所以,空间相机对温度环境有着严格的要求。空间相机的热设计也成为空间相机的关键技术之一。

2. 空间相机热设计方法

对于可见光附近波长的空间相机,其工作温度水平在室温附近,一般采取被动热控为主,主动热控为辅的热控策略。相机外表面包覆多层隔热组件(MLI),多层最外表面根据入射热流大小,选择合适 α_s/ε 热控薄膜,然后根据吸收热流大小,设计合适的加热器进行主动控温。空间相机常用的热控技术主要包括以下两种。

(1) 被动热控技术:主要包括各种热控涂层、多层隔热组件、导热和隔热材料等,被动热控方法的优点是技术简单、工作可靠、使用寿命长。

(2) 主动热控技术:主要包括热控百叶窗、热开关、可变热导热管、电加热器及低温制冷等,主动热控方法的优点是能根据温度的要求主动改变换热的特性参数,实现温度的主动控制。

相机热控设计及其热响应工程分析的步骤如图 7-13 所示。

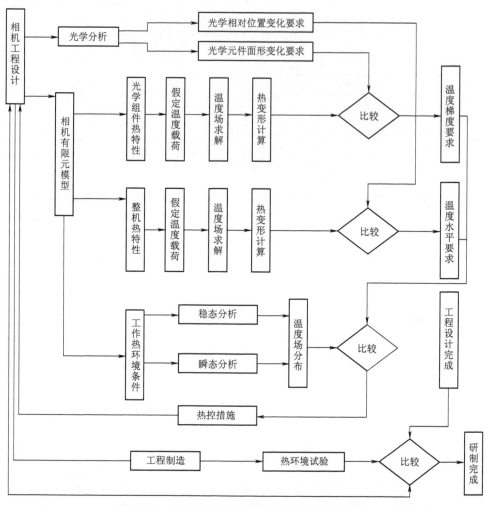

图 7-13　相机热控设计及其热响应工程分析步骤

7.3.9　图像调焦

1. 焦面、像面和 CCD 图像靶面

通过镜头将前方景物生成清晰像的位置称像面,不同距离处的景物在不同位置上生成清晰的像。

焦面是镜头将无穷远处景物成像的平面,当一个望远镜头光学系统的结构参数(光学界面的球径或面形、各光学界面之间的距离、参与成像介质的折射率)确定之后,其焦面位置即完全确定。

比无穷远处近的景物所生成的像面在焦面之后,而比无穷远处还远的景物所生成的像面在焦面的前方。

CCD 图像靶面应该装配在焦面上，或是与焦面共轭的位置上。

2. 调焦环节(调焦镜)

为了使处在不同距离上的景物通过同一镜头，在 CCD 图像靶面上都能生成清晰的像，在镜头中必须设置调焦环节。本相机的调焦环节设置在像面前方的调焦镜。调焦镜为三片透镜组成的屈光度很小的负透镜组，由光机结构、直线滚动圆柱导轨、步进驱动电机、全部为滚动摩擦的传动副，两个反馈调焦镜位置的绝对式 16 位光电轴角编码器组成。

3. 距离调焦

由于装配时将 CCD 成像靶面安置在镜头的焦面上，因此也只有无穷远处的景物成像在 CCD 成像靶面上，可以获得清晰的像。当景物的距离比无穷远近时，其像将成在 CCD 成像靶面的后方，即产生离焦，获得的图像传递函数下降，严重时图像会模糊不清。

4. 温度调焦

当相机的温度水平与实验室无穷远处景物像面(焦面)位置标定的温度(23℃)发生变化后，由于镜头材料的热膨胀，改变了相机镜头的结构参数，使相机的焦面位置发生变化(特别是主、次镜之间的距离最为敏感)，由此造成无穷远景物像面偏离 CCD 图像靶面，而产生离焦。

实现精确的温度调焦需要具备以下条件。

(1)高稳定的相机光学和光学机械结构。

(2)精密、稳定、可靠的调焦环节和机构。

(3)精确的无穷远像面的标定。

(4)确定的离焦量对温度的函数关系。

(5)可靠的相机热控和温度测量环节。

例如，某型号相机的标准工作温度为 23℃，当相机的温度水平偏离 23℃后，可以根据相机实际的温度水平，按照数据选择地面注入的调焦镜位置编码器值来完成温度调焦。表 7-4 中的数据是综合了相机的结构和光学系统两个方面进行计算得出的结果。

表 7-4　在不同温度水平下 CCD 相机实现温度调焦时调焦编码器值

序号	相机的温度水平/℃	焦面移动量(向前为负，向后为正)/mm	补偿焦面移动量对应的调焦镜的位移量(向前为正，向后为负)/mm	相机调焦镜位移量对应的调焦镜编码器码值变化量(十六进制)	综合距离 350km 和温度调焦后，最终的调焦编码器值(以 350km 地物，温度为 23℃时的编码器值 A2E2 为基准)	
					备编码器	主编码器
1	30	−0.202	1.122	18E9	BBCB	BBA6

序号	相机的温度水平/℃	焦面移动量(向前为负,向后为正)/mm	补偿焦面移动量对应的调焦镜的位移量(向前为正,向后为负)/mm	相机调焦镜位移量对应的调焦镜编码器码值变化量(十六进制)	综合距离350km和温度调焦后,最终的调焦编码器值(以350km地物,温度为23℃时的编码器值A2E2为基准)	
					备编码器	主编码器
2	29	−0.173	0.961	1556	B838	B813
3	28	−0.144	0.800	11C3	B445	B420
4	27	−0.115	0.639	E30	B112	B0ED
5	26	−0.0864	0.480	AA8	AD8A	AD65
6	25	−0.0576	0.320	71B	A9FD	A9D8
7	24	−0.0288	0.160	38D	A66F	A64A
8	23	0.000	0	0	A2E2	A2BD
9	22	0.0288	−0.160	−38D	9F55	9F30
10	21	0.0576	−0.320	−71B	9BC7	9BA2
11	20	0.0864	−0.480	−AA8	983A	9815
12	19	0.115	−0.639	−E30	94B2	948D
13	18	0.144	−0.800	−11C3	911F	90FA
14	17	0.173	−0.961	−1556	8D8C	8D67
15	16	0.202	−1.122	−18E9	89F9	89D4
16	15	0.231	−1.283	−1C7E	8664	863F
17	14	0.260	−1.444	−2012	82D0	82AB
18	13	0.288	−1.600	−2387	7F5B	7F36
19	12	0.317	−1.761	−271A	7BC8	7BA3
20	11	0.347	−1.928	−2ACF	7813	77EE
21	10	0.376	−2.089	−2E62	7480	745B
22	9	0.406	−2.255	−3212	70D0	70AB
23	8	0.435	−2.417	−35AB	6D37	6D12
24	7	0.465	−2.583	−395A	6988	6963
25	6	0.494	−2.744	−3CED	65F5	65D0
26	5	0.523	−2.905	−4081	6261	623C
27	4	0.553	−3.072	−4436	5EAC	5E87
28	3	0.582	−3.233	−47C9	5B19	5AF4
29	2	0.612	−3.400	−4B9E	5764	573F
30	1	0.641	−3.561	−4F12	53D0	53AB
31	0	0.670	−3.722	−52A5	503D	5018
32	−1	0.700	−3.889	−565A	4C88	4C63
33	−2	0.729	−4.050	−59ED	48F5	48D0

序号	相机的温度水平/℃	焦面移动量(向前为负,向后为正)/mm	补偿焦面移动量对应的调焦镜的位移量(向前为正,向后为负)/mm	相机调焦镜位移量对应的调焦镜编码器码值变化量(十六进制)	综合距离350km和温度调焦后,最终的调焦编码器值(以350km地物,温度为23℃时的编码器值A2E2为基准)	
					备编码器	主编码器
34	-3	0.759	-4.217	-5DA3	453F	451A
35	-4	0.788	-4.378	-6136	41AC	4187
36	-5	0.817	-4.539	-64C9	3E19	3DF4
37	-6	0.847	-4.706	-687E	3A64	3A3F
38	-7	0.876	-4.867	-6C11	36D1	36AC
39	-8	0.906	-5.033	-6FC1	3321	32FC
40	-9	0.935	-5.194	-7354	2F8E	2F69
41	-10	0.965	-5.361	-770A	2BD8	2BB3

7.3.10 相机的图像曝光量控制(调光)

1. 调光原理

相机的调光一般有改变相对孔径、改变曝光时间和改变光学系统的透过率(加不同比例的减光片)三种方式。而对于空间相机,特别是长焦距、大画幅(大视场光阑)相机而言,以上三种方式都不适用。由于采用TDI CCD线阵,故应用TDI CCD本身的特性,采用改变TDI CCD积分级数及其随后的视频放大器的增益来达到调光的目的。

2. 图像曝光量的注入

图像曝光量可以通过调节TDI CCD的积分级数和CCD视频放大器的增益实现。通过视频放大器增益的调节,可以进一步扩大相机对不同地物辐亮度的适应性。通过地面实验室的辐射标定和外场实景动态摄像试验,确定最大的增益选用到15.62倍,增益再高,噪声明显地增大,对图像质量不利。

例如,某型号相机,通过地面的数据注入,控制相机的图像曝光量。相机图像曝光量用2字节四位表示:××××,第一个字节(前两位)表示TDI CCD的积分级数,第二个字节(后两位)表示CCD视频放大器的增益。视频放大器增益(放大倍数)与数据注入增益代码之间的对应关系见表7-5。

3. 如何选择图像曝光量

采用改变TDI CCD积分级数及其随后的视频放大器的增益来达到调光的目的。增加TDI CCD积分级数,一方面提高了对像移速度矢补偿精度要求,补偿精度达不到要求,会降低所获图像的传递函数;另一方面TDI CCD器件本身的特点是积分级数越高,所获得图像的信噪比越高。例如,当采用96级积分时,其信噪比可以提高70~80倍,信噪比与级数 n 之间不遵守 $n/\sqrt{n}$ 规律。提高视频放大器的增益,可以增大图像曝光量,但会降低信噪比,因此选择时要综合考虑。

表7-5 视频放大器增益与数据注入增益代码之间的关系

序号	放大倍数	代码码值	序号	放大倍数	代码码值	序号	放大倍数	代码码值	序号	放大倍数	代码码值
0	2.00	00	24	2.82	18	48	3.98	30	72	5.62	48
1	2.02	01	25	2.86	19	49	4.04	31	73	5.70	49
2	2.05	02	26	2.90	1A	50	4.10	32	74	5.79	4A
3	2.08	03	27	2.94	1B	51	4.16	33	75	5.87	4B
4	2.11	04	28	2.99	1C	52	4.22	34	76	5.96	4C
5	2.14	05	29	3.03	1D	53	4.28	35	77	6.04	4D
6	2.18	06	30	3.07	1E	54	4.34	36	78	6.13	4E
7	2.21	07	31	3.12	1F	55	4.40	37	79	6.22	4F
8	2.24	08	32	3.16	20	56	4.47	38	80	6.31	50
9	2.27	09	33	3.21	21	57	4.53	39	81	6.40	51
10	2.30	0A	34	3.25	22	58	4.60	3A	82	6.49	52
11	2.34	0B	35	3.30	23	59	4.66	3B	83	6.59	53
12	2.37	0C	36	3.35	24	60	4.73	3C	84	6.68	54
13	2.41	0D	37	3.40	25	61	4.80	3D	85	6.78	55
14	2.44	0E	38	3.45	26	62	4.87	3E	86	6.88	56
15	2.48	0F	39	3.50	27	63	4.94	3F	87	6.98	57
16	2.51	10	40	3.55	28	64	5.01	40	88	7.08	58
17	2.55	11	41	3.60	29	65	5.08	41	89	7.18	59
18	2.59	12	42	3.65	2A	66	5.16	42	90	7.29	5A
19	2.62	13	43	3.70	2B	67	5.23	43	91	7.39	5B
20	2.66	14	44	3.76	2C	68	5.31	44	92	7.50	5C
21	2.70	15	45	3.81	2D	69	5.39	45	93	7.61	5D
22	2.74	16	46	3.87	2E	70	5.46	46	94	7.72	5E
23	2.78	17	47	3.92	2F	71	5.54	47	95	7.83	5F

当像移补偿残差成为影响图像传递函数的主要因素时,应该根据地面景物的辐亮度(太阳高角和地物反射率),首选较低的TDI CCD的积分级数。而当在轨摄像证明像移补偿精度满足设计要求(即使用96级积分仍能保持较高的传递函数)时,应该首先选用较高的积分级数。

例如,某型号相机,根据被摄景物处的太阳高角和地面反射率,依据表7-5来选择合适的TDI CCD积分级数和视频放大器增益的组合值。TDI CCD积分级数与数据注入积分级数代码之间的对应关系如表7-6所列。而在不同太阳高角时,选择的积分级数和视频放大器的增益的组合如表7-7所列。

表7-6 TDI CCD 积分级数与数据注入积分级数代码之间的对应关系

代码	01	02	03	04	05
CCD 积分级数	96	48	24	12	6

表7-7 30%地面反射率条件下,不同太阳高角的参数设置

高角	预期灰度值	级数	级数代码	增益	增益代码	设置参数
5°	90	96	01	22.43	A8	01A8
10°	90	96	01	12.27	7E	017E
15°	90	96	01	6.76	54	0154
20°	90	48	02	9.69	6D	026D
25°	90	48	02	7.34	5A	025A
30°	90	48	02	5.90	4B	024B
35°	90	48	02	4.94	3E	023E
40°	90	48	02	4.31	35	0235
45°	90	24	03	8.24	62	0362
50°	90	24	03	7.50	5C	035C
55°	90	24	03	6.89	56	0356
60°	90	24	03	6.44	51	0351
70°	90	24	03	5.86	4A	034A
80°	90	24	03	5.59	47	0347

4. 辐射标定

1) 用途

相机工作波段 CCD 通道为 $\lambda=0.5\sim0.8\mu m$,胶片通道为 $\lambda=0.5\sim0.7\mu m$,在相机的像面附近设置了截止短波的(0.5μm 以下)黄色(JB7)滤光片,并在该滤光片的一个表面上镀了长波红外(0.8μm 以上)截止滤光片,相机光学系统只通过 $\lambda=0.5\sim0.8\mu m$ 波长的光谱辐射。探测器对 $\lambda=0.5\sim0.8\mu m$ 光谱辐射有较好响应,具有96、48、24、12、6 五挡时间延时积分级数可调的 TDI CCD,并配有增益可调的视频放大器。

相机光学系统的相对孔径和透过率是固定不变的,为了对不同辐亮度(随太阳天顶角和地物平均反射率而改变)的地面目标获得曝光量(TDI CCD 探测器响应)合适的推扫图像,必须合理地选择 TDI CCD 的时间延时积分级数以及放大器的增益。

为了尽可能地获得最佳的图像,在地面必须进行精细的辐射标定,地面标定工作有如下三项任务。

(1) CCD 延时积分级数和放大器增益标定。对不同的地面目标选择合适的 TDI CCD 的时间延时积分级数以及合适的放大器增益值。即根据被摄景物的地理

位置、摄像时刻的太阳天顶角和地物的反射率合理地确定(标定)TDI CCD 的时间延时积分级数和视频放大器增益值。

(2) CCD 响应函数和暗电平标定。为了进一步提高获得图像的质量,在地面处理阶段还要根据相机像面照度的不均匀性,CCD 相机焦面组件各片 TDI CCD 以及每片 TDI CCD 2048 像元的响应函数(包括 TDI CCD 在不同积分级数下的响应线性度和不均匀性,饱和曝光量和等效噪声曝光量,TDI CCD 暗电平的不均匀性)对图像进行精确校正。因此,CCD 标定的第二个任务是获得 TDI CCD 的响应函数和暗电平值。

(3) 船上标定灯相对辐亮度标定。为了克服 CCD 器件响应随时间的推移而发生的退化衰减,在相机中设置了一组标定灯,定期地比较 CCD 器件的响应与标定灯亮度之间的相对关系,为地面在处理图像的灰度值时作为参考。因此,地面辐射标定的第三个任务是获得 CCD 对标定灯辐亮度响应的初始值。

2) 辐射标定装置组成

辐射标定装置主要由光谱辐照度标准灯、标准漫反射白板、窄带滤光片式辐射计、积分球光源等组成。其主要的性能指标如下:

(1) 光谱辐照度标准灯。采用国家计量单位提供的标准灯工作电流 8.5A 下额定功率 1000W,辐照度不确定度为 4.8%。

(2) 标准漫反射白板。由国家计量单位提供,尺寸为 400mm×400mm,并给出了 $0.4 \sim 2.5 \mu m$ 的光谱反射率数据以及 $0 \sim 45℃$ 范围内的余弦特性数据,标称的反射率不确定度为 3.5%。

(3) 窄带滤光片式辐射计。$0.5 \sim 0.8 \mu m$ 波段内积分响应度为 $0.032V/(W/m^2 \cdot sr)$。

(4) 积分球光源。直径 1.5m,开口直径 0.6m,在 $0.5 \sim 0.8 \mu m$ 波长内输出最大积分辐亮度不小于 $130(W/m^2 \cdot sr)$。

7.3.11 大型整机试验

表 7-8 为大型试验内容,具体的试验条件应根据总体提出的技术要求定,或协商定。

表 7-8 大型试验内容

序号	试验项目名称	试验目的和内容	试验条件
1	力学环境试验(包括正弦扫描和随机振动)	验证相机系统对运载力学环境的适应性	9t 电磁振动台

序号	试验项目名称	试验目的和内容	试验条件
2	热循环试验	验证相机系统对空间热环境的适应性	有效空间为 $\phi2000mm \times 2500mm$ 热真空试验装置（$-60 \sim +100℃$）
3	热真空试验	验证相机系统对空间热真空环境的适应性	有效空间为 $\phi2500mm \times 5500mm$ 热真空试验装置（$-173 \sim +100℃$），极限真空度 $1 \times 10^{-5}Pa$
4	实验室静、动态成像质量试验和热光学试验	验证实验室条件下在空间热条件下相机静、动态摄影分辨力和CCD摄像的对比传递函数	有效空间为 $\phi2500mm \times 5500mm$ 热真空试验装置、20m焦距平行光管、动态景物模拟器和26.5m长整体减振平台
5	相机无穷远景物成像焦面位置标定	通过对月球（无穷远景物）的动态摄像和摄影试验，精确标定相机系统的无穷远焦面位置，使相机系统具有在轨精确调焦能力	精确模拟航天器推扫速度，并能承载相机的转台
6	相机系统外场的全景动态摄像试验	通过外场的全景动态摄像和摄影试验，全面考核相机系统动态摄像和摄影能力	精确模拟航天器推扫速度，并能承载相机的转台，已有离长春市区最近处为13km的在净月山顶上的试验房
7	热平衡试验	验证在空间热环境下相机系统热控措施的有效性	有效空间为 $\phi2500mm \times 5500mm$ 热真空试验装置（$-173 \sim +100℃$，$1 \times 10^{-5}Pa$）

7.4 空间光学遥感器领域重点研究进展和展望

7.4.1 航天光学遥感器研制基地建设进展

中国科学院长春光学精密机械与物理研究所（简称长春光机所）建所于1952年，在中国光学事业的开拓者王大珩先生的带领下，白手起家，从炼制第一炉光学玻璃开始，到1958年研制成"八大件"（即填补当时国内空白的高精度、高技术水平的八项现代光学仪器），在代代相传的"自力更生、科学报国"的长春光机所精神的指引下，现已成为我国从事光学研究与光学工程和光电工程制造领域成立最早、规模最大、综合性最强的研究所。

20世纪六七十年代，长春光机所开辟了我国的动态光测技术领域，研制成功了我国系列靶场光学和光电仪器，为我国"两弹一星"快速发展做出了重大贡献。

同时,长春光机所开创了我国航天和航空光学遥感技术领域。在20世纪90年代、21世纪初,成功研制了系列高级航天和航空光学遥感器。经过多年的发展,长春光机所已建设成为一流的集研究、设计、制造、装调、检测、试验为一体的航天光学遥感器研制基地。

7.4.2 空间光学遥感器设计技术进展

空间光学遥感器的研发是一个复杂的系统工程,集材料学、光学、机械学、机构学、电子学、计算机学和环境工程学等多学科于一体,可以体现现代工程技术综合实力。其研发过程包括了设计、材料、制造工艺、计量和检验、组装和集成、定标和试验等工程技术。涉及的主要设计技术有空间光学遥感器总体设计技术、光学设计技术、结构和力学/热设计技术、电子学设计技术、软件设计技术、可靠性设计技术、星载一体化设计技术等。

长春光机所在空间光学遥感器研制领域,紧紧围绕进一步提高空间分辨力、光谱分辨力、时间分辨力、成像质量,减轻重量,缩小体积,降低功耗,提高可靠性等方面,进一步提升长春光机所航天光学遥感器研发实力,开拓性地开展更大型、更精密、更高集成度、更高技术水平、更大难度的航天光学遥感器的研究和开发工作。

为了实现上述的总体目标,长春光机所近十年首先在提高设计技术方面给予了高度重视,取得了长足进步,以下重点、简要地介绍几个具有突破性、创新性、取得较大进步的主要设计方面进展。

1. 先进光学系统设计

近十年,空间光学系统设计技术取得了跨越式的发展,国家对空间光学系统高时间分辨力、高空间分辨力、高光谱分辨力和宽地面覆盖等方面的迫切需求极大地推动了长春光机所所空间光学设计的进步和发展。同时,光学设计的理论与技术的不断创新又为空间光学系统发展提供了强有力的支撑。空间光学系统正向着大口径、长焦距、大视场、高测量精度和多维、多模式等方向发展。

空间光学系统形式由传统的折射式、折反射式、同轴反射式、离轴三反向新型的离轴多反、偏轴多反等方向发展,光学系统面形由传统的球面、非球面向自由曲面方向发展。光学设计正在不断突破以往的极限,比如视场由通常的几度发展到几十度,甚至上百度。"管窥"已成为历史,宽覆盖、超宽覆盖等广域观测正得以实现。可以说长春光机所在空间光学设计领域正赶超世界先进水平,尤其在大视场空间光学设计技术方面有着自主的特色。

在具体设计技术方面,可多手段、多设计平台开展工作。在软件平台建设上,可同步进行光学设计和杂光分析、光学设计软件可达每秒顺序追迹数万条光线、可全视场内逐像元像质评价、杂光分析可最多非顺序追迹数亿条光线的水平;对全部种类的二次曲面及高次非球面、绝大多数种类的自由曲面可进行建模,实现数据从设计、加工、检测、装调全过程的无损传递。在硬件平台上有了长足的进步,配置了配套的多套工作站,形成了光、机、力、热等多学科一体化联合仿真集成设计环境,可满足空间对地观测光学遥感器和空间天文大科学工程的研发需求。

在我国航天事业高速发展的大背景下,空间光学设计已进入了新时代,光学设计正在追求全求解域,优化得到全局极小值。

2. 结构和力/热设计

长春光机所 20 年前开始建立空间光学遥感器的仿真设计技术,主要包括力学设计、热设计技术。通过十年努力,可以说达到了国内领先水平。长春光机所已经具备三维设计、力学仿真、热设计仿真、在轨光机集成仿真能力;主要应用软件有开目、CAD、天河、AutoCAD、UG 三维设计软件、MSC/NASTRAN 力学仿真软件,Ideas/TMG、Sinda/G 热设计软件;可以完成 20 万自由度模型的空间光学遥感器的静、动力学仿真、热控设计及轨道外热流模拟;通过自写程序可以完成空间光学遥感器在轨的光机集成仿真,完成空间微重力影响下光学面形评价及系统成像质量分析。

为了进一步提升长春光机所航天光学遥感器研发实力,开拓性地开展更大型、更精密、更高集成度、更高技术水平、更大难度的航天光学遥感器的研发工作,实现空间光学遥感器在高度轻量化条件下的高力学稳定性和热稳定性,长春光机所重点开展以下三个方面的工作。

(1) 在广泛应用复合材料的基础上,通过结构轻量化、大口径反射镜支撑、高精度空间结构与机构、光机热一体化设计、振动抑制技术等多项技术攻关。

(2) 重点建设了光、机、热集成仿真系统平台,该平台由 96 核 CPU 处理能力的计算服务器、2T 网络存储及主要的设计分析软件 NX、Hypermesh、Patran/Nastran、Abaqus、TMG 及多学科集成优化软件 Isight 构成,系统具有 300 万自由度模型的线性/非线性的静力学分析、动力学分析、空间热分析、光机热集成仿真及多学科优化设计能力,并可以完成空间力热综合环境下光学遥感器的成像质量评价,并以传递函数为目标的系统优化设计,不但大大提高了设计效率,而且提高了仿真精度,其中模态分析的准确率可达 95% 以上,正弦振动响应的准确率可达 90% 以上。

(3) 建设面向大型、高精度空间光学遥感器的设计与试验相结合的精密热控技术,建立了有效直径为 $\phi 4.3 m$、$\phi 3 m$ 真空热光学试验平台,可对在研的大口径、长焦距的空间光学遥感器模拟在轨环境下的成像性能仿真试验。

总体来说,长春光机所的结构和力/热设计仿真技术的发展,经历了从单学科仿真评估、光机集成仿真到光机热集成仿真,从单学科设计优化光机热集成仿真到多学科优化设计的发展过程。

3. 电子学设计

通过应用新型电子器件、电路设计仿真 EDA 软件的应用水平的提高,以及十年来从事航天电子学人员所积累的丰富经验,电子学的设计水平得到了飞速的提高。电路信号完整性,电磁兼容性水平大幅提升,电装工艺逐步完善,对空间环境防护的手段也不断走向成熟。

提高空间分辨力主要有三个技术途径:加长镜头的焦距;提高图像传感器像元的尺度;降低航天器的轨道高度。但是这三个技术措施都会使地物在光学遥感器像面上的像移速度成比例地增大,也就极大地提高了 TDI CCD 的行转移频率。高速、多通道、低噪声、高集成度、高可靠、长寿命、低功耗、轻量化是今后发展的趋势。因此,近年来长春光机所在像面电子学的以下三个方面给予了高度重视,并取得了可喜的进步。

(1) 开发和应用高速、多通道并行的 CCD 视频信号处理技术,提高 CCD 成像系统的采样频率。长春光机所在某空间光学遥感器上已成功实现 55 通道 12MHz 读出频率的 CCD 信号处理能力,信噪比达到 45dB。图像量化位数已从早先的 8 位、10 位发展到 12 位、14 位。同时,1.6Gb/s 高速光纤传输技术已成功在星上实现。

(2) 采用高速电路硬件仿真技术以及专用信号处理模块,降低噪声提高信噪比。长春光机所目前已统一电子学设计平台,采用 Cadence 软件设计,充分采用原理图和 PCB 仿真,保证了设计信号的完整性、电磁兼容性、电源完整性满足系统指标要求,并已在多个空间光学遥感器的研制过程中得到应用。在某载荷上应用的紫外光 CCD 探测器,其致冷温度达-12°C,读出频率 1.38MHz,总的读出噪声控制为 $\sigma_{RE} = 20e^-$。动态范围达到 75dB,采用 14 位 A/D 转换器,有效位数达到 12.5 位。

(3) 高速 TDI CCD 成像系统采样频率已突破 17MHz,且成像画面清晰,动态范围宽,系统信噪比高。衡量一幅图像的质量,除了空间分辨力外,还有在该空间频率下的传递函数、信噪比、灰度等级。要想获得高传递函数、高信噪比、多灰度等级就必须要求具有非常精密的像移速度矢量补偿(同时包括像移速度和方向的补偿,即行转移频率和偏流角控制),建立完善的计算像移速度矢量的数学模型成为关键。近十年,长春光机所通过孜孜不倦地攻关,不断地完善数学模型,在第一版本的基础上,开发了第二、第三和第四版本的计算像移速度矢量的数学模型(表 7-9)。

表 7-9　计算像移速度矢量数学模型四个版本完善过程的简要说明

版本号	数学模型的完善过程	应用的局限性	载荷的应用情况
第一版	定义 18 个影响像移速度矢量的参数; 建立 7 个坐标系; 进行 7 个坐标系之间共 11 次齐次线性变换; 从物空间到像空间的位置场映射; 建立像面位置方程; 求解像面像移速度矢量	只适用于同轴光学系统的星下点摄像	2003 年,某-5 星下点摄像; 2005 年,某-6 星下点摄像

版本号	数学模型的完善过程	应用的局限性	载荷的应用情况
第二版	定义 18 个影响像移速度矢量的参数； 建立 7 个坐标系； 引入光轴、视轴和光线的概念； 进行 7 个坐标系之间共 11 次齐次线性变换； 从物空间到像空间的位置场映射； 建立像面位置方程； 求解像面像移速度矢量； 引入并单独补充计算投影畸变和地球曲率半径畸变形成的偏流角	可应用于离轴光学系统； 只分别适用于卫星侧摆或前后摆姿态下的摄像； 要区分左、右侧摆，南、北半球，上、下行的 8 种组合；前、后摆，南、北半球，上、下行的 8 种组合，共 16 种情况进行计算； 由投影畸变和地球曲率半径畸变产生的畸变偏流角需单独补充计算	
第三版	定义 18 个影响像移速度矢量的参数； 建立 8 个坐标系(引入过景点星下垂线地平坐标系)； 引入光轴、视轴和光线的概念，并进行光线追迹； 进行 8 个坐标系之间共 15 次齐次线性变换； 从物空间到像空间的位置场映射； 建立像面位置方程； 求解像面像移速度矢量； 引入并单独计算投影畸变和地球曲率半径畸变形成的偏流角	由于采用位置场的映射，和投影畸变、地球曲率半径畸变的单独计算，造成 18 个参数之间的相关项漏算，得到的像移速度矢量无论是大小和方向上都有理论误差，特别在大卫星姿态时，误差值会很大，引起图像传函下降	2009 年，某-9 首星，最大侧摆角 40° 摄像(由于计算得到的像移速度矢量误差大，明显地在 TDI CCD 片与片交叉拼接处的图像有漏缝)
第四版	定义 18 个影响像移速度矢量的参数； 建立 8 个坐标系(引入过景点星下垂线地平坐标系)； 引入光轴、视轴和光线的概念，并进行光线追迹； 进行 8 个坐标系之间共 15 次齐次线性变换； 求解物空间速度矢量； 从物空间到像空间的速度场映射，得到像面像移速度矢量	无应用的局限性	（1）2011 年和 2013 年，某-9,02 星某-9,03 星，最大侧摆角 40° 摄像； （2）2011 年，某-1 型，最大侧摆角;15° 摄像； （3）2013 年，某-1 型，最大侧摆角;45° 摄像； （4）2014 年，某-2 型，最大侧摆角;45° 摄像，都取得了清晰的图像

1）像移补偿数学模型的应用实例1

三种载荷对同一地区摄像由软件画出的地面轨迹如图7-14所示。

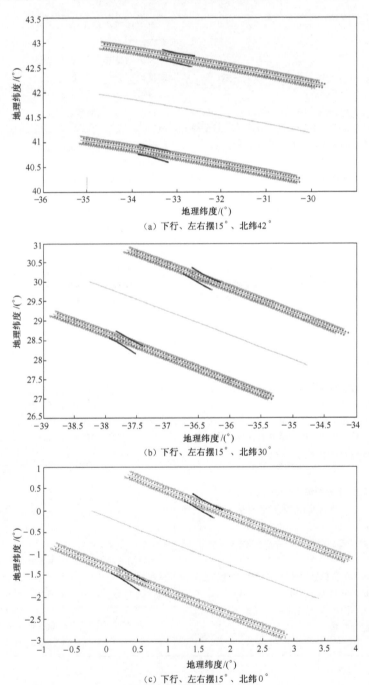

（a）下行、左右摆15°、北纬42°

（b）下行、左右摆15°、北纬30°

（c）下行、左右摆15°、北纬0°

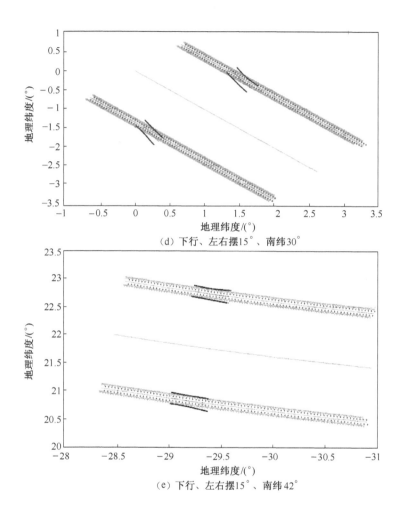

(d) 下行、左右摆15°、南纬30°

(e) 下行、左右摆15°、南纬42°

图 7-14　(见彩图)三种载荷对同一地区摄像由软件画出的地面轨迹
(黑色—光谱仪；蓝色—可见相机；红色—红外相机；绿色—星下点)

2）像移补偿数学模型的应用实例 2

验证了 TG-1 高分辨力光谱仪指向反射镜扫描速度方程的正确性；同时也发现了第三版像移补偿数学模型的不完善性，形成了第四版像移补偿数学模型。高分辨力光谱仪指向反射镜扫描速度曲线如图 7-15 所示。

4. 软件设计

长春光机所于 20 世纪 90 年代中期全面开展了软件工程化工作，软件研制工作步入了全面受控状态，于 2008 年通过了 GJB 5000 二级的正式评价。

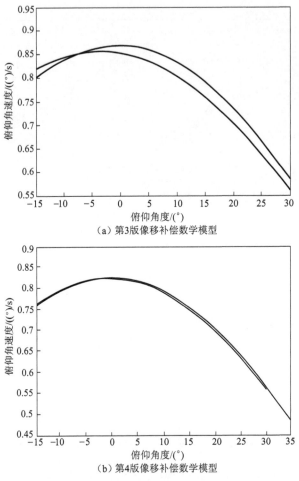

（a）第3版像移补偿数学模型

（b）第4版像移补偿数学模型

图7-15　高分辨力光谱仪指向反射镜扫描速度曲线

经过十年的努力,长春光机所于2013年在中国科学院系统第一个通过了GJB 5000A 三级的正式评价,软件研制进入了良性发展提升阶段,研制能力上了一个新台阶。

为满足空间光学遥感器软件研制的需求,长春光机所2008年开始筹建软件测评中心,添置了软件设计、测试、管理、调试等方面的软件工具,有效地提升了长春光机所的软件测评能力,并于2012年通过了国家级的资格认证,正式成立了“中国科学院长春软件测评中心”,不但满足了长春光机所软件测评的需求,也具备了软件第三方测评的资质和能力。

5. 星载一体化设计

星载一体化设计包括:结构一体化设计(可提高系统结构强度、刚度、稳定性）；控管一体化设计（可简化结构、提高精度、反应灵敏、降低功耗）；功能一体化设计（相互协调，完成特殊的摄像功能模式）。也就是：在结构上实现光学遥感器和卫星为一体；在控管上做到光学遥感器和卫星统一指挥。

特别是为了提高时间分辨力，实现敏捷摄像（如卫星大姿态角下的沿轨纯侧摆推扫摄像、非沿轨倾斜方向推扫摄像、任意方向沿轨推扫摄像、对同一景区多幅拼接推扫摄像、对一个景区的凝视摄像、对同一景区立体推扫摄像等特殊摄像）方式时必须做到控管一体化。例如，某-1型、某-2型光学遥感器采用卫星和遥感器之间统一协调的控制，实现了侧摆角达到±45°的苛刻条件下，仍能实现高精度的像移速度矢的匹配，在轨获取了高清晰的图像。实现卫星大姿态角条件下的摄像，可以显著地提高时间分辨力，例如在某个轨道下，对于一个低纬度的地面景物，一个1.5°视场角的光学遥感器，如果不具备侧摆摄像功能，地面覆盖宽度仅为10.5km，而当具有±45°侧摆摄像功能时，其相当于地面覆盖宽度增加到827.4km；同时，每月可对此景物的摄像次数会有质的提升，如表7-10所列。

表7-10 在不同的侧摆角下，每月可对一个目标摄像的次数和可覆盖的地面宽度
（注：轨道倾角42.75°，轨道高度400km）

可摄像的次数/月		太阳高角/(°)				可覆盖的地面宽度/km（光学遥感器视场：1.5°）
		10	20	30	40	
侧摆角/(°)	±5°	2	1	1	0	70.01
	±10°	2	1	1	0	141.20
	±15°	3	2	2	0	214.85
	±25°	8	4	4	1	375.68
	±35°	11	7	5	2	569.25
	±45°	16	12	7	3	827.42

要做到卫星和遥感器之间统一协调的控制，实现敏捷摄像，其关键技术之一是开发出系列的数学模型，有地面的，还有在轨的。表7-11为根据光学遥感器的摄像能力，针对不同的在轨摄像模式进行的地面规划内容，以及由此计算出的供在轨摄像时卫星和遥感器之间统一协调控制的一系列控制参数。

表7-11中只是针对景区中一个特征点（一般是景区中心点）规划出的摄像参数，实际的初始摄像时刻和对应的星下点位置（星下点的经纬度），还要根据所摄景区的大小和形状，以及不同的在轨摄像模式进行修正。

表 7-11　三次地面规划工作内容表

规划	摄像模式	规划前已知的参数	规划后得到的参数
第一次规划	沿轨纯侧摆推扫摄像；非沿轨倾斜方向推扫摄像	轨道到地球质心的距离：H_0； 轨道倾角：i_0； 卫星第一降交点时刻：t_{k0}； 在降交点地球坐标系 E 中给出的第一降交点经度：α_0； 在地理坐标系 G_e 中给出的第一降交点经度：α_0^E 或 α_0^W； 相机可以应用的最大侧摆角：φ_{max}； 相机可以应用的最大俯仰角：θ_{max}； 景点在地球坐标系中的经度：α_g^E 或 α_g^W； 景点在地球坐标系中的纬度：λ_g^N 或 λ_g^S； 景点的地心距：R_g	摄像点卫星运行的圈数：n_{k1}； 摄像点轨道的象限位置：m_{k1}（即上行、下行，南半球、北半球）； 摄像点相对第一降交点的摄像时刻：t_{k1}； 摄像点轨道地球中心角：$\gamma_{01} = \Omega t_{k1}$； 摄像时星下点的经度：$\alpha_{k1}$； 摄像时星下点的纬度：$\lambda_{k1}$； 摄像时卫星的侧摆姿态角：$\varphi_1$； 摄像时星下点太阳天顶角：$E_k$； 摄像时景点的太阳天顶角：$E_g$
第二次规划	任意方向沿轨推扫摄像；对同一景区多幅拼接推扫摄像；对一个景区的凝视摄像	第一次规划前已知的参数； 第一次规划后得到的参数； 设定摄像时需要的卫星俯仰姿态角：$\theta_2 \neq 0°$	摄像点卫星运行的圈数：n_{k2}； 摄像点轨道的象限位置：m_{k2}； 摄像点相对第一降交点的摄像时刻：t_{k2}； 摄像点轨道地球中心角：$\gamma_{02} = \Omega t_{k2}$； 摄像时星下点的经度：$\alpha_{k2}$； 摄像时星下点的纬度：$\lambda_{k2}$； 摄像时卫星的侧摆姿态角：$\varphi_2$
第三次规划	对同一景区立体推扫摄像	第一、二次规划前已知的参数； 第二次规划后得到的参数	根据摄像时刻星下点位置所对应的偏航姿态调整角（原始偏流角）：β_{sk3}； 摄像时卫星的姿态角：φ_3、θ_3； 其他摄像参数都不变，即 $t_{k3} = t_{k2}$，$\alpha_{k3} = \alpha_{k2}$，$\lambda_{k3} = \lambda_{k2}$

7.4.3　光学材料制备进展

2003 年之前,长春光机所光学材料的研究成果主要集中于传统玻璃材料,在光学玻璃精密退火及性能精密测试方面进行了大量的研究,达到了国际先进水平,出色地完成了本所和国内其他单位承制的航天光学遥感器及其配套检测设备所需要的一批高质量光学玻璃的制备任务。

近十几年,反射式系统在航天光学遥感器中成为主流,为了满足空间大口径反射镜的需求,长春光机所在以碳化硅、铍铝合金为代表的镜坯材料的制备、加工方面的研究工作又取得了突破性进展。

长春光机所自20世纪90年代末开始启动RBSiC陶瓷材料制备技术相关研究,先后建立了可烧结直径为ϕ1m、ϕ2m和ϕ4m SiC反射镜镜坯的高温真空烧结炉,如图7-16所示。

（a）ϕ1m烧结炉

（b）ϕ2m烧结炉

（c）ϕ4m烧结炉

图7-16　SiC高温真空烧结炉

SiC镜坯的制备工艺包括选料、颗粒级配、制模、制浆、注模、凝胶固化、脱水、干燥、装炉、烧结、稳定化处理、冷却、清理、评价等上百道工序。每道工序均做到了规范化,稍有差错将会产生致命缺陷。直径在2.4m以下的SiC镜坯,地面应用的成品率接近100%;空间应用也达到了很高的成品率。目前,长春光机所在复杂结构反射镜型腔消失模设计与制备、大尺寸SiC素坯成型、干燥、反应烧结以及RBSiC无应力反应连接等方面积累了丰富的科研数据,获得了一系列研究成果。

（1）在反射镜材料的镜体结构方面,长春光机所研究了一种低温消失模技术,实现了SiC反射镜体的背部半封闭结构,在热学性能和力学性能方面优势显著,如图7-17所示。该项研究实现了材料的成型方法、去除机理及去除效率之间的最优匹配,解决了传统消失模易吸水、阻碍素坯干燥收缩、需高温去除等弊端,为制备各种不同复杂型腔SiC镜体提供了一种可行的技术途径。

（2）采用目前世界上最先进的陶瓷成型技术——凝胶注模（gel-casting）成型技术完成SiC陶瓷素坯成型,对制备工艺过程中存在的高固相含量低黏度浆料制备、浆料流变性、浆料稳定分散以及浆料凝胶时间控制等内容进行了深入研究。结合低温消失模技术,获得了一次注模成型单块ϕ2.4m量级SiC陶瓷素坯。

（3）在大尺寸轻型SiC湿坯的干燥过程中,由于坯体结构形式复杂,水分在型腔内外表面存在挥发速率差异,因此极易在干燥过程导致坯体开裂。为了实现大

图 7-17　利用低温消失模技术实现 SiC 反射镜的背部半封闭结构

尺寸复杂形状 SiC 陶瓷的均匀缓慢干燥,发明了一种液体干燥新工艺,将湿坯中的大部分水分扩散至干燥液中,并使坯体接近完全收缩的 90% 以上,然后将坯体移入干燥箱实现最终干燥。采用该技术完成了单块 ϕ2.4mSiC 湿坯的无缺陷干燥。

　　图 7-18 为干燥后的 ϕ2.4mSiC 素坯。通过反应烧结即可得到 RBSiC 反射镜坯,经测试已完全达到空间光学系统的使用要求,该反射镜是目前世界上公开报道口径最大的整体烧结 SiC 反射镜,如图 7-19 所示。

图 7-18　ϕ2.4mSiC 素坯

　　(4) 为实现大镜面镜坯制备,通过工艺攻关,在镜面无应力反应连接方面,一次反应烧结同时实现了坯体的连接与致密化,最大限度降低了焊缝与基材之间显微结构的差异,实现了焊缝与基材之间物理性能的一致性。采用该工艺成功制备得到 ϕ2.4m 反应连接 RB-SiC 镜体,镜体光学加工性能良好。同时 4m 量级的 RB-

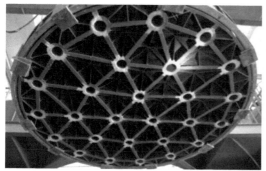

图 7-19 φ2.4mRBSiC 镜坯

SiC 连接镜坯制备技术也正在研制中,如图 7-20 所示。

图 7-20 φ4.0mSiC 连接镜体素坯

（5）超轻反射镜坯制备方面,长春光机所研究了一种真空辅助凝胶注模技术,制备了口径 φ200mm 和 φ500mm 的超轻 RBSiC 镜坯,面密度分别为 9.27kg/m² 和 10.8kg/m²（常规面密度大于 60kg/m²）（图 7-21）。同时,口径 200mm 超轻 RBSiC 镜坯表面进行了光学加工,面形精度 RMS 优于 λ/20（图 7-22）。

图 7-21 φ200mm 和 φ500mm 超轻 RBSiC 镜坯

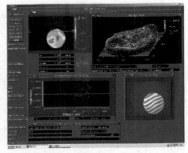

图 7-22　φ200mm 超轻 RBSiC 反射镜

（6）复合材料与金属材料镜坯制备方面，针对高体积分数 SiC/Al 复合材料在综合热机械品质方面的明显优势，长春光机所也开展了相关材料制备的研究。目前已完成 SiC 素坯制备、铝合金配方以及铝合金熔渗工艺方面的研究，正在开展大尺寸 SiCp/Al 结构件制造的研究。在以往低精度铝金属镜红外波段应用基础上，突破了高精度铍铝合金应用于高性能红外光学系统的设计、制造等关键技术，为航空、航天光学载荷的性能提升开拓了新的技术途径，为下一步在可见甚至紫外的应用奠定基础。目前已完成多个铍铝合金反射镜样品的制造，性能满足使用要求。在完成制造条件改造的基础上，正在开展铍铝金属镜的批量制造技术研究。

7.4.4　光学冷加工进展

长春光机所于 1997 年自主研制成功国内第一台实用化的"FSGJ-1 型非球面数控光学加工中心"，如图 7-23（a）所示，采用了 4 轴联动技术，可加工 φ600mm 以内同轴光学非球面，加工精度为 λ/40 RMS。进入 21 世纪，面向国家对空间大型反射镜制造技术的重大需求，长春光机所在光学加工方面研发了系列非球面数控加工中心，并在技术上取得了多方面的研究成果。例如：在 FSGJ-1 型基础上研发的 FSGJ-2 型非球面数控光学加工中心采用 6 轴联动取代 4 轴联动；并通过优化磨头工作函数和调节气动压力提高了磨头工作效率，实现了 1m 量级离轴非球面 λ/50 RMS 的加工精度。

近年，在对碳化硅等光学材料进行了大量工艺试验及理论分析的基础上，建立了基于反卷积迭代、矩阵代数及正则化技术的大口径离轴非球面表面误差收敛模型；给出了基于质心算法及面形误差权重因子的加工轨迹自适应优化算法；建立了基于平转动小磨头加工方式的 SiC 材料加工工艺规范及基于固着磨料的准确定性 SiC 材料去除模型。在 FSGJ-1、FSGJ-2 型两代非球面数控加工中心研制技术基础上，成功研制了基于计算机辅助 FSGJ-3 型非球面数控光学加工中心及其控制软件，反射镜加工能力口径达到 φ3.2m 量级、在线轮廓测量精度优于 1μm RMS、

（a）FSGJ-1

（b）FSGJ-2

（c）FSGJ-3

图 7-23　非球面数控光学加工中心

非球面面形加工精度优于 $\lambda/50$。目前,最新研制的大口径 SiC 反射镜非球面抛光设备采用了适用于非回转对称自由曲面加工的平转动应力盘,并实现了 12 轴伺服电机联动控制,如图 7-24 所示。

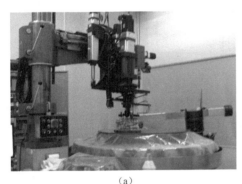
（a）

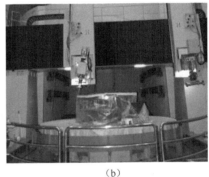
（b）

图 7-24　大口径碳化硅反射镜抛光设备

同时,长春光机所致力于研究和开发超大尺度精度比离轴非球面反射镜的铣磨加工技术。开发了计算机辅助数控编程技术,提出了 5 轴联动斜轴定角度加工方式,并给出了消除工件几何中心处加工残留的方法。在超声振动辅助 5 轴加工中心(图 7-25)上,成功开展了离轴非球面 SiC 反射镜的铣磨加工试验,大幅度缩短了 SiC 反射镜的精密研磨周期,为大口径反射镜面形误差的快速收敛提供了解决方案。

从 2010 年起开始磁流变加工设备与技术的专项研发,相继完成了多种型号磁流变抛光设备的研制与工艺研究,积累了大量的试验数据,已经成功应用于国家重大任务研制过程。

离子束抛光技术是传统数控小磨头加工的技术升级,可实现高精度的材料去除。长春光机所合作研发了 IBF-1500 离子束非球面数控加工中心,最大可加工口径达到 $\phi1500\mathrm{mm}$,通过控制离子束在镜面上各点的驻留时间实现对光学表面的

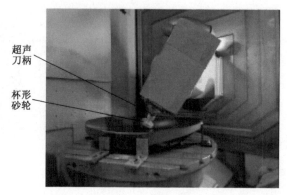

图 7-25　5 轴联动超声振动加工中心

精确修正,可达纳米级的加工精度。

　　在自由曲面加工方面,采用小磨头/磁流变/离子束组合加工技术,实现自由曲面的高精度加工,并完成了自由曲面轮廓测量软件的研发,指导数控研磨达到 $1\mu m$ RMS 面形精度。图 7-26 为自由曲面小磨头/磁流变/离子束组合加工技术流程。

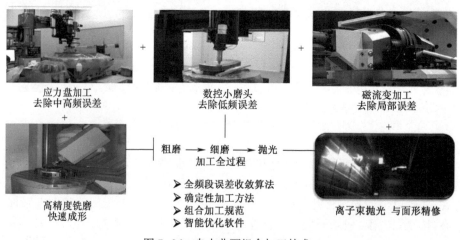

图 7-26　自由曲面组合加工技术

　　在短波光学所需的高面形精度超光滑表面加工方面,通过将数控加工和非接触抛光技术的有机结合,克服了以往在超光滑表面加工中的表面粗糙度与面形精度加工相矛盾的技术难点,加工出面形精度 5nm(RMS 值),表面粗糙度 0.6nm(RMS 值)的超光滑反射镜,并成功应用于工程项目。已经对熔石英、微晶玻璃、K9 玻璃和硅片等做了大量的试验,掌握了多种材料的加工工艺。如图 7-27 为超光滑表面加工的设备和反射镜成品。

 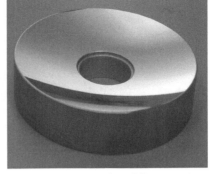

（a）加工设备 （b）加工成品

图 7-27 超光滑表面加工的设备和反射镜成品

7.4.5 光学镀膜进展

光学镀膜在空间光学遥感器研制中是非常重要的技术之一。反射镜面的高反膜，要求在 $\lambda = 0.5 \sim 0.9 \mu m$ 范围内反射率 $R \geqslant 97\%$；折射界面的减反膜，要求 $\lambda = 0.5 \sim 0.9 \mu m$ 范围内反射率 $R \leqslant 0.4\%$；窗口的透明导电膜，要求可见光反射率 $R \leqslant 10\%$、红外反射率 $R \geqslant 90\%$，并具有导电加热功能；红外截止膜要求尽量不损失可见光透过率；半反半透分光膜要求透射和反射率尽可能相等并且不产生偏振效应。空间光学遥感器中应用的膜层除要达到上述光学性能要求外，还要求在空间使用环境下膜层稳定耐久。

为了满足大口径非球面的上述镀膜需求，在自行研制了 $\phi 1100 mm$ 低压离子辅助镀膜机的基础上，近年来又联合研制了 $\phi 2500 mm$；自行研制了 $\phi 3200 mm$ 和 $\phi 5000 mm$ 口径的镀膜机（图 7-28）并投入使用，大大提高了长春光机所的镀膜能力。

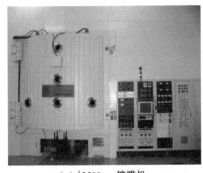 

（a）$\phi 2500 mm$ 镀膜机 （b）$\phi 3200 mm$ 镀膜机

(c) φ5000mm镀膜机

图7-28　镀膜机

为更加深入地开展空间相机中各种光学薄膜的基础性、原理性研究,近年引进了光谱椭偏仪、表面轮廓仪、摩擦磨损仪等多种检测设备,如图7-29所示。检测手段由单纯的光谱特性检测发展到光谱特性、表面形貌、力学性能等一系列薄膜特性检测。

(a) 光谱椭偏仪　　　　　　(b) 表面轮廓仪　　　　　　(c) 摩擦磨损仪

图7-29　薄膜特性检测设备

在满足空间温度冲击和辐照环境的大口径光学 Ag、Al 反射膜制备工艺方面,通过引进各种不同的先进辅助离子源,并对镀膜工艺进行研究和改进,在低温成膜方面取得显著进展,确保镀膜前后反射镜面形不发生改变。目前,可以在 50℃ 以下完成空间光学遥感器反射膜的镀膜工作,得到的 Ag、Al 反射膜在保证高反射率的前提下,能够满足空间环境的要求。温度冲击(沸水-液氮)、辐照(5 年总剂量辐射)后反射率仅下降 1%。

伴随着 SiC 反射镜在空间光学遥感器中的应用,自 2000 年起在国内率先开始了 SiC 反射镜表面改性的研究工作,提出了采用物理气相沉积硅改性层的方法对 SiC 反射镜进行改性,经过十年逐渐深入的研究和完善,形成了一整套 SiC 表面改性的理论和工艺,在国内处于领先水平。SiC 反射镜改性前后表面对比如图7-30所示。

针对超大口径(4m 量级)碳化硅表面改性,成功应用 φ3.2m 磁控溅射镀膜设备开展的孪生靶中频溅射大口径大厚度碳化硅改性层的研究,突破了膜层应力控制、反应溅射连接层、表面缺陷改进等关键技术。SiC 反射镜改性抛光并镀反射膜后,反射率已经达到微晶玻璃的水平,目前已经具备 2m 量级碳化硅反射镜改性层镀制的能力。

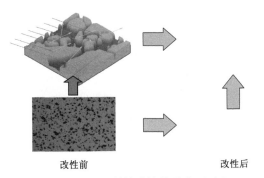

改性前   改性后

图 7-30   SiC 反射镜改性前后表面对比

在空间探测器多光谱滤光片镀膜技术方面,在国内率先开展了多光谱滤光片的研制工作。通过技术升级,采用光刻技术与镀膜相结合的方法,突破了单片式多光谱滤光片制作的多项关键技术,并和国外开展了合作。图 7-31 为单片式多光谱滤光片实物及其实测光谱曲线。

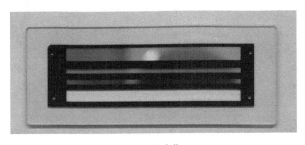

(a)实物

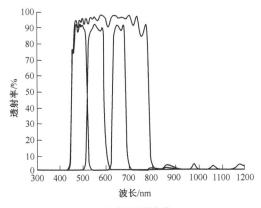

(b)实测光谱曲线

图 7-31   单片式多光谱滤光片实物及其实测光谱曲线

7.4.6 检测装调进展

为了满足更大型、更高精度的离轴三反航天光学遥感器的研制需求,近十年新建了光学材料检验实验室、机械参量检验实验室、光学装调检验实验室、电子学系统检验实验室、电子学性能检验实验室、电磁兼容实验室等。

其中,光学材料检验实验室中配备了 $\phi800$mm 口径平面干涉仪、高精度折射率测量机、4D 干涉仪,以及常规的 ZYGO 球面干涉仪等,如图 7-32、图 7-33 所示。本实验室可以完成大口径平面镜的面形精度的检验,补偿器用光学玻璃折射率的检验等。

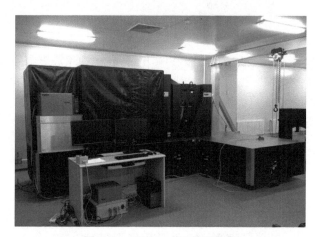

图 7-32 $\phi800$mm 口径干涉仪

图 7-33 高精度折射率测量机

机械参量检验实验室配备了新的三坐标测量机及激光跟踪仪,如图 7-34、图 7-35 所示。本实验室可以完成复杂系统的高精度光机结构标定检测,尺寸及位置标定测量精度 0.02mm,为光学系统的精细装调提供良好的初装基础。

图 7-34　三坐标测量机

图 7-35　激光跟踪仪

光学装调检验实验室配备了镜面定位仪、交会测量系统、高精度测角仪、莱卡经纬仪、气浮平台等,如图 7-36、图 7-37 所示。本实验室可以完成航天光学遥感器在单镜加工阶段补偿器间隔的测试、航天光学遥感器各单镜的顶点曲率半径、离轴量、二次项系数等几何参数的测试。

图 7-36　镜面定位仪

图 7-37　交会测量系统

电子学系统检验实验室配备了电子学仿真装置,硬件方面几乎集成了长春光机所研制的各型号航天光学遥感器的全部电子学通信及数据采集接口,各采集接口数据的时间误差可以控制在微秒级;软件方面采用了 Vxworks 实时操作系统和通用性界面设计思想。可以完成不同型号的电子学集成仿真测试工作,其完整的测试用例生成、数据自动采集、实时解析及判读等功能,是长春光机所目前功能最全、自动化程度最高的一套电子学仿真测试装置,如图 7-38 所示。

电子学性能检验实验室主要设备有 16GHz 的高速示波器、20GHz 的网络分析仪、3Gb/s 的串行误码率测试仪、2GHz 68 通道的逻辑分析仪、直流电源变换器自

（a）	（b）

图 7-38　电子学系统检验实验室

动测试系统、特征阻值测试仪和 1553B 数据通路完整性测试仪。该实验室建成后可以完成时域、频域、逻辑域和误码率的信号完整性测试;能够对高速电路的信号质量进行定量的评价;能够对 1553B 远程终端进行电气层、协议层以及应用层相关参数的测试;能够完成直流电源变换器和电接口静态参数的自动化测试,如图 7-39 所示。

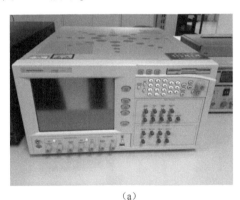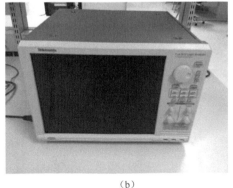

（a）	（b）

图 7-39　电子学性能检验实验室

电磁兼容实验室由一个 5mF 电波暗室、控制室、功放室、负载室组成,配备仪器设备包括信号源、功率放大器、发射天线、接收天线、抑制网络、接收机、线路阻抗稳定网络等。该实验室建成后,可以完成新版 GJB151A 中全部 20 个测试项的自动校准及测试,可以满足航天、航空光学遥感器产品的电磁兼容测试需求,如图 7-40 所示。

除上述系列专用实验室外,长春光机所近年来在检测技术研究及检测设备研制方面取得了跨跃式的发展,许多新型检测技术在光学非球面加工检测、大型光学系统检测中得到了应用,如采用 CGH 补偿、子孔径拼接等组合检测技术实现自由

(a)

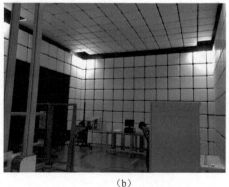
(b)

图 7-40　电磁兼容实验室

曲面的高精度标定、测量大型空间光学遥感器的计算机辅助装调技术愈加成熟,高精度定心技术不断开发应用。

同时,长春光机所研发了灵敏度矩阵条件数法、像差逐项优化法、分组补偿器法等计算机辅助装调技术,减少了调整的变量,使计算更准确、装调更快速。利用该项技术已成功装调出 10 余套离轴三反光学系统,如图 7-41 所示。

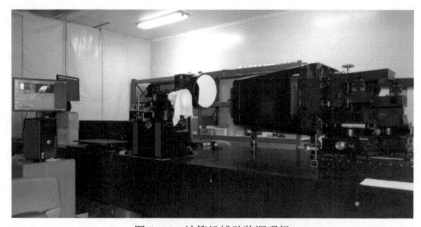

图 7-41　计算机辅助装调现场

大口径光学系统定心仪借助色差位移传感器附件,可实现球面与非球面系统的定心装调,突破了传统定心仪只能定心装调纯球面系统的瓶颈,该仪器偏心测量精度高达 0.02″,转台直径为 $\phi800mm$,导轨行程为 2m,如图 7-42 所示。

为了实现对大口径光学相机辐射杂散光特性的测试,研制开发了 $\phi3m$、$\phi4m$ 和 $\phi8m$ 等多个大积分球。$\phi4m$ 积分球开口直径为 $\phi1.6m$,$\phi8m$ 积分球开口直径为 $\phi2.5m$,如图 7-43 所示。目前,可满足 $\phi2.5m$ 口径以下的可见、近红外系统的辐射定标。

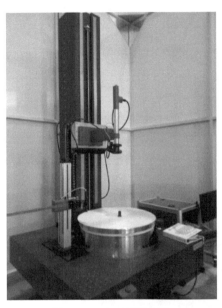

（a）φ3m积分球

（b）φ8m积分球

图 7-42　大口径定心仪　　　　　　　图 7-43　大口径积分球

为了完成 1 : 50000 比例尺立体测绘相机的装调和内方位元素等几何参数的高精度标定,研制了口径 φ750mm 自准直平行光管和 0.5″二维转台,建立了航天光学遥感器内方位元素精密标定系统,如图 7-44 所示。

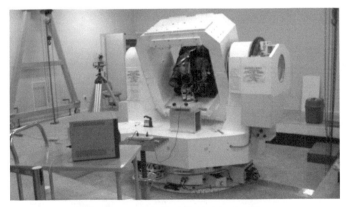

图 7-44　内方位元素精密标定系统

为了检测 CCD 器件的性能,专门购置了 TDI CCD 器件光电参数/传递函数检测设备 CAPELLA 测试系统,如图 7-45 所示,主要用于进行 TDI CCD 器件的光电参数、传递函数、光谱曲线、动态范围的测试,为相机用 TDI CCD 器件的筛选提供准确、可靠的测试数据。

随着光学遥感器成像幅宽增大,单片 CCD 已不能满足幅宽的需求。如何解决 CCD 拼接技术在航天光学遥感器在研制过程中尤为重要,长春光机所自主开发研制了一系列高精度 CCD 拼接仪。目前工作台面最大的 CCD 拼接仪两个方向的行程分别为 1000mm 和 400mm,导轨面平行度 1μm,整机拼接定位精度优于 2μm,可实现大尺寸线、面阵 CCD 焦面组件拼接装调,如图 7-46 所示。

图 7-45　TDI CCD 器件性能测试系统

图 7-46　高精度大量程 CCD 拼接仪

为了实现对大口径长焦距空间相机的光学性能检测,研制了多个大型的平行光管,以满足多个项目的并行研制需求。先后研制了焦距为 13m、20m 等的牛顿式平行光管,并配套有热真空罐及 φ1.5m 口径平面反射镜,可以实现对长焦距空间相机的热光学性能测试,包括相机的星点检验、目视分辨率检验、静态和动态调制传递函数 MTF。为了满足长焦距系统调制传递函数测试需要,2013 年又研制了焦距 30m 的短程平行光管,该光管采用了卡式系统,筒长仅为 3.9m。焦距 50m、口径 φ2m 的平行光管也正在研制中,图 7-47 所示为大口径长焦距光学遥感器光学性能检验设备。

(a) 20m焦距牛顿式平行光管

(b) 30m焦距短程卡式平行光管

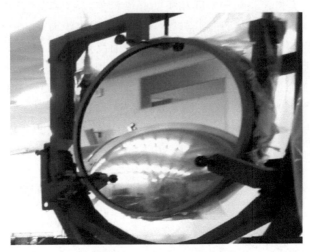

（c）φ1.5m口径平面反射镜

图7-47 光学遥感器光学性能检测设备

7.4.7 电装工艺进展

为了满足航天光学遥感器的电装需求,长春光机所在2000年成立了电装工艺与装联技术中心(简称电装中心)。经过10年的完善,建有10万级的超净工作间约2000m²,分为九大功能区,全面实施防静电/超净化管理,如图7-48所示;同时拥有行业Ⅰ级标准的高等级库房约400m²,能够满足电子元器件的存储要求;组建了以两条全自动表面组装(SMT)生产线为代表的先进制造平台,形成了覆盖前期测试、生产监测、结果检验全过程的检测平台,以及用于开展基础工艺研究和创新

图7-48 10万级防静电超净工作间

工艺开发的综合实验平台;具备电路板高可靠组装、精密组件电气布线和航天器主/被动热控实施等传统电装技术;通过攻关,开发了芯片成型、热控多层组件一体化设计、整星电缆网实施、太阳电池阵制作、低温焊接、精密联动机构布线、小空间/动组件隔热组件设计与包覆等一系列专项工艺技术,并成功实现了在轨应用与验证。

同时,培养了具有优秀电子装联能力的技术队伍,在国际互联协会(IPC)举办的手工焊接大赛中屡次获得佳绩,其中包括 2010 年的全国冠亚军、2012 年青岛赛区亚军、2013 年全球季军。

7.4.8 空间环境模拟试验进展

航天器及其载荷系统与地面产品的重要区别之一就是要经历复杂、严酷的发射和空间环境的考验。所以,要在地面对航天器、空间载荷进行充分的空间环境模拟试验,以保证其入轨后的功能和性能。长春光机所先后配备了 5t、10t 和 40t 等振动台,用来模拟发射过程中力学环境条件,如图 7-49 所示。

（a）5t振动台

（b）10t电磁振动台

（c）40t电磁振动台

图 7-49　振动台实物照片

热试验方面,经过十几年的努力,已经具备包括湿热试验箱、高低温试验箱、温度冲击试验箱等一系列温度试验设备。目前,长春光机所拥有多个大型光学遥感器空间环境模拟试验设备,并配备了可抽真空的平行光管,满足大型航天光学遥感器热真空和热光学环境试验的要求。最大试验设备有效容积为直径 $\phi5.5m$、长度 8m,如图 7-50 所示。并改造完成了可用于测绘相机交会角稳定性测试的多光学窗口热真空试验设备,如图 7-51 所示。

图 7-50　大型光学遥感器空间热真空试验设备

图 7-51　用于对测绘相机进行试验的环境图模拟试验设备

7.4.9　小结

　　本节详细介绍了我国在航天光学遥感器研制基地建设方面取得的进展。目前,长春光机所的技术能力已经能够全面覆盖 2m 以下口径航天光学遥感器的研制。在不断提高大口径航天光学系统制造能力的同时,长春光机所还致力于发展更多类型、更大型、更高性能、更高集成度的航天光学遥感器,在提高时间、空间和光谱分辨力、拓展谱段、提高使用效能等诸多方面持续努力,以满足国民经济各个领域日益增长的航天信息获取需要。

参 考 文 献

[1] 刘磊. 空间光学遥感器轻型支撑结构研究[D]. 中国科学院硕士学位研究生学位论文, 2006.

[2] 陈志平. 空间太阳望远镜的结构分析与主桁架试验研究[D]. 北京:中国科学院国家天文台博士论文, 2004.

[3] John W. Figoski. The QuickBird telescope: the reality of large, high-quality, commercial space optics[J]. SPIE, 1999, 3779, 22-30.

[4] 范斌, 王艳, 国外长焦距高分辨率遥感相机桁架结构研究[J]. 航天返回与遥感, 2008, 29(2):35-41.

[5] 王建设. 空间光学组件的动力学环境试验[J]. 光学精密工程, 2001, 9(2):174-176.

[6] 杨近松. 空间相机桁架结构模态相关性分析[J]. 计算机仿真, 2006, 23(1):274-276.

[7] 梁文科, 刘顺发. 次镜支撑结构的力学性能分析[J]. 仪器仪表学报, 2007, 28(5):859-864.

[8] 丁福建, 李英才. 大口径相机主镜/次镜结构动力减振的研究[J]. 光子学报, 1999, 28(5):458-462.

[9] 张新建. 空间小型 CCD 相机的结构设计及动力学分析[D]. 苏州:苏州大学硕士学位研究生学位论文, 2008.

[10] 王延风, 卢锷, 宋文荣等. 空间相机的结构动力学分析[J]. 光学精密工程, 2003, 11(4):50-55.

[11] 张雷. 空间相机桁架式镜头支撑结构研究[D]. 长春:中国科学院长春光学精密机械与物理研究所博士学位论文, 2008.

[12] 陈志平. 空间太阳望远镜的结构分析与主桁架试验研究[D]. 北京:中国科学院国家天文台博士论文, 2004.

[13] 马兴瑞, 于登云, 韩增尧, 邹元杰. 星箭力学环境分析与试验技术研究进展[J]. 宇航学报, 2006, 27(3):323-331.

[14] 金恂叔. 航天器的环境试验及其发展趋势[J]. 航天器环境工程, 2002, (02):1-10.

[15] 张星祥, 任建岳. TDI CCD 焦平面的机械交错拼接[J]. 光学学报, 2006, (05):740-745.

[16] 王亚敏. 敏捷卫星灵巧多模式成像设计与研究[D]. 长春:中国科学院长春光学精密机械与物理研究所, 2017.

[17] 刘亚侠. TDI CCD 遥感相机标定技术的研究[D]. 长春:中国科学院长春光学精密机械研究所, 2007.

[18] 曲宏松, 张叶, 金光. 基于数字域 TDI 算法改进面阵 CMOS 图像传感器功能[J]. 光学精密

工程，2010, 18(008):1896-1903.

[19] 任建伟，刘则洵，万志，李宪圣，任建岳. 离轴三反宽视场空间相机的辐射定标[J]. 光学精密工程，2010, 18(07):1491-1497.

[20] 公发全. CCD光学调制传递函数及检测方法研究[D]. 长春:中国科学院研究生院(长春光学精密机械与物理研究所),2002.

[21] 佟首峰，李德志，郝志航. 高分辨力TDI CCD遥感相机的特性分析[J]. 光电工程，2001(04):64-67.

[22] 王晓东. 大视场高精度星敏感器技术研究[D]. 长春:中国科学院研究生院(长春光学精密机械与物理研究所),2003.

[23] 刘晓梅. 反射式宽视场高分辨率成像光谱仪光学系统研究[D]. 长春:中国科学院研究生院(长春光学光学仪器总体设计精密机械与物理研究所),2013.

[24] Wang J, Yu P, Yan C, et al. Space optical remote sensor image motion velocity vector computational modeling, error budget and synthesis[J]. Chinese Optics Letters, 2005, 24(7):414 -417.

[25] 常琳，金光，杨秀彬. 航天TDI CCD相机成像拼接快速配准算法设计与分析[J]. 光学学报，2014(5):56-64.

[26] 王亚敏，杨秀彬，金光，等. 微光凝视成像曝光自适应研究[J]. 光子学报，2016, 45(012):69-75.

[27] 杨秀彬，姜丽，王绍举，等. 高分CMOS相机垂轨引导凝视搜索成像设计[J]. 光学学报，2017, 37(007):115-124.

[28] 颜昌翔，王家骐. TDI CCD推扫成像传递函数的数字仿真与分析[A]. 中国光学学会2002年中国光学学会年会论文集[C]. 中国光学学会:中国光学学会,2002:3.

[29] 孙宝玉. 轻型大视场光学遥感器结构动态特性研究[D]. 长春:中国科学院研究生院(长春光学精密机械与物理研究所),2004.

[30] 张新建. 空间小型CCD相机的结构设计及动力学分析[D]. 苏州大学,2008.

第8章
光学仪器可靠性分析

8.1 可靠性概述

8.1.1 可靠性的科学发展历史

可靠性起源于第二次世界大战后期的 1952 年,美国设立了世界上第一个可靠性机构——电子设备咨询小组 AGREE。1957 年,AGREE 发表了著名的"AGREE 报告",确定了可靠性问题的研究方向,奠定了可靠性工程的发展基础,提出从技术上、组织上提高电子产品可靠性的途径和方法,建议建立电子产品的可靠性指标——平均寿命,并规定一个企业若没有可靠性机构就不能接受国防订货。1958 年,美国成立了电子元器件可靠性委员会,陆续制订了元器件可靠性的军用标准。

可靠性技术于 20 世纪 70 年代成为美军武器装备科研最重要的指标之一。20 世纪 80 年代,美国修改并颁发了新的可靠性军用标准及手册,表 8-1 列出了美国当时颁发的部分可靠性军用标准。

表 8-1　美国颁发的部分可靠性军用标准

代　号	名　　称	颁发日期
MIL-STD-721C	可靠性及维修性术语定义	1981. 6. 21
MIL-STD-756B	可靠性模型及预计	1981. 11. 18
MIL-STD-785B	系统及设备研制与生产的可靠性大纲	1980. 9. 15
MIL-STD-1629A	失效模式、影响及后果分析程序	1980. 11. 24
MIL-HDBK-189	可靠性增长管理	1981. 2. 13
MIL-HDBK-217E	电子设备可靠性预计	1986. 10. 27
MIL-STD-781D	工程研制、鉴定及生产的可靠性试验	1986. 10. 17

1965 年,在钱学森同志建议下,七机部五院成立了可靠性质量管理研究所。

20世纪60年代,电子工业部第五研究所——可靠性研究中心,进行了可靠性评估的开拓性工作。70年代初期,为了适应航天工业的需要,发展了"七专"产品,使器件的失效率大体上降低了一个数量级。70年代中期,电子工业部做了高可靠元器件的验证试验(主要是加速试验)。一部分统计学专家参加了试验方案研究及分析工作,促进了我国的可靠性数学发展。

8.1.2 装备研制与生产的《大纲》

我国于1988年3月审批发布,并于1988年9月实施了 GJB-450-88《装备研制与生产的可靠性通用大纲》(简称《大纲》),使我国的可靠性工作步入全面正规阶段。本书主要依据《大纲》实施指南。

1.《大纲》内容

《大纲》内容分为5章:

第一章主题内容和适用范围;

第二章引用标准;

第三章术语;

第四章一般要求;

第五章详细要求。

其中后两章是《大纲》的核心部分。

2.《大纲》的主要特点

(1) 由于质量概念的扩展,所追求武器系统的目标由单纯的性能向效能转变。高质量的系统就是高效能的系统。规定效能为

$$E = A \cdot D \cdot C$$

式中:A 为可用性,系统在某一时刻需要开始执行任务时,处于可工作状态的能力;D 为可信性,系统在任务历程中任一时刻能够使用并完成规定功能的能力;C 为固有能力,系统满足给定定量特性要求的自身的能力,即性能。A、D 与可靠性、维修性有关,是系统可靠性维修性的综合反映。

(2) 规定了产品可靠性大纲的最终目标是改善产品的战备完好性,提高任务成功能力,减少对维修人力和后勤保障要求,提供管理信息和提高费用效益(要做到买得起、用得起,避免买得起、用不起)。

(3) 完整地提出了系统可靠性4个方面的参数。

① 与战备完好性有关的系统可靠性参数:可用性(A);平均停机事件间隔时间(MTBDF)。

② 与任务成功性有关的系统可靠性参数:圆满完成任务概率(MCSP);致命故障间隔的任务时间(MTBCF)。

③ 与维修人力费用有关的系统可靠性参数:平均故障间隔时间(MTBF);平均

维修间隔时间(MTBM)。

④ 与后勤保障费用有关的系统可靠性参数:平均更换间隔时间(MTBR)。

3. 通用大纲的术语

(1) 剪裁;

(2) 寿命单位(可以是时间、路程、循环次数、工作次数等);

(3) 寿命剖面;

(4) 任务剖面,在研制、生产期间,寿命剖面和任务剖面由订购方提出,它是设计(包括可靠性设计)、分析、试验设计、后勤保障的依据;

(5) 基本可靠性,目标是减少用户的费用;

(6) 任务可靠性,目标是提高武器系统的作战效能;

(7) 基本可靠性和任务可靠性是两个可靠性概念,缺一不可。它们都是武器系统的可靠性设计目标。

4. 可靠性定量要求

可靠性定量要求是影响装备可靠性的关键因素,作为装备战术技术指标的重要组成部分。具体的可靠性指标应在合同或任务书中明确,科学合理地提出可靠性定量要求是保证装备可靠性的必要条件。

1) 可靠性定量要求

《大纲》规定可靠性定量要求分为以下几点:

(1) 表示使用要求的系统可靠性参数。

(2) 用于产品设计和质量控制的基本可靠性要求。

(3) 用于可靠性试验的置信水平、判断风险。

"可靠性的真值"是理论上的数值,实际上是未知的,通常用可靠性特征量的估计值。它是根据样品的观测数据,经一定的统计计算得到的。

2) 系统可靠性参数

《大纲》规定用直接与战备完好性、任务成功性、维修人力费用和保障资源费用4个方面要求有关的单位来度量系统可靠性,称为系统可靠性。表8-2列出了部分系统可靠性参数示例。

表 8-2　系统可靠性参数示例

目　　标		参数及定义
作战效能	与战备完好性有关的系统可靠性参数	平均停机事件间隔时间 $MTBDF = \dfrac{寿命单位总数}{不能执行任务事件总次数}$
	与任务成功性有关的系统可靠性参数	致命故障间隔任务时间 $MTBCF = \dfrac{任务时间}{致命故障总数}$

目　标		参数及定义
用户费用	与维修人力费用有关的系统可靠性参数	平均维修间隔时间 $MTBM = \dfrac{寿命单位总数}{（预防性+修复性）维修总数}$
	与后勤保障费用有关的系统可靠性参数	平均更换间隔时间 $MTBR = \dfrac{寿命单位总数}{更换件总数}$

对于每一个适用的系统可靠性参数,都应定义一个单独术语。GJB451《可靠性维修性术语》给出了 21 个可靠性、维修性参数的工程定义,其量值称为系统可靠性指标,包括产品设计、安装、质量、环境、使用和维修等因素的综合影响。表 8-3 列出了美国若干武器系统的可靠性指标。

表 8-3　美国若干武器系统的可靠性指标

武器系统	指　标		
	任务可靠性	基本可靠性	其他参数
XM-1 坦克	388 英里（624.41km）	118 英里（189.90km）	$A_i = 0.95$ 耐久性（车辆） 600 英里（965.58km）
B-1B 战略轰炸机	3000h 阈值: $R(t) = 0.92$ 200000h 阈值: $R(t) = 0.78$	3000h MTBM 阈值:0.25～0.28 200000hMTBM 目标值:2.0 阈值:1.0	
弹道导弹	目标值:0.9 初步形成战斗力:0.6 之后 1 年:0.75 之后 4 年:0.84		
F-18A 机载雷达 （APG-63）		MTBF（海军要求） 首批:60h 第 50～75 台:80h 第 125 台:100h	
某机火控系统		MTBM 目标值:70h 最低可接受:35h	

（1）与战备完好性有关的系统可靠性参数。

规定系统在接到命令时,执行其预定功能的能力（进行预定工作的完好程度）往往用"战备完好性""可用性"两个术语表示。

平均停机事件间隔时间为

$$\text{MTBDF} = \frac{寿命单位总数}{不能执行任务事件总次数} \qquad (8-1)$$

GJB451《可靠性维修性术语》中给出的可用性(包括了可靠性、维修性的综合影响)包括固有可用性、可达可用性和使用可用性。

固有可用性为

$$A_i = \frac{\text{MTBF}}{\text{MTBF} + \text{MTTR}} \qquad (8-2)$$

可达可用性为

$$A_a = \frac{工作时间}{工作时间 + 预防性维修时间 + 修复性维修时间} \qquad (8-3)$$

使用可用性为

$$A_0 = \frac{能工作时间}{能工作时间 + 不能工作时间} \qquad (8-4)$$

MIL-HDBK-338 对某些特定情况下的完好度模型进行了讨论,即

$$P_{0R} = R(t) + Q(t) \times P(t_m < t_d) \qquad (8-5)$$

式中:$R(t)$ 为上次任务中的无故障概率;$Q(t)$ 为上次任务中发生故障概率;$P(t_m<t_d)$ 为维修概率;t_m 为维修时间;t_d 为从发现故障到任务开始的时间。

(2) 与任务成功有关的系统可靠性参数。

类似于传统的可靠性概念,考虑那些任务期间发生影响任务成功的故障(或考虑任务期间发生影响任务成功的故障)。

致命故障间隔的任务时间为

$$\text{MTBCF} = \frac{任务时间}{致命故障总数} \qquad (8-6)$$

圆满完成任务概率:MCSP。

可信性(与任务可靠性密切相关的术语):指产品在任务开始时,在可用性给定的情况下,在规定的任务剖面中的任一随机时刻,能够使用且能完成规定功能的能力。MIL-HDBK-338 中介绍了一种美国海军使用的可信性模型为

$$D = R_m + (1 - R_m)M_t \qquad (8-7)$$

式中:R_m 为任务可靠度;M_t 为任务维修度(在允许的停机时间内,故障修复的概率)。

当任务期间不允许修复时,有

$$D = R_m \qquad (8-8)$$

(3) 与维修人力费用有关的系统可靠性参数。

确定维修人力费用要求的一个重要因素,关系到系统需要维修人力的频度。

平均维修间隔时间为

$$MTBM = \frac{寿命单位总数}{(预防性 + 修复性)维修总数} \qquad (8-9)$$

平均故障间隔时间:MTBF。

平均维修活动间隔时间:MTBMA。

(4) 与后勤保障资源费用有关的系统可靠性参数。

确定系统备件需求的一个重要参数,也可称为"器材费用"参数。

平均更换间隔时间为

$$MTBR = \frac{寿命单位总数}{更换件总数} \qquad (8-10)$$

平均需求间隔时间:MTBD。

(5) 使用可靠性参数和合同可靠性参数

上述与战备完好性、任务成功性、维修人力费用和保障资源费用有关的4个方面的可靠性参数统称为使用可靠性参数。通过对这些参数的跟踪统计,可为装备的作战、使用、维修、新装备的论证提供管理和决策信息,一般不能直接用于合同。用于合同的可靠性参数是可以由承包商(乙方)控制的、用于产品设计的可靠性参数。它由使用可靠性参数按一定规律转换而来,并经使用和承制双方协商纳入合同。

例如,美国波音公司通过大量统计归纳得出飞行器一些设备使用参数和合同参数 MTBF 有如下关系,即

$$使用参数 = K \cdot MTBF^{\alpha} \qquad (8-11)$$

式中:使用参数为 MTBM(平均维修间隔时间)或 MMH/FH(每飞行小时维修工时);K 为环境参数;α 为复杂性系数。

这正是《大纲》规定的"应将每一个适用的系统可靠性参数转换为承制方应保证的用于产品设计和质量控制的基本可靠性要求"。

3) 用于产品设计和质量控制的基本可靠性、任务可靠性要求

对每一个适用的可靠性参数均应规定一个使用目标值和阈值(使用值)。目标值在服役中应能达到;阈值在服役中应当是可以接受的。

在合同中,目标值应转换成规定值(固有值);阈值应转换成最低可接受值(固有值)。为确保达到合同要求,在研制和生产过程中,要进行有效的设计和控制,实施分阶段的可靠性增长和评估。合同中规定指标的同时,必须明确相应的寿命剖面、任务剖面、故障定义、验证要求及统计试验准则等约束条件,还必须注意各项指标之间的协调,说明指标所对应的阶段。对于不同类型的产品,可根据产品特点和要求,选择不同的基本可靠性参数、任务可靠性参数。MIL-HDBK-338 介绍了可供选择的用于产品设计的可靠性参数见表 8-4。

表 8-4　可供选择的用于产品设计的可靠性参数

复杂程度	使用条件			
	连续负载长寿命(可修复)	间断负载短期任务(可修复)	连续或间断负载(不可修复)	一次使用(与时间无关)
复杂系统	$R(t)$ 或 MTBCF MTBF	$R(t)$ 或 MTBCF MTBF	$R(t)$ 或 MTBF	$P(s)$ 或 $P(F)$
系统 分系统 设备组合件	$R(t)$ 或 MTBCF MTBF	$R(t)$ 或 MTBCF MTBF	$R(t)$ 或 λ	$P(s)$ 或 $P(F)$
装置组件 分组件 元器件	λ	λ	λ	$P(F)$

说明:MTBCF 为致命性故障间隔时间;$P(s)$ 为成功概率;$R(t)$ 为在规定的任务或时间间隔 t 的可靠度;$P(F)$ 为故障概率;MTBF 为平均故障间隔时间或平均寿命;λ 为故障率

4) 可靠性试验的置信水平、判断风险

(1) 合同中规定的可靠性定量要求,必须同时明确相应的验证要求(可以是试验验证、使用验证、综合评估)。

(2) 当按系统级验证可靠性定量要求不现实或不充分的情况下,允许用低层次产品的试验结果推算出系统可靠性值,但必须有依据并附有详细说明。

(3) 可靠性鉴定和验收试验的统计准则应由合同规定。这些准则包括选择统计试验方案的判断风险(生产方风险 α、使用方风险 β),MTBF 检验上限 Q_0、检验下限 Q_1。应注意将这些准则,尤其是 Q_0、Q_1 与产品的规定值、最低可接受值区分开。

(4) 当需要对试验数据进行区间估计时,统计准则还应包括区间估计的置信水平(γ)。置信水平表示产品母体真值落入该区间的概率。在 MIL-HDBK-781、GJB899《可靠性鉴定与验收试验》中都推荐 $\gamma = (1-2\beta) \times 100\%$($\beta$ 为使用方风险)。

(5) 对于电子设备:应使 MTBF 检验下限 Q_1 为产品最低可接受的可靠性值。

一般在战术技术指标论证阶段,提出可靠性定量、定性要求,进行论证,最后确定可靠性指标。在方案论证及确认阶段,用《大纲》提出的 201~206 项的可靠性设计方法,对各种设计方案进行比较,为选择系统、分系统等的结构方案提供依据,以便最后做出决策。在工程研制阶段,用《大纲》提出的 201~209 项的可靠性设计方法,指导具体设计工作,以便最终达到战术技术指标中的可靠性要求。

8.2 可靠性设计与评价

8.2.1 设计与评价工作的分类

《大纲》中阐明了设计与评价的 9 个工作项目,分为三大类。

1. 设计计算

针对可靠性量化分析与设计,包括三个工作项目:建立可靠性模型(201)、可靠性分配(202)和可靠性预计(203)。

2. 设计分析

可靠性分析的主要方法,包括三个工作项目:FMECA(204)(故障模式影响及危度分析),从产品故障的角度出发进行可靠性分析;潜在电路分析(205),因现代装备中大量采用集中分散复杂控制系统,大规模集成电路而提出;电子元器件和电路容差分析(206),实质上是进行产品性能可靠性分析。

3. 设计准则

包括三个工作项目:制定元器件大纲(207),体现了可靠性设计中的金字塔思想;确定可靠性关键件和重要件(208),体现了把有限的资源和注意力投入关键项目;确定功能测试、包装、储存、装卸、运输及维修对可靠性的影响(209),反映了在可靠性设计中必须考虑使用、维护等因素。

设计与评价工作内容绝不限于以上 9 项,例如,根据产品的具体使用环境和要求还须进行电磁兼容设计、故障树分析、热设计和"三防"设计等。

8.2.2 常用定量指标的数学表达式

1. 概率与可靠度

(1) 如果进行多次试验,试验中出现事件 A 的次数为 x,出现事件 B 的次数为 y,则事件 A 和 B 概率的估计值分别为

$$\hat{p}(A) = \frac{x}{x+y} \tag{8-12}$$

$$\hat{p}(B) = \frac{y}{x+y} \tag{8-13}$$

由于实际工程中,只是有限次试验,只能得到估计值,而真值必须从无限多次试验中得到。

(2) 若受试样品数为 N_0 个,到 t 时刻未失效的有 $N_s(t)$ 个,失效的有 $N_f(t)$

个。则未失效的概率的估计值(可靠度)为

$$\hat{p}_{\text{未失效}} = R(t) = \frac{N_s(t)}{N_s(t) + N_f(t)} = \frac{N_s(t)}{N_0} \qquad (8-14)$$

而失效概率(不可靠度)的估计值为

$$\hat{p}_{\text{失效}} = F(t) = \frac{N_f(t)}{N_s(t) + N_f(t)} = \frac{N_f(t)}{N_0} \qquad (8-15)$$

由于 $R(t) + F(t) = 1$，式(8-14)可改写为

$$R(t) = 1 - \frac{N_f(t)}{N_0} \qquad (8-16)$$

对式(8-16)两边取微商为

$$\mathrm{d}R(t)/\mathrm{d}t = -\frac{1}{N_0}\frac{\mathrm{d}N_f(t)}{\mathrm{d}t} \qquad (8-17)$$

式(8-16)用失效概率密度函数 $f(t)$ 表示为

$$\mathrm{d}R(t)/\mathrm{d}t = -f(t) \qquad (8-18)$$

式中: $f(t)$ 为每个样品随时间的失效分布,即表示 t 时刻的失效概率。

2. 瞬时失效率

由式(8-17)可以得到单位时间的失效数(失效速率)为

$$\frac{\mathrm{d}N_f(t)}{\mathrm{d}t} = \frac{-N_0\mathrm{d}R(t)}{\mathrm{d}t} \qquad (8-19)$$

表示母体在 t 时刻的失效速率。

对式(8-19)两边除 t 时刻正常工作的样品数 $N_s(t)$,得 t 时刻的瞬时失效率(t 时刻受试的样品数只有 $N_s(t)$ 个,而不是 N_0 个)为

$$\lambda(t) = \frac{1}{N_s(t)}\mathrm{d}N_f(t)/\mathrm{d}t = -\frac{N_0}{N_s(t)}\mathrm{d}R(t)/\mathrm{d}t \qquad (8-20)$$

将式(8-14)代入式(8-20),得到瞬时失效率的一般表达式为

$$\lambda(t) = -\frac{1}{R(t)}\mathrm{d}R(t)/\mathrm{d}t \qquad (8-21)$$

将式(8-21)和式(8-18)组合,可以得到 $\lambda(t)$ 的另一种表达式为

$$\lambda(t) = f(t)/R(t) \qquad (8-22)$$

瞬时失效率 $\lambda(t)$ 通常简称失效率。对于可维修系统也可称故障率。

3. 可靠度函数的一般表达式

式(8-21)可写成如下形式,即

$$\lambda(t)\mathrm{d}t = -\mathrm{d}R(t)/R(t) \qquad (8-23)$$

因为 $R(0) = 1$,解式(8-23)可得

$$R(t) = \exp\left[-\int_0^t \lambda(t)\mathrm{d}t\right] \qquad (8-24)$$

式(8-24)是可靠度分布的一般表达式,它与失效分布的类型无关。

当 $\lambda(t) = \lambda$ 常数时,即瞬时失效率与时间无关(系统的失效无记忆特性),有

$$R(t) = \exp\left[- \int_0^t \lambda \mathrm{d}t \right] = \mathrm{e}^{-\lambda t} \tag{8-25}$$

这是电子设备最常用的情况,有人已经从理论上证明,对于大量电子元件构成的电子设备,不论元件是何种失效分布,经过一段老炼后,$\lambda(t)$ 就是一个常数。

实际经验证明,一般电子设备的可靠度函数符合常指数分布。在工程应用中常指数可靠度是最常用的。

4. 可靠度的图形表示

对式(8-18)两边积分,可得

$$\int_0^t f(t) \mathrm{d}t = - \int_1^{R(r)} \mathrm{d}R(t) = 1 - R(t)$$

而 $\int_0^\infty f(t) \mathrm{d}t = 1$,则有可靠度与失效密度函数 $f(t)$ 的关系为

$$R(t) = \int_t^\infty f(t) \mathrm{d}t \tag{8-26}$$

失效密度函数 $f(t)$ 的积分 $\int_0^t f(t) \mathrm{d}t$ 等于累积故障密度函数 t 时刻的故障概率,不可靠度为 $F(t)$。失效密度函数 $f(t)$ 可以有不同的分布,不可靠度 $F(t)$、可靠度 $R(t)$、失效密度函数 $f(t)$ 三者具有如图 8-1 所示的关系。

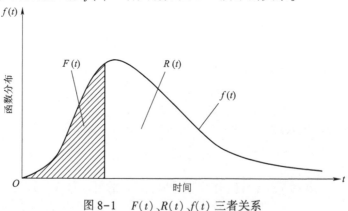

图 8-1 $F(t)$、$R(t)$、$f(t)$ 三者关系

由图 8-1 可知,当 $t = 0$,$F(t) = 0$,$R(t) = 1$ 时,随 t 增大,$F(t)$ 增加,$R(t)$ 下降。

5. 失效率曲线

如图 8-2 所示为典型的失效率曲线。大体可将其分成三段:

(1)早期失效期,其故障原因是设计或制造缺陷,也称为老炼期、调整期、试运转期(磨合期)、试用期。

(2)偶然失效期(最佳应用期),其特点是故障率低、稳定、近似为常数。故障

失效原因多半难以确定、不可预测,往往是不可避免的环境应力超过了设备的设计强度。通常产品的可靠性指标所要求的就是指这一时期。

(3)耗损失效期,其特点是元器件大量损坏,又称衰老期、老化期。

失效率单位为(1/h),也有用"非特"(Fit)= 10^{-9}/h。我国用拉丁拼音字母表示失效率等级,见表8-5。

表 8-5　失效率等级

名　　称	符　　号	最大失效率/(1/h)
亚五级	Y	3×10^{-5}
五级	W	1×10^{-5}
六级	L	1×10^{-6}
七级	Q	1×10^{-7}
八级	B	1×10^{-8}
九级	J	1×10^{-9}
十级	S	1×10^{-10}

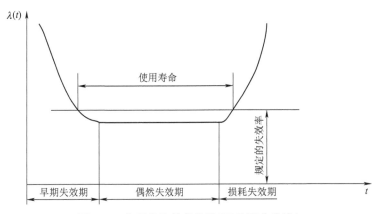

图 8-2　典型的失效率曲线(又称浴盆曲线)

6. 平均寿命 MTTF 与 MTBF

(1)寿命 t 的平均值(记作 m_l)为

$$m_l = \int_0^\infty tf(t)\,\mathrm{d}t$$

将式(8-18)代入,得

$$m_l = \int_0^\infty R(t)\,\mathrm{d}t \tag{8-27}$$

对于不修复的产品,m_l 为失效前的平均时间 MTTF。对于可修复的产品,m_l 为到首次失效前的平均时间 MTTFF。由于可修复的产品在各次失效后经修复又可投入工作,因此更常用 MTBF 表示平均故障间隔时间。

（2）若通过 N 次试验得到故障间隔时间依次为 $t_1, t_2, \cdots, t_n$，则其平均故障间隔时间为

$$\text{MTBF} = \left(\sum_{i=1}^{N} t_i \right) / N \qquad (8-28)$$

注意：式(8-28)中指的是全部故障时间的均值，如果是"部分"或"几次"，则用式(8-28)算出的值可信程度较低。实际上都是用有限次寿命试验来推断 MTBF 值。

（3）**例 8-1**：某光电跟踪测量设备在正常服役期间，共出现故障 114 次，累计工作时间 28842h，则该设备的平均故障间隔时间为

$$\text{MTBF} = 28842/114 = 253\text{h}$$

例 8-2：有 5 台同型号同批次的某电影经纬仪在规定的服役期间共出现故障 341 次，累计工作时间 89342h，则此型号批次电影经纬仪的平均故障间隔时间为

$$\text{MTBF} = 89342/341 = 262\text{h}$$

7. 平均维修时间（MTTR）

其定义与 MTTF 相似，即

$$\text{MTTR} = \frac{1}{N} \sum_{i=1}^{N} \Delta t_i \qquad (8-29)$$

式中：N 为全部维修次数；$\sum_{i=1}^{N} \Delta t_i$ 为所有维修时间之和。

与瞬时失效率式(8-22)相似，定义修复率 $\mu(t)$（对应 $\lambda(t)$）为

$$\mu(t) = \frac{g(t)}{G(t)} = \frac{g(t)}{1 - M(t)} \left(\text{对应} \ \lambda(t) = \frac{f(t)}{R(t)} \right) \qquad (8-30)$$

式中：$g(t)$ 为维修分布密度函数（对应失效分布密度函数 $f(t)$）；$G(t)$ 为不维修度（对应可靠度 $R(t)$）；$M(t)$ 为维修度（对应失效概率（不可靠度）$F(t)$）。

它们分别为

$$G(t) = 1 - M(t) = \int_r^{\infty} g(t)\,\mathrm{d}t \qquad (8-31)$$

$$M(t) = \int_0^t g(t)\,\mathrm{d}t \qquad (8-32)$$

$$g(t) = \frac{\mathrm{d}M(t)}{\mathrm{d}t} = -\frac{\mathrm{d}G(t)}{\mathrm{d}t} \qquad (8-33)$$

平均维修时间是修复时间的均值，即

$$\text{MTTR} = \int_0^{\infty} t \cdot g(t)\,\mathrm{d}t = \int_0^{\infty} G(t)\,\mathrm{d}t \qquad (8-34)$$

对指数分布，修复率为常数 μ，则有

$$\text{MTTR} = \frac{1}{\mu} \qquad (8-35)$$

8. 有效度

有效度即可用性,它是与战备完好性有关的系统可靠性参数。

当可靠度定义中"规定的功能"包含系统完成指定任务的技术性能和维修性能两个方面的话,"成功概率"可表示为时刻 t(从开始工作算起)的可用概率,称瞬时有效度 $A(t)$。

若指时间区间 $(0,t)$ 中的可用比例,则称区间有效度或任务有效度为

$$A_l(t) = \left[\int_0^t A(t)\,\mathrm{d}t \right]/t \qquad (8-36)$$

当 t 足够大时,$A(t)$ 趋于某常值 A_∞,称稳态有效度(固有可用性)为

$$A_\infty(t) = \lim_{t \to \infty} A(t) = \frac{\mathrm{MTBF}}{\mathrm{MTBF} + \mathrm{MTTR}} \qquad (8-37)$$

对于不维修系统的有效度等于其可靠度,而可维修系统的有效度大于其可靠度。

有效度实质上是一种广义的可靠度,根据不同的系统特点采用不同的有效度,对于在任何随机时刻 t 都要完成其作用的系统,例如数据处理系统,用系统瞬时有效度;对于指定在某时间周期使用的系统,例如跟踪测量系统,用系统的区间有效度或任务有效度,对于长期连续运行的系统,例如激光加工机、预警雷达通信系统,用稳态有效度。

最常用的还是稳态有效度,但现在大家用的指定在某时间周期使用的系统也都用稳态有效度,即固有可用性。

9. 小结

常用的可靠性指标汇总见表 8-6。

表 8-6　常用可靠性指标汇总

与失效时间有关的	与修复时间有关的
可靠度:在 $(0,t)$ 中不失效的概率 $$R(t) = \int_t^\infty f(t)\,\mathrm{d}t$$	维修度:在 $(0,t)$ 中修好的概率 $$M(t) = \int_0^t g(t)\,\mathrm{d}t$$
不可靠度:在 $(0,t)$ 中失效的概率 $$F(t) = \int_0^t f(t)\,\mathrm{d}t$$	不维修度:在 $(0,t)$ 中没修好的概率 $$G(t) = \int_t^\infty g(t)\,\mathrm{d}t$$
失效分布密度函数:在小区间 $[t,t+\mathrm{d}t]$ 中失效的概率 $$f(t) = \frac{\mathrm{d}F(t)}{\mathrm{d}t} = -\frac{\mathrm{d}R(t)}{\mathrm{d}t}$$	维修分布密度函数:在小区间 $[t,t+\mathrm{d}t]$ 中修复的概率 $$g(t) = \frac{\mathrm{d}M(t)}{\mathrm{d}t} = -\frac{\mathrm{d}G(t)}{\mathrm{d}t}$$
瞬时失效率:在小区间 $[t,t+\mathrm{d}t]$ 内失效的概率与 $R(t)$ 之比值 $$\lambda(t) = \frac{f(t)}{R(t)} = -\frac{\mathrm{d}R(t)/\mathrm{d}t}{R(t)}$$	瞬时修复率:失效持续到 t,在小区间 $[t,t+\mathrm{d}t]$ 内修复的概率与 $G(t)$ 之比值 $$\mu(t) = \frac{g(t)}{G(t)} = \frac{\mathrm{d}G(t)/\mathrm{d}t}{G(t)}$$

与失效时间有关的	与修复时间有关的
平均寿命 $$m_l = \int_0^\infty tf(t)\,\mathrm{d}t = \int_0^\infty R(t)\,\mathrm{d}t$$ MTTF(不修复产品) MTBF(可修复产品)	平均修复时间 $$\mathrm{MTTR} = \int_0^\infty tg(t)\,\mathrm{d}t = \int_0^\infty G(t)\,\mathrm{d}t$$

8.2.3　建立可靠性模型(《大纲》工作项目201)

承制方应负责可靠性模型的建立,订购方提供必需的信息:产品定义、任务剖面、寿命剖面和单元的可靠性信息。

关于产品等级的国家标准规定 8 个等级:零件、部件、组合件、单机、机组、装置/子系统、分系统和系统。

建立可靠性模型的目的是建立系统、分系统和设备/子系统的可靠性模型,用于定量分配、估算和评价产品的可靠性。

可靠性模型包括可靠性方框图、可靠性数学模型两项内容。

可靠性方框图表示产品中各单元的功能关系,不同于工作原理图,工作原理图表示产品各单元之间的物理关系,但二者是相互协调的。

举例:RC 振荡器的工作原理如图 8-3(a)所示,R 和 C 是并联关系;而其可靠性方框图如图 8-3(b)所示,R 和 C 是串联关系。

(a) RC振荡器原理图　　　　　　　　　(b) 可靠性方框图

图 8-3　RC 振荡器原理图和可靠性方框图

1. 几种典型的可靠性模型

为简化数学模型,做两点假设:产品及其单元只具有正常和失效两种状态;产品所包含的各单元失效是独立的。

1) 串联系统

N 个独立单元组成的串联系统,只有 N 个单元同时可靠时,该系统才可靠。设第 i 个单元的可靠度函数为 $R_i(t)$,串联系统的可靠度为

$$R_s(t) = \prod_{i=1}^{N} R_i(t) \tag{8-38}$$

因 $t>0$ 时,$0<R_i(t)<1$,故 $R_s(t)<R_i(t)$,$i=1,2,\cdots,N$。若 $R_i(t)=\exp(-\lambda_i t)$,瞬时失效率为常数 λ_i 的指数分布。则

$$R_s(t)=\exp\left(-\sum_{i=1}^{N}\lambda_i t\right) \tag{8-39}$$

而平均寿命为

$$m_{ls}=1\Big/\sum_{i=1}^{N}\lambda_i \tag{8-40}$$

当 $\lambda_1=\lambda_2=\cdots=\lambda_N=\lambda$ 时,有

$$R_s(t)=\exp(-N\lambda t) \tag{8-41}$$

$$m_{ls}=\frac{1}{N\lambda}=\frac{m_l}{N} \tag{8-42}$$

式中:m_l 为单元的平均寿命。

2)并联系统

N 个单元组成的并联系统,只要有一个单元尚在工作,系统就不失效。

设第 i 个单元的不可靠度函数为 $F_i(t)$,则系统的不可靠度为

$$F_s(t)=\prod_{i=1}^{N}F_i(t) \tag{8-43}$$

所以可靠度函数可以表示为

$$R_s(t)=1-\prod_{i=1}^{N}\left[1-R_i(t)\right] \tag{8-44}$$

因 $t>0$ 时,$0<S_i(t)<1$,故 $R_s(t)>R_i(t)$,$i=1,2,\cdots,N$。若 $R_i(t)=\exp(-\lambda_i t)$,则

$$R_s(t)=1-\prod_{i=1}^{N}\left[1-\exp(-\lambda_i t)\right] \tag{8-45}$$

$$m_{ls}=\sum_{i=1}^{N}\frac{1}{\lambda_i}-\sum_{j>i=1}^{N}\frac{1}{\lambda_i+\lambda_j}+\cdots-(-1)^{N}\Big/\sum_{i=1}^{N}\lambda_i \tag{8-46}$$

对于最常用的二单元并联系统,有

$$R_s(t)=\mathrm{e}^{-\lambda_1 t}+\mathrm{e}^{-\lambda_2 t}-\mathrm{e}^{-(\lambda_1+\lambda_2)t}=\mathrm{e}^{-\int_0^1\lambda_s(x)\,\mathrm{d}x} \tag{8-47}$$

其中

$$\lambda_s(t)=-\frac{1}{R_s(t)}\times\frac{\mathrm{d}R_s(t)}{\mathrm{d}t}$$

$$=(\lambda_1+\lambda_2)-\frac{\lambda_1\mathrm{e}^{-\lambda_2 t}+\lambda_2\mathrm{e}^{-\lambda_1 t}}{\mathrm{e}^{-\lambda_1 t}+\mathrm{e}^{-\lambda_2 t}+\mathrm{e}^{-(\lambda_1+\lambda_2)t}} \tag{8-48}$$

尽管 λ_1、λ_2 都是常数,但并联系统的失效率 $\lambda_s(t)$ 不再是常数。而并联系统

的平均寿命 m_s(MTBF),则仍然保持常数。

在 λ_1、λ_2 为常数的条件下,有

$$m_s = \int_0^\infty R_s(t)\,\mathrm{d}t = \frac{1}{\lambda_1} + \frac{1}{\lambda_2} - \frac{1}{\lambda_1 + \lambda_2} \qquad (8\text{-}49)$$

3) 一般 (N,K) 系统

组成产品的 N 个单元中,至少有 K 个单元正常,产品才能正常工作的模型为工作储备模型。

若 N 个单元都一样,则

$$R_s(t) = \sum_{i=1}^{N-k} \mathrm{C}_N^i R(t)^{N-1}[1 - R(t)]^i \qquad (8\text{-}50)$$

其中

$$\mathrm{C}_N^i = \frac{N!}{N!\ (N-i)!}$$

4) 旁联模型

组成产品的 N 个单元中,只有一个单元工作,当工作单元失效时,通过失效监测及转换装置,接到另一个单元进行工作的模型,为非工作储备模型——冷储备系统。旁联模型可靠性方框图如图 8-4 所示(而并联系统和 (N,K) 系统为热储备系统)。如果 N 个单元都相同,失效分布为指数分布,失效率均为 λ,监测和转换装置可靠度为 1,则系统的可靠度和平均寿命为

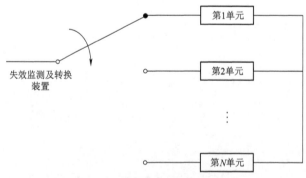

图 8-4　旁联模型可靠性方框图

$$R_s(t) = \sum_{i=0}^{N-1} (\lambda t)^i \exp(-\lambda t)/i!$$

$$= \mathrm{e}^{-\lambda t}\left[1 + \lambda t + \frac{(\lambda t)^2}{2!} + \cdots + \frac{(\lambda t)^{N-1}}{(N-1)!}\right] \qquad (8\text{-}51)$$

$$m_{ls} = N \cdot \frac{1}{\lambda} = N m_i \qquad (8\text{-}52)$$

式(8-51)的物理意义为级数首项 $\exp(-\lambda t)$ 为工作单元的可靠度;$(\lambda t)^i \exp(-\lambda t)/i!$ 为接替第 i 个旁待单元所增加的可靠度。式(8-52)的物理意义为系统的平均寿命为单元平均寿命的 N 倍。

当计入开关可靠度时,设开关可靠度有如下两种形式,即

$$R_0(t) = R_0, R_0\ \text{为常数}$$

$$\exp(-\lambda_0 t), \lambda_0\ \text{为常数}$$

由式(8-51)右端各项计入动用开关的次数,即可得到计入开关可靠度的相应表达式为

$$R_s(t) = \sum_{i=0}^{N-1} (R_0(t)\lambda t)^i \exp(-\lambda t)/i! \tag{8-53}$$

$$m_{ls} = \begin{cases} \left[(1-R_0^N)/(1-R_0)\right] m_l, & R_0(t) = R_0 \\ \sum_{i=0}^{N-1} \left[\lambda/(\lambda + i\lambda_0)\right]^{i+1} m_l, & R_0(t) = \mathrm{e}^{-\lambda_0 t} \end{cases} \tag{8-54}$$

对于由不同的常数瞬时失效率(λ_1、λ_2)单元组成的旁待系统,由式(8-51)可得

$$\begin{aligned} R_s(t) &= \lambda_1 \lambda_2 (\mathrm{e}^{-\lambda_1 t} - \mathrm{e}^{-\lambda_2 t})/(\lambda_2 - \lambda_1) \\ &= \mathrm{e}^{-\lambda_1 t} + \lambda_1 (\mathrm{e}^{-\lambda_1 t} - \mathrm{e}^{-\lambda_2 t})/(\lambda_2 - \lambda_1) \end{aligned} \tag{8-55}$$

当计入开关可靠度时,有

$$R_s(t) = \mathrm{e}^{-\lambda_1 t} + \lambda_1 R_0(t)(\mathrm{e}^{-\lambda_1 t} - \mathrm{e}^{-\lambda_2 t})/(\lambda_2 - \lambda_1) \tag{8-56}$$

$$m_{ls} = \begin{cases} m_{l_1} + R_0 m_{l_2}, & R_0(t) = R_0 \\ m_{l_1} + \{\lambda_1 \lambda_2/[(\lambda_1 + \lambda_0)(\lambda_2 + \lambda_0)]\} m_{l_2}, & R_0(t) = \mathrm{e}^{-\lambda_0 t} \end{cases} \tag{8-57}$$

2. 例题分析:某光电瞄准仪线阵探测器结构设计

在各种环境条件下长期使用证明,硅光电二极管失效的主要原因是防潮、防沾污性能差。为使某光电瞄准仪探测器长期使用性能稳定可靠,按总体设计要求,把经严格挑选的线阵管芯用氩弧焊密封在带有玻璃窗口的金属壳内。因为有玻璃窗口的存在,光电流有所减小,光受到一定的衰减,但也能满足该光电瞄准仪的使用要求。因为线阵管芯密封在金属壳内,受外界环境影响小,可以保证线阵探测器性能长期使用的稳定性。

根据设备条件和工艺基础,制作硅光电二极管单元成品率为 r,如果按图 8-5 所示,由一行 33 个单元排列而成,采用光刻技术整块单晶衬底集成,则其线阵成品率 R 为

$$R(33) = r^{33} \tag{8-58}$$

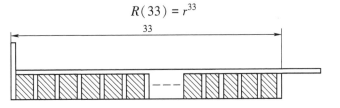

图 8-5　硅光电二极管线阵结构图

表 8-7 为出单元成品率 r 和单行单元的线阵成品率关系。

表 8-7　单元成品率 r 和单行单元的线阵成品率关系

单元成品率 r	0.80	0.85	0.90	0.95	0.96	0.97	0.98
线阵成品率 R	6.34×10^{-4}	4.67×10^{-3}	3.091×10^{-2}	1.84×10^{-1}	2.60×10^{-1}	0.36	0.51

由所列的数据可知,要使线阵的成品率可以接受,例如,大于 50%,则单元的成品率应该高于 98%。据当时的工艺水平单元成品率只是 80% 左右,线阵的成品率仅为 6.34×10^{-4},这是无法接受的。

为了提高线阵的成品率,需做成如图 8-6 所示硅光电二级管二行线阵结构形式。两行线阵并列,单元尺寸相同并一一对应,两行中的每一行,互为另一行的备用单元。正常时,使用的工作单元以梳状形式排列,即每行相隔一个,上行取单数,下行取双数。如果某个指定使用的工作单元失效时,可用另一行的对应元件,设计每行为 36 个单元。选用中间连续完好的 33 个单元作为作用的工作单元。这样可以排除由于材料或工艺上两端单元成品率低于中间单元,而使线阵成品率下降的影响。

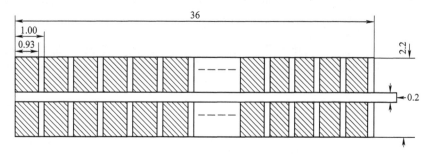

图 8-6　硅光电二极管二行线阵结构

二行线阵元件的可靠性模型如图 8-7 所示。

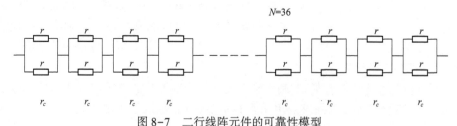

图 8-7　二行线阵元件的可靠性模型

图中 r 为一个单元的成品率,r_c 为单元组(二个单元并联)的成品率,即

$$r_c = 1 - (1 - r)^2 \tag{8-59}$$

$$(r_c + q_c)^N = 1 \tag{8-60}$$

式中:q_c 为每个单元组的废品率,$q_c = 1 - r_c = (1 - r)^2$;$N$ 为线阵单元组数,$N = 36$。

式(8-60)展开后可得

$$\sum_{m=0}^{N} C_N^m r_c^{N-m} (1-r_c)^m = 1 \tag{8-61}$$

式中：m 为单元组的失效数。

式(8-61)左边多项式各项为 N 单元组中，出现 m 个($m = 0,1,\cdots,N$)废品单元组时的概率，即

$$P(m) = \frac{N!}{m!\ (N-m)!} r_c^{N-m} (1-r)^m \tag{8-62}$$

当 $m \geqslant 4$ 时，即 N 个单元组中 4 个或 4 个以上单元组失效时，该线阵一定为废品。因此，在计算成品率时可以不考虑 $m \geqslant 4$ 以后各项。只要计算 $m = 0,1,2,3$ 四项即可。

当 $m = 0$ 时，$P(0) = r_c^N$，即双排线阵中无任何单元组失效，可以保证在此概率下有可用的 33 个连续单元组存在，则线阵的成品率为

$$R(0) = P(0) = r_c^N \tag{8-63}$$

当 $m = 1$ 时，$P(1) = N r_c^{N-1}(1-r_c)$，仅当两端的 6 个单元组中有一个单元组失效，才能保证有可用的 33 个连续单元组存在，而 N 个单元组中出现一个单元组失效的概率为 $1/C_N^1$，因此 $m = 1$ 时线阵的成品率为

$$R(1) = \frac{6}{C_N^1} p(1) = 6 r_c^{N-1}(1-r_c) \tag{8-64}$$

依次可推出 $m = 2$ 和 $m = 3$ 时的成品率分别为

$$R(2) = \frac{9}{C_N^2} p(2) = 9 r_c^{N-2}(1-r_c)^2 \tag{8-65}$$

$$R(3) = \frac{4}{C_N^3} p(3) = 4 r_c^{N-3}(1-r_c)^3 \tag{8-66}$$

其中分子 9 是两端 6 个单元，出现 2 个单元废品时，不影响 33 个连续单元的可能的组合数；分子 4 是两端 6 个单元，出现 3 个单元废品时，不影响 33 个连续单元的可能的组合数。

线阵的成品率为

$$R = r_c^N + 6 r_c^{N-1}(1-r_c) + 9 r_c^{N-2}(1-r_c)^2 + 4 r_c^{N-3}(1-r_c)^3 \tag{8-67}$$

表 8-8 为根据图 8-7 设计方案制作时，线阵成品率的计算数据，从计算数据可知其成品率是工艺上可以接受的。

表 8-8　二行单元和线阵成品率的关系

单元成品率 r	0.80	0.85	0.90	0.95
线阵成品率 R_c	0.29	0.50	0.74	0.92
原 33 个单元方案	6.34×10^{-4}	4.67×10^{-3}	3.09×10^{-2}	1.84×10^{-1}

根据上面方案设计尽管单元成品率不是太高,但是以很高的成品率研制成了光电二极管线阵器件,并在实际工程中得到了应用。

3. 基本可靠性模型与任务可靠性模型

1) 基本可靠性模型

基本可靠性模型包括一个可靠性框图和有关的可靠性数学模型。用于估计产品或组成单元引起的维修和后勤保障要求,看作度量使用费用的一种模型。

基本可靠性模型是一个全串联系统,包括那些只用于冗余的单元也都按串联框图处理,图 8-8 所示为光电跟踪测量仪的基本可靠性框图。

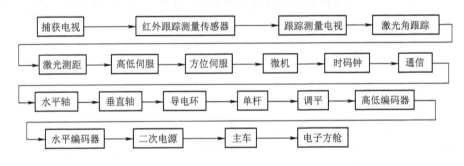

图 8-8 光电跟踪测量仪的基本可靠性框图

2) 任务可靠性模型

任务可靠性模型也是包括一个可靠性框图和有关的可靠性数学模型。但其用于估计产品在执行任务过程中完成规定功能的概率,往往是复杂的串-并联结构。

例如,具有图 8-8 基本可靠性框图的某光电跟踪测量仪的任务可靠性框图如图 8-9 所示。

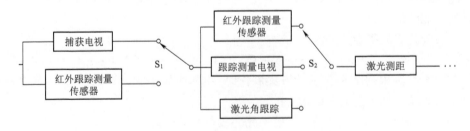

图 8-9 某光电跟踪测量仪的任务可靠性框图

其中作为捕获功能来说,捕获电视和红外跟踪测量传感器是一个两单元互为备份的旁联模型;作为跟踪测量功能来说,红外跟踪测量传感器、跟踪测量电视和激光角跟踪传感器是一个三单元互为备份的旁联模型,其余环节与基本可靠性框图一样,都为串联模型。

3) 订购方和承制方之间的协商和决策

引进基本可靠性和任务可靠性模型之后,订购方和承制方在确定可靠性指标时,可以根据使用要求,生产进度及费用约束条件,按费用效益比原则,决定是把主要力量放在提高基本可靠性上,还是放在提高任务可靠性上,或者进行折中。

4. 建立可靠性模型的程序

(1) 确定产品定义。

① 它是一个动态过程,随着产品设计阶段的向前推移,环境条件、设计结构和应力水平等方面信息越来越多,产品定义应该不断修改和充实。

② 就建立基本可靠性模型来说,产品定义简单,即构成产品的所有单元,建立串联模型,而就建立任务可靠性模型来说,情况就比较复杂。

③ 确定任务功能。特定的产品可以用于完成多项任务,例如,一架军用飞机可以用于侦察、轰炸、扫射和截击等任务。对于不同的工作任务剖面,就有不同的可靠性框图。

④ 确定是否有代替工作的单元。例如,前述的某光电跟踪测量仪,其红外跟踪测量传感器、测量电视和激光角跟踪都可以完成跟踪测量任务,主要是用测量电视,当测量电视故障,可以用红外跟踪测量传感器来代替。对于捕获来说,可以用捕获电视,也可以用红外跟踪测量传感器,两者可以相互代替。

⑤ 规定产品及其分系统的性能参数及容许界限。当产品性能超过参数的最大容许界限,则产品定义为故障或失效,即由参数及其容许界限来建立故障或失效的标准。

⑥ 当产品及其分系统工作时间不一致时,可以用"占空因数"进行修正,具体修正方法按下述两种情况区别对待。

当分系统不工作的失效率可忽略不计时,分系统的可靠度公式(λ = 常数)为

$$R_i(t) = e^{-\lambda i} \tag{8-68}$$

当分系统不工作的失效率与工作不同时,分系统的可靠度公式(λ = 常数)为

$$R_i(t) = e^{-[\lambda_{i1}td + \lambda_{i2}(1-d)t]} \tag{8-69}$$

式中:d 为占空因素;t 为系统工作时间;λ_{i1} 为分系统工作时的失效率;λ_{i2} 为分系统不工作时的失效率。

某空间相机的任务可靠性框图如图 8-10 所示。卫星的寿命为两年,但是相机在 2 年中始终是间隙工作,其实际工作时间远远低于 2 年。在进行任务可靠性设计评估时,按表 8-9 所列的 2 年中实际工作时间进行可靠度计算。

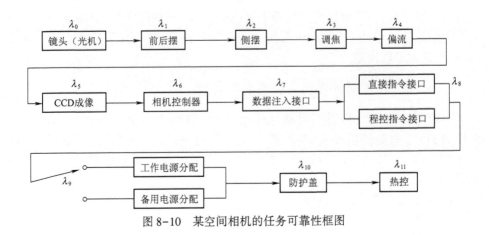

图 8-10 某空间相机的任务可靠性框图

表 8-9 根据相机各分系统实际工作时间计算可靠度

分系统名称	失效率 $\lambda_i/10^{-6}$	每天 16 圈 任务时间	2 年工作 时间	可靠度 R_i
前后摆	$\lambda_1 = 31.08$	316s	64h	0.998
侧摆	$\lambda_2 = 31.08$	316s	64h	0.988
调焦	$\lambda_3 = 14.9622$	20s	48h	0.999943
偏流	$\lambda_4 = 13.426$	158s	32h	0.99957
CCD 成像	$\lambda_5 = 79.9676$	3551s	720h	0.944
相机控制器	$\lambda_6 = 5.4634$	3945s	800h	0.9956
数据注入接口	$\lambda_7 = 0.7629$	3945s	800h	0.9994
直接/程控指令接口	$\lambda_8 = 1.929$	3945s	800h	0.99985
相机电源分配	$\lambda_9 = 0.567$	3945s	800h	0.99985
保护盖	$\lambda_{10} = 13.426$	253s	51.2h	0.99931
热控	$\lambda_{11} = 5.3466$	24h	17520h	0.995082
总可靠度 λ_s	—	—	—	0.93

⑦ 在任务可靠性模型中对环境条件的处理。同一产品如用于几种不同的环境中,这时任务可靠性模型不变,但应将产品中的失效率乘上环境因子,加以修正。

若一个产品在完成任务时有几个工作阶段,而且每个阶段经历不同的环境,这时可把各个工作阶段的可靠度单独进行计算,各单元的失效率用环境因子加以修正。然后再把各阶段的可靠度综合到一个总的可靠性模型中。表 8-10 给出了各种不同环境因子的权系数。

表 8-10　选择环境因子的权系数

设备中主要有源器件	工 作 环 境							
	良好地面反轨道飞行	地面固定式	移动及便捷式	舰船座舱内	舰船座舱外	飞机座舱	飞机无人舱	导弹发射
电子管	0.4~0.5	1	5~7	4~6	6~8	4~6	10~12	35~40
飞离半导体器件	0.3~0.4	1	4~6	6~8	8~10	5~7	12~15	13~17
集成电路	0.2~0.3	1	2~3	3~5	3~5	2~4	9~11	10~12

（2）绘制可靠性方框图。

（3）建立相应的数学模型。

（4）随着产品设计工作的进展,可靠性框图及数学模型不断修改完善从粗到细,可靠性框图不断完善过程如图 8-11 所示。

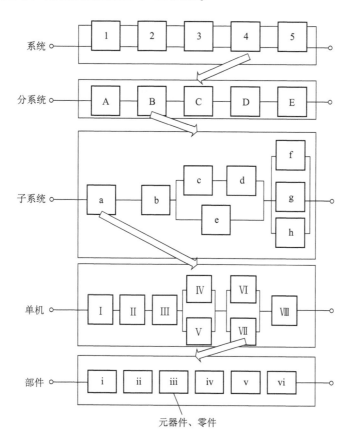

图 8-11　可靠性框图不断完善的过程

8.2.4 可靠性分配(《大纲》工作项目202)

可靠性分配应是由整体到局部,由上到下的分解过程。分配方法有评分分配法、比例组合法、拉格朗日乘数法和动态规划法等。

1. 基础公式

考虑系统各组成部分重要度和复杂度的分配方法(AGREE法,美国《电子设备咨询小组》),系统由各分系统串联而成,即

$$\theta_i = \frac{N \cdot \omega_i \cdot t_i}{n_i(-\ln R_s^*)} \qquad (8-70)$$

式中:θ_i 为第 i 个分系统的平均故障间隔时间;N 为系统的基本构成元件、器件总数;ω_i 为第 i 个分系统的重要度,$0 < \omega_i \le 1$[并联、(N,K) 或旁联等冗余分系统,可以降低重要度系数];t_i 为第 i 个分系统的工作时间;n_i 为第 i 个分系统的基本构成元件、器件(或部件)数;R_s^* 为规定的系统可靠度指标。

按式(8-70)求出分配给各分系统的 θ_i 之后,即可按式(8-71)求出系统的可靠度 R_s,它必须满足规定的系统可靠性指标 R_s^*,即

$$R_s^* = \prod_{i=1}^{n} \left\{ 1 - \omega_i(1 - e^{-t_i/\theta_i}) \right\} \qquad (8-71)$$

2. 例题分析

例8-3 某机载电子设备要求工作12h的可靠度 $R_s^* = 0.923$,该设备的各分系统的有关数据见表8-11,试对各分系统进行可靠度分配。

表8-11 分系统的有关数据

序号	分系统名称	分系统构成的部件数 n_i	工作时间 t_i/h	重要度 ω_i
1	发射机	102	12	1.0
2	接收机	91	12	1.0
3	起飞用自动装置	95	3	0.3
4	控制设备	242	12	1.0
5	电源	40	12	1.0

已知:$R_s^* = 0.923$ 及表内数据。

解:①将 R_s^* 及表内数据代入式(8-70),即可求出分配给各分系统的平均故障间隔时间为

$$\theta_1 = \frac{-570 \times 1.0 \times 12}{102 \times \ln 0.923} = 837\text{h}$$

$$\theta_2 = \frac{-570 \times 1.0 \times 12}{91 \times \ln 0.923} = 938\text{h}$$

$$\theta_3 = \frac{-570 \times 1.0 \times 12}{95 \times \ln 0.923} = 67\text{h}$$

$$\theta_4 = \frac{-570 \times 1.0 \times 12}{242 \times \ln 0.923} = 353\text{h}$$

$$\theta_5 = \frac{-570 \times 1.0 \times 12}{40 \times \ln 0.923} = 2134\text{h}$$

② 根据 θ_i 计算各分系统的可靠度为

$$R_1 = e^{-12/827} = 0.9859$$

$$R_2 = e^{-12/938} = 0.9873$$

$$R_3 = e^{-12/67} = 0.836$$

$$R_4 = e^{-12/353} = 0.9666$$

$$R_5 = e^{-12/2134} = 0.9944$$

③ 将上述数据代入式(8-71),验算系统可靠度为

$$R_s = \prod_{i=1}^{5} \left[1 - \omega_i (1 - R_i) \right] = 0.9232 > R_s^*$$

3. 进行可靠性分配时的注意事项

① 在研制阶段早期即开始进行,由此可使设计人员尽早明确设计要求;为外购件及外协件提出可靠性指标提供初步依据;估算所需人力和资源等管理信息。

② 应反复多次进行。

③ 考虑留出一定的失效概率余量,减少可靠性分配的次数。这种做法为在设计过程中增加新的功能元件留下考虑余地,因而可以避免为适应附加的设计而必需进行的反复分配。

8.2.5　可靠性预计(《大纲》工作项目203)

目的是估计系统、分系统或设备的基本可靠性和任务可靠性,并确定所提出的设计是否能达到可靠性要求。预计方法很多,有元件计数法、失效率预测法、上下限法、最坏情况分析法和蒙特卡罗法等。在产品设计早期阶段进行。

通过基本可靠性预计,可以表明由于产品不可靠给维修和后勤保障所增加的负担。基本可靠性不足,可以用简化设计、使用高品质的元器件和调整性能容差等方法来弥补。任务可靠性不足,则可以用余度方法来解决。

1. 元件计数法

适用于电子设备早期设计阶段,非电子设备如无更合理的预计方法,也可考虑采用此法,在产品设计早期阶段,当系统(分系统)的详细构成尚未细化确定前,任务可靠性预计往往较难进行。这种方法的优点是只使用现有的工程信息迅速地估算出该系统的失效率。其通用公式为

$$\lambda_s = \sum_{i=1}^{N} N_i (\lambda_{Gi} \cdot \pi_{Qi}) \tag{8-72}$$

式中：λ_s 为系统总的失效率；λ_{Gi} 为第 i 种元器件的失效率；π_{Qi} 为第 i 种元器件的质量等级；N_i 为第 i 种元器件的数量；N 为系统所用元器件的种类数。

2. 失效率预计法

当设计进入工程研制阶段，选出了元部件并已知它们的类型、数量、失效率、环境及使用应力时，可以用失效率预测法预计该系统的可靠度。数学公式同式 (8-72)，但其中有

$$\lambda_{Gi} = \pi_k \cdot D \cdot \lambda \tag{8-73}$$

式中：π_k 为环境因子；D 为减额因子，$D \leqslant 1$，由应力情况决定；λ_0 为基本失效率（在实验室条件下测得的数据）。

预计流程如图 8-12 所示。

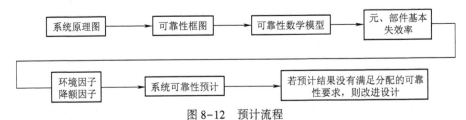

图 8-12　预计流程

3. 例题分析

例 8-4　预计飞机升降舵和方向舵液压操纵系统的可靠度。要求：任务工作时间 10h，可靠度指标 $R_s = 0.973$。

（1）画出液压操纵系统原理框图。

（2）计算系统可靠度。

首先计算出串联部分的失效率，见表 8-12，图 8-13 为液压操纵系统原理图。

表 8-12　串联部分失效率

元部件名称	数量	失效率×10^{-6}/h	总失效率×10^{-6}/h
液压油箱	1	50	50
止回阀	2	30	60
导管和接头	39	10	390
截流阀	2	15	30
油滤	1	70	70
蓄压器	1	170	170
联轴节	1	205	205
伺服阀	2	360	720
作动筒	2	270	540
总计	—	—	2235

串联部分 10h 的可靠度为

$$R_{串}(10) = e^{-2235 \times 10^{-6} \times 10} = 0.9779$$

然后计算并联部分失效率,见表 8-13。

表 8-13 并联部分失效率

元部件名称	数量	失效率×10^{-6}/h	总失效率×10^{-6}/h
泵	1	1875	1875
快卸接头	2	120	240
导管和接头	7	10	70
总计	—	—	2185

(3)画出液压操纵系统可靠性方框图,如图 8-14 所示。

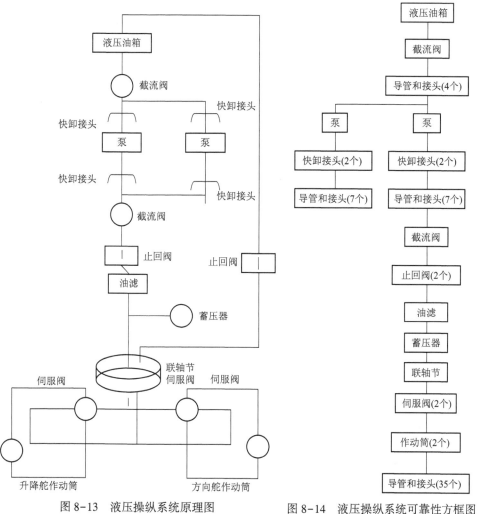

图 8-13 液压操纵系统原理图　　　　图 8-14 液压操纵系统可靠性方框图

357

并联部分 10h 的可靠度为

$$R_{并}(10) = 1 - [1 - e^{-2185 \times 10^{-5}}]^2 = 0.9995$$

系统 10h 的可靠度为

$$R_s(10) = R_{串}(10) \cdot R_{并}(10) = 0.9779 \times 0.9995 = 0.9774$$

（4）把预计值与规定的可靠度指标进行比较，即

$$R_s(10) = 0.9774 > R_s^* = 0.975$$

满足分配指标,如不满足可寻找设计薄弱环节,加以改造,然后再进行预计。

8.3　研制和生产过程中的可靠性试验

8.3.1　概述

1. 试验目的

（1）发现产品在设计、元器件、零部件、原材料和工艺方面的各种缺陷。

（2）为改善装备的战备完好性和提高任务的成功性,并减少维修人力费用及后勤保障费用提供信息,对产品在试验中发生的每一个故障原因及后果都要进行细致的分析,并且研究采取可能的有效纠正措施。

（3）确认是否符合可靠性的定量要求。

2. 实验室试验和现场试验

1）实验室试验

（1）在规定的受控条件下的试验,可以模拟现场条件,也可以不模拟现场条件。

（2）一般情况下,实验室试验应该以各种已知方式与实际使用条件建立起相互关系。

2）现场试验

（1）产品在使用现场所进行的一种试验。

（2）必须记录现场的环境条件、维修以及测量等各种因素的影响。

3. 试验的综合安排

试验大纲的试验计划安排应将可靠性试验与性能试验、环境应力试验、耐久性试验尽可能地结合起来,目的是避免重复试验,保证不漏掉那些在单独进行的试验中经常忽视的缺陷,从而提高效率,节省经费。

（1）产品的性能试验应在样机制造出来之后立即进行。在性能试验过程中,暴露出来的缺陷应该成为改进产品所需采取措施的直接依据。当产品已经通过了

性能试验,还未证实在实际使用条件下能可靠地工作时,也不能认为产品已满足订购方的要求。

评定产品的性能和可靠性应该有性能基准,这要依靠可靠性试验之前详细的性能测量,并验证可接收的性能基准的方式来完成。在完成了对具体性能测量以后,应该在可靠性试验中使用选择的性能试验判据,以保证合格产品的性能。

(2)环境应力的种类要按照实际情况进行综合。环境试验条件随时间的变化应能够代表受试设备的使用现场和任务的环境。如果采用综合环境试验条件,则所规定的各种应力,应该按照规定应力的等级和变化率进行组合。

环境应力至少包括:热应力—热应力剖面;潮湿应力—潮湿等级,足以产生明显的冷凝和霜冻;振动应力—振动类型、频率范围、应力大小、使用方法(安装)、振动方位;电应力-设备工作模式、操作运输周期、输入电压的变化等。

按 GJB150—86《军用设备环境试验方法》进行的环境试验,可看作是可靠性增长试验,这些试验应在研制阶段的早期进行,以便有足够的时间及资源用于纠正试验中所暴露出来的缺陷,做出的纠正措施应在规定的应力条件下进行验证。这些信息应输入给故障报告、分析及纠正措施系统。

环境试验(例行试验),也分鉴定试验和验收试验,鉴定试验的应力应超过验收试验,有 1.3 倍、1.4 倍、1.5 倍。经鉴定试验之后的设备,不能再作产品交付。

(3)耐久性试验一般应该包括正常试验、过负荷试验、模拟试验或接近预期使用环境任务剖面的循环试验。

试验中应对样品中发生的故障进行分析,并采取纠正措施。经过纠正措施,改进过的产品再次进行试验,证明问题已经得到解决或根据订购方的意见结束试验。耐久性试验信息也必须输入故障报告,分析及纠正措施系统。

4. 可靠性试验类型

GJB450—88 中可靠性试验部分共阐明了四个工作项目,可分为两大类工作:

工程试验——环境应力筛选试验(《大纲》301 工作项目)、可靠性增长试验(《大纲》302 工作项目);

统计试验——可靠性鉴定试验(《大纲》303 工作项目)、可靠性验收试验(《大纲》304 工作项目)。

1)工程试验

工程试验目的是暴露故障,并加以排除。这种试验由承制方进行;受试样品从研制的样机中取得;对发生故障的设备,订购方应核准采用临时换件方法,在分析故障原因后,继续进行下去。

2)统计试验

统计试验目的是为了验证产品是否符合规定的要求,而不在于暴露故障;统计验证试验需按生产制订的试验计划进行,并经订购方认可。

8.3.2 环境应力筛选试验

1. 目的

建立并实施环境应力筛选程序,以便发现和排除不良的零件、元器件,工艺缺陷,潜在的设计、制造缺陷,以及其他原因造成的早期失效。环境应力筛选试验应该在可靠性统计试验之前进行,在订购方验收产品之前,可用于生产的全部产品上。

2. 方案设计及主要内容

(1) 环境应力筛选试验的设计应能激发出由于潜在设计并制造缺陷引起的故障;施加的环境应力不必模拟产品规定的寿命剖面、任务剖面、环境剖面;应该模拟在规定条件下的各种工作模式。

(2) 选择试验方案的依据。①应能迅速又经济地使产品的各种隐患及缺陷暴露出来;②不能使正常的产品失效;③筛选应力去掉后,不会使产品留下残余应力严重影响产品的使用寿命,目的是排除早期失效;④应着重加强对元器件的筛选等。

(3) 试验方案应包括的主要内容。①施加环境应力的类型、水平、状况和承受应力的时间;②进行环境应力筛选试验的产品,如元器件、电路板和分组件等;③试验期间应监控产品性能、应力参数等;④试验持续时间等。

(4) 对提交的有可靠性指标的设备,提交前应对全部设备进行环境应力筛选。在筛选试验中发生的故障不能作为接收、拒收产品的判决依据,但要作记录、分析并采取适当的修复措施,将产品恢复到发生故障前的状态。

3. 环境应力

筛选试验可以使用各种环境应力,如热冲击、热循环、机械冲击、随机振动和离心加速(过载)等,视具体情况而定。

一般情况下,订购方没有特殊要求时,主要使用随机振动、热循环两种应力。随机振动的功率谱密度、热循环的热应力剖面应根据订购方的要求确定。使用的环境应力可以顺序使用、综合施加,应连续重复地进行。各种环境应力筛选试验有效性顺序如图 8-15 所示。

4. 筛选试验方案优劣的评价方法

理想的筛选方案应不错筛一个好产品,不漏筛一个坏产品,应当为

$$\frac{剔除的次品数}{实际的次品数} \approx 1$$

$$\frac{好品失效数}{实际好品数} \approx 0$$

可以用许多办法来评估筛选效果。介绍一种评估方法,筛选效果系数为

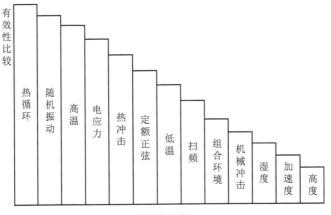

图 8-15 有效性顺序

$$\beta = \frac{\lambda_N - \lambda_A}{\lambda_N} \times 100\% \qquad (8-74)$$

式中：λ_N 为筛选前产品失效率；λ_A 为筛选后产品失效率。

β 越大，则说明该筛选方案越好。

5. 例题分析

某航空产品采用如图 8-16 所示的筛选方案（电子设备，一般用温度变化加振动循环）。

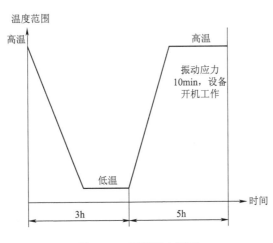

图 8-16 环境应力剖面

温度：高温 +49~+74℃，一般 +55℃；

　　　低温 0~-55℃，一般 -54℃；

温度变化率 +0.5~+2℃/min。

振动:若一个方向,则为 10min;

若不止一个方向,则每个方向为 5min。

应力:正弦定额、正弦扫描或随机振动(随机振动效果更好);频率为 20~2000Hz。

设备的复杂程度不同,筛选的循环次数不同,见表 8-14。

表 8-14　设备筛选循环次数

设备类型	电子元器件数/个	所需循环数/次
简单型	100	1
中等复杂型	500	3
复杂型	2000	6
超复杂型	4000	10

6. 注意事项

(1) 环境应力筛选不应改变产品失效机理。例如,某产品失效主要是由于高温使表面氧化,电气特性退化引起,而筛选不能使它由于冲击而失效。

(2) 由于筛选试验目的是排除早期故障,因此不必准确模拟真实的环境条件。

(3) 筛选可以提高批产品的可靠性水平,但不能提高产品的固有可靠性。只有改进设计、工艺等才能提高产品的固有可靠性。

(4) 筛选试验不是可靠性验收试验,但通过筛选试验的产品有利于验收。

8.3.3　可靠性增长试验

1. 目的

在研制阶段进行,通过试验分析,采取有效的纠正措施,及早解决大多数可靠性问题,提高产品的可靠性。

2. 可靠性增长试验实施过程

可靠性增长试验是有计划地进行试验、分析及解决问题,以便将纠正措施包含进设计中去的一个过程,一般称为试验、分析和改进(TAAF),包括对产品性能的监测、故障检测、故障分析及其对减少故障再现的设计改进措施的检验。

可靠性增长试验本身并不能提高产品的可靠性,只有采取了有效的措施,防止产品在现场工作期间出现重复的故障,产品的可靠性才能真正得到提高。

可靠性增长过程如图 8-17 所示。可靠性增长有两种情况:在研制过程中,主要通过改进设计来达到;在生产过程中,主要通过对产品的筛选和老练过程,排除产品中的不良元器件、部件和工艺缺陷而得到增长。

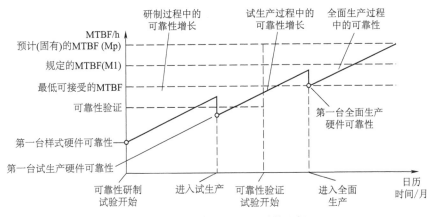

图 8-17　可靠性增长过程(对数坐标)

3. 可靠性增长试验计划应包括的主要内容

(1) 试验的目的和要求;

(2) 受试产品及每台产品应承受的试验项目;

(3) 试验条件、环境、使用状况、性能和工作周期;

(4) 试验进度安排;

(5) 试验装置、设备的说明及要求;

(6) 用于改进设计所需的工作时间和资源要求;

(7) 数据的收集和记录要求;

(8) 故障报告、分析和纠正措施;

(9) 试验产品的最后处理;

(10) 其他有关事项。

4. 可靠性增长试验的注意事项

(1) 可靠性增长试验只能暴露问题,不能提高产品固有可靠性,只有采取纠正措施,防止故障再现才能达到可靠性增长目的。

(2) 可靠性增长试验必须纠正那些会降低产品的作战效能,增加维修和后勤保障费用的故障。因此,首先应排除对完成任务有关键影响和对用户费用有关键影响的故障。一般做法是通过排除影响任务可靠性的故障来提高任务可靠性,纠正出现频率很高的故障来降低维修费用。

(3) 可靠性增长试验的受试产品,从工程研制的产品中选取。为了按增长试验计划进行,保证纠正措施得以实现而不拖延进度,需要适当地安排试验顺序,一般采用的顺序是:首先,进行环境应力筛选试验以消除受试产品的缺陷,并缩短以后的试验时间;其次,应按 GJB150 中的规定,进行环境试验;最后,进行综合应力、寿命剖面的试验、分析和决定。

（4）可靠性增长试验与环境应力筛选试验的区别见表 8-15。

表 8-15　可靠性增长试验与环境应力筛选试验的区别

试验种类	环境应力筛选试验	可靠性增长试验
目的	暴露和消除设计、制造缺陷,导致的早期失效	确定和改正设计导致的可靠性问题
进行时间	在生产过程中	在生产之前
试验时间	一般为 10 个温度循环和 10min 随机振动	一般试验时间固定的,即为设备 MTBF 的几倍
样品数	一般 100% 进行	至少两个产品(如果可能)
是否通过	无(筛选应最大限度地暴露早期失效)	MTBF 的增长必须与选择的增长模型相关联

8.3.4　可靠性鉴定试验

1. 目的和试验计划的主要内容

1) 目的

验证产品的设计是否达到了规定的可靠性要求,它是向订购方提供的一种合格证明。

2) 可靠性鉴定试验计划的主要内容

试验计划应由承制方、订购方认可。试验计划的主要内容有:
（1）试验目的;
（2）试验方案;
（3）试验条件;
（4）受试产品;
（5）试验前应具备的文件;
（6）试验进度等。

2. 指数分布假设的统计试验方案

可靠性鉴定试验是一种验证试验,抽样检验程序,验证与时间有关的产品特性（如 MTBF）。因此产品可靠性指标的验证工作原理是建立在一定寿命分布假设下的统计试验方案。

目前使用最多的是指数分布假设情形下的统计试验方案。国家标准中有 GB 5060.7—86《恒定失效率假设下的失效率与平均无故障时间的验证试验》。美国军用标准中有 MIL-STD-781D《工程研制、鉴定和生产的可靠性试验》。

在现行标准中有很多标准方案或推荐的方案提供选择,常用的定时截尾试验标准抽样方案见表8-16。一般情况下不需要去自行设计新方案。但试验方案的选择取决于试验目的。在选择统计试验方案时,要根据产品的计划进度、可能得到的试验费用,反复权衡试验中的统计参数,如置信水平、判断风险与总试验时间等之间的关系。

表 8-16　常用的定时截尾试验标准抽样方案

方案序号	方案特征参数		鉴别比试验时间		判别标准（失效次数）	判断风险率的真值	
	判断风险标称值						
	α	β	$d=\theta_0/\theta_1$	（θ_1 的倍数）	拒收数 (r)（大于或等于）	α	β
1	10%	10%	1.5	45.0	37	12.0%	9.9%
2	10%	20%	1.5	29.9	26	10.9%	21.4%
3	20%	20%	1.5	21.1	18	19.7%	19.6%
4	10%	10%	2.0	18.8	14	9.6%	10.6%
5	10%	20%	2.0	12.4	10	9.8%	20.9%
6	20%	20%	2.0	7.8	6	19.9%	21.0%
7	10%	10%	3.0	9.3	6	9.4%	9.9%
8	10%	20%	3.0	5.4	4	10.9%	21.3%
9	20%	20%	3.0	4.3	3	17.5%	19.7%
10	30%	30%	1.5	8.1	7	29.8%	30.3%
11	30%	30%	2.0	3.7	3	28.3%	28.5%
12	30%	30%	3.0	1.1	1	30.7%	33.3%

GJB 450—88《检验的统计准则》中规定:"可靠性鉴定试验和验收试验的统计准则应由合同规定;这些统计准则应明确试验方案的置信水平、判断风险、MTBF检验的上限和MTBF检验的下限。这些准则应与产品的规定值和最低可接收值区别开来,以免试验准则影响设计。这些准则的确定和选择,应以总试验时间的增加而减小置信区间的范围为依据,以免在没有改善可靠性情况下增加成本,拖延进度。"但《大纲》进一步明确:"电子设备的'MTBF检验的下限'应等于产品最低可接收的 MTBF 值。"

统计试验方案有三种基本类型:

(1) 定时截尾试验方案。按试验过程中对发生故障的设备所采取的措施,又可分为有替换、无替换两种方案。

(2) 定数(失效率)截尾试验方案,同样可分为有替换、无替换两种方案。

(3) 序贯截尾试验方案。

在试验期间,对受试设备进行连续地或短时间间隔地监测,将累积的相关试验时间、相关故障数与确定是否接收(拒收)、继续进行试验判据作比较的一种试验。这种试验方案仅用于根据事先规定的判断风险,来确定产品是否可以接收(或拒收),但不能用来验证可靠性估计值。

3. 有关统计试验的一些基本概念

1) θ_0、θ_1、d

θ_0 为 MTBF 检验的上限值。它是可以接收的 MTBF 值,当试验设备的 MTBF 真值接近 θ_0 时,指数分布标准型试验方案,以高概率接收该设备。

θ_1 为 MTBF 检验的下限值。当试验设备的 MTBF 真值接近 θ_1 时,指数分布标准型试验方案,以高概率拒收该设备。

d 为鉴别比。对指数分布试验方案有

$$d = \theta_0 / \theta_1$$

2) α、β

α 为生产方风险,即当设备 MTBF 的真值等于 θ_0 时,设备被拒收的概率,也称第一类错误概率,是由抽样引起的。例如,本来该批产品的 MTBF 已达到 θ_0,但由于经过抽样,只是部分产品做试验,刚好抽到样品的 MTBF 值较小,而使整批合格产品被判为不合格而拒收,致使生产方受损失。

β 为使用方风险,即当设备 MTBF 的真值等于 θ_1 时,设备被接收的概率,也称第二类错误概率。同样是由于抽样造成整批不合格的产品被判为合格而接收,致使用方受到损失。

3) 抽样特性曲线(或称 OC 曲线)

抽样特性曲线表示抽样方式的特性曲线。从 OC 曲线可以直观地看出抽样方式对检验产品质量的保证程度。抽样特性曲线如图 8-18 所示。

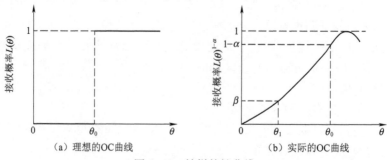

图 8-18　抽样特性曲线

理想的 OC 曲线,如图 8-18(a)所示。当设备的 MTBF 值达到 θ_0 时全部接收,否则全部拒收,这当然是最理想的情况。但是实际上抽样试验不可能达到这种理想状况。

实际的 OC 曲线,如图 8-18(b)所示。由于抽样的原因,当设备 MTBF 值达到 θ_0 时,还有 α 这样的概率被拒收,造成生产方的损失。而当设备的 MTBF 值低到 θ_1 值时还有 β 这样概率被接收,造成使用方损失。

4) 点估计、区间估计、置信度(或显著性水平)

(1) 点估计。

根据观测得到的样本值,估计出总体参数的某个具体值(点值)。对于寿命服从指数分布的电子产品,平均寿命的一般点估计式为

$$\hat{\theta} = T/r \tag{8-75}$$

式中:T 为总体试验时间;r 为故障数。

无替换定数截尾试验平均寿命点估计为

$$\hat{\theta} = \frac{1}{r}\left[\sum_{i=1}^{r} t_i + (n - r)t_r\right] \tag{8-76}$$

式中:t_i 为第 i 个产品故障前的工作时间;n 为样本数;t_r 为第 r 个故障发生的时间(定数截尾时间)。

有替换定时截尾试验平均寿命点估计值为

$$\hat{\theta} = nt_r/r \tag{8-77}$$

例 8-5:从一批电子产品中抽取 50 台进行无替换定数截尾寿命试验,到出现故障数 $r = 5$ 时停止。得到的寿命数据分别为 51,87,134,246,317(h),试估计该产品的平均寿命。

解:该产品的平均寿命为

$$\hat{\theta} = \frac{1}{r}\left[\sum_{i=1}^{r} t_i + (n - r)t_r\right]$$

$$= \frac{1}{5}\left[51 + 87 + 134 + 246 + 317 + (50 - 5) \times 317\right]$$

$$= \frac{15100}{5} = 3020h$$

(2) 区间估计、置信水平。

对于总体某个参数真值,通过样本观测值,估计出一个具体区间,使总体参数真值 θ 落入该区间的置信水平为 γ。定数截尾寿命试验平均寿命区间估计公式如下:

上限为

$$\theta_U = \frac{2T}{\chi^2(\alpha/2, 2r)} \tag{8-78}$$

下限为

$$\theta_L = \frac{2T}{\chi^2(1 - \alpha/2, 2r)} \qquad (8-79)$$

式中: T 为试验时间; χ^2 为 χ^2 分布, 查表; α 为显著性水平; γ 为置信水平 $\gamma = (1 - \alpha) \times 100\%$; r 为故障数。

将例 8-5 的试验数据分别代入式(8-80)和式(8-81), 设置信度 $\gamma = 0.9$, 可以得到该产品的平均寿命区间估计值为

$$\theta_U = \frac{2 \times 15100}{\chi^2(0.05, 10)} = \frac{30200}{3.94} = 7665\text{h};$$

$$\theta_L = \frac{2 \times 15100}{\chi^2(0.95, 10)} = \frac{30200}{18.307} = 1649.6\text{h}_{\circ}$$

因此, 该产品平均寿命为 3020h, 而其置信区间为(1649h, 7665h)。其平均寿命真值落入该区间的把握(置信度)为 0.9。置信度和置信区间有一定的关系, 置信水平越高, 置信区间越长, 精度较差; 反之, 降低置信水平, 可以缩短置信区间, 从而提高估计精度。常用的置信水平为 0.8~0.9。

4. 寿命服从指数分布系统 MTBF 的抽样试验原理和方案设计

目前, 在电子设备寿命估计中最常用的还是经典方法。

1) 点估计原理(最大似然法)

点估计常用矩法、最大似然法, 对于指数分布的点估计, 用最大似然法十分方便。

设总体的分布是连续型的, 分布密度函数为 $P(x, \theta_1, \theta_2, \cdots, \theta_k)$, 其中 $\theta_1, \theta, \cdots, \theta_k$ 是待估计的未知参数。我们要估计的 MTBF 是母体(或总体)的数字特征中的期望值。这里母体就是所有可能的观测结果。从总体中抽取的一部分样品 $x_1, x_2, \cdots, x_n$ 称为母体的子样(或样本)。通常当样本的个数 $n>30$ 时, 一般称为大子样, 否则称为小子样。对于给定的 $x_1, x_2, \cdots, x_n$, 存在使函数 $\prod_{i=0}^{n} P(x_i, \theta_1, \theta_2, \cdots, \theta_k)$ 达到最大值的 $\hat{\theta}_1, \hat{\theta}_2, \cdots, \hat{\theta}_k$, 并用它们分别作为 $\theta_1, \theta_2, \cdots, \theta_k$ 的估值。

由于 $\ln \prod_{i=0}^{n} (x_i, \theta_1, \theta_2, \cdots, \theta_k)$ 与 $\prod_{i=1}^{n} P(x_i, \theta_1, \theta_2, \cdots, \theta_k)$ 在同一点 $(\hat{\theta}_1, \hat{\theta}_2, \cdots, \hat{\theta}_k)$ 上达到最大值, 因此引入函数, 即

$$L(\theta_1, \theta_2, \cdots, \theta_k) = \ln \prod_{i=1}^{n} p(x_i, \theta_1, \theta_2, \cdots, \theta_k)$$

$$\sum_{i=1}^{n} \ln p(x_i, \theta_1, \theta_2, \cdots, \theta_k)$$

被称为似然函数, 只要解方程组, 得

$$\frac{\partial L}{\partial \theta_i} = 0 (i = 1, 2, \cdots, k)$$

就可以从中确定所要求的 $\hat{\theta}_1, \hat{\theta}_2, \cdots, \hat{\theta}_k$，它们分别称为参数 $\theta_1, \theta_2, \cdots, \theta_k$ 的最大似然估计。

对于指数分布的最大似然估计求解为

$$f(t) = \lambda(t) \cdot R(t) = \frac{1}{\theta} e^{-t/\theta}$$

式中: θ 为 MTBF; t 为故障发生前的工作时间。

试验所得的子样数据为 $(t_1, t_2, \cdots, t_n)$，其中 $t_1 \leqslant t_2 \leqslant \cdots \leqslant t_n$，子样的似然函数为

$$[(e^{-t_1/\theta}/\theta] \cdot [(e^{-t_2/\theta})/\theta] \cdots [(e^{-t_n/\theta})/\theta] = \frac{1}{\theta^n} \exp\left(-\frac{1}{\theta}\sum_{i=1}^{n} t_i\right)$$

似然估计值为

$$L(\theta) = -\ln\theta^n - \sum_{i=1}^{n} t_i/\theta$$

$$\frac{\partial L(\theta)}{\partial \theta} = -\frac{n}{\theta} + \sum_{i=1}^{n} t_i/\theta^2$$

令其为零即得到最大似然估值为

$$\hat{\theta} = \sum_{i=1}^{r} t_i/n \qquad (8-80)$$

若试验样品数为 n，损坏数为 r，对于无替换的最大似然估计值为

$$\hat{\theta} = \left[\sum_{i=1}^{r} t_i + (n-r)(t_r + \hat{\theta})\right]/n$$

$$= \left[\sum_{i=1}^{r} t_i + (n-r)t_r\right]/r$$

即式(8-76)。对于有替换情况为

$$\hat{\theta} = nt_r/r$$

即式(8-77)。

2) 单式寿命抽样方案设计

设产品寿命为指数分布，θ 为平均寿命。

规定:应以高概率接收的合格平均寿命水平(AQL)为 θ_0，以高概率拒收的平均寿命下限(LTPD)为 θ_1。生产方风险为 α，使用方风险为 β，当产品平均寿命为 Q 时的接收概率为 $L(Q)$，设计一个定数截尾寿命抽样方案，应该满足当 $\theta = \theta_0$ 时，$L(Q_0) = 1-\alpha$；当 $\theta = \theta_1$ 时，$L(Q_1) = \beta$。

在一批产品中,任意抽取 n 个样品,事先规定一个截尾故障数 r,进行寿命试验。当累积故障数为 r 时,相应的故障时间为 t_r,总试验时间由下式计算,即

$$T = \begin{cases} \displaystyle\sum_{i=1}^{r} t_i + (n-r)t_r, \text{无替换} \\ nt_r, \text{有替换} \end{cases}$$

平均寿命的点估计由下式计算,即

$$\hat{\theta} = T/r$$

若 $\hat{\theta} \geqslant c$,则产品合格,接收;若 $\hat{\theta} < c$,则产品不合格,拒收。该试验的方案框图如图8-19所示。这个方案实质就是要决定 (n, r, c)。

图 8-19　试验方案框图

统计理论指出:$\dfrac{2r\hat{\theta}}{\theta}$ 为 $\chi^2(2r)$ 分布。因此可以借助 χ^2 分布来计算接收概率 $L(\theta)$。

当 $\theta = \theta_0$ 时,有

$$L(\theta_0) = p(\hat{\theta} \geqslant c) = 1 - \alpha$$

即

$$p\left(\frac{2r\hat{\theta}}{\theta_0} > \frac{2rc}{\theta_0}\right) = 1 - \alpha$$

或

$$p\left(\frac{2r\hat{\theta}}{\theta_0} < \frac{2rc}{\theta_0}\right) = \alpha$$

而

$$p(\chi^2(2r) < \chi_a^2(2r)) = \alpha$$

这里的 $\chi_\alpha^2(2r)$ 是自由度为 $2r$ 的 χ^2 分布的 α 下侧分位数,有

$$\frac{2rc}{\theta_0} = \chi_\alpha^2(2r)$$

即

$$C = \theta_0 \frac{\chi_\alpha^2(2r)}{2r} \tag{8-81}$$

当 $\theta = \theta_1$ 时,有

$$L(\theta_1) = p(\hat{\theta} \geqslant c) \leqslant \beta$$

即

$$p\left(\frac{2r\hat{\theta}}{\theta_1} \geqslant \frac{2rc}{\theta_1}\right) \leqslant \beta$$

将式(8-81)代入上式,得

$$p\left(\frac{2r\hat{\theta}}{\theta_1} \geqslant \frac{\theta_0}{\theta_1}\chi_\alpha^2(2r)\right) \leqslant \beta$$

而

$$p(\chi^2(2r) \geqslant \chi_{1-\beta}^2(2r)) = \beta$$

可见

$$\frac{\theta_0}{\theta_1}\chi_\alpha^2(2r) \geqslant \chi_{1-\beta}^2(2r)$$

或

$$\frac{\theta_1}{\theta_0} \leqslant \frac{\chi_\alpha^2(2r)}{\chi_{1-\beta}^2(2r)} \tag{8-82}$$

满足式(8-82)的 r 很多,文献[《可靠性试验及其统计分析》戴树森等,国防工业出版社,1984],指出存在一个最小的 r,使得

$$\frac{\chi_\alpha^2[2(r-1)]}{\chi_{1-\beta}^2[2(r-1)]} < \frac{\theta_1}{\theta_0} \leqslant \frac{\chi_\alpha^2(2r)}{\chi_{1-\beta}^2(2r)} \tag{8-83}$$

成立。利用该 r 可以确定 c。于是抽样方案为,当 $\hat{\theta} \geqslant c$ 时,接收产品;当 $\hat{\theta} < c$ 时,拒收产品。换句话说,对于给定的 θ_1/θ_0,α,β,由式(8-83)决定 r,由式(8-81)确定接收域 c,寿命抽样方案就完全确定了。

例8-6: 某产品经生产方与使用方共同商定 $\theta_0 = 1000\text{h}$,$\theta_1 = 500\text{h}$,$\alpha = 0.1$,$\beta = 0.2$,试求定数截尾寿命抽样方案。

解:对应 $\frac{1}{d} = \frac{\theta_1}{\theta_0} = \frac{1}{2}$,$\alpha = 0.1$,$\beta = 0.2$,查表8-16得截尾故障数 $r = 10$,查表8-17可得 $\chi_{0.1}^2(2 \times 10) = 12.4$,由式(8-81)计算 $c/\theta_0 = 12.4/(2 \times 10) = 0.62$,即

$$c = \theta_0(c/\theta_0) = 1000 \times 0.62 = 620\text{h}$$

该抽样方案为:$\hat{\theta} \geqslant 620$,接收产品;$\hat{\theta} < 620$,拒收产品。

3) χ^2 区间估计原理

χ^2 区间估计原理是目前国内外标准都采用的一种估计方法。研究区间估计

的目的是找出抽样数与失效数,试验时间与置信区间、置信度、去真采伪风险率之间的关系,由此而根据不同的要求设计抽样试验方案。

与点估计方法相同,由每组 t_i 数据所得的 $\hat{\theta}$ 都不一定相同。$\hat{\theta}$ 是个随机变量,由此 $\hat{\theta}=T/r$,式(8-75)是由 r 个相同参数(同一母体)的指数分布的组合。t_1,t_2,$\cdots$,t_r 的分布已知,$\hat{\theta}$ 的分布可以从样品 t 的分布经 r 重卷积求出。在实际使用时并不直接计算 $\hat{\theta}$ 的分布,而是计算 $2r\hat{\theta}/\theta=2T/\theta$ 的分布密度函数。这样做可以很方便地利用现有 χ^2 分位点表。

$2T/\theta$ 的分布密度函数为

$$f(x) = e^{-x}x^{r-1}/[2^r(r-1)!\ ] \tag{8-84}$$

这就是自由度为 $2r$ 的 χ^2 分布。χ^2 分布曲线如图 8-20 所示。

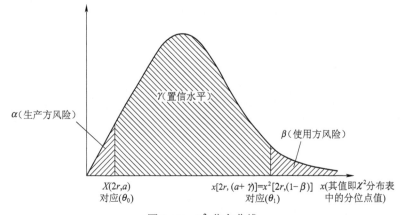

图 8-20 χ^2 分布曲线

当 $r\to\infty$ 时,它就变成正态分布,成为左、右对称的钟形曲线;钟形曲线的中心点即对应真值 θ。

在定时、定数截尾试验两种情况下的单侧、双侧 χ^2 区间估计公式见表 8-17。

表 8-17 χ^2 区间估计公式表(按 χ^2 下侧位表)

	定时截尾寿命试验		定数截尾寿命试验	
	θ_1	θ_0	θ_1	θ_0
双侧	$\dfrac{2T}{\chi^2[2(r+1),(\alpha+\gamma)]}$	$\dfrac{2T}{\chi^2[2r,\alpha]}$	$\dfrac{2T}{\chi^2[2r,(\alpha+\gamma)]}$	$\dfrac{2T}{\chi^2[2r,\alpha]}$
单侧	$\dfrac{2T}{\chi^2[2(r+1),\gamma]}$	∞	$\dfrac{2T}{\chi^2[2r,\gamma]}$	∞

注意:①定时截尾试验的置信下限 θ_1 所用的 χ^2 曲线的自由度是 $2(r+1)$,其余情况均用 $2r$ 自由度的曲线计算;

②χ^2 表的排法有上侧位、下侧位之分,实际计算时容易出现混乱,如果把 χ^2 分布曲线和 χ^2 区间估计公式表中的公式对应关系弄清、记牢,就不会混乱。

4）例题分析 1

例 8-7：从一产品中随机抽取 3 台样机同时作寿命试验,产品为定时截尾有替换试验(修复后继续做试验)。第一次开机 50h,第二次开机 40h,第三次开机 110h。

求当该产品无故障发生时,产品平均寿命的单侧下限值和当该产品一次故障时产品平均寿命的单侧下限值、双侧上、下限估计值。置信度取 90%。

解：总试验时间 $T = 3 \times (50 + 40 + 110) = 660\text{h}$,为定时截尾。

（1）无故障发生时单侧下限为

$$\theta_1 = \frac{2 \times 600}{\chi^2(2,0.9)} = \frac{1200}{4.61} = 260.8\text{h}$$

（2）发生一次故障时的单侧下限为

$$\theta_1 = \frac{2 \times 600}{\chi^2(4,0.9)} = \frac{1200}{7.78} = 154.2\text{h}$$

（3）双侧估计:

置信度要求为 0.90,即风险为 0.10。

设生产方风险为 0.025,则使用方风险为 0.075,则下限为

$$\theta_1 = \frac{1200}{\chi^2(4,0.925)} = \frac{1200}{8.64} = 138.9\text{h}$$

上限为

$$\theta_0 = \frac{1200}{\chi^2(2,0.025)} = \frac{1200}{0.051} = 23529\text{h}$$

如果要求 $\alpha = \beta = (1 - \gamma)/2 = 0.1/2 = 0.05$, 则下限为

$$\theta_1 = \frac{1200}{\chi^2(4,0.95)} = \frac{1200}{9.49} = 126\text{h}$$

上限为

$$\theta_0 = \frac{1200}{\chi^2(2,0.05)} = \frac{1200}{0.103} = 11650\text{h}$$

5）例题分析 2

（1）概述。

光电瞄准设备是某型号导弹武器系统的重要组成部分之一,是用于导弹发射前进行瞄准用的设备。通过该瞄准设备把测量的大地坐标系引入到弹上的制导平台坐标系中,为导弹的制导建立方位基准。

该光电瞄准设备是由自准直经纬仪、信号仪、标杆仪及瞄准电源等组成,看作瞄准分系统的一个整机设备。可靠性是瞄准设备的技术指标之一,要知道其是否满足任务提出的可靠性指标要求,则要进行可靠性评估。

（2）可靠性评估依据。该光电瞄准设备的可靠性评估是依据导弹武器系统的控制分系统可靠性评估大纲进行。

光电瞄准设备工作条件为野外状态，工作环境因子 π 取为 3；执行任务时间 t 为地面设备发射准备时间 45min（0.75h）；置信度 γ 为 0.7；要求的可靠度为 $R_s \geqslant 0.9985$。

规定利用现场数据进行可靠性评估，也就是根据产品各研制阶段、各试验现场的可靠性数据进行统计推断，给出产品所达到的可靠度。因此在可靠度计算前首先要仔细做好可靠性数据的统计工作，确切获得产品可靠性数据，才能评估出正确的可靠度。各研制阶段、各试验现场该瞄准设备可靠性数据见表 8-18。

表 8-18　某型号瞄准设备可靠性数据

序号	试验名称	试验日期	试验现场	累计工作时间/h	环境因子	累计等效实验室工作时间/h	失效数	应记入失效数
1	瞄准设备出厂总检及电老炼	1990.12	长春光机所	92	1	92	0	0
2	瞄准设备验收	1991.1	17所	30	1	30	1	0
3	瞄准车跑车试验	1991.5	北京怀柔	20	1	20	0	0
4	系统综合试验	1991.6	17所	20	1	20	0	0
5	匹配试验	1991.7	四部	20	1	20	0	0
6	合练	1991.10—1991.12	某基地	80	3	240	2	0
7	设备穿雾试验	1992.1	成都双流机场	20	3	60	0	0
8	遥测弹飞行试验	1992.2—1992.4	某基地	95	3	285	0	0
9	遥测弹飞行试验	1991.9—1991.11	某基地	85	3	255	1	0
10	遥测弹飞行试验	1994.11—1995.1	某基地	95	3	285	2	0
11	遥测弹飞行试验	1995.6—1995.8	某基地	75	3	225	0	0
12	3000km 运输试验	1995.8—1995.9	某基地	50	3	150	0	0
13	遥测弹飞行试验	1995.9—1995.11	某基地	80	3	240	1	0

（3）可靠度计算。该光电瞄准设备是作为指数寿命型产品来考虑。No9000 光电瞄准设备出厂后的 5 年多时间里，共参加大型地面试验 8 次及其他一些试验。在野外状态条件下，均在规定的任务时间里完成了规定的功能，没有发生过任何灾难失效、致命失效、临界失效，仅发生过一些很轻度的失效，都属于非关联型失效。因此应计入的失效数 f_2 为零。

① 失效率置信上限 λ'_u（对应 θ_1 寿命下限）。

4D290-21A 光电瞄准设备属于新研制的设备，故

$$\lambda'_u = \phi_\gamma^2 (2f_2 + 2)/2\tau_2$$

374

由 $f_2 = 0, \gamma = 0.7$, 查 χ^2 分布表, 得

$$\phi_\gamma^2(2f_2 + 2) = 2.40795$$

τ_2 为设备所有工作时间的总和(总的累计等效实验室工作时间), 有

$$2\tau_2 = 2 \sum_{i=1}^{13} \pi t_i = 3924\text{h}$$

$$\lambda_u' = \phi_r^2(2f_2 + 2)/2\tau_2 = 0.0006136$$

② 等效实验室任务时间为

$$t_0 = \tau t = 3 \times 0.75 = 2.25\text{h}$$

③ 可靠度置信下限为

$$R_L' = e^{-\lambda_u' t_0} = 0.99862$$

④ 可靠性评估结论。

根据上面各部分计算可以看出, 该光电瞄准设备的可靠度 R 满足该光电瞄准设备研制任务书提出的可靠性指标 $R_S \geqslant 0.9985$ 的要求。

6) 序贯区间估计原理

序贯试验通过独特的统计方法, 以减少试验时间来说, 是加速试验的一种形式。该方法较为充分地利用每一失效发生时提供的信息, 使试验抽样数减少, 试验时间缩短。

序贯区间估计的思想是: 若某段试验时间的故障数低于某一数值即判定为合格; 高于某一数值即判定为不合格; 介于两者之间则继续试验下去, 直至可作判断时停止。这样对于大型设备的寿命试验可以充分地利用试验所提供的信息。

对于指数分布的子样, 试验到 t 时刻发生第 r 次故障的概率可用泊松分布近似解为

$$p(r) = \left(\frac{t}{\theta}\right)^r \frac{e^{-t/\theta}}{r!} \tag{8-85}$$

假设寿命的上、下限分别为 θ_0(可接受的 MTBF 值), θ_1(不可接受的 MTBF 值)。将 θ_0 及 θ_1 代入式(8-85)可得 $p_0(r)$ 及 $p_1(r)$。二者之概率比为

$$p_1(r)/p_0(r) = (\theta_0/\theta_1)^r \exp[-(1/\theta_1 - 1/\theta_0)t] \tag{8-86}$$

若此值很大(用 A 表示)就意味着 $p_1(r) \gg p_0(r)$, 则可认为 $\theta \cong \theta_1$, 判定此产品为不合格; 若此值很小(用 B 表示), 就意味着 $p_0(r) \gg p_1(r)$, 则认为 $\theta \cong \theta_0$, 判定此产品为合格; 若此值处于 A 和 B 之间, 则试验继续。这个条件表示为

$$B < (\theta_0/\theta_1)^r \exp[-(1/\theta_1 - 1/\theta_0)t] < A \tag{8-87}$$

取自然对数并整理后, 可得

$$\frac{-\ln A + r\ln(\theta_0/\theta_1)}{(1/\theta_1) - (1/\theta_0)} < t < \frac{-\ln B + r\ln(\theta_0/\theta_1)}{(1/\theta_1) - (1/\theta_0)} \tag{8-88}$$

令

$$h_a = -\ln A / (1/\theta_1 - 1/\theta_0)$$
$$h_b = -\ln B / (1/\theta_1 - 1/\theta_0)$$
$$s = \ln(\theta_0/\theta_1) / (1/\theta_1 - 1/\theta_0)$$

将此代入式(8-88)得

$$h_a + rs < t < h_b + rs \tag{8-89}$$

由此得合格判定线和不合格判定线(图8-21)分别为

$$\begin{cases} T_b = h_b + rs, \text{合格判定线} \\ T_a = h_a + rs, \text{不合格判定线} \end{cases} \tag{8-90}$$

式中:s 为斜率;h_b、h_a 为分别为合格判定线和不合格判定线在横轴上(MTBF 的规一化时间轴,即 θ_1 的倍数)到原点的截距。

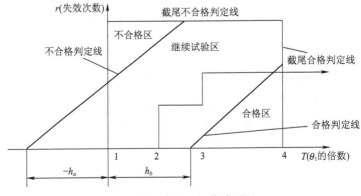

图 8-21 序贯区间估计原理

有了确定上、下判定线的方程,还要设法选定常数 A 和 B。选择 A、B 的条件必须使累积概率 $L(\theta_0) = 1 - \alpha$ 和 $L(\theta_1) = \beta$,不能采用简单的解析式表示。1937 年瓦尔特(A. wald)提出一近似式,即

$$\begin{cases} A = (1 - \beta)/\alpha \\ B = \beta/(1 - \alpha) \end{cases} \tag{8-91}$$

式中:α 为生产方风险;β 为使用方风险。

7)例题分析3

例8-8: 有两个厂的同一种产品 MTBF 相同,均等于 40h,经过生产方和使用方商定 $\alpha = \beta = 0.3$,$\theta_0/\theta_1 = 2$。

经试验甲厂产品于开始后 20h 发生第一次失效,50h 发生第二次失效,经修复后再工作 50h,无失效发生。乙厂产品于开始后 10h 发生第一次失效,30h 发生第二次失效,42h 发生第三次失效,62h 发生第四次失效。

试作序贯试验,对甲、乙两厂的产品是否合格作出判断。

已知：$\alpha = \beta = 0.3, \theta_0 / \theta_1 = 2, \theta_0 = 40h$。

解：

$$\ln \frac{\theta_0}{\theta_1} = \ln 2 = 0.693$$

$$\left(\frac{1}{\theta_1} - \frac{1}{\theta_0} \right) = \frac{1}{\theta_1} \left(1 - \frac{\theta_1}{\theta_0} \right) = \frac{0.5}{\theta_1}$$

$$S = \ln \left(\frac{\theta_2}{\theta_1} \right) \Big/ \left(\frac{1}{\theta_1} - \frac{1}{\theta_2} \right) = \frac{0.693}{0.5} \theta_1 = 1.386\theta_1$$

$$h_a = - \ln \left(\frac{1 - \beta}{\alpha} \right) \Big/ \left(\frac{1}{\theta_1} - \frac{1}{\theta_0} \right) = \frac{-0.8473}{0.5} \theta_1 = -1.695\theta_1$$

$$h_b = - \ln \left(\frac{\beta}{1 - \alpha} \right) \Big/ \left(\frac{1}{\theta_1} - \frac{1}{\theta_0} \right) = \frac{0.8473}{0.5} \theta_1 = 1.695\theta_1$$

$$T_a = (-1.695 + 1.386r)\theta_1$$

$$T_b = (1.695 + 1.386r)\theta_1$$

以 r、θ_1 为坐标作图。序贯试验图如图 8-22 所示。

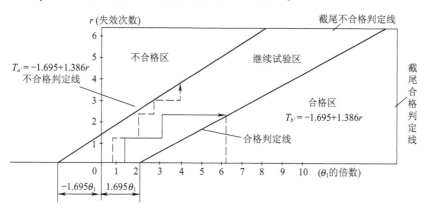

图 8-22　序贯试验图

图中：—→ 甲厂产品；----→ 乙厂产品。从试验结果可知,甲厂产品合格,接收；乙厂产品为不合格,拒收。

8）θ_0、θ_1 与设计指标 MTBF(θ_D）值的关系

目前对此问题观点不一,甚至一些标准文件也不统一,在设计实验方案时应注意。

（1）若令 $\theta_0 = \theta_D$,则意味着受试样品的 MTBF 值以概率 α 保证 $\theta_0 \geqslant \theta_D$。

若 α 太小,显然不应采用 $\theta_0 = \theta_D$ 来设计试验方案。

（2）若令 $\theta_1 = \theta_D$,则意味着受试验样品的 MTBF 值以概率（$\alpha + \beta$）保证 $\theta_D \geqslant \theta_1$。

有人认为这样太苛刻。

(3) 有人提出 $(\theta_1 + \theta_0)/2 = \theta_D$ 或 $\sqrt{\theta_1\theta_0} = \theta_D$ 等折中方案,值得考虑。

(4) 无论如何,$\theta_D > \theta_1$ 是十分保守的,要求是不合理的,意味着生产方承担过高的风险。

5. 可靠性鉴定试验条件

鉴定试验条件包括:工作条件、环境条件和预防维修方面条件。选择试验条件主要应考虑的因素如下:

(1) 进行可靠性鉴定试验的基本理由;

(2) 使用条件预期的变化;

(3) 不同应力条件引起故障的可能性;

(4) 不同试验条件所用的试验费用;

(5) 可供利用的试验时间;

(6) 预期的可靠性特征随试验条件变化的情况。

如果试验目的是从安全角度来看临界值,则在选择试验条件时,决不能排除任何重要的最严酷的使用条件;如果为了证明产品在正常使用条件下的可靠性水平,例如,为了制订最佳的维修方案,则应选择具有典型代表性的试验条件;如果试验的目的仅在于同类设备进行比较,则应采用接近于使用中极限应力水平的试验条件。在任何情况下,各种应力因素的严酷度,不能超过产品所能承受的极限应力。

试验过程中,若必须考虑多种工作条件、环境条件、维修条件时,则一般应当设计一个能周期性重复的试验周期。方案中应包括一个试验周期表。用来表明试验周期中工作、环境及维护条件的存在、持续时间、时间间隔及其相互关系。

试验周期中,各种应力的持续时间要短到对试验结论不会产生实质性影响;同时要长到足以使试验用的应力条件达到规定的程度,时间要适当。

只要有可能,试验条件典型的试验周期尽可能从相关的标准中选取。

工作条件、环境试验条件应尽可能包括实际使用中主要的条件。在使用加速试验时要找到相应的加速关系。

当设备在实际使用期间,需进行例行的维护工作时,可靠性试验应考虑一项维护程序。试验期间的维护程序原则上应该与现场进行的维护相一致。典型的预防性维护是更换、调整、校准、润滑、清洗、复位、恢复。

6. 可靠性鉴定试验的产品

可靠性鉴定试验是产品投入批生产前的试验,应按《大纲》的进度要求及时完成,以便为生产决策提供管理信息。

(1) 存在以下情况时,应进行可靠性鉴定试验:

① 新设计的产品;

② 经过重大改进的产品;

③ 在一定环境条件下不能满足系统分配的可靠性要求的产品。

（2）对样品的要求：

① 要具有代表性，能体现设计、制造水平；

② 试验前，应对样品进行测试和检查，其主要性能指标和各项功能均符合设备的技术要求；

（3）样品数不得少于 2 台，特殊情况可允许 1 台。

7. 鉴定试验前应具备的文件

在开始鉴定试验之前应具备以下文件：

（1）验证试验要求。

（2）详细试验方案的一般要求。

（3）抽取试验样品的专用程序。

（4）分布假设。

（5）统计试验方案。

（6）确定的试验周期。

（7）试验条件。

（8）被监测的产品参数及可接受的范围。

（9）非相关故障的类别。

（10）故障定义。

（11）受试产品的最小（或最大）试验时间的规定和相关试验时间。

（12）试验前对受试产品采取措施的规定。

（13）试验允许中断次数。

（14）对故障产品的更换原则。

（15）对试验记录的要求等。

8. 可靠性试验的一般程序

可靠性试验的一般程序应包括以下内容：

（1）试验操作。

（2）故障检修。

（3）故障分析和分类。

（4）试验条件和观测记录。

（5）试验结果的整理。

9. 可靠性鉴定试验实例

某飞机上进气道放大器（电子产品），作为飞机进气道调节系统的配套件。根据实际飞行情况，它的输出信号通过伺服阀控制作动筒来调节整流锥和放气门，使发动机在不同的飞行状态下，能在合理的气流参数下工作。其设计的最低可接收的 MTBF = 500h。

在进行该放大器可靠性鉴定试验时，做了以下工作：

1）进行可靠性预计

画出可靠性框图,为串联模型,电子产品寿命服从指数分布,预计的放大器失效率为

$$\lambda_p = \sum_{i=1}^{n} \lambda_i$$

式中:λ_i 为第 i 个元件的失效率;n 为放大器的元件数。

则平均故障间隔时间为

$$\mathrm{MTBF}_p = 1/\lambda_p$$

预计结果 $\mathrm{MTBF}_p = 2230\mathrm{h}$。

2）确定试验方案

采用有替换定时截尾试验方案。可以预先估计总的试验时间,便于安排计划。

3）确定试验方案的参数

经厂方和军方代表协商,确定 $\alpha = \beta = 0.1, \theta_1 = 500\mathrm{h}, d = 3$,则 $\theta_0 = \theta_1 \times d = 1500\mathrm{h} < (\mathrm{MTBF}_p)$。

选用 MIL-STD-781D 中,即表 8-16 中序号 7 方案,试验方案参数见表 8-19。

表 8-19　试验方案参数

判决风险率的真值		鉴别比 d	试验时间(θ_1 的倍数)	判决标准(失效次数)	
α	β			拒收数	接收数
9.4%	9.9%	3	9.3	≥6	≤5

总试验时间 $T = 9.3\theta_1 = 9.3 \times 500 = 4650\mathrm{h}$,样品数 $n = 6$,则每台样品试验时间为

$$t = \frac{T}{n} = \frac{4650}{6} = 775\mathrm{h} \text{(截尾时间)}$$

4）试验条件与应力

由于工厂没有综合环境试验设备,根据产品本身情况,采用单应力加局部综合应力,根据产品技术条件制订出其环境试验条件、工作应力条件。其试验程序如下:

（1）预处理。用温度冲击和振动,剔除早期失效。

（2）如图 8-23 所示,进行三次循环。

第一次循环工作条件,高频高压(39.6V,410Hz);

第二次循环工作条件,正常频压(36V,400Hz);

第三次循环工作条件,低频低压(32.4V,390Hz)。

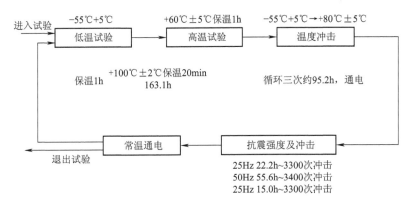

图 8-23 试验程序图

（3）三次循环后进行高空（−40℃±5℃、18.6mmHg±1mmHg）和湿热（40℃±3℃，相对湿度95%±3%）试验，并测试性能。

5）失效判据

在规定的试验中，凡产品超过技术指标规定范围者均判为失效。

6）试验结果

试验至595.2h发生一次故障，修复后继续试验，直到总试验时间 $T=4650$h 为止，没有再发生故障。

总失效数 1<5 接收判据，见表8-19。

点估计为

$$\hat{MTBF} = \frac{T}{r} = \frac{4650}{1} = 4650h$$

区间估计：置信水平 $\gamma = 0.8(\alpha = 0.2)$。

下限为

$$MTBF_L = \frac{2T}{\chi^2\left(2r+2, 1-\frac{\alpha}{2}\right)} = \frac{2 \times 4650}{\chi^2(4, 0.9)}$$

$$= \frac{9300}{7.779} = 1195h$$

上限为

$$MTBF_U = \frac{2T}{\chi^2\left(2r, \frac{\alpha}{2}\right)} = \frac{2 \times 4650}{\chi^2(2, 0.1)}$$

$$= \frac{9300}{0.211} = 44075\mathrm{h}$$

即置信水平为 0.8 时的区间为(1195h,44075h)。

7) 结论

满足指标要求,通过可靠性鉴定试验。

8.3.5　可靠性验收试验

1. 目的

验证产品的可靠性不随生产期间工艺、工装、工作流程和零部件质量的变化而降低。

2. 可靠性验收试验计划的主要内容

(1) 试验目的和选择理由;

(2) 受试产品及其试验项目;

(3) 试验方案、详细试验程序及环境条件;

(4) 试验进度表等。

3. 试验方案

(1) 验收试验方案由承制方制订,订购方认可;

(2) 验收试验可采用序贯试验方案,定时、定数截尾试验方案等;

(3) 验收试验所采用的试验条件要与可靠性鉴定试验中使用的综合环境条件相同;

(4) 所用的试验样品要能代表生产批量,同时定义批量的大小;

(5) 所有受试产品都应通过产品技术规范中规定的试验和预处理工作;

(6) 可靠性试验之前,进行详细的性能测量,验证可接受的性能基准应该在标准的环境条件下进行,以便获取重现的结果;

(7) 试验要求参考可靠性鉴定试验中的说明;

(8) 尽量采用标准推荐的评估方法,目前可供使用的标准有 GB5080.4《可靠性测定试验的点估计和区间估计方法》。

(9) 对文件的要求,除了增加对可靠性特征量测定的方法和程序外,其他内容可参考可靠性鉴定试验中的内容。

4. 关于子样数 n 和试验时间 t 的选择

必须满足 nt 接近或大于待验证的 MTBF 值,即试验方案的 θ_1 的倍数。nt 比 MTBF 大得越多,推断值(估值)的置信度 γ 越高。

试验样品数 n,主要由试验样品的价格、试验及测试工作的复杂程度来决定。试验不太复杂、试样价格低,则多投一些样本,试验时间短一些。试验复杂、试样价格高,则样本取得少一些,试验时间长一些。

具体的 nt 值可由置信度 γ、待验证的 MTBF 值,根据国标、国军标标准抽样方案选;或根据式(8-77)算;或根据生产批量按表 8-20 确定抽样数 n。

表 8-20　按生产批量抽样数表

批量大小	最小样品数	最大样品数
1~3	全部	全部
4~6	3	6
17~52	5	15
53~96	8	19
96~200	13	21
200 以上	20	22

习　题

1. 列出 GJB450—88《装备研制与生产的可靠性通用大纲》规定的可靠性设计和可靠性试验的 13 项工作内容。

2. 列出常用的可靠性指标(与失效时间有关的 5 项,与修复时间有关的 5 项)的名称、定义和数学表达式。

3. 某仪器由 5 部分组成,其可靠性框图如图 8-24 所示。

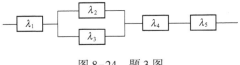

图 8-24　题 3 图

其失效率分别为

$\lambda_1 = 1.13 \times 10^{-6}$ 1/h;$\lambda_2 = 5.14 \times 10^{-6}$ 1/h;$\lambda_3 = 6.34 \times 10^{-6}$ 1/h;$\lambda_4 = 0.93 \times 10^{-6}$ 1/h;$\lambda_5 = 2.14 \times 10^{-6}$ 1/h。

求:该仪器在一次工作 24h 的任务可靠度。

4. 以下分别是 5 台仪器进行序贯试验的结果(图 8-25)。分别对 5 个试验结果评估结论(合格、不合格等)。

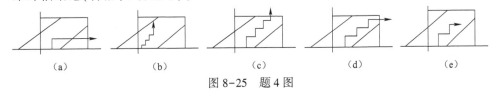

图 8-25　题 4 图

5. 在如图 8-26 所示的 4 个图形上填上说明(应说明的图中已画上方框,填上文字和符号)。

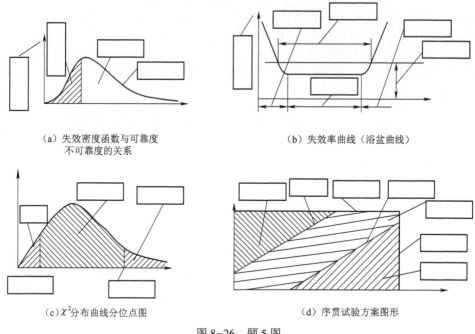

（a）失效密度函数与可靠度
不可靠度的关系

（b）失效率曲线（浴盆曲线）

（c）χ^2分布曲线分位点图

（d）序贯试验方案图形

图 8-26　题 5 图

参 考 文 献

[1] 朱明让,何国伟,等.装备研制与生产的可靠性通用大纲实施指南,国家军用标准,全国军事技术装备可靠性标准化,1990.
[2] (GJB-450)装备研制与生产的可靠性通用大纲,1988.
[3] (GJB368-450-87)《装备维修性通用大纲》.
[4] K. C. 卡帕, L. R. 兰伯森.工程设计中的可靠性[M].北京:机械工业出版社,1984.
[5] 胡昌寿,何国传,可靠性工程—设计、试验、分析、管理[M].北京:宇航出版社,1989.
[6] 陈炳生.电子可靠性工程,系统设备的可靠性理论与实践[M].北京:国防工业出版社,1987.
[7] 刘占荣.有修理的并联冗余系统可靠性[J].指挥控制与仿真,2001,000(008):3-8.
[8] 莫黎.可靠性增长设计技术[J].舰船电子工程,2004,24(006):139-142.
[9] 王志刚,戴柏林.电子设备可靠性试验技术的应用与发展[J].环境技术,2008,26(001):25-29.

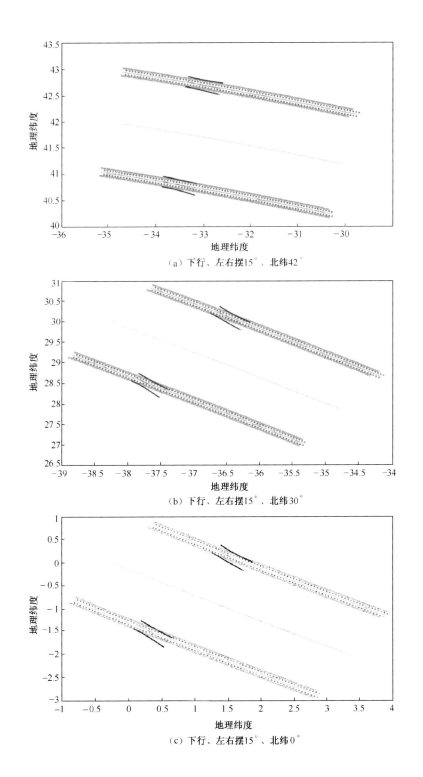

（a）下行、左右摆15°、北纬42°

（b）下行、左右摆15°、北纬30°

（c）下行、左右摆15°、北纬0°

彩001

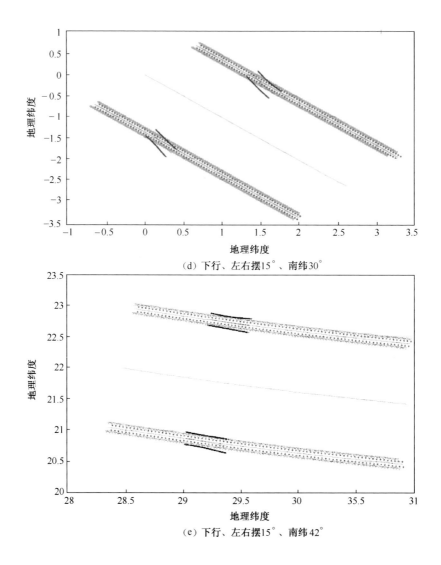

（d）下行、左右摆15°、南纬30°

（e）下行、左右摆15°、南纬42°

图 7-14 （见彩图）三种载荷对同一地区摄像由软件画出的地面轨迹
（黑色—光谱仪；蓝色—可见相机；红色—红外相机；绿色—星下点）